Rolling Forming and Interface of Laminated Metal Composite

金属层状复合板轧制成形与界面

郑 黎　常东旭　朱慧文　等　编著

化学工业出版社

·北京·

内容简介

本书系统阐述了金属层状复合板的轧制理论、工艺及界面结合机理，并以作者所在科研团队的真实研究成果为典型案例，聚焦金属轧制复合板的全周期技术体系，梳理了轧制复合工艺控制准则及界面优化方法，为该材料的制备应用提供了实验与理论支撑。全书共 8 章：第 1 章综述了金属层状复合板材的基本概况、制备方法及应用场景等研究现状；第 2 章通过解析轧制复合中异种金属协同塑性变形与力学特征及其对界面物理结合的影响机制，讨论了界面反应扩散与冶金结合的形成过程；第 3 ～ 4 章通过分析铜/铝复合板异步冷轧复合界面的生成演变规律，提炼出异步轧制界面强化的基础理论与技术原则；第 5 ～ 7 章通过研究钛/铁复合板材的同步异温轧制及冲压过程，建立了复合板拉深成形的塑性力学模型，并基于数值模拟与实验结果总结出拉深缺陷的抑制方法；第 8 章拓展至钢/镍、钢/铝、镁/铝等复合板材的制备与应用，简述不同类型组元的工艺特点与性能优势。

本书可为金属层状复合材料研发、生产与应用的科研人员、工程师和高校师生提供有益的借鉴与参考。

图书在版编目（CIP）数据

金属层状复合板轧制成形与界面 / 郑黎等编著.
北京：化学工业出版社，2025. 12. -- ISBN 978-7-122-49241-8

Ⅰ. TG335. 5

中国国家版本馆 CIP 数据核字第 202530HG48 号

责任编辑：赵卫娟　　　　文字编辑：李　欣　师明远
责任校对：李雨函　　　　装帧设计：王晓宇

出版发行：化学工业出版社
（北京市东城区青年湖南街 13 号　邮政编码 100011）
印　　装：北京建宏印刷有限公司
710mm×1000mm　1/16　印张 16¾　彩插 6　字数 316 千字
2025 年 12 月北京第 1 版第 1 次印刷

购书咨询：010-64518888　　　　售后服务：010-64518899
网　　址：http://www.cip.com.cn
凡购买本书，如有缺损质量问题，本社销售中心负责调换。

定　　价：128.00 元

· 前言 ·

材料是人类文明与科技进步的基石。然而，单一材料往往难以兼具多方面的性能优势与经济效益。随着航空航天、新能源装备和海洋工程等新兴领域的快速发展，传统材料已难以满足日益苛刻的服役条件。因此，材料的复合化已成为其发展的重要方向之一。金属层状复合材料通过将性能各异的金属在界面处实现稳定结合，不仅保留了各组元金属的固有优点，还通过协同效应赋予材料超越单一组元的综合性能。

在复合材料的制备技术中，轧制复合法因其高效、低污染、易于实现自动化与规模化生产等优势，已成为工业应用中的主流方法。该技术的关键在于对工艺过程的精确控制以及界面性能的优化，这也是当前科学研究的重点。

相比于单一金属板材，复合板材的轧制成形过程更为复杂，需协调基体的塑性变形与界面结合行为；后续热处理则需有效抑制界面脆性金属间化合物的过度生长，防止界面弱化。轧制复合本质上属于压力焊接的范畴，其界面可靠性依赖于组元金属的塑性变形以及接触面之间的相互作用。因此，深入理解界面物理结合机制，需重点研究异种金属在轧制过程中的协同变形行为与表面层结构形态的关联，揭示界面从机械咬合到固相结合的多尺度演化规律，进而建立完整的界面强化准则。

此外，轧制复合通常采用单道次、大变形量的工艺路线，导致严重加工硬化，需通过热处理予以消除。同时，已形成紧密物理接触的界面原子在热激活作用下发生跨界面扩散，形成组分梯度变化的扩散层，实现界面由物理结合向冶金结合的转变以提升界面强度。然而，扩散过程的持续进行也会引发金属间化合物的形核与长大，导致界面脆化，因此必须对热处理工艺参数进行精确调控。

围绕上述核心问题，同时推动理论向实践转化，本书选取具有代表性的铜/铝和钛/铁复合体系为主要研究对象，开展了从材料制备、热处理到复合成形与界面性能评价的全流程系统性解析。在铜/铝体系方面，重点探讨了异步轧制引入的剪切应变对界面结构的优化机制，重点分析了退火工艺对界面反应扩散、金属间化合物演变及界面性能的调控规律，并初步探索了合金化、外磁场辅助等新兴手段对界面行为的影响。在钛/铁体系方面，针对组元间性能差异，采用异温轧制工艺以协调变形能力，创新性地开展了复合板的冲压成形实验与理论研究，深入剖析了其各向异性、屈服行为以及杯突、拉深、充液拉深等成形过程，建立了微观组织、织构演变与宏观成形性能之间的关联，并成功实现产业化应用。此外，本书还拓展至钢/镍、钢/铝、钢/铜、镁/铝等多种复合板材，通过典型案例与综述，展示了轧制复合技术广泛的材料体系适应性和工程应用潜力。

笔者及研究团队长期致力于金属材料成形加工领域的研究与应用，本书凝练并总结了团队在金属层状复合板轧制成形与界面优化方面的理论及实验成果，同时广泛借鉴了国内外同行的优秀研究工作，力求将基础理论与工程实践紧密结合，在深入阐释机理的同时，提供详实的工程案例与研究数据。本书第1、2章由朱慧文撰写，第3、4章由常东旭撰写，第5、6、7章由郑黎撰写，第8章由于宝义、邱磊撰写；同时感谢吕舒宁博士、张昊硕士对本书内容的贡献。

限于笔者水平，书中难免存在疏漏与不足之处，恳请各位专家与读者批评指正。

郑黎
2025年8月21日于沈阳

· 目录 ·

第 1 章　绪论

第4章 铜/铝复合板的退火处理及界面反应扩散

第5章 钛/铁复合板的同步异温轧制及组织性能

第6章 钛/铁复合板的微观组织及冲压成形性能

第1章

绪论

1.1 金属层状复合材料概况及发展趋势

金属层状复合材料（LMCs）是指利用复合技术，使多种化学、力学性能不同的金属在界面上实现冶金结合而形成的复合材料[1]，相对于单一金属材料，金属层状复合材料的热膨胀性、强度、断裂韧性、冲击韧性、耐磨损性、电性能、磁性能等诸多性能得到极大改善，因而被广泛应用于石油、化工、船舶、冶金、矿山、机械制造、电力、水利、环保、压力容器制造等工业领域。

在力学性能方面，金属层状复合材料比单一金属材料更具优势，以不锈钢/钢金属层状复合材料为例，它具有刚性大、强度高的特点，能承受更大的外力；在耐腐蚀性方面，金属层状复合材料远超普通金属，如在海洋工程领域，使用金属层状复合材料可以有效抵抗海水的侵蚀，延长设备的使用寿命；导电导热性能也是其一大亮点，在电子领域，良好的导电导热性能有助于提高电子设备的运行效率；从成本效益来看，虽然金属层状复合材料的制备成本相对较高，但由于其性能优越，使用寿命长，综合成本反而更低。例如，在电力系统中，使用金属层状复合材料生产的核电设备中的特种接头、冷凝器管板以及安注箱等，虽然前期投入较大，但后期维护成本低，长期来看经济效益显著。

常见的金属层状复合材料可以根据其基体、用途进行分类，如表1.1所示。

表1.1 金属层状复合材料分类

分类方式	具体类型
基体	钛/铁金属层状复合材料、铜/铝金属层状复合材料、铝/钢金属层状复合材料、锆/钢金属层状复合材料、铝/镍金属层状复合材料等
用途	国防工业用、微电子用、交通运输用、航空航天用、海洋工程用、电力系统用、石油化工用等

新型复合材料的研发方向主要集中在提高材料的综合性能、降低成本、拓展应用领域等方面。例如，研发具有更高强度、更好耐腐蚀性的复合材料，以及适用于新能源、半导体等新兴领域的复合材料。

1.1.1 金属层状复合材料的发展历史

金属层状复合材料是一类既有悠久历史，而今又备受关注的材料。研究发现，公元前 800 年使用的盾就是典型的金属层状复合材料，该盾由两层青铜、两层锡和一层金构成，顺序是青铜/锡/金/锡/青铜，就算是最锋利的矛也很难刺穿该盾。此外，很多古代的刀剑也运用了金属层状复合的原理，如著名的大马士革刀。中东大马士革地区采用印度进口的钢坯，配合独特的反复叠锻技术打造出极其锋利且耐用的刀具材料——大马士革钢[2]。这种钢材的表面具有类似木纹或水纹的特征纹路，微观组织为层状铁素体和富渗碳体相互交叠形成的层状结构。

文献报道的有关金属层状复合材料的近现代研究始于 20 世纪 30 年代，美国率先取得了技术突破，实现了镍/钢复合板和不锈钢/钢复合板带的工业化制备，这标志着金属层状复合材料在工业领域的应用开始起步。随后苏联、英国、日本等国也相继展开研究，推动了爆炸焊接、扩散焊接、轧制复合等多种制备方法的迅速发展。20 世纪 50 年代英国伯明翰大学的学者对固相复合技术进行了系统化研究，为后续的发展打下了坚实的基础。同时，日本开始了镍/钢复合板的工业生产，并对复合钢板生产的技术标准进行了完善。20 世纪 60 年代，美国率先提出了“表面处理-冷轧复合（CRB）-退火强化”的生产工艺流程，从此掀开了金属层状复合材料的研究热潮。日本川崎钢铁公司在 20 世纪 90 年代初采用“包浇-轧制法”成功批量生产了犁铧、化学液体专用船用的不锈钢复合板。中国、日本、法国、德国、巴西、印度等众多国家都展开了对 LMCs 的研究。但在很长的一段时间，高昂且复杂的制造成本和制备技术都限制了金属层状复合材料的发展。

1999 年，Saito 等人在 CRB 的基础上提出了一种更经济有效的方法——累积叠轧技术（ARB）来制造金属层状复合材料[3]。ARB 法可以通过常规的轧制设备较为容易地实现，对材料的限制较小，并且具有大规模生产片材的能力，其应用领域也扩展到电力、化工、冶金、汽车、船舶和航空航天等多个领域。目前，美国、日本、俄罗斯、英国、德国等国在金属层状复合材料的研究和应用方面处于领先地位，而金属层状复合材料作为高性能、多功能的新型材料，其发展前景依然广阔。

我国金属层状复合材料的开发和应用起步较晚。1965 年开始进行热轧法和铸造法的生产研究，1988 年开始研究爆炸-轧制法直接生产复合板，1990 年开始采用爆炸-轧制法和爆炸法直接生产复合板供应市场。目前，我国基本掌握了不锈钢/钢、钛/钢、铝/钢、铝/不锈钢、铝/铜两层及多层复合材料的制备技术，并已实现产业化，但在产品性能、生产效率，尤其在开发复杂结构、特殊用途的高品质金属层状复合材料的制备技术和工艺方面与国外相比仍存在较大差距[4]。

我国近70%生产金属层状复合板带企业是通过轧制复合技术来生产金属层状复合材料的，其中采用热轧技术生产（主要生产不锈钢复合板和铝合金复合带材）的企业占总数的51%，采用冷轧技术生产（主要生产铝、铜等有色金属的复合板带）的企业占17%。采用爆炸焊接复合时，对复合层的厚度有限制，不锈钢复合层一般为2～20mm。另外，由于爆炸焊接复合的控制难度较大，复合板的规格一般在3m×10m（宽×长）之内，爆炸焊接复合因为需要特定的爆炸场地、环境污染严重、爆炸带来的震动和噪声难以控制，所以通过爆炸焊接复合法生产复合板的企业大都分布在我国的北方地区。目前，随着装备大型化、高速化、连续化的程度越来越高，热轧复合板的规格已大于150mm×5000mm×18mm（厚×宽×长）。冷轧铝/钢复合材料的铝层厚度可以达到0.1mm以下[5]。在幅面规格和尺寸方面，轧制复合可以生产出更大幅面和更精确尺寸的复合板材。轧机的工作辊宽度和轧制能力决定了板材的最大幅面，通过先进的轧制设备和工艺，可以满足不同客户对大尺寸复合板材的需求。爆炸焊接复合则受到爆炸装置和场地的限制，难以生产出超大幅面的复合板材。

综上所述，轧制复合凭借其在多个方面的优势，成为国际上大规格热轧不锈钢/钢复合板生产的主流技术。随着技术的不断发展和创新，轧制复合技术有望在金属层状复合材料领域发挥更加重要的作用。

1.1.2 金属层状复合材料的研究现状及趋势

金属层状复合材料的生产方式主要有固-固复合法（热轧、冷轧、温轧、半熔融轧制）、固-液复合法（包浇-轧制），此外还有叠板热轧法、扩散压接法、堆焊法、堆焊热轧法等[6]。通过采用不同的生产方式，复合板的复合层数已经从两层发展到多层不等，有单面复合，也有双面复合。合理选择不同的组元层，可使该材料具有多种优异性能，以满足抗磨损、抗腐蚀、抗冲击，及高导热性、导电等多种特殊的应用要求。人们针对各种特殊性能的需求进行了多方向的研究，除此之外还有不少学者对层状复合材料的界面组织、性能、复合机理、组元成分等进行了研究[7]。

目前，金属层状复合材料在制备工艺、复合机制、使用性能研究以及生产回收等方面存在一些问题。在制备工艺上，爆炸焊接复合大多仍采用块式法生产，这种方式无法连续生产长宽比大的复合坯料，而且爆炸产生的震动和噪声难以控制。对于非等温复合轧制工艺，其生产和复合机制方面的研究还不够完善。电磁复合要实现高能化、大型化，还有待与金属成形、电磁场、超导等技术进一步结合。

在复合机制研究上，对于爆炸复合和电磁复合机制，以往研究多从力学角度分析解释。研究人员借助材料表征，从材料微观组织结构角度，通过细致分析界面组织与形貌进行探讨。然而，要将宏观力学分析与微观组织结构分析有机结合，深入揭示复合机制，仍存在诸多困难。对于轧制复合机制，经典模型仅给出了定性解释，缺乏定量分析，需借助新的理论和实验手段来完善。

在研究侧重点方面，当前金属层状复合材料的研究主要集中在复合过程，对其使用性能的研究较少。例如用作压力容器的层状复合材料，需要研究其深冲性能，包括多层板的变形协调及各向异性等问题。某些复合材料在使用过程中，受外力、温度、电磁场等环境因素影响，界面微观组织结构以及力学、电学和磁学性能会发生变化，进而影响复合材料的使用寿命。因此，有必要深入研究环境因素与材料性能的关系。在生产与回收方面，金属层状复合材料存在明显矛盾。生产时希望界面结合强度越高越好，而回收时则希望界面结合强度较低以方便分离。所以，合理设计和控制金属层状复合材料的界面结构，使其利于回收，是影响该材料再生的关键，也是为了适应材料科学可持续发展战略的要求。

1.2 金属层状复合材料复合理论

1.2.1 机械啮合理论

机械啮合理论最早由英国剑桥大学的 Bowden 等在 1939 年经过实验研究发现，复合表面粗糙度的大小对两种金属的结合强度具有显著影响，因此他们认为异种金属复合表面的机械咬合作用是实现金属固相复合的主要机制[8]。异种金属在大压力的作用下，在相互接触的表面上相互啮合，从而形成异种金属的复合。常见的不锈钢/碳钢冷轧复合就是典型的机械啮合。

一般来说，机械啮合作用越强，界面结合力越大，界面剪切强度增加的幅度越大。而在大多数情况下，金属复合并不是单一的机械啮合，而是多种结合方式共同作用的结果。机械啮合理论通常适用于接触面非常粗糙的异种金属复合领域，所以应用范围较为狭窄。

1.2.2 金属键理论

金属键理论是由 Burton 在 1954 年首先提出的[9]，该理论认为实现金属之间结合的唯一要求是两种金属的原子靠近到原子间的相互吸引力能发挥作用的位置，这种力的作用在同种或不同的金属原子之间都存在。如图 1.1 所示，当两种金属原子不断靠近时，它们之间的吸引力将增加，而且当间距为正常间距的 2 倍时，吸引力达到最大值，当达到正常原子间距时，吸引力为零。此时，相邻原子之间形成稳定排列，外层自由电子成为形成金属键的共用电子，两种金属以金属键结合在一起。因此，实现两种金属结合的唯一条件是两种金属的原子必须靠近到原子之间的相互吸引力能够充分发挥作用的范围内。金属键理论揭示了实现异种金属结合的化学本质，已成为材料领域普遍接受的核心理论之一。但金属键理论也存在一定的缺陷，主要在于其不适合用于解释某些低温复合领域中的物理冶金问题。

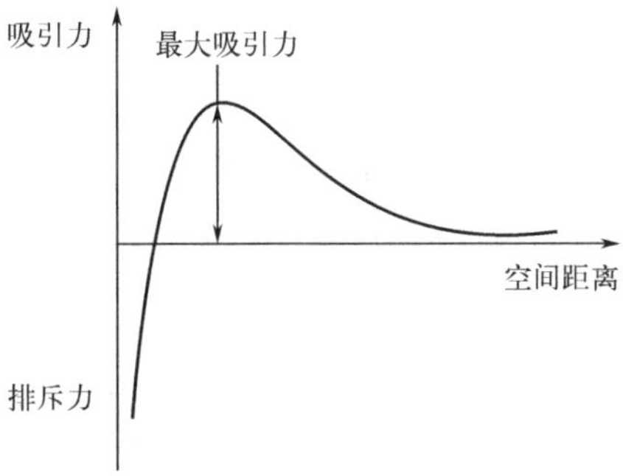

图 1.1 原子间作用力示意图

1.2.3 能量理论

能量理论由 Cline 在 1966 年提出，该理论强调两金属结合的前提条件是能量达到一定的数量级。该理论的提出主要是针对上述金属键理论，当两种金属互相接触时，尽管金属原子间距接近到了其晶格参数的数量级，但是原子在此时如果没有具备实现相互结合的最低能量是不可能发生结合而形成金属键的。因此当两种金属互相接触时，原子间需要获得足够高的能量才能实现金属层间的结合。

1.2.4 扩散理论

扩散理论是 Earl 在 1963 年首次提出的。相对于能量理论，扩散理论提出了不同的观点。该理论认为，异种金属在轧制复合时，接触区域的原子获得较多能量被激活，从而在该区域形成一层很薄的扩散层。在该扩散层内，异种金属原子按一定比例形成固溶体，进而实现了异种金属间的结合[10]。扩散理论从金属学的角度对异种金属界面结合进行了解释，这是其先进性的体现，但是该理论没有考虑到金属接触表面的激活过程和相互扩散对整个接触区结合的阻碍作用，不能解释当扩散区厚度达到一定程度后，随着扩散区厚度增加复合材料界面的结合性能降低的现象。扩散理论为阐释异种金属界面的结合机理提供了一种理论视角。

1.2.5 薄膜理论

薄膜理论认为异种金属之间的结合取决于结合表面的状态，只有去除掉金属表面的氧化膜，才能在变形过程中使原子相互接近到原子吸引力能够发生作用的范围内，进而形成结合。也就是说，金属表面的氧化膜是金属结合的主要障碍，氧化膜越薄、越硬，在变形时就越容易破裂，异种金属越容易接触而形成结合，裂口的大小和数量直接关系到复合材料的界面结合强度。薄膜理论主要适用于异种金属固/固相轧制复合领域。

1.2.6 位错理论

位错理论认为异种金属的结合过程是接触区内金属塑性流动的结果[11]。当两种相互接触的金属产生协调一致的塑性变形时，位错迁移到两种金属接触的表面，造成金属表面的脆性氧化膜破裂，并产生高度只有一个原子间距大小的台阶。在外力的作用下，金属接触表面上出现了大量的位错，使得金属的塑性变形阻力减小，同时增加了表面的粗糙度，使金属表面的氧化膜迅速破坏，有利于异种金属的结合。位错理论是薄膜理论的一个有益补充。

1.2.7 再结晶理论

再结晶理论由 Parks 在 1953 年首先提出[12]。该理论认为，在双金属固/固相复合时，产生异种金属结合的主要原因是接触区的再结晶过程。也就是说，在两种金属的共同变形过程中，由于变形热的作用，变形区出现了局部高温，高温作用会使异种金属边界的原子重新排列，形成同属于两种金属的共同晶粒，从而使相互接触的异种金属结合在一起。但是这种理论并不能很好地解释某些金属同样可以在较低温度下实现结合这一现象。

1.2.8 Bay N 理论

20 世纪 80 年代，丹麦学者 Bay 运用电镜技术对固相复合样品的剥离面进行了观察，发现复合表面上存在大量的氧化膜碎片[13]。他在对多种复合样品进行大量实验研究的基础上，针对表面氧化膜被去除后金属同空气接触表面将产生不同程度的氧化这一现象，提出了目前被普遍认可的 Bay N 理论。该理论认为轧制复合包括 4 个过程：①在一定压力下，氧化膜和加工硬化层破裂；②表面扩展导致纯净基材显露；③法向压力将基材挤压入氧化膜和加工硬化层裂缝中；④两种金属的活性面在间隙中汇合并形成真实结合。Bay N 理论指出了轧制复合的本质，即压力使两种金属的接触面接近到原子级距离，并由原子吸附产生大量结合点，最终实现异种金属间的结合。Bay N 理论金属结合过程如图 1.2 所示[14]。

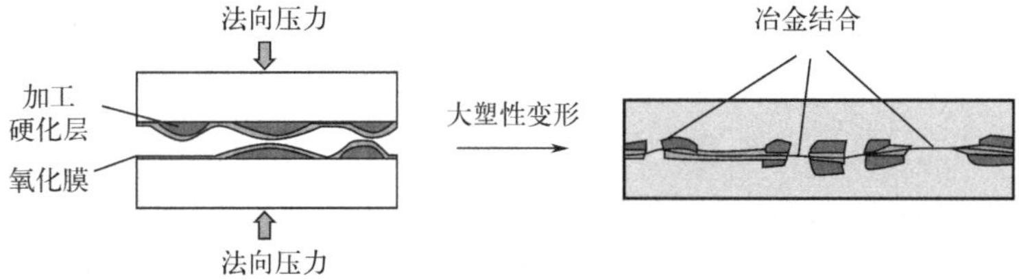

图 1.2　Bay N 理论金属结合过程[14]

1.3　金属层状复合材料的制备技术

金属层状复合材料将不同金属或合金以层状形式结合，兼具各组元的高强度、耐腐蚀等优异性能，广泛应用于航空航天、汽车制造、核电、能源等领域。其制备方法主要根据界面结合方式分为以下三类：

① 固-固复合法，通过固态金属的物理或化学结合实现复合。

② 液-固复合法，通过液态金属与固态基体的相互作用形成复合层。

③ 液-液复合法，利用液态金属的凝固差异分层复合。

1.3.1　固-固复合技术

（1）爆炸焊接复合法

爆炸焊接复合法是借助炸药爆炸产生的高强化学能驱动覆板高速碰撞基板，碰撞点产生的瞬间高压不仅破坏了金属板表层的氧化薄膜，露出了新鲜的表面，而且在露出的新鲜金属表面上形成了一薄层具有塑性变形、熔化、扩散以及波形特征的焊接过渡区，从而实现固-固结合的一种金属焊接的新工艺和新技术。该方法的优点是复合界面上看不到明显的扩散层，不会生成脆性的金属间化合物，产品性能稳定。爆炸焊接以炸药为能源，借助爆炸产生的强大冲击力，促使焊件发生剧烈碰撞、产生塑性变形、出现熔化现象以及实现原子间的相互扩散，进而达成界面的牢固连接。它不仅是连接金属构件的重要方法，还是实现金属材料复合的基本技术。通过爆炸焊接形成的复合金属材料，具备单一金属难以企及的综合性能，且拥有较高的性价比，特别是在节约贵重稀缺金属方面表现出色。正因如此，爆炸焊接在材料合成与加工工程领域占据着不可替代的地位。

爆炸焊接复合法起源于 1944 年，美国人卡尔在炸药爆炸试验中，意外发现两片黄铜圆薄片因爆炸冲击而结合在一起，这一发现为利用炸药进行不同金属复合的技术路线奠定了基础[15]。1959 年 Philipchuk 首次实现铝和钢的爆炸焊接[16]。之后，世界各国纷纷展开了该项技术的研究。在国内，自 20 世纪 60 年代末起，中国科学院力学研究所、西北有色金属研究院和中国船舶重工集团有限公司第七二五研究所等单位也陆续开展了爆炸焊接的试验与生产工作。经历了理论试验研究、研制生产军需产品、军转民开发和军民融合产业化发展四个阶段，爆炸焊接的基础研究和应用研究发展迅猛，应用技术也有了众多创新，爆炸焊接金属复合产品先后在国内外重大项目上得到应用[17,18]。

爆炸焊接复合法具有良好的焊接性，能够让相同的、不同的甚至几乎任意的金属组合牢固地焊接在一起。其产品的应用范围极为广泛，涵盖了石油、化工、采掘、冶金、造船、航空、航天、原子能、电力、交通运输以及机械制造等众多领域。金属复合板的爆炸焊接装配如图 1.3 所示[6]。根据覆板和基板安装形式不同，爆炸焊接复合法可分为平行法和角度法。平行法安装时，覆板与基板平行，间隙保持不变，角度法则是覆板与基板之间成一定角度安装。在小型试验时，平行法和角度法均可，角度法适用于小面积和高爆速炸药，但在进行大面积复合板的爆炸焊接时多采用平行法。平行法焊接时，各层待焊板材的间隙是不变的，而角度法焊接时是可变的。一般在炸药和覆板之间设置塑料板、纸板、水玻璃沥青或黄油等作为保护层，整个系统通常置于地面上。

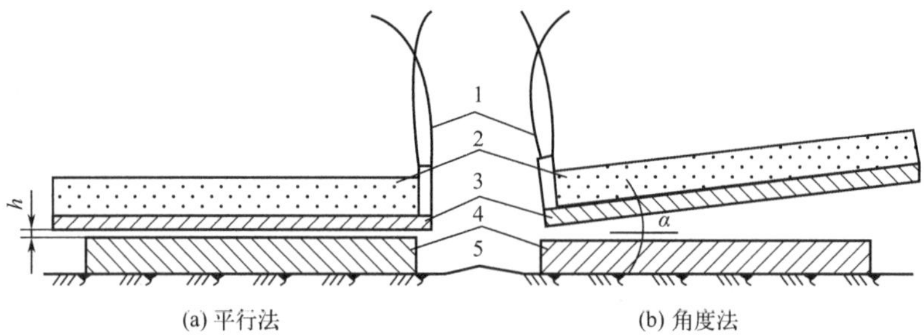

图 1.3 爆炸焊接复合法装配示意图[6]

1—雷管；2—炸药；3—覆板；4—基板；5—基础（地面）；α—安装角；h—间隙距离

当置于覆板之上的炸药被雷管引爆后，炸药的爆炸化学反应经过一段时间的加速便形成爆轰波，爆轰波以爆轰速度在炸药层中向前传播。传播速度与炸药的品种、密度和数量有关。随着爆轰波的推进，爆轰波的能量和迅速膨胀的爆炸产物的能量向四面八方传播开去，这两部分能量同时向下运动，使覆板在间隙中被加速，最后与基板高速撞击[19]。调整撞击速度和撞击角度，当达到最佳组合时，薄层金属由于倾斜撞击的作用在撞击面上发生强烈的塑性变形，而使两种金属紧密接触，这一过程中伴随着强烈的热效应。当温度达到金属的熔点以后，接触面上金属的物理性质类似于流体，促使被焊金属表面发生各种物理和化学变化，形成连接金属的金属键，于是金属就结合在一起，形成金属间的焊接。爆炸焊接复合法使用的板材表面不需要特别处理，复合强度高、不易产生脆性金属间化合物，适合野外作业。复合板产品既具有复层的耐腐蚀等功能特点，又兼具基层的强度和塑韧性指标，同时可大量节省稀贵金属、大幅降低综合成本等。其缺点是可控性较差、生产率低、不适用连续化生产[20]。现在爆炸复合使用的炸药基本上是工业粉状炸药混拌一定比例的密度调节剂，爆速不稳，能量利用率低，因此需要研制更高效、专用的炸药，采用合理的布药方式，严格计算炸药使用量，减少炸药冲击波、地震波、噪声对周围环境的影响。同时，在爆厂周围增设防护措施，抵抗、吸收炸药爆炸产生的冲击波、噪声等，降低对环境的影响[21]。

(2) 爆炸-轧制复合法

对于大板幅、厚度较薄和表面质量要求较高的金属复合板，应采用爆炸焊接复合法。尽管轧制复合技术能够生产大板幅和薄复层金属复合板，但是其组元成分的种类以及界面结合强度往往低于爆炸复合板。因此，在综合爆炸以及轧制法的优点后，学者们提出了一种新的联合技术：爆炸-轧制复合法，即将基板和覆板先通过爆炸法制成较厚的坯料，再利用轧机将坯料热轧成所需的尺寸。爆炸-轧制复合法的出现，有效地克服了爆炸焊接复合法不能生产较薄和表面质量要求较高的复合板的缺点，也解决了单一轧制复合法的轧制材料的组元成分和尺寸受到限制的问题[22]。爆炸-轧制复合法的缺点是工序繁琐、生产成本高[23]。采用爆炸-轧制工艺加工 3mm 以下的复合板时，先通过热轧获得要求的板材厚度，再依靠冷轧获得精确的复合板尺寸和合格的表面。

爆炸-轧制复合工艺流程通常是：坯料准备→表面处理-爆炸复合-爆炸后热处理→热轧-冷轧→校平-取样检测-产品交付。爆炸-轧制法兼有爆炸复合法和轧制复合法生产的优点，增加了生产的灵活性，便于推广。

爆炸复合板轧制与单金属板轧制有着明显不同。在进行爆炸复合板轧制时，必须综合考量两种金属的力学性能、变形抗力以及变形速度等因素。以钛/铝等性质差异较大的金属组合为例，在轧制过程中，金属流动速度的差异以及爆炸结合界面的黏滞作用，会使易变形金属层带动难变形金属层一同流动，这种变形被称作牵引变形。当变形量适当时，在牵引力的作用下，两层金属能够实现同步变形。但当变形量达到一定程度时，两种金属的流动变形速度会出现较大差异，从而产生不均匀牵引变形。复合板的波纹状界面是引发不均匀牵引变形的主要原因。一旦发生不均匀牵引变形，会在被牵引金属表面形成表面波纹，当不均匀牵引变形达到一定程度，难变形金属就会出现间歇性破坏。此外，爆炸复合时形成的界面波、界面缺陷、界面化合物、空洞、飞线、缝隙等，都有可能成为复合板承载时的裂纹源。为有效抑制不均匀牵引变形现象，可从以下多个技术层面采取优化措施。

① 爆炸参数优化：通过精确调整爆炸工艺参数，使爆炸复合板坯的结合界

面形态趋近于微波状或小波纹状，并严格控制不同位置波纹尺寸的波动范围，以降低因界面结构不均匀引发的变形不协调问题。

② 热轧温度调控：依据双金属的热力学性能特点，精准选择合适的热轧温度区间，最大限度地减小两种金属在加工过程中的变形能力差异，确保变形过程的均匀性。

③ 压下量精确控制：综合考虑加工硬化效应和牵引变形机制，合理确定轧制过程中的压下量，避免因压下量过大或过小导致的变形不均匀问题。

④ 润滑条件优化：选用适宜的润滑介质和润滑工艺，有效降低两侧金属在轧制过程中的变形抗力差异，改善金属流动的均匀性。

⑤ 喂料方式改进：采用垂直于爆炸方向的喂料方式，减少因爆炸波纹导致的承载面积不均匀问题，确保复合板在轧制过程中受力均匀。

(3) 轧制复合法

轧制复合法是金属层状复合板生产中最常用的方法之一，目前全世界超过80%的双相金属复合板用轧制复合法生产。在强大轧制压力的作用下，两层甚至多层金属接触面的金属键断裂，从而形成新的金属键，使多种金属复合到一起。根据轧制温度与材料再结晶温度的不同，可将轧制复合法分为热轧复合法和冷轧复合法[24]。热轧复合是将覆层和基层金属事先装配在一起，周边预先焊接以防止在加热过程中界面氧化。为了防止因两种金属变形的差别而引起轧件弯曲，多采用对称式组合。加热后的组合坯经轧机大压下量轧制使覆层和基层牢固地结合在一起[25,26]。热轧复合示意图如图 1.4 所示。对于有些金属组合，为了防止界面上有害相的生成，常采用中间金属夹层复合法。有些难以直接复合的金属组合，通过加入低熔点的中间金属箔，利用瞬间液相过渡法可以得到满意的界面结合。

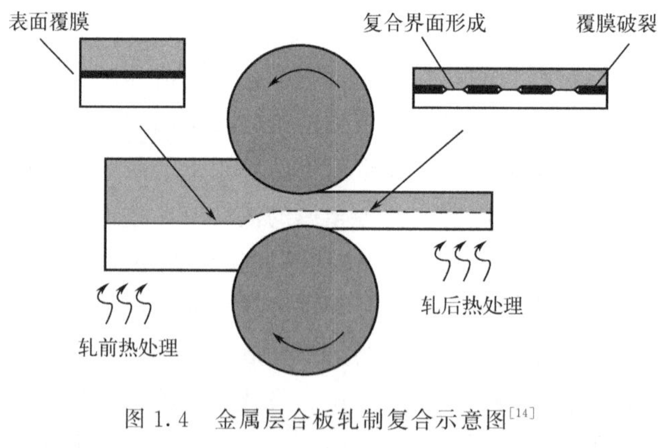

图 1.4　金属层合板轧制复合示意图[14]

由于热轧复合法是高温轧制且并无保护气氛，轧制过程中界面容易氧化并产生金属间脆性化合物，难以对界面复合效果进行有效控制。因此，针对热轧复合法的不足，美国首先提出“大变形复合+扩散退火”理论，开始研究冷轧复合法。冷轧可以实现多种组元的结合，并且可以生产复合带卷，尺寸精确，效率高。因此，冷轧复合是当今世界应用最广泛的金属层状复合技术之一。冷轧复合工艺通常分两步完成，第一步在室温下将坯料送入轧机，在轧机强大的压力作用下，层叠在一起的金属产生原子结合，使复合界面达到一定的强度。第二步将轧好的坯料进行低温长时间热处理，保证复合界面获得稳定的性能[27,28]。

热轧复合与冷轧复合的基本原理是：在轧机的强大压力作用下，有时伴以热作用，使组元层表面的氧化皮破碎，并在整个金属截面内产生塑性变形，在破碎后露出的新鲜金属表面处形成组元层间的原子键合和榫扣嵌合。轧制复合时组元层表面的氧化膜是复合的主要障碍，复合变形时，氧化膜破碎是形成焊核的必要条件之一。焊核的成长可导致全界面的结合，这一结合过程可通过退火来实现，退火温度对界面的结合强度影响很大。形成焊核的另一个重要因素是压下问题，只有足够高的压下量才能产生强烈的剪切变形，形成更多的位错运动。复合轧制与单金属轧制的根本区别在于其首道次变形量必须很大，这样才能促进组元层间的物理结合。为了易于实现复合道次的大变形量而采用良好润滑剂无限制地降低轧制负荷是不可取的。

对部分难变形的金属，或者在常温下延展性较差的金属，在轧制复合时，可以通过施加适当的辅助初始温度调控材料的变形抗力，实现轧制复合的协同变形。异温轧制技术是在处理两个熔点、性能相差较远的组元层复合时采用的复合方法[29]。虽然将它归入热轧复合的范畴，但有时只有一个组元处于热轧状态，而另一个组元则处于冷轧状态，这可以部分地解决轧制后的软化问题。近年来，随着科技水平的提高，异温可通过电磁感应加热技术来实现，利用不同金属磁导率的差异而达到不同的加热效果[30]。异温轧制复合工艺可用来制备钛/铝、钛/镁、钢/铝等层合板。Xiao 等研究了压下率、钛层加热温度对钛/铝层合板的厚比分配、剪切强度和界面的影响。结果表明，随着钛层温度的升高和压下率的增大，钛层和铝层的变形率差值逐渐减小。当温度为 800℃、压下率为 50%时，钛/铝层合板的变形趋于协调，界面剪切强度达到 108MPa[31]。Qi 等分别使用同温轧制与异温轧制制备了钛/镁层合板，研究发现同温轧制条件下两种金属的结合以扩散为主，而异温轧制条件下两种金属更多地表现为机械啮合，并且变形趋于一致[32]。东北大学金属层状复合材料课题组对钢/铝的异温轧制进行了深入研究[33]，热轧复合对轧机的要求不高，生产率较爆炸复合、熔合法要高，可以进行热轧复合的材料种类也很多，因此得到了广泛的应用。但是必须看到，热轧复合也存在一些局限性，板材的厚度沿轧制方向不均匀，焊接前需对组元层进行精整，每对板坯的厚度比的差异有可能造成最终产品性能的不稳定，这使热轧复合的应用受到了一定程度的限制。

(4) 扩散复合法

扩散复合法是常见的制备金属层状复合板的方法之一，扩散复合是将不同板材在压力作用下进行加热保温，通过原子相互扩散形成冶金结合而获得复合材料。扩散复合分为无助剂异扩散复合、有助剂扩散复合、过渡液相扩散复合、相变超塑性扩散复合等[34]。扩散复合过程未发生明显的金属宏观变形，连接界面很少有残余应力。在扩散复合工艺中，温度、压力及加压时间是扩散复合的重要工艺参数。扩散复合的工艺是先将待复合金属进行表面处理，使其裸露新鲜的金属，然后将处理后的表面相对叠合在一起，在一定的温度下，保温加压一定的时间使其发生冶金结合[35,36]。该方法选择材料广泛、焊接均匀、材料利用率高、无污染、不产生过热组织，其缺点是对板材表面清洁度要求高、成本较高，生产效率较低。

1.3.2　液-固复合技术

(1) 铸造复合法

铸造复合法是应用最早的制备金属层状复合材料的一种方法。铸造复合法分为普通铸造复合法和包覆铸造复合法。普通铸造复合法是将液相材料与固相基体在模具内进行组合、凝固后形成金属层状复合材料。铸造复合法工艺简单、生产成本较低、适合大批量生产。其缺点是在浇铸时易熔损固相板材，需要准确控制浇铸速度，工艺可靠性差[37]。日本川崎钢铁公司开发的KAP复合钢板就是采用铸造复合法生产的，其制造工艺是先把钢坯表面清理干净，垂直地悬挂在铸模内，通过下注法向铸模注满高碳钢水。钢水凝固后得到复合钢坯，再热轧成一定厚度的板带。通过低碳和高碳钢的复合而获得的复合板，其强韧性和耐磨性都非常优越。包覆铸造复合法是先将预先处理好的金属芯材放入模具中，然后通过底注的浇铸方式将另一种金属液体注入模具，包覆液与基体冷却凝固结合形成双金属复合材料[38]。该方法适用于熔点相差大且难以变形的材料，优点是工艺简单、生产成本低、适合连续生产。缺点是浇铸温度较高、芯材底部熔损量大、浇铸速度会影响其冶金质量及复合材料的界面结合强度。韩星等采用自制的包覆铸造装置成功制备了4045/3003复合铸锭，研究了复合材料的界面组织和力学性能，结果表明，复合材料结合良好，界面无气孔和夹杂，表面质量良好[39]。

(2) 铸轧复合法

铸轧复合法是将铝液连续浇铸到铜板表面使之在半固态下和铜板同时进入轧机进行复合，如图1.5所示[40]。铸轧复合法利用轧机的高压和液态金属的高温，可以使得两种金属进行充分的原子扩散，复合材料界面结合强度高，而且生产工艺简单、成本低。将高效、节能、短流程的连续铸轧技术与半固态加工技术相结合，形成半固态连续铸轧成形技术，其兼具两种先进技术的优点，是一种全方位、高效、节能、短流程、近终形的加工方法。其工作原理是将搅拌均匀的覆层合金的半固态浆料通过浇嘴浇铸在经过处理的钢背上，使得覆层合金与钢背扩散反应一段时间，在冷却装置与水冷轧辊的共同冷却作用下，覆层合金的半固态浆料与钢板表面经历接触、润湿、扩散、轧制等过程，最终制备出钢背金属复合板[41]。

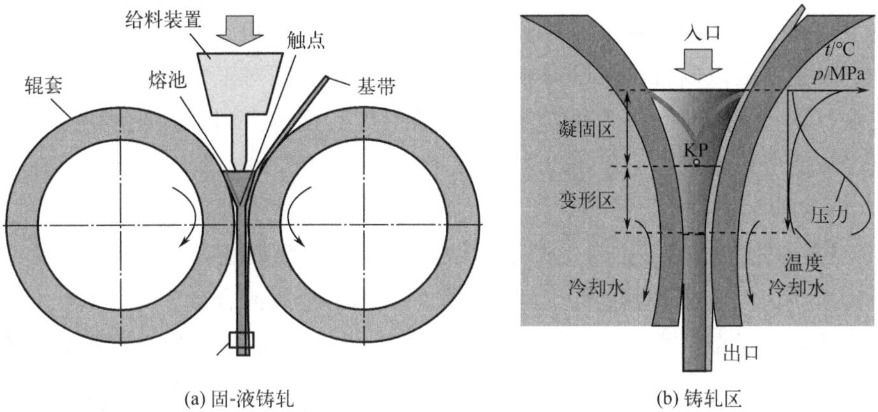

图 1.5　铸轧工艺示意图[40]

20 世纪 80 年代，东北大学在国内率先开展了半固态加工复合技术的研究[42,43]，铸轧法就是其中之一，它是液相金属与固相金属在轧机上实现复合的方法。这种冶金结合能够提高界面强度，同时减少工序，但是钢的表面易氧化。为了有效解决钢板表面氧化这一固液相复合的难题，提高钢板表面与铝液间的浸润能力，在铝、铜固液相复合过程中采用了钢板表面浸涂助焊工艺。该方法将铸造法与轧制法结合起来，既有液相高温，又有轧制力，能够实现较高的复合强度。铸轧法可实现连续生产，效率高、成本低。但此工艺方法还不成熟，有待于进一步完善。铸轧复合法在生产复合板时由于复合温度高，复合基板表面容易发生氧化，形成氧化层。同时，由于覆层金属与基体金属的熔点不同，结合部位容易产生熔损，因此难以得到质量优良的复合钢板，为了避免被钢水熔化，板厚和板重也受到了限制。

(3) 喷射沉积法

喷射沉积法是一种用专用设备把某种固体材料熔化并加速喷射到基件表面，形成一特制薄层，经热处理后达到复合，能提高基件耐腐蚀、耐磨、耐高温等性能的新兴技术。复合的具体工艺流程为：先对待复合表面进行清洗、除锈、打毛处理，再利用喷射沉积法将覆层金属液喷射沉积到基板表面，使基板的表面具有较高的耐酸碱腐蚀、耐磨损和装饰性等功能。喷射沉积过程的工艺参数对复合板的性能影响很大，包括流体管尺寸、雾化气体种类、基体形状、金属流体的过冷度、金属流体的流速及雾化气压力等[44]。

喷射沉积法具有较快的冷却速度，这使得制备出的材料表面均匀性极佳，有效避免了因冷却不均而产生的表面缺陷。喷射沉积法应用范围十分广泛，尤其在处理互不固溶金属时，为这类金属材料的制备提供了有效的解决方案。从能耗和环保角度来看，喷射沉积法能耗较低，在生产过程中对能源的需求相对较少，并且整个过程安全环保，减少了对环境的污染。但喷射沉积法其复合层的厚度会受到一定限制，难以制备出较厚的复合层。此外，该方法对于复合板的尺寸也有一定要求，不宜生产尺寸过大的复合板，这在一定程度上限制了其在某些大型构件制造领域的应用。

(4) 钎焊-热轧复合法

钎焊-热轧复合工艺作为生产不锈钢层合板的重要方法，是一种生产复合板的新技术。该工艺选取熔点低于基层与覆层金属的金属或合金作为钎料，将其放置于基层与覆层金属之间[45,46]。具体操作时，先对准备复合的金属板表面开展打毛、氧化等清洁工作，以保证表面的洁净度和活性，为后续的结合创造良好条件。接着，把处理好的待复合板和钎料进行叠合组坯，然后放入电阻炉中加热，使温度处于钎料的熔化范围，让钎料熔化。在此过程中，借助液相钎料与固相金属板之间的相互扩散，实现基层与覆层的原子间结合，完成预结合。之后，在轧制力的作用下，基层与覆层完全结合。在后续的热轧阶段，可适当降低首道次压下量，这样做能够进一步增强复合界面的结合强度，从而提升复合板的整体质量。钎焊-热轧复合法生产周期短、可连续生产，所以钎焊-轧制法具有很大的推广价值。

影响钎焊性能的主要因素包括材料体系和工艺参数两类。从材料角度看，铝合金焊接箱材料应具有高强度、高熔点、优异的超强电阻。因此，用于热轧复合焊料的铝箔基材主要以第三系铝合金为主，复合方式多采用 4 系/3 系/4 系形式。壳体材料需要满足较低的焊点、优异的流动性、良好的填充特性以及焊接特性。基体成分对包覆质量和金属纯净度的影响，直接关系到铝合金钎焊板的焊接质量。从工艺参数看，包覆率[47]是核心指标。复合焊料片的包覆率表示包覆层厚度占总厚度的百分比。如果包覆率太低，焊接时供热不足，会导致干燥或假焊，既增加传热阻力又导致中心材料的厚度相对较小。焊接片材时，难以承受热交换的重量和夹紧压力，引发结构破坏。因此，研究包覆合金在基体和轧制过程中的高温力学性能变化规律并确定基体和壳体的初始目标值是非常重要的。焊接高温环境下抗弯曲变形能力，既是衡量复合带材整体性能的重要指标，也反映了复合板材料的抗弯曲能力[48,49]。

1.3.3 液-液复合技术

电磁连铸复合法是具有代表性的液-液复合技术。该方法是两种不同成分的钢液分别沿着两个相邻的浸入式水口同时浇铸到结晶器内，在结晶器下部磁场产生的洛伦兹力作用下，异种钢液混合被有效抑制，钢液在磁场作用下分离并凝固成复合坯料的方法。凭借电磁力，结晶器内部的熔池被分割成上下两部分，金属在结晶器内冷却，上部钢液凝固形成复合材料外层，下部钢液凝固形成复合坯料基层。但需严格控制金属液温度和拉坯速度等工艺参数。对设备制造、工艺水平等要求高，设备成本高，导致其无法规模化制备不锈钢包覆碳钢复合坯料[58]。由于在结晶器内直接实现金属材料的复合，结合界面不会产生氧化、夹渣等情况，且复合板的尺寸和厚度可随时调整，无污染，噪声小，因此适于大批量生产，可重复性好，容易实现机械化生产。

1.4 金属层状复合材料制备新技术

1.4.1 累积叠轧复合技术

累积叠轧技术（ARB技术）起源于20世纪60年代，最早是由日本大阪大学Saito在1998年正式提出的[50]。累积叠轧工艺不仅是一种应变不断产生和累积的过程，更是一种界面固相扩散连接的过程，累积叠轧工艺示意图如图1.6所示[51]。在累积叠轧过程中，首先对进行叠轧的两块金属板料进行表面处理，除去金属表面的油污及氧化皮，从而提高叠轧板材的结合强度。然后，将两块板材叠加在一起，在室温或再结晶温度以下进行轧制，在大于50%压下量的条件下使板料结合成为一个整体。之后，将板料从中截断，并对截断后的两块板料再次进行表面处理、叠加、轧制结合等。重复上述过程，直至达到最终所需要的较大的变形量为止。这一过程归纳起来包括以下四个步骤：表面处理、叠合、轧制、裁剪。

累积叠轧技术不需要高载荷的成形设备和昂贵的模具，实验设备为常用的板带材轧制机，因此累积叠轧技术具有生产效率高、适宜尺寸较大的板带材生产等优点。而且在实现材料应变量累积的同时，试样的横截面积却基本保持不变，理论上可以无限次地重复这一过程，从而使材料达成传统加工技术难以实现的大变形[52,53]。因此，累积叠轧工艺被很多研究学者看作是剧烈塑性变形技术中唯一有希望实现工业生产大边幅超细晶乃至纳米晶金属多层复合板材的加工技术。同时，在轧制过程中会形成很多层状界面，并且随着轧制道次的增加，初期形成的界面变得越来越不明显，逐渐难以辨认，从而大大降低了裂纹的扩展能力，提高

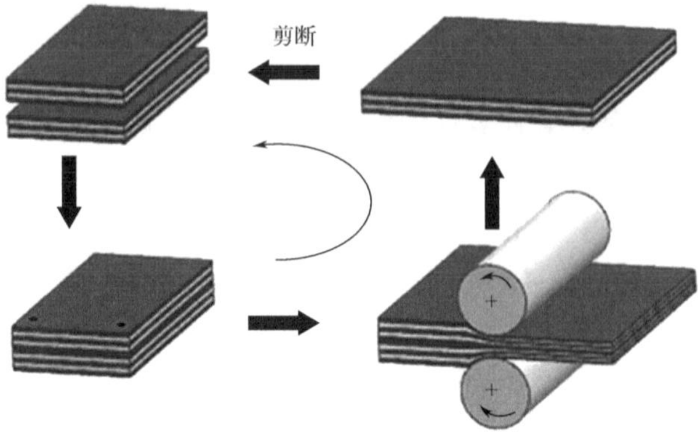

图 1.6 累积叠轧工艺示意图[51]

了材料的断裂和损伤容限性能。

ARB 技术可以在不发生几何变形的情况下产生特别高的塑性应变，对压下量、轧制速度、轧辊半径、结合温度等参数的控制较为精确，因而 ARB 是一种能在常规设备条件下用来大量制备超细晶合金的生产方法。关于 ARB 的早期研究工作大多数应用于 Al 合金，近年来又扩展到 Cu、Mg 和 Fe 等材料体系。

(1) 异种金属累积叠轧的主要影响因素

对于异种金属复合材料的累积叠轧制备过程而言，其影响因素主要包括：轧制压下率、轧制温度、组元金属材料差异性，表面处理等。

轧制压下率：是影响异种金属轧制结合的最主要因素。在异种金属复合材料的轧制过程中存在临界压下率，只有在高于临界压下率的条件下轧制时，异种金属板材才能得到足够大的塑性变形，才有可能实现板材的结合，而这个临界压下率一般为 50%。

轧制温度：采用累积叠轧技术制备异种金属复合材料时，整个过程一般需要在一定的温度下进行。若轧制温度过高，易使组元金属材料产生再结晶，消除了轧制过程中的累积应变，而不利于组元材料组织细化；同时，较高的轧制温度极大地提高了组元金属材料的原子扩散速率，从而增大了板材内部脆性金属间化合物的含量，大大降低了板材的塑性变形能力[54]。

组元差异性：在累积叠轧变形过程中，异种金属往往因其在流变性能上的不同而出现复合失败的情况。一般来说，可以通过改变材料的厚度来改善异种材料的差异[55]。

表面处理：表面处理对于轧制复合板的影响至关重要，它直接影响复合板的有效结合，这是因为金属表面在未处理时是粗糙的，其表面存在着一定的氧化层和油污，会妨碍复合板的结合。图 1.7 为不同的表面处理方法与结合强度的关系。表面处理一般可分为 4 种方法：化学法、机械法、复合法及过渡层法。化学法是用酸液或碱液除去待复合金属表面的氧化物和油脂类杂质。机械法主要是利用旋转钢刷清刷表面层，它适用于大规格尺寸的层状复合材料轧制前表面处理，但经机械法处理的表面粗糙，结合强度不稳定。复合法是化学法和机械法组合形成的，可分为先去油脂再清刷氧化层和先清刷氧化层再去油脂两种。过渡层法是将清洗后的材料表面镀上一层较薄的金属，从而降低复合界面金属间化合物的不良影响。

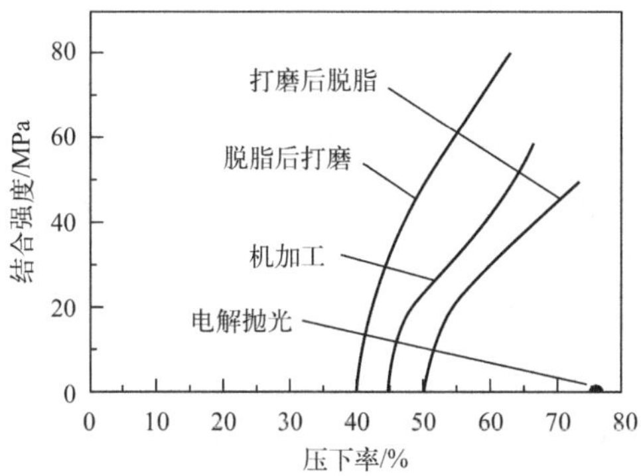

图 1.7 不同的表面处理方法与结合强度之间的关系

(2) 累积叠轧复合技术的研究进展

对于ARB来说，判定其是否为一种适用的加工方法的主要因素为相邻金属层之间的结合强度。基于Nicholas和Milner先前的工作，Saito等考虑了ARB过程中金属间的结合度，并发现轧制的压下量有一个依赖于温度的临界值，低于这个临界值则不会产生结合。因为当温度低于金属熔点的一半时，临界应变大约为50%，这使得在ARB每道次的累积应变不会发生再结晶。ARB技术早期多应用在高性能铝及铝合金的制备，后来逐渐应用在Al/Al、Al/Cu、Al/Mg、Al/Mg/Al等复合材料的制备上[56-59]。随着累积叠轧技术的不断发展，国内外学者对累积叠轧铝/镍复合材料的复合机理及强化机制也进行了详细综述。

Mozaffari等人对铝/镍复合材料的复合机理进行了研究，Mozaffari认为随着叠轧道次的增加，两层金属中硬相镍层的变形加大而厚度逐渐减小[60]。两种金属在初步轧制后良好地结合在一起，然后，随着压力积聚，镍层开始屈服、颈缩并断裂。一般在异种金属共同发生塑性变形时，两种材料力学性能的不同而导致的不稳定源会引起两相中硬相的颈缩和断裂，同时导致硬相破碎且不均匀地分布在软相基体中。然而，这种影响会随着道次的增加而减弱。这是因为随着道次的增加，渐渐被强化的软相基体与原有硬相的力学性能逐渐接近，最终导致两相金属共同均匀地发生变形。Min等人研究了铝/镍复合材料中的剪切带变化，Min认为由于硬相镍相的成形性较低，存在于铝层与镍层界面附近的剪切带在变形过程中被移进镍相中[61]。在叠轧工艺的前几道次中，镍层宽度长于剪切带，随着叠轧道次的增加，镍层被剪切带横穿分离并缩短，最终形成了软相铝基体与镍相粒子混合的宏观结构。在累积叠轧中，在软相铝基体与硬相镍层之间的相互作用下，出现了大量的不均匀变形，导致硬相破碎层尺寸不均匀，随着累积叠轧变形的增加，结构不均匀化加剧，特别是在软相基体与硬相层的界面上，这也是由于各向间存在摩擦。Reihanian 等人利用累积叠轧工艺制备了多层铝/镍、铝/铜复合板材，并根据 Cockcroft 准则和 Latham 准则对其轧制过程中的硬层颈缩和断裂的临界应变建立了数学模型。Reihanian 认为铝/镍、铝/铜复合板材在经轧制变形后，其内部硬相层逐渐出现了加工硬化现象，同时，板材的颈缩现象及临界断裂应变会随着硬相层厚度和硬化指数的增大而增大[62]。Ji 等人利用累积叠轧工艺制备了四道次铝/镍含能材料，并对其冲击诱发特性进行了研究。结果表明，累积叠轧铝/镍含能复合材料在高速撞击下会发生化学反应并释放出大量的热量，其冲击诱发特性会随着碰撞速度的增加而增加。同时，实验通过参考相关理论，建立了铝/镍复合材料冲击诱发反应特性的理论模型，其实验结果与理论模型基本一致[63]。ARB 技术具有诱人的应用前景，但大多数研究集中在变形后材料的组织，对于在变形中出现的晶粒细化机理以及工艺参数和材料参数对最终材料组织的影响等的研究仍不够系统，需要开展进一步的深入研究。

近年来，随着累积叠轧技术的不断发展，国内外学者在累积叠轧工艺、强韧化机制以及轧制复合机理等方面进行了较为深入的研究并取得了丰硕的成果。虽然累积叠轧技术有着许多优点，但是累积叠轧法制备多层异种金属复合材料仍面临着许多挑战，这些问题也在某种程度上限制了累积叠轧技术工业化生产与运用。以下为累积叠轧法制备多层金属材料存在的挑战：

① 从理论上讲，累积叠轧技术可以重复无穷次，从而使板材产生极大的应变量。然而在实际生产过程中，由于轧制变形过程是三向压应力状态，板材在累积叠轧过程中会产生严重的局部开裂。随着板材进一步的轧制变形，裂纹将很快扩展到材料的中心部位，而使材料制备失败。

② 累积叠轧技术在制备多层异种金属复合材料时，往往需要进行退火处理以改善其力学性能。当退火温度较高时，板材内部的原子扩散速率急速增加，并在板材内部生成大量的脆性金属间化合物，大大降低了板材的塑性变形能力。当退火温度较低时，板材内部的位错不能得以消除，使得板材的应变硬化指数大大增加，不利于板材的进一步加工。

1.4.2 自蔓延高温合成技术

自蔓延高温合成（self-propagating high temperature synthesis，SHS）又称为燃烧合成，是由苏联科学家 Merzhanov 于 1967 年提出并随后发展起来的。它是一种可用于制备多种不同类型的材料（如陶瓷、金属间化合物等）的新工艺。自蔓延高温合成法是通过反应产生的高反应热来实现自我加热和自维持燃烧，无需外界加热源便完成合金的制备[64,65]。被点燃的反应物质会自行蔓延至非反应区域，直至全部反应完毕，最终制成所需的合金材料。由于 SHS 具有能耗少、效率高、产物纯和工艺相对简单等优点，受到各国科研人员的高度重视。反应物在真空或惰性气氛保护下，通过特定点火方式触发反应后，已反应区不断提供能量引起未反应区反应，形成自持传播的燃烧波以推动反应持续进行。该类反应大部分基于镁热及铝热还原反应，过程如图 1.8 所示[66]。

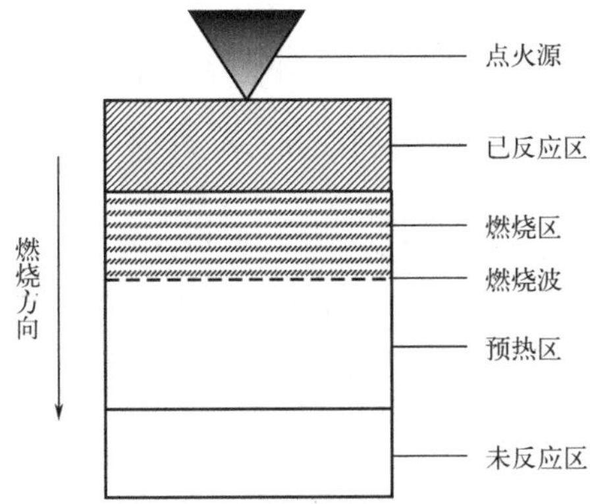

图 1.8　燃烧合成反应示意图[66]

自蔓延高温合成相较于传统的材料合成与制备技术，展现出诸多显著优势，具体特点归纳如下：其一，SHS 过程无需外部持续供热，仅需引燃源即可启动反应，这使得其能耗相对较低，所需设备装置也更为简单，进而提高了生产效率并降低了生产成本；其二，在合成进程中，反应温度极高，这种高温环境能够促使挥发性杂质蒸发，从而使合成产物具备较高的纯度；其三，燃烧合成时的升温和冷却速度极快，这导致生成物中缺陷和非平衡相相对集中，赋予了合成产物较高的活性，有效提升了其烧结性能；其四，SHS 技术与机械技术及冶金工艺相结合，能够在合成目标材料的同时实现材料的致密化，从而可直接制备形状结构较为复杂的零部件；其五，SHS 技术具备制造某些非化学计量比产品、中间产物以及亚稳相产品的能力。表 1.2 是 SHS 技术和传统工艺特点的比较[67]。

表 1.2　SHS 与常规方法的几个典型参数比较[67]

参数	SHS 法	常规方法
最高温度/℃	1500～4000	≤2200
反应传播速度/(cm/s)	0.1～15	很慢，以 cm/h 计

续表

参数	SHS 法	常规方法
合成带宽度/mm	0.1～5.0	较长
加热速率/(℃/h)	103～106(以燃烧波形式)	≤8
点火能量/(W/cm^2)	≤500	—
点火时间/s	0.05～4	—

随着 SHS 的不断发展，其已从最初的固-固反应拓展至固-液-气反应。相较于其他传统制备方法，SHS 具备诸多无可替代的显著优势。它工艺流程简短，一般仅需一步或两步反应便能得到目标产物；所需设备简单，能耗较低，这在很大程度上降低了生产成本；点火时间极短，局部活化充分，反应效率高且周期短，能够实现大规模生产；产物纯度高，因为在较高温度下杂质会分解并挥发；反应过程迅速，能在极短时间内完成加热与冷却，有利于纳米材料及中间产物的形成。鉴于这些优势，SHS 能够用于制备高熔点碳化物、硼化物陶瓷及其复合材料、难熔金属及其合金等多种类超高温材料，并且能够进一步满足高质量规模化生产的迫切需求。

1.4.3 金属粉末-板带复合轧制技术

金属粉末-板带复合轧制法（plating pow der and rolling method，PPR 法）制备表面精饰复合金属板带是昆明理工大学研究开发的一项新技术。该技术已获中国国家发明专利。该技术不同于金属板带的层状轧制复合，更不同于热镀和电镀技术的复合，而是一种全新概念的金属板带材表面复合技术。应用该技术可以在预先选定的金属板带材表面复合上一种或几种金属及合金。至今已成功地开发出铜-钢、黄铜-钢、铝-钢、钛-钢、不锈钢-钢、银-钢等表面复合金属板带材。复合轧制是本技术的关键工艺，复合板带材的性能、质量在很大程度上取决于复合轧制技术及工艺过程的完成情况。由于基材与覆层的物理特性和形态不同，轧制过程是一种特殊的工件不对称轧制，与常规的双金属复合轧制相比其塑性变形的物理现象和变形的特征参数都不相同。

PPR 法复合轧制主要工艺过程：首先，将选定的基材进行表面活化处理后再通过特殊工艺在其表面沉积一定厚度的金属粉末，此为表面预复合。然后，将经表面预复合的板带进行复合轧制。复合轧制的目的是进一步强化覆层与基材的结合，改善复合板带材的表面质量，从而实现产品规格所需的最终几何尺寸。最后，对轧制后的板材进行扩散处理以确保覆层与基材实现冶金结合[68]。PPR 法复合轧制变形特点与轧制常规板带所用设备相同，PPR 法的复合轧制也在四辊冷轧机上进行。根据需要 PPR 法可以实现单面复合或双面复合。轧前基材是致密连续的金属板带而覆层则是松散的金属粉末，轧制时初步结合后的双金属板带同时进入轧辊，在强大轧制力的作用下二者产生塑性变形，表层的金属由颗粒状变为箔状进而延展成片状附着在基材上形成表面精饰金属复合带材。林大超等人采用“电子显微镜形貌分析法”“网格法”及“前滑法”研究了 PPR 法单面复合的复合轧制变形过程[69]。结果表明：轧制变形区可分为 3 个区段，如图 1.9 所示：覆层颗粒压实变形区（Ⅰ区）基材与覆层滑移区（Ⅱ区）双金属结合区（Ⅲ区）[70]。

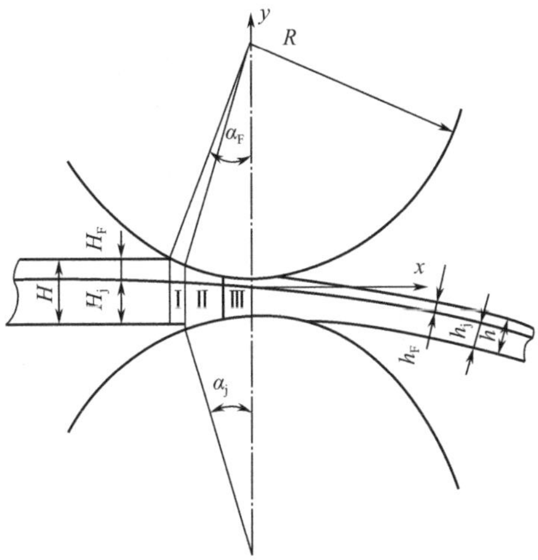

图 1.9　PPR 法复合轧制变形区示意图[70]

H—轧前板材总厚度；H_F—覆层金属进入轧制变形区时的厚度；H_j—基层金属进入轧制变形区时的厚度；h—轧后板材总厚度；h_F—覆层金属流出轧制变形区时的厚度；h_j　基层金属流出轧制变形区时的厚度；R—轧辊半径；α_F—覆层金属咬入角；α_j—基层金属咬入角

在 PPR 法复合轧制过程中，基材为致密金属，其塑性变形特征参数可依据常规轧制理论进行求解。与之不同的是，覆层由松散且非连续的金属颗粒构成，针对这一特性，需运用金属粉末塑性变形理论展开研究。在轧制过程中，覆层附着于连续的基材之上，并且最终会形成连续体，基于此，可将覆层视为可压缩的连续体。采用连续体假设条件，能够运用连续体塑性力学理论对 PPR 法复合轧制过程进行深入研究[71]。

1.4.4　喷射轧制技术

喷射轧制技术是将熔体雾化、喷射沉积、双辊铸轧结合为一体，在一步工序内从液态金属直接制备高性能金属板带材的一种薄带连铸连轧技术。该技术实现了高效、节能、短流程的喷射成形技术和轧制技术的有机结合，符合绿色制造的方向。

1968 年，英国学者 Singer 教授提出了采用喷射沉积形成板坯，在板坯未冷却时轧制成带材的方法，目的是缩短流程，节约能耗[72]。但是由于喷射沉积坯的厚度不均匀，存在孔隙，轧制时容易产生缺陷，因而研究未能延续。2003 年，美国加州大学 Davis 分校的 E. J. Lavernia 和爱达荷国家工程与环境实验室的 M. M. Kevin 等开始了对喷射轧制技术的研究，提出的喷射轧制示意图如图 1.10 所示[73]。

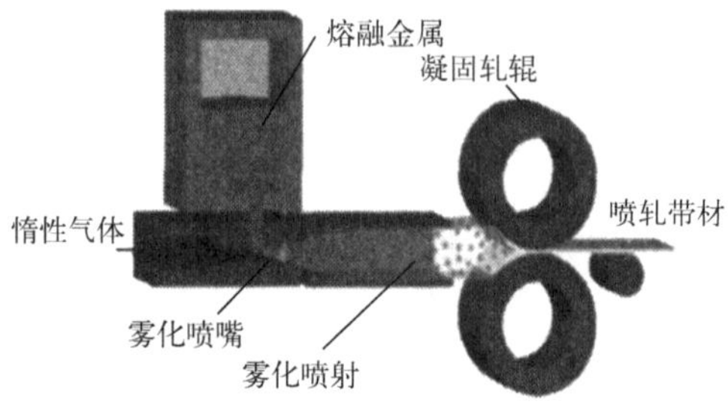

图 1.10 喷射轧制工艺示意图[73]

喷射轧制过程可分为两个阶段：第一阶段为使用惰性气体（如氮气）通过线性喷嘴将熔融的金属雾化成细小的液滴（20～200μm），液滴因不同的尺寸在飞行过程中与外界发生传导传热或者辐射传热的热力学行为也不同，因而液滴可呈固态、半固态或液态并最终沉积于轧辊表面；第二阶段，具有一定的固相分数的沉积物质进入辊缝轧制，与轧辊面接触发生热传导，直至完全凝固。喷射轧制加工方法与传统的铸锭冶金制造方法相比，可节省能源消耗，降低成本，材料组织中溶质分布更均匀，合金化强度较高。与双辊铸造方法相比，喷射轧制不采用水冷，而是通过空心轧辊控制冷却速率，使物料在辊缝内产生一个糊状区，进而生产具有较宽凝固温度范围的铝合金。但采用双辊铸造还不能用于商业化生产 2124 和 7050 合金[74]。与喷射成形方法相比，喷射轧制生产的板材比喷射成形板材的孔隙率（2%～8%）低，避免了后续轧制过程中的开裂[75]。喷射轧制方法制备的材料具有细小的等轴晶组织，致密度高，由于惰性气体的保护合金的含氧量低，合金性能比常规铸锻材料有较大提高，工艺流程短，能源利用率高，可近终成形等。但是其设备复杂，成本仍然较高。

McHugh 等试制出 1 台实验室规模带材喷射轧制机，成功制备了宽 200mm、厚 1.6～6.4mm 的 2124 和 7050 合金带材，并评估了带材性能和工艺参数之间的关系。该项研究结果表明，喷射轧制材料的显微组织和综合力学性能明显优于常规工艺得到的材料，经过喷射轧制后的 2124 合金、7050-T76 合金均具有相对细小、均匀、约 10μm 的等轴晶显微组织，晶粒未表现出明显的择优取向，均无明显偏析，因此材料力学性能的各向异性小，即喷射轧制材料的纵向与横向力学性能非常接近，而常规工艺材料的性能对轧制方向较敏感[74,75]。喷射轧制工艺复杂、影响因素较多，可通过调节气体与金属液滴流率比控制固相分数，从而控制液滴的平均大小和冷却速度，得到所需的材料显微组织和力学性能。喷射轧制能够高效地制备出有较宽凝固温度范围的合金材料，其中固相分数的增加使得材料的拉伸性能提高。上述研究只得出了气体质量流率对最终材料力学性能的影响，没有对其他的主要工艺参数进行研究。此外，也只得出了定性的结果没有定量分析，也未进行气体金属质量流率比对材料力学性能影响的理论分析。

喷射轧制中喷射和沉积阶段的传热传质情况与喷射成形中喷射和沉积阶段的传热传质情况相似，喷射轧制中轧制阶段的传热传质情况可以借鉴双辊铸轧中轧制阶段的传热传质规律。在整个喷射轧制过程中均存在介于固态和液态之间的半固态，因此可参考半固态热轧进行探讨。喷射轧制涉及半固态流动变形理论和塑性变形理论、快速凝固与致密化规律、多相流传热传质模型、显微组织的形成与演变规律。喷射轧制过程由于受复杂的多相体系、多参数共同作用与控制，是一种较为复杂的工艺，因此研究的难度较大。喷射轧制作为一项新的快速凝固材料制备技术存在很多值得研究的问题，未来的研究主要集中在以下几个方面[76]：借鉴已有的相对成熟的喷射成形和双辊铸轧的理论知识，采用理论模型和数值模拟的方法，研究不同因素条件下气流场中不同液滴之间的动力学行为以及飞行、碰撞、沉积和轧制过程中的热力学行为对材料性能的影响；研究半固态近净成形、快速凝固和致密化机理及模型、快速传热传质规律、显微组织的形成与演化规律，从而揭示喷射轧制过程的基本原理和理论知识；研究喷射轧制加工过程中的工艺参数如质量流率比、金属沉积速度、轧制速度等对材料的孔隙率、第二相等组织特征和强度、韧性等力学性能的影响，对其进行控制和调节可为生产厚度均匀、全致密的材料提供理论依据。喷射轧制技术的关键问题是如何获得厚度均匀、快速凝固的板带材，实现材料的全致密，控制材料的组织性能并优化材料的综合力学性能。

1.4.5 激光熔覆技术

激光熔覆技术是通过高能激光源的加热，在激光快速扫描下使得熔覆材料粉末和基体表面熔化形成高温熔池，然后在快速冷却的条件下熔池发生凝固，形成的熔覆层与基体之间具有较高的结合强度，形成良好的冶金结合界面的方法。通过激光熔覆技术，可以在基材的表面获得一层与基体相互融合、具有不同组织结构和性能的熔覆层，从而提高零部件的表面硬度、耐磨性和耐腐蚀性能。与此同时，激光熔覆技术还具备修复磨损或腐蚀表面的能力，为受损材料的再利用提供了可行途径。激光熔覆技术具有以下特点：

① 激光束能够高度聚焦于材料表面的小区域进行作用，精准地实现对材料表面的局部处理。这种局部处理方式避免了整体加工可能引发的材料浪费和额外

成本，提高了资源利用效率。

② 高能量密度：激光束具备极高的能量密度，能够在极短的时间内将材料表面加热至足够高的温度，促使材料表面部分或完全熔化。这种快速加热的特性使得激光熔覆过程具有高效性，减少了热影响区，降低了对材料基体性能的影响。通过灵活调整激光参数，如功率、焦距、扫描速度等，可以实现对激光熔覆处理过程的高度精确控制。这种精确控制能力确保了涂覆或合金化过程的精密性，能够满足不同材料和应用场景对表面处理精度的要求。

③ 材料适用性广：激光熔覆技术适用于多种类型的材料，涵盖金属、陶瓷、塑料等。并且，该技术能够实现不同材料之间的涂覆或合金化，为材料的复合应用和性能优化提供了广阔的空间。

④ 表面改性效果好：由于激光熔覆过程采用局部加热和快速冷却的方式，熔覆后的材料表面通常形成致密的微观结构。这种致密的微观结构有助于改善材料的硬度、耐磨性和耐腐蚀性，从而提高材料的使用寿命和可靠性。

激光熔覆的技术操作过程简单明了，对环境造成的污染较少；通过精细调整激光的工艺参数，能够实现可控的稀释率和熔覆层厚度。激光熔覆技术具体的工作流程如图 1.11 所示[77]。

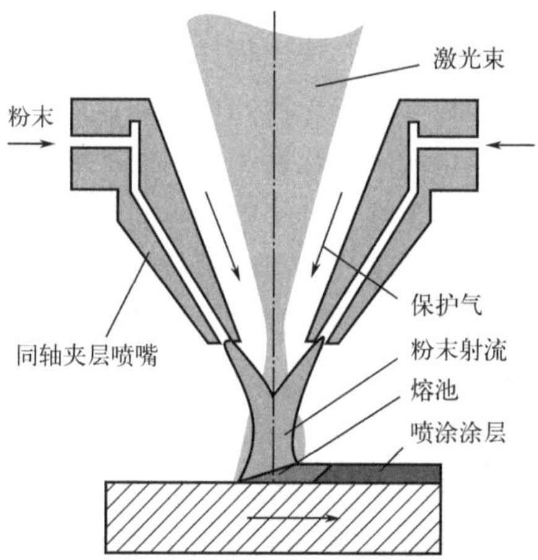

图 1.11　激光熔覆原理示意图[77]

到目前为止，大量的研究人员已经对激光熔覆涂层的制造工艺进行了深入的研究和探索。徐景波等人利用激光熔覆技术在 20CrMo 钢的表面成功地制得了 Fe-Cr 合金的耐磨、耐腐蚀涂层，同时研究了 Cr 含量对涂层的内部微观组织和性能的影响。经研究发现，随着 Cr 元素的添加量增加，制得的熔覆涂层的耐磨性能和耐腐蚀性能都随着 Cr 含量增加而提高，当 Cr 元素的质量分数达到 40%（质量分数）时，熔覆层具有最优异的性能[78]。Sun 等人使用 WC 增强 Ni 基合金来熔覆制得耐磨涂层，并深入研究了WC含量如何影响涂层的性能和微观组织结构。实验结果表明，随着WC增强相数量的逐步增加，涂层的耐磨性能得到了明显的增强。尤其当WC的含量增加到30%（质量分数）时，涂层展现出了优异的耐磨性能，耐磨性能的提升主要是由磨粒造成的[79]。孙磊强使用铜合金粉末为熔覆材料通过激光熔覆的方式制备满足实际应用需求的高硬度和高耐磨性的Cu基合金复合涂层，分别引入化学镀粉末和过渡层的方法来实现铜合金激光熔覆层与基体之间良好的冶金结合，同时引入不同含量的WC-14Co来提升熔覆层硬度和耐磨性，还对激光熔覆工艺参数、涂层的组织演变和力学性能进行了分析[80]。Li等使用CO_2激光器，采用激光熔覆技术在碳钢表面形成了一层Ni基涂层和Ni与WC的复合涂层，同时对熔覆层的微观结构、硬度和耐磨、耐腐蚀性进行了详细分析[81]。实验结果表明，Ni基熔覆层与基材之间具有较高的结合强度，可以实现良好的冶金结合，Ni在熔覆层内部的主要存在形式为γ-Ni相，γ-Ni相的存在大大提升了涂层的显微硬度，相对于基体提高了$450HV_{0.1}$，同时，涂层的耐磨性和耐腐蚀性能都显著的提升。

激光熔覆技术通过激光器对熔覆材料进行熔化，熔覆材料为球形度较高的粉末，送粉的方式主要包括预置送粉法和同步送粉法。预置送粉法是将复合粉末通过黏结剂固定在基材的表面，经烘干处理后，启动激光热源并开始定向扫描移动，粉末和基体同时熔化形成熔池，在快速冷却后形成一层具有良好冶金结合的高质量熔覆层[82]。除此之外，也有科研人员在激光熔覆实验之前，先在基材的表面通过热喷涂的技术喷涂上一层涂料。同步送粉法中，激光束热源的开启和送粉到激光口是同时进行的，利用氩气气流的气压将球形粉末送至激光热源处受热熔化，从而在基材上形成性能优异的激光熔覆层。在同步送粉的过程中，氩气环境下可以保护球形粉末尽可能地减少氧化，达到优异的熔覆层质量和送粉效率[83]。

激光熔覆作为一种先进的材料加工技术，在加工过程中能够对多个关键参数进行精确控制，如激光束的功率、扫描速度以及送粉气流量等。通过对这些参数的合理调控，可以满足不同性能要求的加工目标，具体表现为对损伤部件的有效修复、显著提高材料的磨损性能以及增强其耐腐蚀性等。以航空航天领域为例，该领域对零部件的性能和可靠性要求极高，激光熔覆技术在其中发挥了重要作用。发动机叶片、涡轮盘等高温结构件在复杂恶劣的工作环境下容易出现损伤和性能衰退，利用激光熔覆技术对其进行修复和改进，能够有效提升这些部件的耐磨性和耐高温性能，从而延长其使用寿命，保障航空航天设备的安全稳定运行。

1.4.6 轧制复合技术前沿

(1) 精密轧制工艺创新

在双金属轧制复合板的制造中，精密轧制工艺创新是提升产品质量的关键。

异步轧制技术实现了±0.01mm的厚度比控制精度。该技术通过调整上下轧辊的线速度差，使金属在轧制过程中产生不同的变形速率，从而精确控制复合板各层的厚度比。这种高精度的控制能够确保复合板性能的稳定性和一致性，满足不同工程领域对材料性能的严格要求。

真空热轧技术则在控制复合界面氧含量方面发挥了重要作用。将轧制过程置于真空环境中，可将钛/钢复合界面氧含量控制在2×10^{-4}以下。在常规轧制过程中，氧的存在会在界面形成氧化物，降低界面结合强度。而真空热轧有效减少了氧的侵入，保证了界面的纯净度，提高了复合板的综合性能。

超声波辅助轧制是实现界面强度突破的重要工艺。在轧制过程中引入超声波振动，能够使金属在微观层面产生剧烈的塑性变形，形成纳米级机械互锁结构。这种结构大大增加了界面的结合面积，使界面结合强度突破500MPa。超声波的空化效应还能促进原子扩散，进一步增强界面结合力，为双金属轧制复合板在高端领域的应用提供了有力支持。

(2) 原子尺度界面调控

原子尺度界面调控是双金属轧制复合板技术的前沿方向。构建纳米级机械互锁结构是实现原子尺度界面调控的关键方法。通过精确控制轧制工艺参数，如压力、温度和轧制速度，不同金属可在界面处形成纳米级的凸起和凹陷，相互嵌入，形成牢固的机械互锁。这种结构不仅增强了界面结合强度，还能改善复合板的综合性能。

在超常环境应用方面，深空探测和聚变堆等领域对材料性能提出了极高要求。双金属轧制复合板通过原子尺度界面调控，有望满足这些极端条件下的使用需求。在深空探测中，材料需要具备良好的抗辐射性能和高温稳定性；在聚变堆中，材料要承受极高的温度和粒子轰击。纳米级机械互锁结构能够有效提高材料的抗变形能力和稳定性，为这些领域的发展提供关键材料支持。多物理场耦合轧制设备的研发也在不断推进。该设备通过同时施加电场、磁场和温度场等多种物理场，实现对原子扩散和界面结构的精确控制。目前，相关研发已取得一定进展，有望进一步提升双金属轧制复合板的性能和质量，推动其在更多高端领域的应用。

1.5 金属轧制复合板的应用

1.5.1 耐腐蚀材料

钛具有优越的抗腐蚀、抗磨损和抗污垢性能，由于具有这些优越的性能，因此其在化工设备上得到了选用。但是由于全钛压力容器的价格比不锈钢容器高出

1～3倍之多，因此它的应用受到很大的限制。利用金属层状复合技术生产出的包钛钢大大扩充了这种材料在化工设备中的使用范围，因为用包钛来代替纯钛材料可以大大地节约成本。包钛材料非常适用于高压和中高温的反应器，除了钛对酸性环境的相容性以外，用薄的高强度钢完全包覆钛还可以满足通过容器壁达到高的热传导的要求。由于钛优良的抗腐蚀和抗污垢能力，包钛钢也广泛地用于壳式和管道式热交换器。

钛/钢复合板的传统应用领域主要有石油化工设备、发电设备和制盐设备。近年来，随着人们对海洋认识的加深，钛/钢复合板在海洋工程领域的应用也得到了快速发展。

在石油化工领域，钛是优良的耐腐蚀材料，在酸、碱、盐介质中具有良好的稳定性，因此钛/钢复合板广泛用于浓缩塔、反应釜、换热器、稳压罐和氧化反应冷凝器等设备[84]。中石化乙二醇装置使用了大型钛/钢复合板塔器，直径3.2m，总高度51m，主体材料为Q345R＋TA2，设备净重89.4t。钛/钢复合板卧式、立式反应釜在钴镍硫化物精矿、红土镍矿和稀贵金属渣等资源的湿法加压酸浸项目中得到了广泛应用[85]。管板是管壳式换热器的核心部件之一，钛/钢复合管板在管壳式换热器中最为常见。钛/钢复合板在耐腐蚀压力容器的管板、筒体和封头上的使用率也很高，钛覆层厚度根据介质的腐蚀性决定，通常选取2～4mm，其中3mm是最常使用的厚度[86]。PTA（精对苯二甲酸）装置核心设备的国产化是整个装置国产化的关键之一，PX（对二甲苯）氧化反应器、脱水塔和结晶器等大型钛/钢复合板制压力容器的国产化是其中的一项重要内容。由南京宝色股份公司承制的PTA氧化反应器，直径达7800mm，长度40m，总重420t，容积达到1200m^3，容器壳体用材为Q345R＋TA1，钛覆层厚度2～3mm，是当时全球最大的钛/钢复合承压设备[87]。

我国的火力发电厂基本上都配套安装了烟气脱硫设施，燃煤机组脱硫采用石灰石湿法脱硫技术，脱硫后含有水蒸气和SO_2烟气，由于温度下降凝结，凝结的高腐蚀性液体附着在烟囱内壁上侵蚀烟囱。钛/钢复合板由于良好的耐腐蚀性能和较低的材料成本被设计用于烟囱内筒材料，目前国内有超过600座电厂采用钛/钢复合板作为烟囱防腐内筒[88,89]。为了降低原料成本，烟囱内筒用的钛/钢复合板的钛覆层较薄，一般为1.2mm。河北沙河电厂的烟囱内筒直径8.5m，高175m，由87.5层层高2m、周长26.72m的钛/钢复合板拼装成圆筒形，逐层焊接垂直顶升形成，所用钛/钢复合板基层碳钢（Q235B）厚度12～16mm、覆层钛（TA2）厚度1.2mm[90]。瑞典最早在20世纪80年代将钛/钢复合管板用于核电冷凝器设备，随后德国、法国、美国和科威特等在大型火电站及核电站中也开始使用钛/钢复合板，日本在滨海电站及海水淡化装置中的凝汽器和换热器上同样使用了钛/钢复合管板。国内凝汽器大幅面钛/钢复合管板的应用始于20世纪 90 年代初，但由于当时国内大幅面钛/钢复合板制备技术尚不成熟，其在结合率、不平度等指标和可承受持续加工特性方面达不到该领域的特殊要求。

在海洋工程领域，钛/钢复合板的优势更为突出。它不仅能够满足海洋环境下严苛的耐腐蚀要求，而且属于环境友好型材料。在海水中，钛/钢复合板无毒害，不会对海洋生态环境造成不良影响，因此特别适合用作海洋土木领域的防蚀材料。随着全球对海洋资源开发力度的不断加大，钛/钢复合板在海洋油气开发、海港建筑、沿海发电站、海水淡化、船舶、海洋渔业及海洋热能转换等领域的应用前景十分广阔[91]。海水腐蚀疲劳测试数据进一步证实了钛/钢复合管在海洋工程中的优势。在模拟海水环境的循环加载试验中，单层不锈钢管在经过一定次数的循环后，表面出现明显的裂纹扩展，疲劳寿命较短。而钛/钢复合管凭借其双重防腐屏障，有效抵御了氯离子的侵蚀和循环应力的作用，裂纹扩展速率显著降低，疲劳寿命大幅延长。这使得钛/钢复合管在海洋工程中能够长期稳定运行，减少了管道更换和维护的成本，提高了整个系统的可靠性和安全性。

在核电装备领域，锆合金/不锈钢复合包壳材料发挥着至关重要的安全保障作用。在 360℃的高温纯水环境中，锆合金/不锈钢复合包壳材料的腐蚀速率低于 0.5mg/（dm^2·h）。这种低腐蚀速率能够有效防止核燃料棒的泄漏，确保核电站的安全运行。在核电系统中，核燃料棒的安全是整个核电站安全的核心，而锆合金/不锈钢复合包壳材料的优异性能为核燃料棒提供了可靠的保护，对于保障核电产业的安全稳定发展具有重要意义。市场对超薄、超厚、高强、高耐腐蚀和界面强冶金结合的钛/钢复合板的需求逐渐增大。在保证耐腐蚀性能的前提下减小钛覆层厚度，可减少钛的使用，降低成本。由于钛和钢的热物理性能差异较大，钛/钢复合板的焊接加工非常困难，而宽板幅钛/钢复合板可以减少焊缝数量，降低加工成本，提高生产效率。基于以上原因，钛/钢复合板的发展趋势是薄覆层、薄厚度、宽板幅、高性能和低成本。

1.5.2 结构材料

（1）航空航天轻量化突破

轻质耐高温的 TiAl 合金板材在飞行器蒙皮、整体壁板类构件和翼舵等结构上具有巨大的应用潜力，将有效提高飞行器的综合性能。在航空航天领域，梯度过渡层轧制技术是实现钛/铝复合蒙皮优异性能的关键[92]。该技术通过精确控制轧制工艺参数，使不同金属之间形成梯度过渡层，有效提升了界面剪切强度。这一技术在深潜器耐压舱体制造中也得到了成功应用。深潜器耐压舱体需要承受巨大的水压，采用梯度过渡层轧制技术制造的舱体，在深海高压环境下能够保持良好的结构完整性和稳定性，为深潜作业提供了可靠保障。包铝铝合金复合板在飞机制造行业应用广泛。包铝铝合金层压板内层的铝合金提供复合板所需要的力学性能，外层是铝包覆层，具有优良的防腐蚀性能。

(2) 汽车工业方面

在汽车工业领域，材料的创新应用对于提升汽车性能和安全性至关重要。其中，不锈钢/碳钢复合防撞梁的出现，为汽车碰撞安全性能带来了显著的提升。大量的实验和实际测试数据表明，这种复合防撞梁的动态吸能效率相较于传统材料制成的防撞梁提高了42%，其碰撞能量吸收值可达35kJ/m^2。这一数据具有重要的实际意义，在汽车发生碰撞的瞬间，不锈钢/碳钢复合防撞梁能够更为高效地吸收和分散碰撞产生的巨大能量[93]。从力学原理的角度来看，它通过自身特殊的结构和材料特性，将碰撞能量以更为合理的方式进行传导和消耗，从而有效减少传递到车内的冲击力。这种能量吸收和分散的过程，对于保护车内人员的安全起到了关键作用，大大提高了汽车的被动安全性能，降低了碰撞事故中人员受到严重伤害的风险。

在汽车热交换系统方面，铝材料凭借其质量轻、易于回收等显著优点，在汽车交换器领域得到了广泛应用[94,95]。汽车散热器是汽车内的换热元件，它包括水箱、冷凝器、蒸发器和风机等，是汽车内的重要部件。汽车散热器需要用强度高、质量轻、耐腐蚀、导热性能好和钎焊性能好的金属材料来制造。与铜质散热器相比，铝质散热器有质量轻、耐腐蚀、可靠性高、成本低和易回收等优点。因此，现在铝及铝合金复合材料作为换热材料已广泛地应用在汽车工业中。在欧洲、北美和日本，铝质复合材料散热器的普及率现已达90%以上。另外，一些家用空调、制氧机的散热器和柴油机的冷却器，以及其他一些机械的散热器和冷却器也用了这种铝合金复合带。此外，利用不锈钢和铝制备而成的不锈钢/铝复合板，展现出了优异的综合性能。该复合板不仅具备较高的强度，能够承受汽车运行过程中的各种力学载荷，还具有质量轻的特点，同时拥有良好的耐腐蚀性能，能够在复杂的环境中保持稳定的性能。在汽车制造中，使用这种不锈钢/铝复合板来代替传统的汽车钢铁件，能够有效减轻汽车的自重，据统计可减轻约15%的重量。从汽车工程的角度来看，汽车自重的减轻对于降低油耗具有直接的影响。同时，油耗的降低也意味着汽车在运行过程中排放的废气量相应减少，这对于环境保护和可持续发展具有积极的意义。

随着电动汽车的快速发展，复合材料在电动汽车电池包防护结构中的应用也逐渐受到关注。不锈钢/碳钢复合板的高强度和良好的吸能特性，使其成为电池包防护结构的理想材料。它能够在车辆发生碰撞或受到外部冲击时，为电池包提供可靠的保护，防止电池受到损坏，降低安全风险，保障电动汽车的安全运行。

1.5.3 导电、导热材料

我国的铜资源日益短缺，价格昂贵，需要大量进口。铜材与铝材是制备电力、电子产品的基本材料，具有优异的导热导电性能。铝/铜层状复合材料的出现，为解决铜资源短缺问题提供了一种有效的途径。这种复合材料充分结合了铝和铜的优点，既具备铝的轻质特性，又保留了铜优良的导电和导热性能。在散热电器元件的制备中，使用铝/铜层状复合材料可以在保证散热和导电性能的前提下，显著减少铜的使用量，从而节约宝贵的铜资源。

在电力传输领域，包铜铝丝作为一种新型导线材料，逐渐得到了广泛应用。包铜铝丝以铝为芯线，外层包覆一层铜，通过特殊的工艺使铜层与铝芯紧密结合。这种结构设计使得包铜铝丝既具有铜的良好导电性，又具有铝的轻质特性。与传统的纯铜导线相比，包铜铝丝的重量明显减轻，从而减小了杆塔的负荷，降低了输电线路的建设成本[96]。同时，包铜铝丝的使用也减少了铜的使用量，缓解了铜资源短缺的压力。电力传输中采用包铜铝丝作为导线，减小了杆塔负荷，降低了铜金属的使用量。利用铜和聚酰亚胺制备的层状复合材料具有良好的结合界面、稳定的电传输性能，成为制备柔性印刷电路的原料，可以取代轧制退火态纯铜，有望应用于3C产品等领域[97]。

1.5.4 多功能复合材料

（1）装甲材料

铝/铁复合装甲板在军工领域展现出卓越的双功能特性。在抗弹性能方面，装甲板能够有效抵御高速弹丸的冲击，为军事装备和人员提供可靠的防护。在面对敌方火力攻击时，这种高抗弹性能可以大大降低被击穿的风险，提高装备的生存能力。电磁屏蔽效能也是铝/铁复合装甲板的重要指标。在现代战争中，电磁环境日益复杂，各种电子设备容易受到电磁干扰。该装甲板良好的电磁屏蔽性能能够有效防止外部电磁信号的干扰，确保军事装备内部电子系统的稳定运行，保障作战指挥和通信的顺畅。

采用层状复合材料代替传统材料可以有效提升军工武器的装备性能。采用铜/钢/铜层状复合材料制备炮弹外壳，相对传统铜材不仅可以降低成本，而且可以提升炮弹的弹道性能[98]。金属与高强度陶瓷制备的层状复合材料可以减轻装甲车重量，提高机动性能和防弹性能。在层状材料中埋入压电传感器还可以增加感知能力，促进装甲车智能化[99]。Lockheed飞机公司采用芳纶纤维增强铝合金层板制备军用飞机货舱门，大大提高了材料抗疲劳以及耐损伤性能。Vecchio等研究表明20%（体积分数）的Ti6Al4V与80%（体积分数）的Al_3Ti制备的层状复合材料具有优异的抗冲击性能，有望用于防弹装备[100]。

双硬度装甲板是层压金属板性能强过单一金属板性能的典型例证。它把高硬度的钢板冶金结合到一种韧性和延展性比较高的较软基体钢板上。极硬的面层用于顶碎穿甲弹的钢芯，而韧性的基底层则保持表面层不散开并吸收穿甲弹冲击引起的变形，使钢板不至于破裂。双硬度装甲与轧制的标准均质钢装甲相比，可以大大减轻防御所要求的装甲重量[101]。为了降低成本，其不再过分依赖短缺的铜作为制造弹药的原材料，用铜合金包覆钢的弹头外壳可以完全代替传统的铜合金弹头外壳。实践证明，使用铜合金包覆钢的弹头外壳是经济的，而且层压板子弹的弹道性能比非包覆子弹更为优越，同时节约了72%的铜，原材料的供应也能得到保证。

当前，军工材料正呈现出多功能集成的趋势。未来的军工材料不仅要具备高抗弹性能和电磁屏蔽效能，还可能集成隐身、传感等多种功能。这种多功能集成可以使军事装备在复杂多变的战场环境中具备更强的适应性和战斗力，满足现代战争多样化的需求。

（2）建筑幕墙

铜包不锈钢由10%厚度的铜包层和80%厚度的404型不锈钢芯材组成，铜包层与芯材两面形成冶金结合。它可以用作屋顶材料，既实用又经济，还可以用来做墙壁镶板、遮雨板、排雨水系统、门窗的框架和零件以及屋顶的气窗等。另外，金属层压复合材料还可以用于高层建筑外装饰、宾馆以及娱乐场所等建筑的内装饰、露天照明灯具、围栏、旗杆、雕塑等[102]。

1.6 双金属复合板轧制工艺的关键技术与控制方法

1.6.1 原始板材的选择与匹配

在双金属复合板轧制中，原始板材的选择与匹配至关重要。基层与覆层材料在性能上存在显著差异，需遵循一定匹配原则。从材料成分看，不同金属元素的含量和特性会影响板材的化学稳定性和物理性能。例如不锈钢与碳钢的复合，不锈钢富含铬、镍等元素，具有良好的耐腐蚀性，而碳钢则以铁和碳为主，强度较高。在力学性能方面，屈服强度、抗拉强度等指标需相互协调，以确保在轧制过程中两层金属能协同变形。热膨胀系数的匹配也不容忽视，若差异过大，在轧制及后续使用过程中，因温度变化会产生较大的热应力，影响复合板的质量和性能。

厚度比例对轧制复合也有重要影响。合适的厚度比例能保证复合板的综合性能，若覆层过厚，可能导致轧制过程中结合不牢固；若基层过厚，则会削弱覆层的特殊性能。以铜-钢复合板为例，铜具有良好的导电性和导热性，钢则提供强度支撑，合理的厚度比例能使复合板兼具两者优势。

1.6.2 原始板材的轧制前处理

原始板材的轧前处理对双金属复合板的结合强度起着关键作用。表面预处理如打磨、毛化能有效提升结合强度。打磨可去除板材表面的氧化层、杂质等，使新鲜金属表面暴露，增加原子间的接触机会，促进结合。毛化则是在板材表面形成微小的凸起和凹陷，增大接触面积，同时在轧制过程中能储存一定的润滑剂，有利于金属的流动和结合。

清洁度与粗糙度控制有严格标准。砂带磨削参数如砂带粒度、磨削压力、进给速度等会影响表面粗糙度。一般来说，砂带粒度越细，表面粗糙度越低。表面粗糙度检测方法有多种，如触针法、光学法等。对于特殊材料，如铜和铝，其预处理存在差异。铜的硬度相对较低，磨削时需控制磨削压力，避免表面损伤；铝的化学活性较高，预处理后需及时进行轧制，防止表面再次氧化。

1.6.3 轧制复合过程的工艺参数

（1）温度控制与热力耦合

轧制温度对双金属复合板界面扩散影响显著。在热轧过程中，较高的温度能加速原子的扩散，使两层金属在界面处形成牢固的冶金结合。例如在800～900℃的温度区间，金属原子的活性增强，扩散速度加快，有利于晶粒细化，提高复合板的强度和韧性。而冷轧时，温度相对较低，主要依靠机械变形使两层金属结合，界面扩散作用较弱。

轧辊冷却水流量与温度梯度关系密切。合适的冷却水流量能控制轧辊温度，保持稳定的温度梯度，避免因温度过高导致轧辊磨损加剧或板材表面质量下降。不同的轧制工艺对温度控制要求不同，需根据具体情况调整冷却水流量和温度。

（2）压下量与变形协调

分层变形率与总变形率的耦合关系是轧制复合过程中的关键。总变形率决定了板材的最终厚度和性能，而分层变形率则影响两层金属的结合质量。通过刚塑性有限元等轧制力模型，可以合理分配压下量，使两层金属在轧制过程中变形协调。异步轧制能有效提升结合强度。在异步轧制中，上下轧辊的线速度不同，使板材在轧制过程中产生附加的剪切变形，增加了金属的流动和界面的结合力。通过优化异步轧制的工艺参数，如轧辊线速度比、压下量等，可以进一步提高复合板的质量。

·参考文献·

[1] 包仲南，徐泷，李代明，等．金属冷轧层状复合工艺发展趋势[J]．金属世界，2024(2)：73-76.

[2] Wadsworth J，Lesuer D R. Ancient and modem laminated composites-from the Great Pyramid of Gizeh to Y2K [J]. Materials Characterization，2000，45(4-5)：289-313.

[3] Saito Y，Utsunomiya H，Tsuji N，et al. Novel ultra-high straining process for bulk materials-Development of the accumulative roll-bonding (ARB) process[J]. Acta Materialia，1999，47(2)：579-583.

[4] 张婷，许浩，李仲杰，等．层状金属复合材料的发展历程及现状[J]．工程科学学报，2021，43(1)：67-75.

[5] 李龙，毕建华，周德敬．我国金属复合板带材的生产及应用[J]．轧钢，2017，34(2)：43-47.

[6] 祖国胤．层状金属复合材料制备理论与技术[M]．沈阳：东北大学出版社，2013.

[7] 王珺，雷宇，刘新华，等．水平连铸复合成形铜铝层状复合材料的组织与性能[J]．工程科学学报，2020，42(2)：216-224.

[8] Bowden F P，Tabor D. The area of contact between stationary and between moving surfaces[J]. Royal Society，1939，169(938)：391-413.

[9] Burton M S. Metallurgical principles of metal bonding[J]. Welding Journal，1954，33(11)：1051.

[10] Mitani Y，Vargas R，Zavala M. Deformation and diffusion bonding of aluminidecoated steels[J]. Thin Solid Films，1984，111(1)：37-42.

[11] 王艳松，李文亚，杨夏炜，等．冷压焊界面结合机理与结合强度研究现状[J]．材料工程，2016，44(4)：119-130.

[12] Parks J M. Recrystallization welding[J]. Welding Journal，1953，32(5)：209-221.

[13] Bay N. Cold welding 1 characteristics，bonding mechanisms，bond strength[J]. Metal Construction，1986.

[14] Khaledi K，Rezaei S，Wulfinghoff S，et al. A microscale finite element model for joining of metals by large plastic deformations[J]. Comptes Rendus Mecanique，2018，346(8)：743-755.

[15] Carl L R. Brass welds，made by detonation impulse[J]. Metal Progress，1944：102-103.

[16] Philipchuk V. Explosive welding and forming open another door for industry[J]. Weld Eng，1959，44：61-62.

[17] 郑远谋．爆炸焊接和爆炸复合材料的原理及应用[J]．焊接技术，2007，36(4)：87.

[18] 李仲华．铜钢复合材料生产工艺及军工应用前景[J]．中国军转民，2013(4)：74-75.

[19] 王耀华，尤峻，陆明．爆炸焊接合理装药量试验[J]．解放军理工大学学报(自然科学版)，2004，5(3)：46-48.

[20] 李亚，刘金涛，邓光平，等．爆炸焊接金属复合材料的应用[J]．材料开发与应用，2020，35(1)：96-100.

[21] 张成俊．爆炸复合法制取金属复合板的现状探讨[J]．煤矿爆破，2019，37(5)：30-34.

[22] Xie M X，Zhang L J，Zhang G F，et al. Microstructure and mechanical properties of CP-Ti/X65 bimetallic sheets fabricated by explosive welding and hot rolling[J]. Materials & Design，2015，87：181-197.

[23] 周杰，史和生，杨文芬，等．金属复合板加工技术的研究现状及发展趋势[J]．金属世界，2022(5)：24-30.

[24] Liu J T，Li M，Sheu S，et al. Macro-and micro-surface engineering to improve hot roll bonding of aluminum plate and sheet[J]. Materials Science and Engineering a-Structural Materials Properties Microstructure and Processing，2008，479(1-2)：45-57.

[25] Khaledi K，Shahed R，Stefanie R，et al. Modeling of joining by plastic deformation using a bonding interface finite element[J]. International Journal of Solids and Structures，2019，160：68-79.

[26] 田雅琴，秦建平，李小红．金属复合板的工艺研究现状与发展[J]．材料开发与应用，2006，21(1)：40-43.

[27] 王强，杜天宇，许秋，等．热轧5A06/AZ31铝镁复合板结合界面[J]．轻合金加工技术，2020，48(3)：26-32.

[28] 王旭东，张迎晖，徐高磊．轧制法制备金属层状复合材料的研究与应用[J]．铝加工，2008，31(3)：22-25.

[29] 祁梓宸，佘超，肖宏，等．异温轧制制备钛/铝复合板的变形协调性与复合性能[J]．中国有色金属学报，2018，28(6)：1120-1127.

[30] Qi Z C, Xiao H, Yu C, et al. Preparation, microstructure and mechanical properties of CP-Ti/AA6061-Al laminated composites by differential temperature rolling with induction heating[J]. Journal of Manufacturing Processes, 2019, 44: 133-144.

[31] Xiao H, Qi Z C, Yu C, et al. Preparation and properties for Ti/Al clad plates generated by differential temperature rolling [J]. Journal of Materials Processing Technology, 2017, 249: 285-290.

[32] Qi Z C, Yu C, Xiao H. Microstructure and bonding properties of magnesium alloy AZ31/CP-Ti clad plates fabricated by rolling bonding[J]. Journal of Manufacturing Processes, 2018, 32: 175-186.

[33] 于九明，于长生，齐克敏，等．钢和铝异温轧制复合机理的研究[J]．钢铁，1995(8)：44-47+34.

[34] Qin B, Sheng G M, Huang J W, et al. Phase transformation diffusion bonding of titanium alloy with stainless steel [J]. Materials Characterization, 2006, 56(1): 32-38.

[35] 巩云峰，谢兰生，陈明和．工艺参数对6061-T6铝合金真空扩散焊接接头形貌和性能的影响[J]．机械工程材料，2020，44(2)：22-26+31.

[36] 朱娟，唐菊平，唐妹芳．一种钛/不锈钢复合接头的真空扩散焊接[J]．热加工工艺，2018，47(11)：236-239.

[37] 刘朋柱．铸造法制备金属层状复合材料的发展及应用[J]．中国新技术新产品，2018(9)：52-53.

[38] 李秋梅，孙建波，胡明．固-液复合铸造技术及其对双金属复合材料结合区组织的影响[J]．佳木斯大学学报(自然科学版)，2016，34(5)：761-765.

[39] 韩星，杨英春，王立娟，等．热交换器用铝合金复合管材的制备新技术[J]．材料与冶金学报，2017，16(3)：212-217+238.

[40] Zhang J P, Huang H G, Zhao R D, et al. Cast-rolling force model in solid-liquid cast-rolling bonding (SLCRB) process for fabricating bimetal clad strips[J]. Transactions of Nonferrous Metals Society of China, 2021, 31(3): 626-635.

[41] 韩海东，张鹏，杜云慧，等．钢背铝基轴瓦材料复合新工艺探索[J]．内燃机配件，2008(3)：18-21.

[42] 崔建忠．液-固相轧制复合法生产铝不锈钢复合带[J]．材料导报，2001,15(2)：14-15.

[43] 于九明 孝云祯，王群骄，等．金属层状复合技术及其新进展[J]．材料研究学报，2000,14(1)：12-16.

[44] 徐涛．金属层状复合材料的发展与应用[J]．轻合金加工技术，2012，40(6)：7-10+25.

[45] 祖国胤，何佳礼，于九明，等．钎焊-热轧法制备高速公路不锈钢复合护栏[J]．东北大学学报(自然科学版)，2007,28(10)：1385-1388.

[46] 刘海江，刘翠萍．铝合金复合板热轧生产及复合和钎焊机理浅析[J]．轻合金加工技术，2004,32(3)：23-24+28.

[47] 冯海龙．铝合金钎焊板热轧复合工艺研究[J]．世界有色金属，2019,44(10)：159+161.

[48] 李智风，潘清林，严杰，等．退火制度对钎焊用热轧复合铝板组织与性能的影响[J]．材料工程，2015，43(5)：13-20.

[49] 赵红亮 齐克敏，高德福，等．反向凝固复合不锈钢带的轧制工艺及界面结合[J]．钢铁研究学报，2000,12(1)：77-80.

[50] Tsuji N, Saito Y, Utsunomiya H, et al. Ultra-fine grained bulk steel produced by accumulative roll-bonding (ARB) process[J]. Scripta Materialia, 1999, 40(7): 795-800.

[51] Mo T Q, Chen Z J, Li B X, et al. Tailoring of interface structure and mechanical properties in ARBed 1100/7075 laminated composites by cold rolling[J]. Materials Science and Engineering a-Structural Materials Properties Microstructure and Processing, 2019, 755: 97-105.

[52] 陈彬，曾小勤，卢晨，等．累积轧合法的研究现状及存在的问题[J]．机械工程材料，2005,29(8)：4-5+51.

[53] 詹美燕，李元元，陈维平．累积叠轧技术的研究现状与展望[J]．中国有色金属学报，2007,17(6)：841-851.

[54] Hosseini S A, Hosseini M, Manesh H D. Bond strength evaluation of roll bonded bi-layer copper alloy strips in different rolling conditions [J]. Materials & Design, 2011, 32(1): 76-81.

[55] Jamaati R, Toroghinejad M R. Effect of friction, annealing conditions and hardness on the bond strength of Al/Al strips produced by cold roll bonding process[J]. Materials & Design, 2010, 31(9): 4508-4513.

[56] 王耀奇，任学平，王宝伟，等．7075铝合金累积叠轧焊组织与性能[J]．稀有金属，2012，36(5)：830-834.

[57] 颜芳，周世平，杨富陶，等．不同温度复合条件下Ag/Cu双金属板的分离强度[J]．稀有金属材料与工程，2003,32(7)：530-533.

[58] 刘明星．累积叠轧法制备的Al/Mg/Al复合板材界面、微观组织及力学性能的研究[D]．南京：南京理工大学，2017.

[59] 庄丽敏．累积叠轧法制备的超细晶纯Cu、纯Al及Cu/Al多层复合板组织与性能的研究[D]．南京：南京理工大学，2015.

[60] Mozaffari A, Hosseini M, Manesh H D. Al/Ni metal intermetallic composite produced by accumulative roll bonding and reaction annealing [J]. Journal of Alloys and Compounds, 2011, 509

(41)：9938-9945.

[61] Min G H，Lee J M，Kang S B，et al. Evolution of microstructure for multilayered Al/Ni composites by accumulative roll bonding process [J]. Materials Letters，2006，60(27)：3255-3259.

[62] Reihanian M，Naseri M. An analytical approach for necking and fracture of hard layer during accumulative roll bonding (ARB) of metallic multilayer[J]. Materials & Design，2016，89：1213-1222.

[63] Ji C，He Y，Wang C T，et al. Investigation on shock-induced reaction characteristics of an Al/Ni composite processed via accumulative roll-bonding[J]. Materials & Design，2017，116：591-598.

[64] Myagkov V G，Bykova L E，Bondarenko G N. Multiple self-propagating high-temperature synthesis and solid-phase reactions in thin films[J]. Journal of Experimental and Theoretical Physics，1999，88 (5)：963-967.

[65] Zhang X H，He X D，Han J C，et al. Combustion synthesis and densification of large-scale TiC-xNi cermets[J]. Materials Letters，2002，56(3)：183-187.

[66] 殷声，赖和怡．自蔓燃高温合成法(SHS)的发展[J]．粉末冶金技术，1992，10(3)：223-227.

[67] 张鹏林．镁热剂反应自蔓延高温合成 TiB_2 和 ZrB_2 陶瓷及其结构宏观动力学研究[D]．兰州：兰州理工大学，2008.

[68] 孙勇，张曙红，张代明，等．PPR 法制备金属复合带材的组织结构分析[J]．理化检验(物理分册)，1997，33(11)：6-8.

[69] 林大超 史庆南，贺艳苓，等．精密复合带材异步轧制工艺中的变形关系[J]．昆明理工大学学报，1997，22(1)：82-87.

[70] 张代明 张曙红，李世芸．PPR 法制备表面复合金属板带轧制基本参数研究[J]．轧钢，2002，19(2)：12-15.

[71] 任学平．粉末塑性加工原理及其应用[M]．北京：冶金工业出版社，1998.

[72] Singer A R E. The principles of spray rolling of metals [J]. Metal Materials，1970，4：246-250.

[73] Mchugh K M，Delplanque J P，Johnson S B，et al. Spray rolling aluminum alloy strip[J]. Materials Science and Engineering a-Structural Materials Properties Microstructure and Processing，2004，383(1)：96-106.

[74] Mchugh K M，Lin Y，Zhou Y，et al. Microstructure evolution during spray rolling and heat treatment of 2124 Al[J]. Materials Science and Engineering a-Structural Materials Properties Microstructure and Processing，2008，477(1-2)：26-34.

[75] Liu Y Z. Studies on process optimisation of multistage atomisation[J]. Materials Science and Technology，2002，18(8)：929-934.

[76] 李凤仙，刘允中，刘尉俊．喷射轧制技术的研究进展[J]．材料导报，2010，24(23)：91-94.

[77] 殷红梅，申高青，盛定高．高端装备制造领域激光熔覆技术的研究现状[J]．科技与创新，2025 (2)：156-158.

[78] 徐景波，余红雅．20CrMo 钢激光熔覆 Fe-Cr 涂层与性能研究[J]．铸造技术，2017，38(10)：2415-2418.

[79] Sun Y J，Yang R，Xie L，et al. Interfacial bonding mechanism and properties of HVOF-sprayed Fe-based amorphous coatings on LA141 magnesium alloy substrate [J]. Surface & Coatings Technology，2021，426：12781.

[80] 孙磊强．激光熔覆 Cu 合金复合涂层的工艺制备及性能研究[D]．沈阳：沈阳工业大学，2024.

[81] Li M Y，Zhang Q，Han B，et al. Microstructure and property of Ni/WC/La_2O_3 coatings by ultrasonic vibration-assisted laser cladding treatment [J]. Optics and Lasers in Engineering，2020，125：105848. 1-105848. 9.

[82] 李剑锋，朱真才，彭玉兴，等．原位合成 M23C6-WC 双相碳化物协同增强激光熔覆层摩擦磨损行为的研究[J]．摩擦学学报，2021，41(6)：843-857.

[83] Wang Y F，Lu Q L，Xiao L J，et al. Laser Cladding Fe-Cr-Si-P Amorphous Coatings on 3041 Stainless [J]. Rare Metal Materials and Engineering，2014，43(2)：274-277.

[84] 白于良，刘雪峰，王文静，等．钛/钢复合板及其制备应用研究现状与发展趋势[J]．工程科学学报，2021，43(1)：85-96.

[85] 欧阳灿．湿法冶金加压酸浸钛钢复合板反应釜设计探讨[J]．中国有色冶金，2019，48(5)：65-68.

[86] 夏宜岑．钛制压力容器设计中的问题[J]．化工管理，2018(12)：196.

[87] 陈襄颐，郑宝山．大型钛钢复合板压力容器的设计[J]．化工设备与管道，2010，47(4)：1-3+12.

[88] Su H，Luo X B，Chai F，et al. Manufacturing Technology and Application Trends of Titanium Clad Steel Plates[J]. Journal of Iron and Steel Research International，2015，22(11)：977-982.

[89] 吕刚．关于火电厂烟囱钛钢复合板制造及施工注意事项[J]．世界有色金属，2017，42(13)：273-275.

[90] 卢洪伟，武桂彬，樊新利．电厂钛钢复合板烟囱内筒焊接质量控制[J]．河北电力技术，2015，34 (S1)：19-21.

[91] 吴全兴．钛钢复合材在超大型海洋浮式构筑物上的适用研究[J]．钛工业进展，1997，14(3)：27-28.

[92] 陈玉勇，叶园，孙剑飞．TiAl 合金板材轧制研究现状[J]．金属学报，2022，58(8)：965-978.

[93] 陈兴章．层状金属复合材料技术创新及发展趋势综述[J]. 有色金属材料与工程，2017，38(2)：63-66.

[94] 胡斌．汽车行业发展对轻质结构部件的需求与展望[J]. 精密成形工程，2020，12(3)：120-124.

[95] 甘卫平，庞欣，罗春辉，等．汽车热交换器用三层复合铝合金箔材的冷轧复合工艺[J]. 中国有色金属学报，1996，6(2)：80-83+88.

[96] 徐圣航，周承商，刘咏．金属-金属层状结构复合材料研究进展[J]. 中国有色金属学报，2019，29(6)：1125-1142.

[97] Kim M H, Lee K W. The effects of ion beam treatment on the interfacial adhesion of Cu/polyimide system [J]. Metals and Materials International, 2006, 12(5): 425-433.

[98] 李宝绵，李兴钢，许光明，等．铜/钢复合材料的研究及应用[J]. 材料导报，2002，16(2)：22-24+30.

[99] 韩奇钢，孙延标，杨文珂，等．纤维/金属层状复合材料的研究及应用进展[J]. 精密成形工程，2019，11(1)：17-24.

[100] Vecchio K S, Jiang F C. Fracture toughness of Ceramic-Fiber-Reinforced Metallic-Intermetallic-Laminate (CFR-MIL) composites[J]. Materials Science and Engineering a-Structural Materials Properties Microstructure and Processing, 2016, 649: 407-416.

[101] 张佐光，梁志勇，张大兴，等．防弹复合材料[J]. 航空制造工程，1997(4)：9-11.

[102] 周俊杰，庞玉华，苏晓莉，等．浅析金属层压复合材料的应用现状[J]. 甘肃冶金，2005，27(2)：1-3.

第 2 章

双金属轧制复合变形力学分析及界面结合机理

2.1 双金属复合板的轧制变形区分析

在金属板材轧制过程中，轧件从开始进入辊缝到完全离开轧辊之间的区域，称为轧制变形区，该区域是轧件受力变形的主要区域，对其进行力学分析是研究板材轧制变形行为的关键步骤。对于双金属轧制复合过程，单层金属板的一侧与轧辊接触，而另一侧则与其他金属板材接触，导致其受力及变形状态与单一板材轧制相比更为复杂。此外，由于异种金属之间存在性能差异，双金属层的质点塑性流动过程并不一致，并且两者在界面处还会发生剧烈的相互作用，包括法向挤压和切向摩擦，而这对轧制阶段界面稳固结合的形成具有重要意义[1]。因此，双金属层状轧制复合的力学及变形行为分析，不仅需要建立基本的塑性力学模型，还要同时考虑复合界面的形成、演变与结合，从而对双金属层及其界面进行系统性的综合分析讨论，为总结轧制界面结合机理奠定基础。

2.1.1 板材轧制过程变形区的数学解析法描述

在分析复合轧制过程之前，应预先对单层板材轧制过程进行力学分析，本节采用的是主应力分析方法，为了便于简化计算，需要提出如下假设条件：

① 轧制过程满足平面变形条件，忽略轧件宽展；

② 轧件属于理想刚塑性材料，服从 Mises 屈服准则；

③ 轧制过程稳定进行，变形区处于静力平衡状态；

④ 轧件受到三个方向的主应力作用，分别为法向、轧向与横向；

⑤ 轧件每个横截面上的水平方向应力均相等，且流速相同；

⑥ 两工作辊的单位轧制力分布相同；

⑦ 轧件和轧辊在接触表面发生滑动摩擦[2]。

在轧制过程中，金属板材的变形区范围是：从板材咬入轧辊开始，直至通过轧辊间的最小缝隙。在该区域内，板材持续受到轧制力的作用，变形区内的金属处于稳定流动状态，如图 2.1 所示。其中，T 为板材的轧前厚度；t 为板材的轧后厚度；θ 为咬入角；α 为中性角度；β 为变形区内任意角度；dl 为微分单元体与轧辊接触面的特征长度。

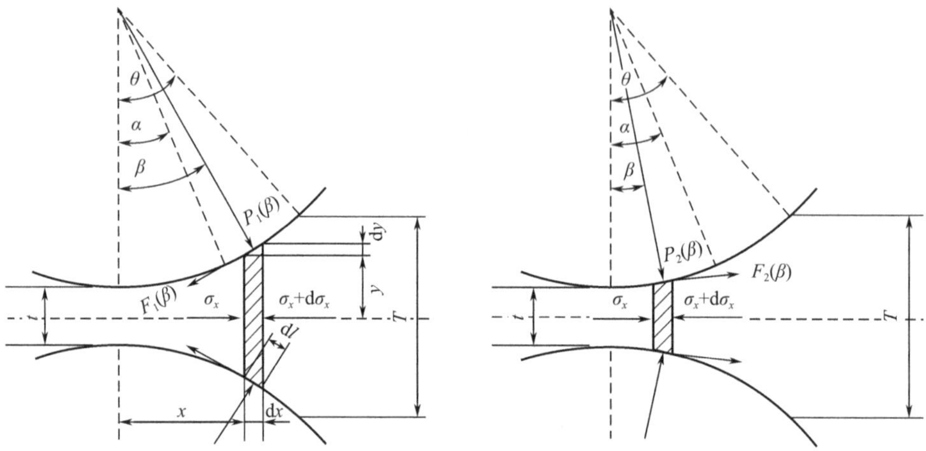

图 2.1 金属板材轧制的变形区受力示意图

根据主应力法原理，取变形区内一厚度为 dx 的微分单元体，σ_x 和 $\sigma_x + d\sigma_x$ 为其所受轧制方向的压应力，$P_1(\beta)$、$P_2(\beta)$ 分别为后、前滑区轧件所受法向应力，$F_1(\beta)$、$F_2(\beta)$ 分别为后、前滑区轧件所受摩擦应力。当轧件刚咬入时（$\alpha < \beta < \theta$），变形区质点的流动速度低于轧辊线速度，因而此时 $F_1(\beta)$ 的方向与轧制方向相同，即图 2.1（a）所示的后滑区；当轧件即将离开辊缝时（$0 < \beta < \alpha$），变形区质点的流动速度已高于轧辊线速度，此时 F_2（β）的方向与轧制方向相反，即图 2.1（b）所示的前滑区；在前、后滑区的交界处（$\beta=\alpha$），变形区质点的流动速度与轧辊线速度刚好相等，轧件与轧辊处于无相对滑动的静摩擦状态，该处所受两个方向上的摩擦应力大小相等、方向相反，即 $F_1(\beta) = -F_2(\beta)$。

基于前文所提的假设条件，轧制变形区处于受力平衡状态，且忽略宽度方向变形，板材宽度 b 保持不变。首先，列出后滑区的平衡微分方程：

$$2P_1(\beta)b\,dl\sin\beta - 2F_1(\beta)b\,dl\cos\beta - 2b(\sigma_x + d\sigma_x)(y + dy) + 2b\sigma_x y = 0 \tag{2.1}$$

并且，在微分单元体中存在以下几何关系：

$$\begin{cases} dx = dl\cos\beta \\ dy = dl\sin\beta \\ \dfrac{dy}{dx} = \tan\beta \end{cases} \tag{2.2}$$

将式（2.1）和式（2.2）联立，并忽略高阶微分量，得：

$$P_1(\beta)\,dy - F_1(\beta)\,dx - y\,d\sigma_x - \sigma_x\,dy = 0 \tag{2.3}$$

对式（2.3）进行简单变换，得：

$$\frac{d\sigma_x}{dx} - \frac{P_1(\beta) - \sigma_x}{y} \times \frac{dy}{dx} + \frac{F_1(\beta)}{y} = 0 \tag{2.4}$$

微分单元体所受轧制压应力 σ_y 可表示为：

$$\sigma_y\,dx = P_1(\beta)\,dl\cos\beta + F_1(\beta)\,dl\sin\beta \tag{2.5}$$

将上式与式（2.2）联立，可将其简化为：

$$\sigma_y = P_1(\beta) + F_1(\beta)\tan\beta \tag{2.6}$$

由于轧制复合多采用金属薄板，β 通常较小，可取 $\tan\beta \approx 0$，则有：

$$\sigma_y \approx P_1(\beta) \tag{2.7}$$

由于宽展较小可忽略，轧制过程属于近似平面变形，因此引入 Mises 屈服条件的简化形式：

$$\sigma_y - \sigma_x = \frac{2}{\sqrt{3}}\sigma_s = K \tag{2.8}$$

其中，σ_s 为屈服应力；K 为平面变形抗力。联立式（2.7）和式（2.8），可将式（2.4）改写为：

$$\frac{dP_1(\beta)}{dx} - \frac{K}{y} \times \frac{dy}{dx} + \frac{F_1(\beta)}{y} = 0 \tag{2.9}$$

在轧制过程中，轧件与轧辊之间处于滑动状态，遵循库仑摩擦，并且后滑区内的摩擦应力方向与轧制方向相同，则有：

$$F_1(\beta) = fP_1(\beta) \tag{2.10}$$

其中，f 为摩擦系数，$F_1(\beta)$ 和 $P_1(\beta)$ 分别表示后滑区的摩擦应力和法向应力。将上式代入式（2.9），得：

$$\frac{dP_1(\beta)}{dx} - \frac{K}{y} \times \frac{dy}{dx} + \frac{fP_1(\beta)}{y} = 0 \tag{2.11}$$

此外，由几何关系可知：

$$\begin{cases} x = R\sin\beta \\ y = R + \dfrac{t}{2} - R\cos\beta \end{cases} \tag{2.12}$$

其中，R 为轧辊半径；x、y 为微分单元体的坐标。对上式进行微分，得：

$$\begin{cases} dx = R\cos\beta d\beta \\ dy = R\sin\beta d\beta \end{cases} \tag{2.13}$$

将式（2.12）和式（2.13）代入式（2.11），得：

$$\frac{dP_1(\beta)}{d\beta} - \frac{KR\sin\beta}{2R\sin^2\dfrac{\beta}{2} + \dfrac{t}{2}} + \frac{RfP_1(\beta)\cos\beta}{2R\sin^2\dfrac{\beta}{2} + \dfrac{t}{2}} = 0 \tag{2.14}$$

对上式进行积分，得到后滑区内轧件所受法向应力 $P_1(\beta)$ 的表达式为：

$$P_1(\beta) = \exp[-f\ln(t - \cos\beta + 1)\cos\beta + C_1] \times \left[\frac{K\tan\beta(2R + t - 2R\cos\beta)^{2Rf\cos\beta}}{f} + C_2\right] \tag{2.15}$$

其中，$\alpha < \beta < \theta$；C_1、C_2 为积分常数，可通过边界条件确定。

在前滑区，摩擦应力方向与轧制方向相反，即：

$$F_2(\beta) = -fP_2(\beta) \tag{2.16}$$

同理，前滑区内轧件所受法向应力 $P_2(\beta)$ 的表达式为：

$$P_2(\beta) = \exp[f\ln(t - \cos\beta + 1)\cos\beta + C_3] \times \left[-\frac{K\tan\beta(2R + t - 2R\cos\beta)^{2Rf\cos\beta}}{f} + C_4\right] \tag{2.17}$$

其中，$0 < \beta < \alpha$；C_3、C_4 为积分常数，可通过边界条件确定。

在后、前滑区的交界处，即中性面（$\beta = \alpha$），有：

$$P_1(\alpha) = P_2(\alpha) \tag{2.18}$$

综上，联立式（2.15）、式（2.17）和式（2.18），可以求解出中性角 α，从而判断中性面的位置。

图 2.2 为通过 Matlab 软件构建出的轧制变形区内法向应力 $P(\beta)$ 随 β 角的变化趋势曲线，其中后滑区 $P_1(\beta)$ 与前滑区 $P_2(\beta)$ 两条曲线的交点即为中性面位置。从稳定轧制阶段的入口到出口，轧件首先进入后滑区，其受到的轧制法向

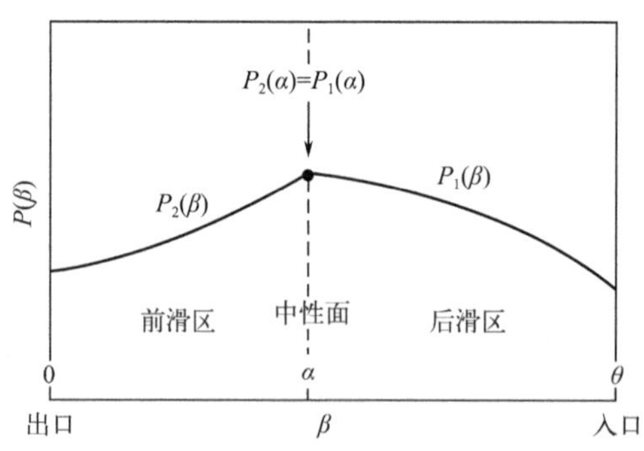

图 2.2　轧制变形区内法向应力 $P(\beta)$ 的变化趋势曲线

应力 $P_1(\beta)$ 逐渐增大；随着轧制的进行，轧件到达中性面，此时其受到的轧制法向应力达到峰值 $P_1(\alpha) = P_2(\alpha)$；当轧件进入前滑区，其受到的轧制法向应力 $P_2(\beta)$ 逐渐减小，直到轧辊出口。

然而，以上分析均只针对理想材料才能完全成立，即材料在塑性变形过程中平面变形抗力 K（或屈服应力 σ_s）始终保持不变，但是大部分金属材料在塑性加工过程中不可避免地会发生应变硬化，其变形抗力必然随着变形量的增大而上升，这就导致法向应力的峰值在未到达中性点之前便已提前出现。因此，准确来说，轧制过程中轧件所受最大轧制力的位置，是在后滑区之内、靠近中性点处，可近似认为其位于中性点。

2.1.2　双金属复合板的同步轧制变形区分析

同步轧制是指两个工作轧辊的线速度始终保持一致的轧制方法，其生产过程稳定可靠，应用最为广泛。在单一板材轧制过程中，变形区内金属的受力状态是完全对称的，上、下接触面的中性点不存在偏差，可近似认为整个轧件各个位置的中性点均位于同一中性面内，从而使质点的塑性流动过程不会发生严重的速度间断，可保持同步流动[3]。

对于双金属板材的轧制复合过程而言，强大的轧制力是界面能建立稳固结合的首要前提。上节的讨论表明，最大轧制力出现在中性面处，因此复合界面的结合与中性面密切相关。由式（2.15）、式（2.17）和式（2.18）可知，当轧辊、板材的尺寸及摩擦系数不变时，中性角 α 的位置将由材料的平面变形抗力 K 决定。金属层状复合板材通常由不同的金属材料组成，各组元金属之间的材料性能差异必然导致非同步的变形行为，包括法向、切向应力及应变速率等的大小与分布，进而造成各金属层的中性角出现偏差，使双金属层的中性面不在同一平面内。由此可以判断，在两侧金属层的中性面之间，必然存在一个上、下摩擦应力相反的区域，该区域的界面处会产生强烈的剪切变形，可称之为剪切区，如图 2.3 所示。大量研究表明，剪切区的存在有利于界面氧化膜的破裂，进而暴露出更多的新鲜金属以完成结合[4]。因此，轧制复合中异种金属板材的变形行为及其在界面处的相互作用，对复合板的最终性能具有决定性影响。

虽然金属层状复合板的种类众多，但是均可以认为是“软质金属＋硬质金属”的组合，变形抗力小、易于塑性变形的称为软质金属（图 2.3 中的金属 A），反之则为硬质金属（图 2.3 中的金属 B）。在轧制复合过程中，软、硬金属的变形行为必然是非同步的，变形区不再是简单对称后、前滑两种状态，而是中间叠加了受力更复杂的剪切区，如图 2.3 中所示的Ⅰ～Ⅳ区。

Ⅰ区：双层金属板材刚刚咬入辊缝，所受轧制力较小，变形程度较低，双金属层的塑性流动均滞后于轧辊，处于后滑状态，摩擦应力方向与轧向一致；随着

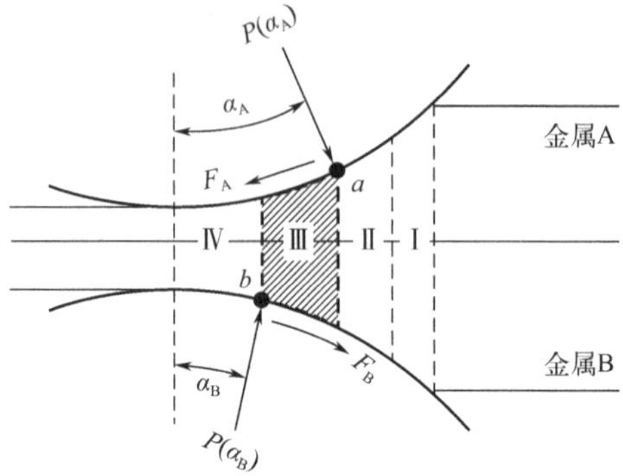

图 2.3　双金属板材同步轧制的变形区示意图

变形量的增加，变形抗力更低的软质金属 A 首先达到屈服极限，发生塑性变形，而此时硬质金属 B 尚处于弹性状态。

Ⅱ区：更大的变形量使硬质金属 B 也开始屈服，双层金属均发生塑性变形，并依然处于后滑状态，但是率先变形的软质金属 A 的质点流动速度要大于硬质金属 B，双层金属在界面处存在较大的剪切作用。

Ⅲ区：软质金属 A 的应变速率继续增大，与轧辊接触处的质点塑性流动速度开始超过轧辊线速度，进入前滑状态，并在Ⅱ、Ⅲ区的交界处形成中性点 a，基于上节分析可知，在此处其所受法向压应力 $P(\alpha_A)$ 达到峰值。然而，硬质金属 B 的应变速率较低，质点流速依然滞后，依然处于后滑状态，因此该区域两侧摩擦应力的方向刚好相反，即前文所述的剪切区，从而导致了更剧烈的剪切变形。

Ⅳ区：软质金属 A 累积了极大的变形量，严重的加工硬化使塑性变形已接近极限，因此该区域内轧件的塑性变形主要由硬质金属 B 承担，并随着应变速率的不断提高，也进入前滑区，在Ⅲ、Ⅳ区的交界处形成中性点 b，此处其所受法向压应力 $P(\alpha_B)$ 达到峰值。此时，双金属层界面已完成物理结合并到达辊缝出口，轧制变形及复合过程结束。

根据上述分析，双金属层的中性点分别位于Ⅲ区的入口处和出口处，而各自的最大法向压应力也分别出现在该位置。由此可见，对于界面复合起到关键作用的上、下法向压应力峰值，并不是单一板材轧制时的对称出现，而是错开分布的。在中性点处，板材的变形最剧烈、表面氧化膜破碎最严重、轧制力最大，若上、下金属层的中性点能够位于同一平面内，则两者的最佳结合点即可达到重合，从而确保界面形成稳固有效的结合。然而，这种由异种金属变形差异所引起的上、下中性点偏差，必然会弱化结合效果，并且其偏差值会随着双金属之间性能差异的增大而继续扩大[5]。因此，轧制复合过程中不同组元金属的合理匹配至关重要。

2.1.3　双金属复合板的异步轧制变形区分析

异步轧制是指两个工作轧辊保持一定线速度差的轧制方法，轧件的上、下表面应变速率不再一致，变形区及应力分布也不再对称，而对于变形行为本就非同步的异种金属复合过程，合理利用异步轧制技术能够有效改善复合板的力学性能与界面结合效果。研究表明，由于轧辊的非同步转动，异步轧制会引起更剧烈的剪切变形，带来附加的剪切应力以促进金属质点的塑性流动，从而在相同的变形条件下显著降低轧制力[6]。此外，由于异种金属变形的不同步，复合后板材的平直度往往难以保证，通常是由变形程度高的一侧向变形程度低的一侧弯曲，其弯曲角度会随着变形量的增加而持续扩大，而这种弯曲同时也会导致已经完成结合的界面在弯曲力的作用下发生开裂，特别是在具有较大长宽比的复合板材轧制过程中。因此，控制双金属层的变形行为，使之达到接近同步的协调变形，对于改善调整板形和强化界面结合具有重要意义，而异步轧制技术是一种有效的复合方法。

图 2.4 为异步轧制复合过程的双金属层变形区受力示意图，其中硬质金属 B 一侧的轧辊线速度相对更大（$V_A < V_B$），从而形成一定的异步速比。在异步轧制中，通常是将相对难变形的金属与快辊接触，目的是使其应变速率和变形量能够达到与易变形金属相当的程度，从而促进两者的变形协调性。当轧辊速度提高时，会带动金属在轧制方向上的加速流动，使其在刚进入辊缝的较小压下量的状态下，便可提前达到相应的应变速率，从而使中性点提前出现（图 2.4 中 b 点→b'点），后滑区的范围则减小。

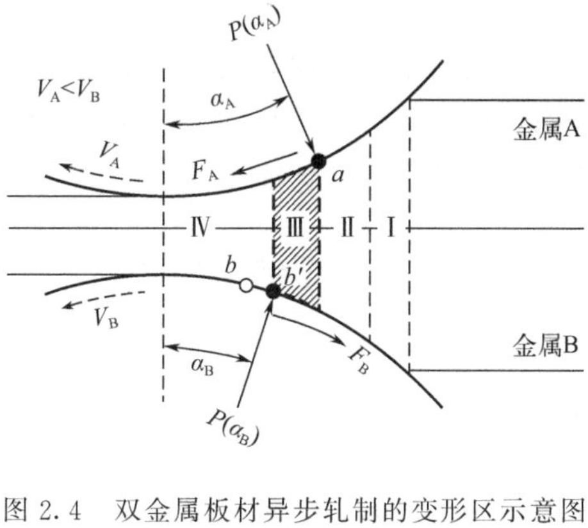

图 2.4　双金属板材异步轧制的变形区示意图

在双金属的轧制复合中，剪切区（Ⅲ区）实质上包括软质金属的前滑区和硬质金属的后滑区，上、下表面的摩擦应力呈反向分布，因此，该区域内的剧烈剪切作用是促进界面氧化层破裂和新鲜金属紧密接触的关键因素。然而，由前文讨论可知，界面结合所需的法向压应力在中性点附近达到峰值，但异种金属的非同步变形导致两侧压应力的非对称分布，这种错开的峰值应力不仅不利于界面的压力复合，而且还会带来额外的剪切作用，使得已经结合的部位发生再次开裂[7]。当采用异步轧制时，差速轧辊有效提高了双金属层的协同变形，特别是硬质金属一侧后滑区范围的减小，使得两侧中性点更为靠近，相当于上、下压应力的峰值趋近于集中分布，这显然有利于界面稳固连接的形成，并且异步速比越大其作用效果越明显。然而，异步速比的增加会带来更剧烈的剪切变形，使金属质点更倾向于沿轧向流动，其法向应力会减小，从而降低轧制压力，但同时也会导致双金属层在界面处的法向相互作用减弱，使已暴露的新鲜金属无法达到实现键连接的物理距离，这反而对界面结合状态有不利影响[8]。综上，与传统的同步轧制相比，异步轧制时双金属的受力状态、变形行为与界面结合及其后续演变过程均具有明显的特殊性，因此，针对相关复合理论的研究与分析是制定合理工艺方案的重要前提。

2.2 轧制复合界面的物理结合

在金属层状复合材料的制备过程中，界面结合的方式直接影响复合技术的选择与工艺方案的制定，但由于金属本身及其复合界面物理、化学状态的复杂性，关于金属层状复合材料界面结合机理尚有诸多问题需要深入研究。界面物理结合主要发生在轧制阶段，其中冷轧复合工艺较为常见，而热轧复合界面可能存在部分冶金结合，两者的区别在于是否发生界面扩散与反应[9]。在冷轧复合过程中，界面物理结合的形成是双金属层塑性变形、表面破裂及其在界面处的力学行为共同作用的结果，因此，若要阐明结合机理，须对轧制复合的塑性变形行为、金属表面层的结构演变及界面金属的应力应变状态进行综合分析，从而建立完整的界面物理结合理论，并能实现工艺过程的精准调控。

2.2.1 轧制复合过程的界面物理结合机理

冷轧界面的物理结合包含宏观的机械结合与微观的固相结合，是一种由塑性变形诱发的压力焊接过程。其中，机械结合是指具有一定粗糙度的金属接触面在压力作用下相互嵌入、咬合与互锁，其过程是纯机械式的，不涉及金属原子之间的键连接乃至冶金结合。当双金属刚咬入辊缝时处于塑性变形初期，此时其接触面主要以相互啮合的方式形成连接，而随着轧制过程的继续与变形量的增大，已形成初步机械结合的双金属层在轧制力的作用下达到足够小的物理距离，并在局部区域形成更稳固的金属键连接，可称为固相结合[10]。

大量研究表明，轧制复合过程中界面结合能够实现的根本原因是轧机提供的强大压力，金属表面硬化层随着塑性变形过程的持续进行而发生破裂，基体内部的新鲜金属通过这些表面裂口挤出并相互接触，形成紧密连接[11,12]。然而，关于冷轧复合界面物理结合的形成机制，学术界尚未达成一致的观点，目前已提出的主要理论模型包括薄膜模型、机械咬合模型、能量模型、金属键模型、再结晶模型以及原子扩散模型等。经过长期的实验研究与讨论，并配合仿真模拟结果，已对该问题取得了一定具有普遍意义的成果，其中较为合理且获得公认的是“三阶段理论”，该理论融合了多种模型，能够有效地解释异种金属复合轧制界面的形成机制[13]。“三阶段理论”认为轧制复合界面的形成过程并不能用单一模型进行分析，主要可分为三个阶段，按照时间顺序分别为物理接触形成阶段、物理化学作用阶段和扩散阶段，对于各阶段的详细解释如下[14]。

① 物理接触形成阶段：在该阶段，接触表面处的金属原子随着塑性变形的进行而相互靠近，达到可以发生物理作用的距离，并满足形成弱化学键的条件，最终使待复合的金属表面充分激活。通常情况下，除非采用激光照射、高温真空等特殊手段，暴露在空气中的金属表面会迅速被氧化膜覆盖，因此在轧制复合前需要对原材料进行化学和机械清理以获得洁净表面，才能保证物理接触过程的实现。经过清理后的金属表面依然存在较脆的硬化层，并在轧制力的作用下破裂，为金属在原子尺寸上物理接触的形成创造前提条件。

② 物理化学作用阶段：在该阶段，塑性变形过程释放出的能量导致激活中心的形成，金属表面的化学活性显著提高，紧密接触的异种金属开始发生物理化学作用，最终在界面层内形成金属键连接。一般情况下，激活中心出现的概率及激活时间的长短与塑性变形程度成正相关，而硬质金属的塑性变形量较低，并且持续时间较短，从而成为决定界面物理化学作用程度的关键因素。在轧制复合时，通过适当减小轧制速度来提高轧制力的作用时间，或者使不同组元金属的塑性变形过程更为协调一致，都有利于促进金属表面上更多的区域被激活并形成结合点。

③ 扩散阶段：在该阶段，金属原子通过在上阶段形成的物理结合点向四周扩散，界面的连接方式逐渐由点结合转变成面结合。随着扩散过程的持续，金属复合表面上的孔洞等物理缺陷消失，共晶开始形成并逐渐延伸到整个界面层，同时导致内应力的松弛与再结晶过程的发生，最终使轧制复合阶段形成的物理结合面转变为更牢固的原子结合面。此外，轧制复合时剧烈的塑性变形过程使组元金属基体的强度和硬度提高，而塑性和韧性降低，因此在实际工业生产中必须对复合后的材料进行退火处理，同时为界面处原子的相互扩散提供足够的动力。然

而，热处理过程也会促进金属间化合物的形核与生长，特别是对于互溶性较低的异种金属组合，如铁/铝、铜/铝的复合界面组织，其过渡区域溶质浓度较容易达到极限，退火时会析出大量脆性化合物相，严重破坏界面结合[15]。因此，在扩散阶段，应制定较为合理的退火制度，并且严格控制加热过程。

在实际的轧制复合过程中，根据现有的原材料与设备条件以及产品的使用性能要求，通常需要对轧制和热处理工艺参数进行相关调整，因此“三阶段理论”的具体应用也要适应实际生产情况。在冷轧复合过程中，轧件在短时间内承受剧烈的塑性变形，前两个阶段几乎同时发生且难以区分，而在室温加工条件下界面扩散程度较低，因此第三阶段也不明显[16]。

2.2.2 轧制复合过程的金属表面层结构特点及演变

基于金属冷轧复合界面的物理结合机理，材料内部新鲜金属的暴露和挤出依赖于金属表面层的破裂行为，而金属表面层的结构状态又与轧制塑性变形过程密切相关，因此，对复合时金属表面层结构特点的详尽分析，是阐明界面形成过程的首要前提。在轧制复合前，为使新鲜金属更易充分暴露接触，通常要对待复合的金属进行表面处理以去除杂质、油污及过厚的氧化皮等，然而，机械打磨往往容易使金属表面产生硬化，从而形成具有一定厚度的硬化层，甚至对于一些较为活泼的金属，一旦接触空气还是会迅速形成新的氧化膜，这些显然都不利于界面稳固结合的建立[17]。

在轧制复合过程中，金属基体因具有良好的延展性而发生稳定的塑性流动，其表面硬化层及氧化膜则通常呈现完全脆性，难以随着金属基体进行塑性变形，因此只能发生脆性开裂，其裂纹处便是可供新鲜金属挤出的通道，从而形成不连续分布的新鲜表面，使界面表现出不同的结合状态。在轧制力的作用下，内部新鲜金属通过表面裂纹挤出，与对面金属形成机械连接，完成界面的物理结合[18]。

轧制复合界面物理结合的形成受诸多因素影响，而这些因素又存在一定程度的相互制约，因此冷轧阶段的界面结合过程具有较高的复杂性，以下讨论将以轧制过程的平面变形特点为基本简化模型展开分析，从而系统研究表面层结构演变与界面结合的相关性。图 2.5 为轧制态和 400℃退火 1h 的铜/铝复合板界面微观组织形貌，其中（a）和（c）为沿宽度方向取样的横截面照片，（b）和（d）为沿轧制方向取样的纵截面照片。可以发现，试样横截面的界面形貌较为平直，而纵截面的界面呈明显的波浪形态，经退火处理后，横截面的扩散层形貌更为完整、均匀，而纵截面的扩散层组织存在局部扩散不完全的缺陷，表现为形貌上的不连续状态。基于界面物理结合机理，冷轧复合过程中界面结合的形成需要金属表面硬化层的破坏、开裂以及基体内部新鲜金属的挤出。与金属基体相比，表面层的塑性极差，几乎呈完全脆性，当金属基体在轧制力的作用下进行水平塑性流

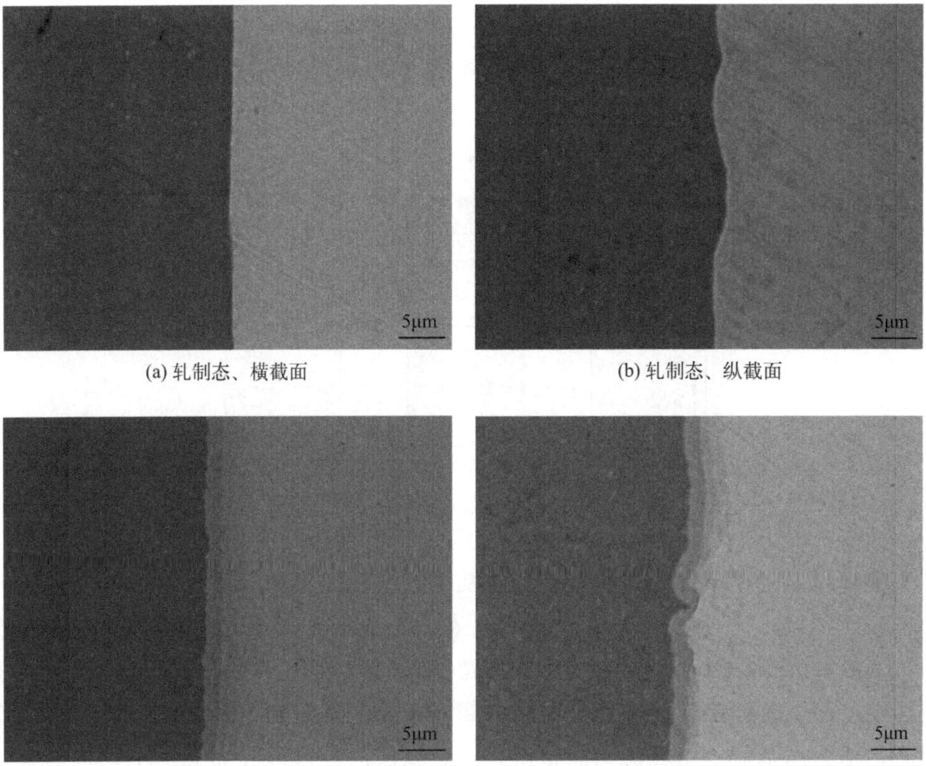

(a) 轧制态、横截面　(b) 轧制态、纵截面

(c) 退火态、横截面　(d) 退火态、纵截面

图 2.5　铜/铝冷轧复合界面横、纵截面扫描照片

动时，在轧制方向上产生较大拉应变，从而使表面层在拉应力作用下发生脆性断裂，形成大量裂纹，内部新鲜金属则通过这些裂纹得以暴露挤出。

因为轧制过程中轧件在宽度方向上的变形相对较小，所以为了便于理论研究，通常将轧制变形看作平面变形，即轧件的塑性变形包括垂直方向的压下变形和水平方向的延伸变形。因此，金属基体的塑性变形行为主要是沿轧制方向（RD）的延伸，而脆性表面层则沿该方向发生开裂，并形成沿宽度方向扩展的裂纹，其形成过程如图 2.6 所示。金属表面层的裂纹随基体的塑性变形的进行不断萌生、扩展，其形貌呈长条状，与轧制方向垂直，该现象将通过后文中金属剥离表面的形貌特征得以进一步验证。在表面裂纹出现的区域，内部新鲜金属在轧制力的作用下被挤出并相互咬合，然后在退火过程中形成扩散层；而在未出现表面裂纹的区域，新鲜金属因被表面层阻挡而难以结合，在退火时金属原子的扩散阻力过大，抑制了扩散行为。当沿复合板宽度方向取样时，更容易获得连续的、紧密结合的界面，界面各位置的机械结合程度相近，元素的扩散距离也相近，形成的扩散层形貌更均匀；而当沿轧制方向取样时，在纵截面上紧密结合的界面是断断续续分布的，界面不同位置的机械结合程度参差不齐，导致波浪状界面的出现，并且界面上不同位置的扩散行为差异较大，最终表现为有缺陷、不连续的扩散层组织。

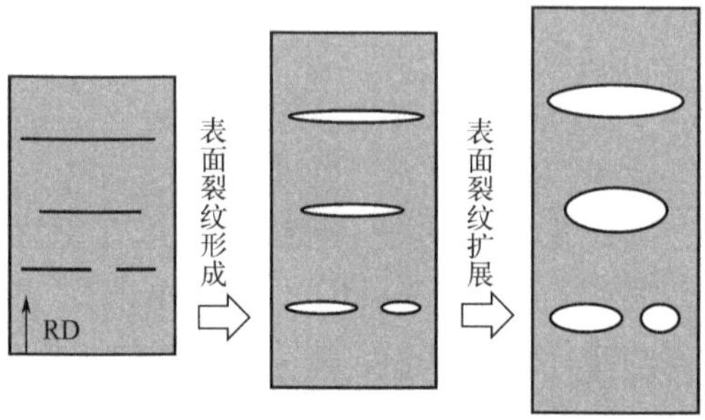

图 2.6　金属表面裂纹的形成过程示意图

根据以上分析，当表面层随着金属基体的塑性变形而发生开裂后，便会形成两种表面区域，一个是裂纹位置的新鲜表面，另一个则是未开裂位置的原始表面，这两种表面区域均呈长条状，并沿宽度方向延展。在新鲜表面区域内，由于表面层已经成分断裂，内部新鲜金属的暴露不再受其阻碍，并可以在轧制力的作用下，随金属基体的塑性流动而挤出，双金属层的物理边界充分缩小，这是金属原子能够形成键连接的重要前提；而在原始表面区域内，表面层未得到有效破坏，其阻碍新鲜金属充分接触的作用依然很强，因此该处界面的物理结合程度较低[19]。总之，由于轧制复合时金属层发生的是脆性断裂，因而只能在局部位置形成可供新鲜金属充分结合的通道，最终使金属层状界面只是在局部区域实现了有效连接，同时仍然存在大量的未结合区域，即“点点结合”，而非“面面结合”。

2.2.3　轧制复合过程中金属表面层结构对界面结合状态的影响

在轧制变形区内，金属基体的塑性变形伴随着表面层的开裂，内部新鲜金属通过表面裂纹挤出并形成稳定连接，这些过程几乎是同步进行的。根据金属表面层发生脆性断裂后的结构特点，金属接触表面存在穿插分布的新鲜表面和原始表面两种区域，同时，对面金属的表面同样也呈现出这种结构，这就使得界面的结合状态表现出多种类型。图 2.7 表示轧制复合时金属表面层演变过程及界面结合状态，其中Ⅰ、Ⅱ和Ⅲ位置对应三种典型的界面结合状态，分别是新鲜表面与新鲜表面相结合、新鲜表面与原始表面相结合、原始表面与原始表面相结合。在Ⅰ位置处，界面几乎不存在硬化层或氧化膜阻碍，新鲜金属可以充分接触并形成紧密结合，甚至能达到一定程度的键连接；在Ⅱ位置处，界面只存在单层硬化层或氧化膜，其阻碍作用相对减弱，在局部位置可能会出现微裂纹作为新鲜金属连接的通道，但是总体而言结合程度依然较低；在Ⅲ位置处，界面被双层硬化层或氧化膜阻隔，两侧新鲜金属几乎难以暴露接触，此时只能形成很微弱的机械咬合，难以建立稳固的界面物理结合。上述三个位置对应三种界面结合状态，就其对界面物理结合的贡献程度而言，Ⅰ位置最大，Ⅱ位置次之，而Ⅲ位置则基本没有贡献，因此，增加Ⅰ位置在界面中的面积占比，即两侧表面层均充分开裂、新鲜金属接触无任何阻碍的结合状态，对界面性能的改善具有决定性意义，这也是轧制复合工艺参数控制与优化的主要思路方向，下文将对此进行简要估算。

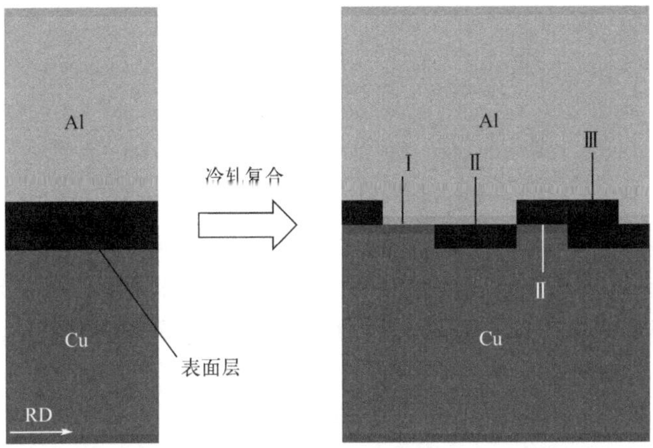

图 2.7　轧制复合时金属表面层演变及界面结合状态示意图

根据轧制复合变形过程以及金属表面层结构演变，可制定简化模型计算出上述三种结合状态在界面中所占的面积比重。为简便计算，需做出如下假设：

① 金属基体为刚塑性材料；

② 轧制复合过程满足平面变形条件，忽略轧件宽展；

③ 金属表面层为完全脆性，不发生塑性变形；

④ 轧制复合过程中金属表面层只受基体塑性变形的影响，忽略由接触表面摩擦及界面剪切作用等引起的附加应力。

设单层板材轧制前的原始长度为 L_0，经塑性变形后长度延伸至 L_1；由于金属表面层被认为是完全脆性，因此其在轧制方向上不随金属基体进行塑性延伸，而是断裂成很多个小段，但所有小段的长度总和保持恒定，即为原始板材的长度 L_0。根据前文分析可知，轧制后表面层因断裂而产生裂纹的位置就是新鲜表面，其在轧制方向上的总长度为板材变形后、前的差值，即 L_1-L_0；未断裂的位置则是原始表面，其长度与原始板材保持一致，依然为 L_0。

由于忽略宽度方向变形，在轧制方向上界面的长度变化量即为面积变化量，对于轧制后的新鲜表面与原始表面面积比，则可用其长度比来表示。因此，对于单层板材，其在界面上新鲜表面所占面积比 A_1 和原始表面所占面积比 A_2 分别为：

$$A_1=\frac{L_1-L_0}{L_1} \tag{2.19}$$

$$A_2=\frac{L_0}{L_1} \tag{2.20}$$

基于刚塑性材料的平面变形理论及体积不变原则，轧制过程中轧件的法向与轧向变形量大小相等、方向相反，因而压下率 r 等于伸长率 l，则必存在如下关系：

$$l=r=\frac{L_1-L_0}{L_1} \tag{2.21}$$

联立式（2.19）、式（2.20）和式（2.21），得：

$$A_1=r \tag{2.22}$$

$$A_2=1-r \tag{2.23}$$

以上关系式均是针对单层板材，可以发现其接触面上新鲜表面的面积占比 A_1，实质上与轧制压下率是相等的，可依此研究双层板材轧制复合时的界面形态。设双金属层轧制后各自的组元压下率分别为 r_A、r_B，则前文中三种结合状态在界面上的面积占比 A_{I}、A_{II}、A_{III} 可表示为：

$$A_{\mathrm{I}}=r_Ar_B \tag{2.24}$$

$$A_{\mathrm{II}}=r_A(1-r_B)+r_B(1-r_A)=r_A+r_B-2r_Ar_B \tag{2.25}$$

$$A_{\mathrm{III}}=(1-r_A)(1-r_B)=1-r_A-r_B+r_Ar_B \tag{2.26}$$

基于前文分析，界面两侧均为新鲜表面的结合程度最高，因此工艺参数及板材原始厚度配比的优化，应以尽量提高此类结合状态为准则，即使上式中的面积占比 A_{I} 达到最大值，下文将依据数学原则对此进行讨论。设双金属板材的轧前和轧后厚度分别为 H_A、H_B 和 h_A、h_B，则双金属的组元压下率 r_A、r_B 及复合板的总压下率 $r_{A/B}$ 分别为：

$$\begin{cases} r_A=1-\dfrac{h_A}{H_A} \\ r_B=1-\dfrac{h_B}{H_B} \\ r_{A/B}=1-\dfrac{h_A+h_B}{H_A+H_B} \end{cases} \tag{2.27}$$

由式（2.24）可知，若要求 A_{I} 的最大值，即求 r_A、r_B 乘积的最大值。此外，当轧制复合工艺条件一定时，轧辊辊缝大小保持不变，则轧后复合板的总厚度恒定，即总压下率 $r_{A/B}$ 为定值，不随组元压下率变化，并可以此为约束条件。对式（2.27）中的 $r_{A/B}$ 等式进行转化，并记为参数 C，得：

$$h_A + h_B = (1 - r_{A/B})(H_A + H_B) = C \tag{2.28}$$

则有：

$$h_B = C - h_A \tag{2.29}$$

将式（2.27）和式（2.29）代入式（2.24），得：

$$A_I = (1 - \frac{h_A}{H_A})(1 - \frac{C - h_A}{H_B}) \tag{2.30}$$

上式看作一个关于 h_A 的二次函数，通过求导可知，当 A_I 为最大值时，h_A 和 h_B 应满足如下关系：

$$\begin{cases} h_A = \dfrac{H_A - H_B + C}{2} \\ h_B = \dfrac{H_B - H_A + C}{2} \end{cases} \tag{2.31}$$

联立式（2.31）中的两式，消掉参数 C，从而得到如下关系式：

$$H_A - h_A = H_B - h_B \tag{2.32}$$

综上所述，若令轧制复合界面上更多区域达到两侧均为新鲜表面的稳固结合状态，应使双金属层的变形行为满足式（2.32）中的关系，即两者的绝对压下量相等。例如，当双金属板材的初始厚度相同时，其轧后厚度也应相同，即各自的组元压下率相等，两者的绝对压下量保持一致可保证更多的新鲜表面实现充分接触。当双金属板材的初始厚度不同时，轧后两板材厚度的绝对压下量要保持相等，这就要求薄板的压下率应小于厚板的压下率，反之则会提高两侧新鲜表面分布的不对称性，从而弱化界面的整体结合强度。

应当指出，上述讨论只考虑了金属塑性变形行为对表面层结构的影响，忽略了界面摩擦剪切作用等因素，特别是当组元金属的变形量发生变化时，不仅会引起表面层的开裂从而影响界面结合，同时还会显著改变法向轧制压力，这同样是足以决定界面结合程度的重要因素[20]。并且，界面结合还会因组元金属的组织成分而异，不同种类的双金属搭配在轧制复合时所需的变形量有明显差异，因而本节的计算结果只能作为一种简化模型进行粗略的定量分析，主要是为界面结合形成过程的理论建立提供思路。

2.2.4 轧制复合界面物理结合的形成过程

目前，大量国内外学者对金属轧制复合界面的物理结合机理进行过深入研究，已总结出诸多理论模型以阐明其形成过程，包括薄膜模型、能量模型、机械咬合模型以及金属键模型等[21]。然而，轧制复合界面的形成涉及金属基体的塑性变形行为、表面层的结构演变以及金属键连接，并且与组元金属的组织成分和理化性能密切相关，因此该过程具有高度复杂性，单一模型难以进行全面解释，因此需要对以上几种模型进行综合分析讨论[22]。根据相关研究，总结出这些模型的主要理论如下：

① 薄膜模型：轧制力使金属表面硬化层破裂并形成裂纹，基体内部的新鲜金属得以暴露并从裂纹中挤出，形成界面结合。

② 能量模型：界面结合的实现需要金属原子克服一定的能量势垒，并且界面接触应接近晶格尺寸的数量级。

③ 机械咬合模型：经过打磨处理后的金属表面分布大量凹凸不平的微小齿状结构，在轧制复合时发生相互摩擦和咬合，并在轧制力作用下形成机械连接。

④ 金属键模型：在轧制力的作用下，表面金属原子实现紧密接触，并形成金属键连接，使界面在冷加工阶段便建立较为稳定的固相结合。

此外，关于轧制复合界面结合过程的形成机制，还存在再结晶模型、原子扩散模型等其他理论。并且，上述四种模型虽都有相关研究证据支持，但均存在一定局限性，无法单独解释轧制复合界面的物理结合过程，因此还需要进行综合讨论分析。

大量研究表明，轧制复合过程存在临界压下率，即界面稳固物理结合的建立须以组元金属达到足够的变形量为根本前提[23]。就轧制变形行为而言，金属质点沿轧制方向的塑性流动引发了金属表面层的破裂及新鲜金属的暴露，而其在法线方向的塑性流动则提供了足够的压应力以确保新鲜金属得以充分接触并形成连接。图 2.8 表示轧制复合时界面物理结合的形成过程，由于表面层呈现脆性且几乎难以产生塑性变形，其必然随着金属基体在水平方向上的塑性延伸而破裂，并形成大量沿宽度方向延展分布的裂纹，而这些裂纹正是可供新鲜金属挤出所需的通道，即新鲜表面。此时，轧制力引起的轧件法向压应变，则促使金属质点在界面处发生剧烈的相互作用，界面两侧的新鲜金属得以挤出暴露，并在轧制力的持续作用下累积足够的能量以完成结合。根据上节分析结果，在开裂后的金属表面层上，新鲜表面与原始表面呈穿插分布，最终形成了前文所述的界面Ⅰ、Ⅱ、Ⅲ区域，其结合程度依次降低，并且这三个区域的结合状态所对应的理论模型也存在区别。

在两侧均无表面硬化层阻碍的Ⅰ区域，新鲜金属的接触最为充分，界面处的金属得以在压应力作用下相互挤压、嵌入，形成牢固的机械互锁，界面呈现出凹凸不平的锯齿状形态。由于异种金属材料具有不同的力学性能与变形行为，双金属层在界面处的应变速率差异，必然会引起水平方向的剧烈剪切作用，使已经完成复合的位置存在二次开裂的可能，而这种机械咬合的状态则会抵御这种开裂倾

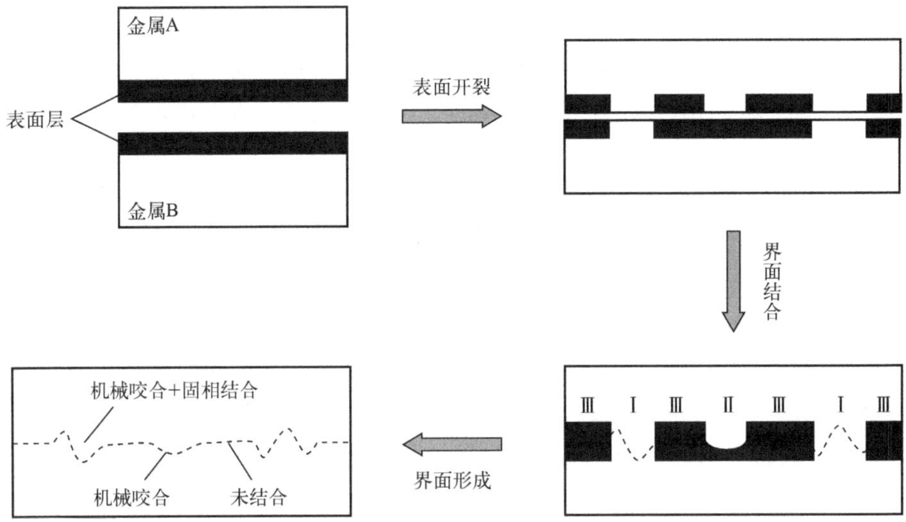

图 2.8　轧制复合界面物理结合形成过程

向，进而提升整个界面的结合强度。此外，经大塑性变形后，界面两侧金属原子之间的物理距离可以得到大幅度降低，甚至在一些位置已经接近晶格间距，为金属键的形成创造了条件，从而达到基于原子键合的固相结合状态[24]。因此，在Ⅰ区域内，复合界面处于一种混合结合的状态，即以机械咬合为主，并伴有局部的固相结合，机械咬合确保了界面的整体结合，而固相结合则以点状分布的形式使之进一步得到强化。

在有单侧表面硬化层阻碍的Ⅱ区域，界面两侧分别是新鲜表面和原始表面，其中新鲜表面一侧的金属得以充分暴露挤出，但由于对面金属的表面层并未开裂，其嵌入对面金属的过程受到限制，而对面金属则几乎完全没有嵌入其内部的行为，最终无法形成如Ⅰ区域中较为紧密的机械互锁。同时，由于依然存在表面层的阻隔，新鲜金属之间有限的接触不能满足键连接的条件，故该区域内界面基本不存在固相结合，其结合方式只能是纯机械咬合，并且由于两侧金属并没有实现充分互嵌，其机械咬合的程度也较低，当界面存在剪切作用时更容易遭到破坏。然而，当轧制力足够大时，未开裂的表面层依然可能产生局部的微小破损，使挤出的部分新鲜金属可以进一步嵌入对面金属内部，形成具有一定强度的结合，但总的来说其结合程度还是明显低于Ⅰ区域。

在Ⅲ区域，界面两侧均为未开裂的原始表面，其表面硬化层厚度显著大于前两个区域，新鲜金属被完全阻隔而难以暴露，更无法挤出并相互嵌入，界面几乎未发生有效结合，呈现出如轧制前的平坦形态。随着轧制变形量的增大，金属表面层的破裂程度提高，原始表面与新鲜表面的面积占比呈此消彼长趋势，即前者下降而后者上升，因此，这种未结合的区域在界面中出现的概率也随之下降。然而，无论轧制变形量增大到多少，金属表面层中原始表面的总面积虽在持续减小，但不可能降低为零，未结合区域总是呈点状分布在界面内，完整的面面结合在轧制复合的实际过程中是不可能实现的，而降低此区域所占比重是强化界面结合效果的重要方式。

综上，轧制复合界面物理结合的形成过程总体上符合薄膜理论，但由于轧制变形后界面各个区域的结合状态存在差异，针对具体区域结合机理的解释也应采用不同的理论模型[25]。在两侧新鲜金属能够充分接触结合的区域，组元金属之间的相互嵌入程度最高，形成连续稳定的机械咬合，同时在轧制力的作用下，界面两侧金属具备了足以产生键连接的距离和能量条件，最终在局部位置出现更为紧密的固相结合，因此Ⅰ区域内的界面物理结合机理可以用机械啮合、能量及金属键模型进行综合分析阐释；当界面只有单侧存在硬化层时，开裂一侧的新鲜金属得以部分挤出而发生一定程度的嵌入，但硬化层的存在使金属原子无法达到晶格层面的接触，因此Ⅱ区域的界面结合机制只能是单纯的机械啮合；在两侧表面均未开裂的区域，内部新鲜金属的挤出接触被严重抑制，因此Ⅲ区域的界面金属几乎未发生任何形式的有效结合。

2.2.5 异步轧制复合界面的强化机制

基于金属层状复合的薄膜理论，轧制复合界面结合质量的优劣首先取决于金属表面层的破裂程度。结合前文分析可知，若要使界面两侧表面层均充分破裂，并且新鲜金属获得最大程度的充分连接，关键在于对组元金属的变形过程实施精准控制，即双金属板各自的绝对压下量应相等。然而，这在具有明显不同力学性能的异种金属复合成形过程中通常难以完全实现，但可以通过优化工艺参数与技术路线来尽量接近，因此，将异步轧制技术应用到层状复合过程中具有重要意义。

首先，在轧制复合时，双金属处于统一的受力环境中，组元金属各自的变形量呈现出此消彼长的特征，通常是变形抗力更低的软质金属可以获得更大的变形量，而硬质金属的变形量则相对较小，并且，两者绝对变形量的差值会随着总压下率的增加而继续扩大。当双金属层的变形程度差异过大时，界面两侧新鲜金属的接触概率将显著降低，因此，增大硬质金属的变形量同时减小软质金属的变形量，是强化界面结合的首要工艺目标，而异步轧制则被认为是一种实现此目标的有效手段。在异步轧制复合中，令硬质金属与快轧辊接触以提高变形行为，最终缩短其与软质金属变形量的差异，从而为新鲜金属的充分结合提供更多的裂纹通道[26]。

其次，与同步轧制相比，异步轧制过程中变形能力不同的双金属可以达到更为接近的应变速率，从而实现协调变形，这势必有利于界面结合。通常情况下，异种金属在轧制复合时的应变速率具有一定差异，由盖林格速度方程可知，法向速度必须连续，而切向速度可以间断，因此界面两侧金属即便在法线方向上已经完成了结合，但依然存在沿轧制方向的剪切作用，这会增加已结合位置发生再次开裂的倾向。当采用异步轧制时，处于快轧辊一侧的硬质金属可以获得更大的变形量，其在界面处原本滞后的水平塑性流动得到增强，从而可以与软质金属保持近似同步变形，界面处的剪切作用被削弱，已经形成良好物理结合的位置发生切向开裂的可能性被显著降低。

最后，基于前文的轧制复合变形区力学分析，轧制压力峰值出现在中性点附近，而双金属层的变形行为差异越大，两者中性点位置的水平距离偏差就越大，导致界面两侧的法向压应力峰值不处于同一平面内，无法在最大程度上为界面结合提供能量。异步轧制过程中双金属层的变形过程更趋于同步，相对接近的应变速率缩小了上、下中性点的位置偏差，界面两侧更为集中分布的压应力使已暴露的新鲜金属形成紧密连接，从而强化了界面结合。此外，众所周知，异步轧制通过促进金属沿水平方向的塑性流动，能够降低轧制压力，这在单一材料的轧制成形中通常是起到积极作用的，但在轧制复合时会由于法线压应力的降低而对界面结合产生不利影响，因此，两工作轧辊的线速度比值应控制在合理范围内。

2.3　轧制复合界面的冶金结合

在冷轧复合阶段，界面物理结合的主要形式是不连续的机械咬合，同时在局部位置存在金属键连接形式的固相结合，但其数量和程度都极为有限，对界面结合强度的贡献可以忽略，界面尚未达到冶金结合的程度。经过大塑性变形后，界面两侧金属之间的物理结合已被充分缩小，在后续热处理过程中，金属原子具备了足够的激活能，可以越过界面迁移进入对面金属内部，发生扩散并形成固溶体，从而实现界面从物理结合到冶金结合的过渡。并且，若采用热轧复合工艺，界面的扩散过程会随着动态再结晶而同时发生，即在轧制阶段便可形成一定程度的冶金结合。界面冶金结合是热力学驱动力与动力学条件共同作用的复杂过程，热轧阶段通过高温塑性变形实现初步结合，而热处理过程则通过扩散调控进一步优化界面。

2.3.1　热轧复合过程的界面冶金结合机理

轧制复合过程往往采用单道次、大压下量的工艺方案，这就对原材料的塑性有较高要求，如纯铜、纯铝材料的晶体结构均为面心立方，具备较好的塑性，因此其在冷轧复合中即可发生剧烈塑性变形，从而达到临界压下率以完成界面结合。然而，对于变形抗力较高或塑性较差的材料，就必须采用热轧工艺才能实现复合，如制备钛/铁复合板。由于热轧复合过程通常是在再结晶温度以上进行的，界面的结合方式就不仅是以机械咬合为主的物理连接，而是大量地存在以界面扩散为主的冶金结合，并且其扩散行为是伴随着动态再结晶和晶界迁移而同时发生的，这就使热轧阶段的界面结合机理与冷轧迥异，具有高度复杂性[27]。

热轧阶段的界面冶金结合是高温与大塑性变形的协同作用结果，这一过程本质上是表面硬化层破碎、新鲜金属接触、原子互扩散、动态再结晶及金属间化合物形成的多尺度耦合过程，对其形成机制的分析探讨应围绕热力学驱动力、动力学路径、微观结构演变规律及其与宏观性能的关联性等方面展开。

(1) 热力学驱动与界面活化

金属复合界面实现冶金结合的首要条件是体系自由能的降低。在热轧复合过程中，自由能的变化主要由表面能、应变能与化学势差共同驱动。当两种金属表面氧化膜被机械破碎后，新鲜金属表面暴露，其表面能状态成为结合的初始驱动力，当金属处于高温环境中时，更高的表面能和更强的原子间吸附作用提高了界面活化度，从而有利于界面扩散的发生。此外，塑性变形引入的应变能也是促进界面扩散的重要驱动力，热轧过程中金属经历剧烈变形而使位错增值，位错密度显著增大，这些高位错密度区域不仅储存大量能量，还形成位错管道网络，成为原子扩散的快速通道，并使其在应变能与化学势梯度的耦合作用下加速迁移，从而为冶金结合的形成创造条件[28]。

(2) 表面硬化层破碎与金属挤出

与冷轧过程类似，热轧过程中金属表面硬化层的破碎和新鲜金属的挤出同样是界面结合建立的基础前提，但由于处于高温变形条件下，在界面形成稳定机械咬合的位置，金属原子在应变场与温度场的耦合作用下更易达到晶格级别的接触，建立以金属键连接为主要形式的固相结合，其数量与程度均较冷轧过程有显著增强。同时，界面处更广泛的固相结合必然能促进原子迁移，并在压应力与高温的驱动下发生一定程度的界面扩散，从而在热轧阶段形成初步的冶金结合。

(3) 界面扩散与反应

热轧工艺中，加热温度通常超过再结晶温度，甚至达到金属熔点的60%～80%，相较于室温环境，此时金属原子的扩散系数将呈指数级增长，因此热轧阶段的界面结合过程必然存在剧烈的扩散行为。相关研究表明，金属原子倾向于沿晶格缺陷区域加速扩散，包括位错（线缺陷）和晶界（面缺陷），而塑性加工过程则会促进这些缺陷的产生，为界面原子的扩散提供更多的通道。但在冷轧复合时，大量扩散通道的存在依然无法使界面产生足以达到冶金结合的扩散行为，这主要是因为低温条件下金属原子缺乏跨越界面所需的扩散激活能，而热轧复合的高温环境则刚好可以弥补这一缺陷[29]。

随着扩散的持续进行，界面两侧逐渐形成层状分布的固溶体组织，即扩散层，当满足浓度与温度条件时，则开始发生反应并生成金属间化合物，如在铜/铝复合体系中，铜侧扩散层生成 Cu_9Al_4 相，铝侧扩散层生成 $CuAl_2$ 相。这些金属间化合物的形核与生长受扩散控制，初期呈现离散岛状分布，随着时间延长逐渐连接成连续层。相对于金属间基体，金属间化合物通常具有极高的硬度和脆性，过厚的化合物层往往容易发生脆性断裂，从而降低界面结合强度。因此，既要保障具有一定程度的冶金结合，又要控制化合物层的厚度，始终是金属层状复合过程的技术难点。在热轧复合后，立即对轧件采用淬火等快速冷却措施，是抑制脆性化合物形核与长大并强化界面结合的有效方法。

（4）动态再结晶与晶界重构

金属轧制复合过程通常需要单道次、大压下量，由此剧烈塑性变形所引起的高密度位错能够为动态再结晶提供条件，当位错重排形成小角度晶界或亚晶界时，高温及塑性变形促使其演变为新的等轴晶粒，从而完成动态再结晶过程。再结晶晶粒通常较为细小，特别是在变形过程更为复杂的界面处，这种细晶强化作用能够显著提升界面性能。同时，再结晶过程还与原子扩散存在密切的交互关系，新形成的晶界能够成为快速扩散通道，加速原子迁移，而元素偏聚又反过来影响晶界迁移速率。这种耦合效应使得界面区域形成晶粒细小且扩散元素分布均匀的组织结构，新晶粒的形核与长大也有利于消除塑性加工过程产生的残余应力，从而强化界面[30]。

应该指出，尽管相较于冷轧复合，热轧复合过程中界面可以获得一定程度的冶金结合，但由于温度作用时间有限，以及界面物理结合的间断分布特点，更稳定连续的界面冶金结合是难以在热轧阶段完成的；此外，经大压下量轧制后，金属基体必然产生严重的加工硬化和残余应力，从而降低材料韧性，这都需要采用轧后热处理过程才能充分消除。因此，真正意义上的界面冶金结合，实质上是轧后热处理阶段才能实现的。

2.3.2　轧后热处理过程的界面冶金结合机理

金属轧制复合后热处理过程中的界面冶金结合，是一个涉及多尺度物理化学过程、材料微观结构演变及宏观力学性能的复杂问题，并且与轧制复合塑性变形及界面行为密切相关。轧制复合工艺的大塑性变形使材料累积了严重的加工硬化，这就需要采用轧后热处理过程来改善综合性能；并且，轧制复合界面的结合状态总体上还是以机械咬合为主要形式，局部点状分布的固相结合作用较为有限，而机械咬合区域也并非能够占据整个界面，大量受接触面硬化层阻碍的未结合区域始终在界面上穿插分布，这就需要通过热处理过程使界面由物理结合向冶金结合过渡，从而消除界面结合的薄弱环节，提高整体性能。热处理作为轧制复合后不可或缺的工艺环节，其核心目标是通过温度场、时间场与应力场的协同作用，充分激活界面区域的原子扩散、再结晶、相变及化学反应，从而消除界面缺陷并形成稳定的冶金结合[31]。这一过程不仅涉及原子尺度上的界面重构，还与晶粒生长、位错运动及界面反应动力学密切相关，其机理的深入解析对优化复合工艺、提升复合材料综合性能具有重要理论意义与工程价值。

轧制复合时所建立的金属层间机械咬合能够提供初始的界面强度，其结合力的主要来源是界面剧烈塑性变形所导致的物理嵌合，与之相比金属原子间的键合程度极低。基于前文界面物理结合机理的分析，轧制界面必然存在相当多的未结合区域，两侧金属虽然在强大的轧制力作用下充分靠近接触，但是由于其表面硬化层的阻隔而无法充分咬合互嵌，这些区域必然存在大量未闭合的微孔洞与微裂纹。此外，轧制过程中产生的加工硬化现象会在界面附近形成高密度位错缠结，从而造成残余应力集中，以上微观缺陷在后续热处理过程中则会成为冶金结合的主要作用位点[32]。当热处理温度升高至再结晶温度以上时，界面区域的原子热激活能显著增强，位错开始以攀移和交滑移等方式进行重新排列，晶界迁移加速，为金属原子的跨界面扩散创造了通道。此时，轧制复合后形成的界面氧化膜碎片，在高温作用下可能发生分解或还原反应，从而使界面杂质得到进一步清除，为新鲜金属的原子接触提供条件，这对轧制复合时界面未结合区域的形态优化具有重要作用[33]。

元素扩散是界面冶金结合的核心机制之一，在热处理过程中，异种金属原子通过浓度梯度驱动发生跨越界面的互扩散，形成宽度为纳米至微米尺度的扩散层及其亚层。扩散过程遵循菲克定律，但实际扩散系数受晶体结构、晶界密度及界面缺陷状态的显著影响。例如，面心立方结构金属（如铝、铜）的原子扩散速率通常高于体心立方结构金属（如铁、钛），这导致不同金属组合的扩散层生长动力学存在显著差异。并且，不同金属原子在另一金属基体内的扩散系数有明显差别，导致扩散层生长及物相生成演变也不相同[34]。例如，在铜/铝层状复合体系中，铜原子在铝基体中的扩散系数要比铝原子在铜基体中的扩散系数大一个数量级左右，主要是因为熔点较高的铜基体中原子之间结合力更强，铝原子向其内部扩散时所需克服的能量势垒更大，并且铝的原子半径（0.143nm）要大于铜（0.128nm），扩散时引起的晶格畸变也更严重，从而提高了扩散阻力。从后文的实验结果可以发现，在热处理初期形成的铜/铝轧制复合界面扩散层内，铝亚层的生长速率明显大于铜亚层，直到长时间保温导致金属间化合物大量生成而阻碍后续原子扩散，铜亚层厚度才开始显著增加[35]。此外，缺陷区域的晶界可以为原子扩散提供快速通道，扩散行为优先形成沿晶路径，使得扩散层呈现非均匀生长的特征，因此，获得连续而均匀的扩散层结构是优化界面冶金结合的关键。

热处理过程中的晶粒生长与结构演变对界面冶金结合具有双重影响。一方面，轧制复合导致的变形晶粒在热处理时发生回复和再结晶，形成新的等轴晶粒，这能够有效消除加工硬化，降低界面残余应力。再结晶过程通过晶界迁移吞噬位错缠结区，促使界面附近的晶粒取向趋于随机分布，从而减少各向异性对界面结合的不利影响。另一方面，异种金属的再结晶温度差异可能导致界面两侧晶粒生长速率不同步，进而影响两侧界面的冶金结合过程。例如，对于熔点更低的铝，其再结晶温度显著低于铜，在铜/铝复合体系热处理时，铝侧晶粒可能已经完成再结晶并开始粗化，而铜侧仍处于回复阶段，这种异步性会在界面处形成晶粒尺寸梯度，诱发局部应力集中。

此外，复合材料热处理时残余应力的消除也与界面演变存在耦合效应。在轧制复合时，变形区内的塑性变形不均与热膨胀系数差异都会引起残余应力的产生，并呈现梯度分布的特点。在轧后进行热处理时，材料内部的位错重组、晶界滑动和扩散蠕变等都会使应力松弛，从而消除残余应力，而应力场的动态变化会反向影响扩散过程：压应力状态可促进空位形成，加速原子扩散；而拉应力可能引发微孔洞形核，抑制原子扩散[36]。由于异种金属的变形程度和蠕变特性差异，界面两侧金属在热处理时的应力松弛过程通常是非同步的，而随之产生的热应力积累可能返过来阻碍冶金结合，因此，若要获得高强度、低残余应力的复合界面，热处理参数须得到严格控制。

2.3.3　界面反应扩散与物相生成

在轧制复合后的热处理过程中，界面区域在原子扩散与化学反应的综合作用下，会形成具有特定结构的扩散层与金属间化合物，这种界面演变过程不仅关系到复合材料的结合强度，还直接影响复合板的整体理化性能。因此，深入探究热处理条件下金属轧制复合界面的反应扩散机制与物相生成规律，能够为工艺参数和材料服役性能的优化提供重要的理论依据。

根据前文所述，基于金属表面层的断裂特点，轧制阶段形成的界面机械咬合呈非连续状态，界面处仍存在大量缺陷和未完全接触的微区，即结合区域与未结合区域在界面上穿插分布，两者在后续热处理时的扩散程度必然具有差异。轧后热处理过程通过提供热能驱动界面原子扩散，促使界面发生冶金反应，此过程并非沿整个界面同步进行，而是首先发生在轧制阶段，此时就已经形成良好的物理结合区域[37]。此过程中，原子的热激活效应显著增强，界面处的点缺陷（如空位、位错）密度降低，晶格畸变能逐步释放，为原子跨界面迁移创造了有利条件。温度场与浓度场的耦合作用使得异种金属原子沿浓度梯度方向发生互扩散，逐步形成具有一定宽度的扩散层[38]。扩散层的厚度与成分受控于热处理温度、保温时间及金属体系的扩散系数差异，界面两侧的异种金属原子在对面基体内的扩散速率通常是不同的，因而往往呈现出沿界面的非对称结构扩散层，即两侧亚层的厚度不一致。

金属的反应扩散是指两种或多种金属在相互接触并满足热力学和动力学条件时，通过扩散与化学反应的协同作用，形成新物相（固溶体、金属间化合物）的动态过程。反应扩散作为热处理过程中的重要物理化学现象，也是金属层状复合界面冶金结合的核心形式，其动力学机制与热力学驱动力密切相关。扩散反应的路径选择受原子迁移率、晶格匹配度及界面能等多因素影响，当异种金属原子跨越原始界面相互渗入时，界面附近区域的成分发生显著变化，可能触发亚稳态固溶体的形成或直接生成金属间化合物[39]。以钛/铁复合体系为例，钛原子与铁原子在扩散过程中首先形成以 FeTi 和 Fe_2Ti 为主的金属间化合物相，这些化合物相的生成自由能低于纯金属的混合态，从而成为热力学优先选择的结构。在铜/铝复合体系中，铝原子倾向于沿铜基体的晶界快速扩散，形成以 $CuAl_2$ 为主的枝晶状析出相，而铜原子在铝基体中的扩散则受限于较低的固溶度，易形成纳米尺度的富铜团簇。此外，扩散过程中产生的柯肯德尔效应会导致界面处形成空位聚集，产生微孔洞或位错网络，这种缺陷结构可能成为后续相变的形核位点，同时也可能成为裂纹萌生的薄弱区域。

界面反应扩散过程中的物相生成机制涉及复杂的固态相变过程，生成的金属间化合物类型主要与元素浓度比和温度条件相关，并且可能存在作为反应中间产物的亚稳相。扩散层与金属间化合物相的微观结构演化对界面力学性能产生决定性影响。当扩散层厚度适当时，金属间化合物可作为起到钉扎效应的增强相来提升界面强度，但过量化合物相会导致界面的整体脆化，在应力作用下易发生沿晶断裂，从而弱化了界面结合[40]。例如，在钛/铁复合界面中，当 Ti-Fe 金属间化合物层厚度超过 5μm 时，界面剪切强度会下降 40%以上，因此，既要确保复合界面向冶金结合过渡，同时又要抑制金属间化合物的过度生成，热处理工艺参数应得到合理控制。

2.3.4 界面物理结合与冶金结合的关联性

轧制复合技术通过剧烈的塑性变形促使异种金属界面实现物理接触与初步结合，其核心在于利用轧制力与剪切力的协同作用，破坏表面硬化层，使新鲜金属表面暴露并相互挤压嵌入，形成界面物理结合，该过程中界面区域的塑性变形程度、残余应力分布及机械结合状态共同构成了后续热处理中冶金结合的物理基础。轧后热处理通过热激活驱动界面附近的金属原子扩散与反应，将机械咬合为主的物理结合逐步转化为以金属键合和相变为主的冶金结合[41]。此时，轧制阶段形成的界面微观结构（如位错密度、晶粒形态、缺陷分布）与应力状态（如残余压应力、剪切应力梯度）不仅影响原子迁移路径和反应速率，还直接决定了金属间化合物的形核位置和生长模式，进而影响界面性能。因此，深入理解复合界面在轧制阶段的物理结合与热处理阶段的冶金结合之间的联动关系，明确界面塑性变形、应力分布及结合状态对热处理冶金结合的动态调控机制，是优化复合工艺和提升材料性能的关键。

轧制复合时界面金属的塑性变形是决定后续热处理冶金结合效果的首要因素，在轧机辊缝的高压作用下，异种金属表面发生剧烈剪切变形，表层晶粒破碎并沿轧制方向拉长，形成高度织构化的纤维状组织。这种塑性变形的非均匀性直接影响界面区域的位错密度、晶界及亚结构分布，并且，异种金属的非同步塑性变形行为在界面处形成复杂的应变梯度，进而影响热处理过程中的原子扩散行为。塑性变形产生的位错网络与亚晶界为原子扩散提供了快速通道，使所需激活能显著降低，从而促进了界面的互扩散，但过量位错的存在可能引发非均匀扩散，导致金属间化合物相的局部富集，使界面严重脆化[42]。此外，轧制形成的变形织构同样也会引起扩散行为的各向异性，如在钛/铝复合体系中，轧制使钛侧形成强基面织构，而铝侧呈现典型的铜型织构，这种织构差异使得铝原子倾向于沿钛晶粒的 a 轴方向迁移，导致热处理后界面化合物层呈现明显的方向性生长特征。此外，轧制塑性变形过程中积累的残余应力场，也是影响后续热处理阶段界面向冶金结合过渡的另一核心因素。残余应力的产生源于异种金属的塑性变形能力差异、热膨胀系数失配及变形不均匀性，界面处的残余应力分布可以改变化学势梯度与扩散激活能，进而影响原子迁移方向与速率及物相生成，通常而言，压应力能够促进扩散，而拉应力则抑制扩散。热处理时异种金属的热膨胀差异还会产生附加热应力，其与残余应力产生的耦合作用可能引发界面微裂纹，若两者叠加后超过局部结合强度，则会导致微裂纹沿化合物层继续扩展，从而破坏界面结合[43]。

轧制阶段复合界面的机械结合状态是热处理实现冶金结合的物理载体，其质量直接影响扩散反应的均匀性与完整性。轧制过程中界面上的良好结合区域会形成稳固的机械互锁结构，呈现出凹凸状的形貌特征，增大了原子扩散的有效接触面积，而未完全闭合的位置则因微孔洞及残余氧化膜的存在而阻碍扩散，最终导致界面冶金结合的不连续性。机械结合区域的接触紧密程度决定原子扩散的有效通道数量，在该区域内，界面两侧异种金属原子的物理距离可以充分缩小，热处理阶段能够优先发生原子交换，形成扩散反应的核心区。此外，机械结合强度还会影响热处理过程中的界面稳定性，在高温条件下，若机械结合强度不足以抵抗残余应力的松弛及热应力与相变应力的产生，则会导致界面剥离，这就要求轧制复合工艺必须确保机械结合强度，从而与预期的热处理制度相匹配[44]。在实际轧制复合与热处理过程中，界面区域的塑性变形、应力分布与机械结合状态并非独立作用，而是通过复杂的协同机制共同调控冶金结合过程。对界面冶金结合机理的分析，则不可以脱离轧制复合阶段界面物理结合的遗传效应，要充分考虑两者的关联性，从而制定合理的完整工艺方案。

· 参考文献 ·

[1] Gao H T, Kong C, Yu H L. Lightweight metal laminated plates produced via (hot, cold and cryogenic) roll bonding: A review[J]. Transactions of Nonferrous Metals Society of China, 2023, 33(2): 337-356.

[2] Zhang S H, Xin J L, Che L Z. Modeling of rolling force for thick plate of multicomponent alloys and its application on thickness prediction[J]. Frontiers in Materials, 2021, 8: 741144.

[3] Xu W, Xia C D, Ni C Y. Numerical simulation and experimental verification of hot roll bonding of 7000 series aluminum alloy laminated materials[J]. Metals, 2024, 14(5):551.

[4] Lee S H, Saito Y, Sakai T, et al. Microstructures and mechanical properties of 6061 aluminum alloy processed by accumulative roll-bonding[J]. Materials Science and Engineering A, 2002, 325(1-2): 228-235.

[5] Denis S, Nikolay M. Joining of dissimilar aluminum alloys AA5154 and AA2024 by cold roll bonding[J]. The International Journal of Advanced Manufacturing Technology, 2023, 129(1-2): 255-277.

[6] Feng K K, Zhang B, Shen X L, et al. Research on the influence of differential speed ratio on the microstructure and properties of 316L/Ni/EH40 composite plate by asymmetrical rolling[J]. Materials Today Communications, 2023, 37:107431.

[7] Lei J Y, Ma L F, Cai Z H, et al. Interfacial microstructure evolution for coordinated deformation of Mg/Al composite plates by asymmetrical rolling with differential temperature rolls[J]. Journal of Magnesium and Alloys, 2024,12(10):4244-4258.

[8] Chang D X, Wang P, Zhao Y Y. Effects of asymmetry and annealing on interfacial microstructure and mechanical properties of Cu/Al laminated composite fabricated by asymmetrical roll bonding[J]. Journal of Alloys and Compounds, 2020, 815: 152453.

[9] Lin L C, Peng W, Zhu S, et al. Cross wedge roll bonding process for laminated shafts forming: Interface microstructure, bonding mechanism, and parameter influence[J]. Journal of Materials Processing Technology, 2023,317:117971-117988.

[10] Min G H, Lee J M, Kang S B, et al. Evolution of microstructure for multilayered Al/Ni composites by accumulative roll bonding process-ScienceDirect[J]. Materials Letters, 2006, 60(27):3255-3259.

[11] Niu H, Gao X, Jiang L, et al. Research on bonding mechanism of Cu/Al corrugated composite plates rolled by flat finish roll bonding[J]. Materials Today Communications, 2024, 40:109303.

[12] Yu H, Tieu K, Hadi S, et al. High strength and ductility of ultrathin laminate foils using accumulative roll bonding and asymmetric rolling[J]. Metallurgical and Materials Transactions A, 2015, 46(2): 869-879.

[13] Jindal V, Srivastava V C. Growth of intermetallic layer at roll bonded IF-steel/aluminum interface [J]. Journal of Materials Processing Technology, 2008, 195(1-3): 88-93.

[14] Gearing B P, Moon H S, Anand L. A plasticity model for interface friction: application to sheet metal forming[J]. International Journal of Plasticity, 2001, 17(2): 237-271.

[15] Demers H, Wuhrer R, Moran K, et al. Effect of the probe size and interaction volume on quantitative x-ray maps across interfaces of a Cu-Al roll bonded laminate[J]. Microscopy and Microanalysis, 2013, 19(S2): 1250-1251.

[16] Lee K S, Lee Y S, Kwon Y N. Influence of secondary warm rolling on the interface microstructure and mechanical properties of a roll-bonded three-ply Al/Mg/Al sheet[J]. Materials Science and Engineering A, 2014, 606: 205-213.

[17] Liu T, Song B, Huang G, et al. Preparation, structure and properties of Mg/Al laminated metal composites fabricated by roll-bonding, a review[J]. Journal of Magnesium and Alloys, 2022, 10(8): 2062-2093.

[18] Lyu S N, Zheng L, Yu B N, et al. Bonding mechanism and preparation process of titanium/iron composite thin sheet by non-vacuum rolling[J]. Materials Today Communications, 2022, 31:103504.

[19] Zhang X, Luo Z A, Xie G M, et al. Interface microstructure and bonding mechanisms of 7050 aluminum alloy thick plates produced by vacuum roll cladding[J]. Materials Science and Engineering A, 2022, 850: 143582-143591.

[20] Sun R, Li G S, Xu G S, et al. Evolution and formation mechanism of interface structure in rolled Mg-Al clad sheet[J]. Journal of Materials Engineering and Performance, 2022,32:7248-7259.

[21] Ji C, Niu H, Li Z X, et al. Deformation law and bonding mechanism of 45 carbon steel/316L stainless steel cladding tubes fabricated by three-roll skew rolling bonding process[J]. Journal of Materials Processing Tech. 2024, 325:118277.

[22] Zheng H P, Wu R Z, Hou L G, et al. Mathematical analysis and its experimental comparisons for the accumulative roll bonding (ARB) process with different superimposed layers[J]. Journal of Magnesium and Alloys, 2021,9(5):1761-1772.

[23] Wei Z, Zheng H P, Wu R Z, et al. Interface behavior and tensile properties of Mg-14Li-3Al-2Gd sheets prepared by four-layer accumulative roll bonding[J]. Journal of Manufacturing Processes, 2021, 61:254-260.

[24] Huo P D, Li F, Wang Y, et al. Formability and interface structure of Al/Mg/Al composite sheet rolled by hard-plate rolling (HPR)[J]. The International Journal of Advanced Manufacturing Technology, 2021,118:55-65.

[25] Dai G, Liu Y, Chen T H Q. Effect of cumulative deformation and interlayer mechanical properties on bonding strength of corrugated interface steel/aluminum composite plate[J]. Journal of Manufacturing Processes, 2023, 103(8): 78-89.

[26] Feng K K, Zhang B, Shen X L, et al. Research on the influence of differential speed ratio on the microstructure and properties of 316L/Ni/EH40 composite plate by asymmetrical rolling[J]. Materials Today Communications, 2023, 37:107431.

[27] Yang B, Bai W B, Zheng Y, et al. Effect of surface treatment on bonding strength of aluminum-magnesium hot-rolled composite plate[J]. Rare Metal Materials and Engineering, 2024, 53(8): 2167-2173.

[28] Jiang Z, Zhu H, Sun J, et al. Microstructure and mechanical properties of high-temperature free-oxygen rolled Cu/1060Al bimetallic composite materials[J]. Journal of Materials Research and Technology, 2024, 29: 1262-1277.

[29] Zhang X, Luo Z A, Yang J S, et al. Effect of vacuum degrees on interfacial bonding behavior of 7050 aluminum alloy clad plates during hot-roll cladding[J]. Metals and Materials International, 2024, 30(2): 14.

[30] Chen Z J, Zeng Z, Huang G J. Research on the Al/Mg/Al three-layer clad sheet fabricated by hot roll bonding technology[J]. Rare Metal Materials and Engineering, 2011, 40(S3): 136-140.

[31] Yousefi Mehr V, Toroghinejad M R, Rezaeian A, et al. The effects of oxide film and annealing treatment on the bond strength of Al-Cu strips in cold roll bonding process[J]. Materials & Design, 2014, 53(1): 174-181.

[32] Biradar A, Rasiwasia R, Soni J, et al. Thermomechanical roll bonding of Al-6063 strips[J]. Journal of Alloys and Compounds, 2021, 855(1): 157401-157407.

[33] Hordych I, Barienti K, Herbst S. Cold roll bonding of tin-coated steel sheets with subsequent heat treatment[J]. Metals, 2021, 11(6): 917.

[34] Ohsaki S, Kato S, Tsuji N, et al. Bulk mechanical alloying of Cu-Ag and Cu/Zr two phase microstructures by accumulative roll-bonding process[J]. Acta Materialia, 2007, 55(8): 2885-2895.

[35] Mehr V Y, Rezaeian A, Toroghinejad M R. Effects of processing parameters on the fracture behaviour of cold roll bonded and accumulative roll bonded Al-Cu lamellar composites[J]. Materials Science and Technology: MST: A publication of the Institute of Metals, 2021, 37 (13/14): 1096-1106.

[36] Hu X K, Song H C, Yang K, et al. Bonding behavior and mechanism of composite interface between carbon steel/stainless steel laminates at different temperatures and strain rates[J]. Steel Research International, 2024, 95(8):2400010.

[37] Wu G, Merkuryev I V, Liang Z, et al. Microstructure and tensile behavior of high-chromium cast iron/Hadfield steel composite fabricated by hot rolling process[J]. Materials Research Express, 2025, 12(2): 026510.

[38] Zhang X, Gao K, Wang Z, et al. Effect of intermetallic compounds on interfacial bonding of Al/Fe composites[J]. Materials Letters, 2023, 333 (15):133597. 1-133597. 3

[39] Xu H, Liu C, Silberschmidt V V, et al. Effect of bonding duration and substrate temperature in copper ball bonding on aluminium pads: A TEM study of interfacial evolution[J]. Microelectronics Reliability, 2011, 51(1): 113-118.

[40] Niu H, Gao X Y, Jiang L, et al. Research on bonding mechanism of Cu/Al corrugated composite plates rolled by flat finish roll bonding[J]. Materials Today Communications, 2024, 40:109303.

[41] Qiu J, Li Y D, Liu W J, et al. Rolling in-situ generation of metallurgical and mechanical bonding improves mechanical properties and synergistic deformation ability of semi-solid cast-rolled aluminum/steel composite plate[J]. Journal of Materials Processing Tech. 2025, 339:118821.

[42] Cai H S, Wang Q D, Zhang N N, et al. Shear behavior of Cu/Al/Cu trilayered composites prepared by high-temperature oxygen-free rolling[J]. Journal of Alloys and Compounds, 2024, 1004: 175857.

[43] Wang T, Tang Z F, Yang L, et al. A novel technique for preparing Al/Mg alloy by the combined method of powder metallurgy and rolling[J]. Materials Letters, 2022, 314(May 1): 131793.1-131793.4.

[44] Zhao J X, Luo Z A, Wang M K, et al. Microstructure and mechanical property of titanium steel by vacuum roll-cladding with interlayer[J]. Materials Science and Technology: MST: A publication of the Institute of Metals, 2022, 38(11/12): 824-835.

第3章

铜/铝复合板的异步冷轧及界面性能

3.1 铜/铝异步冷轧复合工艺

冷轧复合技术是制备铜/铝层状复合材料的主要工艺方法，其工艺参数的调整与工艺过程的优化是保障复合板材产品质量的重要基础。冷轧阶段良好物理结合的实现是铜/铝复合界面得以形成的关键前提，并能为后续退火时界面过渡到冶金结合状态创造条件，因此，制定合理的轧制工艺参数对控制复合板的综合性能具有重要意义。根据异种金属的力学性能与变形能力差异，并结合以往实验结果与研究经验，本章主要介绍异步冷轧复合技术制备铜/铝复合板的工艺过程及其对界面组织的影响规律，分析工作轧辊转速比对冷轧复合过程以及轧后产品组织与性能的影响，总结异步冷轧工艺参数的制定原则。此外，由于原材料自身的初始力学性能会直接影响金属基体的变形行为以及表面层的破坏程度，进而影响轧后复合板的综合性能和界面结合效果，因此，作者还采用了不同规格的原材料进行冷轧复合实验，讨论了组元金属的合理搭配对复合结果的影响，进而为工艺过程的持续优化提供理论支撑。

3.1.1 铜/铝复合板的轧制力与板形调控

在异步轧制过程中，由于存在上下摩擦力方向相反的搓轧区，轧件会发生更剧烈的剪切变形，部分地替代了传统轧制中的纯压缩变形，从而降低了变形过程中所需的法向轧制力。此外，由于与快轧辊接触的金属应变速率增大，变形区内的压应力分布更为集中，金属滞留在变形区内的时间缩短，因此其对后续金属塑性流动的阻力减小，从而促进了材料的整体塑性变形[1]。从变形机理层面分析，当上下轧辊存在转速差异时（异步速比>1），在咬入区形成的非对称摩擦场会引发金属流动路径的重新分布。具体而言，快轧辊与慢轧辊之间的速度梯度导致接触界面产生方向相反的切向摩擦力，这种剪切力的耦合作用在变形区内形成了动态变化的搓轧效应。图 3.1 表示轧件从咬入到轧制完成过程中的轧制力平均值，可以发现当异步速比从 1.0（同步轧制）增加到 1.7 时，轧制力是持续降低的，最大降幅达到约 26.4%。因此，从降低变形难度和能源消耗的角度来讲，用异步轧制代替传统的同步轧制具有重要的积极作用。

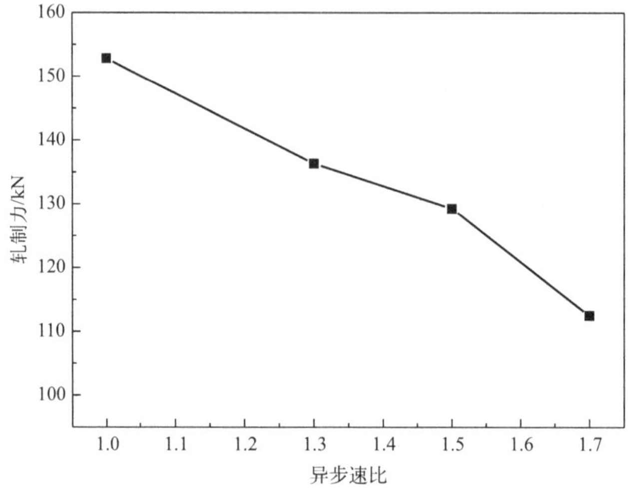

图 3.1 不同异步速比下的轧制力

在轧制复合过程中，异种金属的力学性能通常存在差异，变形速率和变形量不一致，导致轧制过程不稳定，最终影响产品质量。图 3.2 为不同异步速比下铜/铝复合板的侧面照片，其中左侧为铝层，右侧为铜层。不同异步速比的轧后复合板均不同程度地向铜侧弯曲，而采用异步轧制工艺制备的试样弯曲角度明显小于同步轧制，并且异步速比越大，板形越平直。当叠放好的铜、铝板刚咬入辊缝时，变形抗力更低的软质金属铝首先达到屈服极限，而硬质金属铜的塑性变形

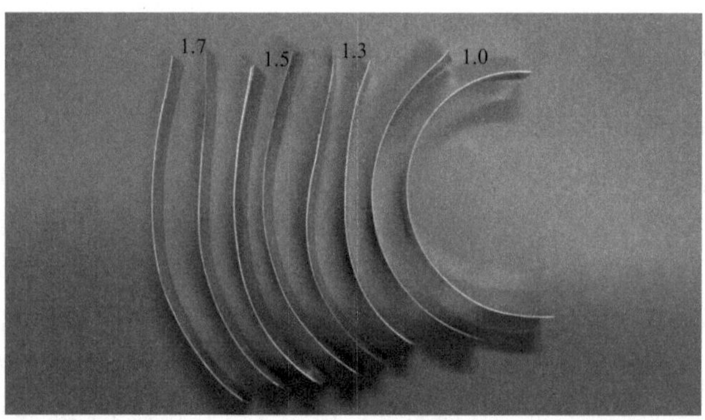

图 3.2 不同异步速比下轧后复合板的板形

则相对滞后，随后双金属进入共同变形区。铝发生塑性变形的时间更长，变形速率更大，在轧制方向上的延伸长度大于铜，因此轧后复合板的宏观板形会呈现出向铜侧弯曲的状态。在异步轧制过程中，将铜板与快轧辊接触，目的是增大其在水平方向塑性流动的速率，缩小双金属的变形量差异，使变形过程更趋于一致，因此异步轧制工艺可以起到矫直板形的作用。

3.1.2 异步冷轧复合工艺参数的选择与优化

采用异步冷轧复合技术制备铜/铝层状复合板，既能有效地改善复合材料的综合性能与界面结合效果，又能降低轧制力，节省能源消耗。多层金属冷轧复合材料的制备过程通常包括表面处理、冷轧复合以及轧后退火，其中冷轧复合是整个制备过程的核心步骤，工艺参数的制定会直接影响产品的复合效果与最终使用性能，而采用异步冷轧工艺又为复合过程带来更多的不稳定因素，因此必须对铜/铝复合板的异步冷轧复合工艺进行合理控制。

(1) 表面处理过程

在冷轧复合前，需对组元金属板的待复合表面进行清理，主要包括化学清理方法和机械清理方法，其目的是通过去除原材料的表面油污、氧化层来增大结合面积，提高复合性能，为组元金属的层间物理接触创造前提条件。根据 Mehr 等的相关研究，金属表面氧化物会显著影响复合效果，随着铝板表层 Al_2O_3 厚度的增大，铜/铝界面的结合强度会急剧下降[2]。基于薄膜理论原理，在轧制力的作用下，存在于金属表面的薄层氧化膜被破坏，使内部洁净活化的金属得以暴露，并随着塑性变形过程的持续而挤出，最终形成层间连接。该理论还认为，由于轧制复合过程的完成需要表面层的充分破坏，因此硬且脆的氧化膜有利于界面牢固结合的实现，而软且韧的氧化膜会随金属基体共同发生塑性延伸，其较低的受破坏程度反而会阻碍界面结合过程[3,4]。

相关研究表明，使用经表面处理的金属板进行冷轧复合，获得的复合材料界面结合强度明显高于未经表面处理的试样。表面处理方法的选择对最终复合效果也有较大影响，分别采用钢刷机械打磨和化学清洗进行表面处理的复合板，前者的界面结合强度略高于后者。此外，机械打磨过程还能增加金属表面的粗糙度以提高界面结合强度，但机械打磨的方向对复合效果影响不大。在实际生产过程中，通常将以上两种方法共同使用，先采用化学清洗的方法来去除组元金属待复合表面的油污与氧化物，再进行机械打磨增大表面粗糙度，形成硬化薄层，为接下来的冷轧复合过程做准备[5,6]。

(2) 组元金属的初始性能

中国科学院金属研究所的于洋等采用多道次、累积叠轧的方法生产出可用于制作电缆的铜/铝复合超薄板，提出组元金属的初始厚度与性能直接影响复合板的最终力学性能。研究发现当组元金属的初始厚度均小于 0.2mm 时，复合板的整体拉伸性能有所下降，并且轧制复合过程中容易出现断裂、厚度分配不均等问题。此外，作者还发现原材料本身的初始力学性能对复合材料的变形规律、界面的结合效果以及产品质量有重要影响，当采用相对较软的铜板与较硬的铝板进行轧制复合时，复合板的整体伸长率得到提高，这为在实际生产过程中通过调整原材料的初始状态来改善复合材料的综合性能提供了宝贵的经验和思路[7,8]。

通常情况下，铜的强度和塑性均优于铝，而铝具有更低的变形抗力，比铜更容易发生塑性变形，这种变形过程的非同步性，就使得异种金属复合叠轧跟单一材料的轧制工艺相比，在应力分布和变形规律等方面更为复杂。此外，相同化学成分的单一金属材料，采用不同的铸造工艺、压力加工过程和热处理制度，也会使其在力学性能和变形能力上存在差异，这就会进一步影响轧制复合时组元金属的变形分配，以及表面硬化薄膜的破坏状态和界面结合效果[9]。

当叠放好的铜、铝板送入轧机进行复合实验时，双金属在变形区内处于相同的受力环境，共同承受轧制力和异步轧制带来的剧烈剪切变形。并且，双金属力学性能的差异导致变形速率不一致，接触表面会有相对滑动的趋势，产生相互摩擦应力。在轧制力的作用下，变形抗力相对较低的铝首先发生塑性变形，并随着变形量的增大，铝基体累积严重的加工硬化，变形越来越困难。铝基体的变形抗力会随着变形过程的进行而不断增大，当达到与铜接近时，轧制力所带来的变形就会分配到铜基体，此时双金属共同进行塑性变形，即进入共同变形区[10]。

在相同的轧制工艺条件下，双金属何时进入共同变形状态，是由它们自身的初始力学性能决定的。铝的初始强度越大，变形就越困难，其变形能力与铜接近的状态就越提前；铜的初始强度越低，开始处于与铝共同发生塑性变形的状态也越提前。总之，适当提高铝的初始强度和降低铜的初始强度，可以使共同变形状态更提前，扩大共同变形区的范围，这意味着铜的组元变形量会增大，轧后复合板中双金属层的厚度更为接近。但是，由于铜、铝两种金属的力学性能差异过大，提高铜的强度会使铝基体承担过多的塑性变形，最终导致铝由于变形过大而加工硬化更为严重，铜由于变形量过小而表面氧化膜不能充分破坏开裂，不利于界面结合与产品质量的控制[11]。并且，双金属是处于相同的受力环境，改变其中一个组元金属的性能，也会影响另一个组元金属的变形行为。此外，组元金属的初始力学性能对变形行为的改变，还会影响金属表面氧化膜的破坏程度以及内部新鲜金属的暴露与结合，进而影响界面的机械结合效果。

(3) 轧制压下率

采用异步冷轧复合技术制备铜/铝复合薄板，应用单道次、大压下量的工艺过程，既能使铜、铝金属表面氧化膜得到充分破碎，同时又能防止挤出的新鲜金属因在空气中暴露时间过长而进一步氧化，影响结合效果。但是，大变形量不仅对设备的承载能力有较高要求，而且对轧后产品的质量有较大影响。因此，为兼顾界面结合效果和金属基体的综合性能，轧制压下率必须控制在合理范围内[12]。

双金属的轧制复合过程存在临界压下率，即界面能够实现机械结合的最小变形量。韩国的 Lee 等研究发现，在双层铜/铝冷轧复合板的制备过程中，轧制压下率只有超过 50%时才能够实现界面的良好结合，但当轧制压下率超过 75%时，组元金属的加工硬化程度增大，反而会降低界面结合强度，而当轧制压下率提高到 80%时，铜/铝复合板的宏观板形会被严重破坏[13]。在轧制变形过程中，轧件沿宽度方向的变形远小于法向和切向，所以通常忽略宽展，轧制变形被近似地看作平面变形，即法向的压下量等于切向的伸长量。在轧制力的作用下，双金属沿轧制方向发生塑性延伸，材料的表面积增大，而与金属基体相比，表面氧化膜几乎无塑性，因此只能发生断裂，形成裂纹。压下率越大，轧制方向的伸长率越大，金属表面的破裂程度越大，裂纹所占表面积的比重增加[14]。

当实际压下率小于临界值时，双金属的法向变形量和剪切方向的塑性流动程度较低，表面氧化膜未得到充分破坏，供内部新鲜金属通过的裂纹面积较小，并且，较小的变形量也无法提供足够的变形使界面实现机械啮合；当实际压下率大于临界值时，表面氧化膜破坏严重，形成足够面积和数量的裂纹，同时，较大的变形量也为金属原子实现键连接提供了足够的能量[15]。但是，当压下率过大时，双金属承受剧烈的变形，发生严重的加工硬化，复合板呈现出波浪状态。所以，在不影响产品质量的前提下，轧制压下率应适当超过临界压下率。

（4）异步速比

异步冷轧复合过程是通过分别调整上、下两轧辊的转速，来实现不同的转速差和异步速比，进而实现搓轧效果。合理设定异步速比，不仅会影响搓轧区的范围和轧件的剪切变形，而且还会影响双金属接触表面氧化膜的破裂程度，进而影响机械啮合的效果[16]。根据以往研究，使轧辊产生转速差的方法通常为采用不同半径的轧辊或不同齿数的连接齿轮，但这两种方法均存在一定劣势：当采用不同半径的轧辊时，慢轧辊的半径要小于快轧辊，虽然使其具备了更小的线速度，但是容易导致轧后复合板产生更大的弯曲度；当采用不同齿数的连接齿轮时，两轧辊的转速比是与齿轮的齿数比成反比关系的，这就使异步速比由齿轮的齿数决定，只能设定为几个有限的数值，并且由于受到设备尺寸的限制，异步速比通常不超过 1.5。以上这两种方法之所以存在诸多缺点，是因为两个轧辊由同一个电机振动，无法独立调整转速。因此，采用的设备具备两个独立的电机，可以分别控制上、下两个轧辊，理论上可以产生无限多种异步速比，这就给针对超过 1.5 的高异步速比的实验研究提供了技术支持[17]。

异步轧制工艺不仅可以有效地矫正板形，而且还能促进金属表面氧化膜的破裂，产生比同步轧制工艺更多的可供内部新鲜金属通过的裂纹，也就是能增大机械啮合的面积。这种现象的出现是由于有上、下摩擦力方向相反的搓轧区存在，这使轧件处于更剧烈的剪切变形中，而异步速比的大小直接影响搓轧区的范围和搓轧效果。然而，过大的异步速比虽然能加剧表面氧化膜的破裂，更有利于界面实现机械啮合，但是也会使轧制过程更不稳定，轧件会在轧辊较大转速差的作用下剧烈晃动，影响产品质量[18]。在设定异步速比时，既要能发挥异步轧制工艺在界面结合与降低轧制力等方面的优势，又要考虑轧制复合过程的安全性，因此异步速比必须控制在合理范围内。在进行正式的轧制复合实验之前，预先进行多组尝试性实验，发现当异步速比超过 1.7 后，轧制过程中轧件开始产生较大晃动，并且在剧烈的剪切变形作用下，轧后复合板呈现出波浪状态，甚至被整体撕裂，因此异步速比应该被控制在合理范围内。

3.1.3 铜/铝复合板的制备过程

(1) 纯铜板和纯铝板的制备

冷轧复合实验采用的原材料为工业纯铜板和纯铝板，原始厚度均为 1mm。根据实验需求和设备实际条件，利用剪床设备将原材料剪裁成宽度同为 20mm 的长条。为在轧制复合时方便轧件咬入，剪裁过程中使铜板的长度略大于铝板以形成楔形，其中铜板的尺寸规格为 210mm×20mm×1mm，铝板的尺寸规格为 200mm×20mm×1mm。为保证冷轧复合实验的顺利进行，将剪裁后的铜板和铝板置入箱式电阻炉中进行热处理，其中铜板在 500℃保温 2h，铝板在 400℃保温 2h，然后空冷至室温。实验选用的铜板和铝板的主要化学成分分别如表 3.1 和表 3.2 所示。

表 3.1 铜板的主要化学成分

元素	Cu	As	Bi	Sb	Fe	其他
含量(质量分数)/%	99.9	0.0019	0.001	0.0017	0.0049	—

表 3.2 铝板的主要化学成分

元素	Al	Zn	Fe	Cu	Si	其他
含量(质量分数)/%	99.9	0.0004	0.00032	0.0005	0.0025	—

(2) 不同规格铝板的制备

为使铝板在冷轧复合过程中表现出多种力学行为，预先将原始厚度为 1.15mm 的铝板经过单道次冷轧到 1mm。然后，对减薄后的铝板进行不同温度的退火处理，即分别在 300℃、350℃和 400℃保温 2h，之后空冷至室温，并分别标记为 1#、2# 和 3#。为验证不同退火制度制备的铝板在力学性能上是否具有足够的差异，进行室温拉伸实验，拉伸速率为 1mm/min。拉伸试样尺寸参照

GB/T 228.1—2021 国家标准，试样标距为 15mm×10mm，相同条件进行 3 组试样实验并取平均值，实验结果如表 3.3 所示。根据拉伸实验数据，从 1#～3#，铝板的抗拉强度下降，伸长率上升。

表 3.3　不同规格铝板的初始力学性能

铝板编号	抗拉强度/MPa	伸长率/%
1#	124.2	15.4
2#	105.1	17.9
3#	55.9	21.9

(3) 原材料的表面清理

根据金属冷轧复合机理，附着在铜、铝表面的金属氧化物等杂质会阻碍内部新鲜金属的流动与接触，从而影响结合效果，因此在冷轧复合实验前，应确保铜、铝板的接触面均为清洁金属表面，必须对原材料表面上存在的污染物和氧化皮进行清理。首先将待复合的原材料放入丙酮溶液中浸泡 20min 以去除表面油污，然后分别将铜板和铝板、铝硅合金带放入浓度均为 5% 的 H_2SO_4 溶液和 NaOH 溶液中浸泡 10min 以去除表面氧化皮。为彻底清除表面污染物，利用 1200r/min 的电子砂轮对金属接触面进行机械打磨，同时增大金属表面的粗糙度。表面清理完成后，将双金属叠放整齐，其中铜层比铝层长出 10mm 以形成楔形方便咬入，然后用直径为 0.1mm 的细铁丝固定，送入轧机进行冷轧复合。

(4) 冷轧复合工艺过程

冷轧复合过程是本研究的重要步骤，工艺参数的制定直接影响复合效果与产品质量。实验设备采用四辊可逆式轧机，其主要工作参数见表 3.4。总轧制压下率应控制在合理范围内，既要保证实现界面的牢固结合，又不能因变形量过大而导致板形缺陷和能源浪费。因此，根据大量相关研究以及以往实践经验，采用总压下率为 65%、单道次的冷轧工艺完成复合过程。

表 3.4　异步轧机的主要工作参数

工作参数	尺寸/规格
工作辊直径	90mm
下工作辊转速	21r/min
最大轧制力	60t

本研究主要讨论异步轧制工艺在铜/铝复合板制备过程中的应用，而两工作辊的异步速比是其中的关键工艺参数。在冷轧复合过程中，分别进行同步和异步

轧制工艺制备铜/铝复合板，其中异步轧制工艺中的异步速比范围为 1.1～1.7。在异步轧制中，将铝板与上轧辊接触，铜板与下轧辊接触，并保持上轧辊为固定转速 21r/min，通过调节下轧辊的转速来实现不同的异步速比，且下轧辊的线速度始终大于上轧辊，异步速比 i 可表示为：

$$i=V_{下}/V_{上} \tag{3.1}$$

冷轧复合过程采用无润滑的方式，目的是保证双金属接触表面的洁净，防止润滑液的流入阻碍界面结合。冷轧复合实验的具体工艺过程如图 3.3 所示。

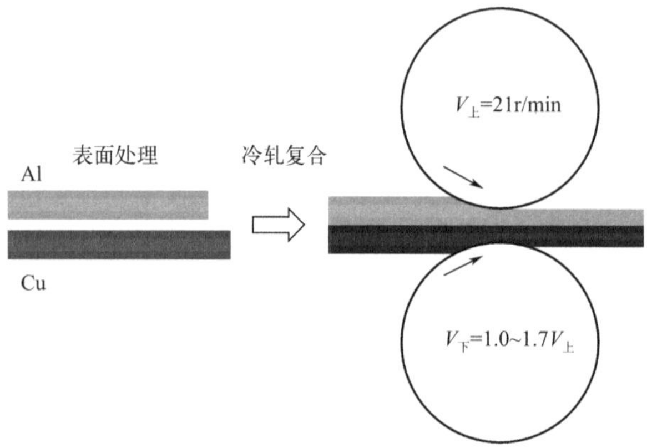

图 3.3 铜/铝冷轧复合过程示意图

(5) 热处理过程

为消除大变形量冷轧工艺带来的加工硬化，并使形成初步机械结合的界面从物理结合过渡到冶金结合，需要对复合后的试样进行热处理。首先，使用铝箔包裹冷轧态的铜/铝复合板以达到材料整体受热均匀的目的，同时还能在一定程度上隔绝外界空气，降低氧化损耗。然后，将试样放入箱式电阻炉中进行退火，利用电偶测温计进行温度的实时监控，在显示的数值升至指定温度时再开始计时，温度精度范围控制在±2℃以内。退火制度根据大量相关研究以及先前的实验经验制定，目的是既要使冷轧态材料的组织与性能充分恢复，又要使复合界面经历具有一定研究意义与价值的热扩散过程，因此退火过程的温度范围为 300～500℃，保温时间范围为 1～8h，试样空冷至室温。

3.1.4 铜/铝复合板的微观组织表征

(1) 光学显微镜表征

采用 Leica 倒置式光学显微镜观察铜/铝冷轧复合板的微观组织形貌，金相试样的具体制备过程如下：

① 镶样：利用线切割机在铜/铝复合板的中心位置取尺寸为 10mm×10mm

的试样，然后竖立在镶样机上进行镶嵌，观察面为界面扩散层的横截面。

② 粗磨：按照粗糙度依次降低的顺序选用砂纸对镶嵌好的试样在水中进行粗磨，直到获得洁净光亮的剖面，使用砂纸的顺序分别为 200#、600#、1000#、1200#、1500#、2000# 和 3000#。

③ 抛光：依次使用精度为 1.0 和 0.5 的水溶性研磨膏对粗磨后的试样进行抛光处理，然后用酒精清洗以去除水分，再用吹风机吹干，以备观察分析。

（2）扫描电镜表征

采用 ULTRA PLUS 场发射扫描电子显微镜（SEM）的二次电子和背散射模式观察铜/铝复合板的微观组织结构、剥离表面与拉伸断口形貌，并通过配备的 X 射线能谱仪分析试样化学成分与元素分布状态。

（3）电子探针分析

采用 JXA-8530F 电子探针仪对试样剥离表面铜、铝元素的分布状态进行分析，进一步明确扫描电镜的检测结果。

（4）X 射线衍射分析

采用 X′Pert Pro MPD-PW3040/60 X 射线衍射仪（X-ray diffractometer，XRD）分析铜/铝复合板剥离表面的化合物相结构，判定铜/铝金属间化合物的种类。实验过程采用铜靶和 Kα 射线，管电压为 40kV，管电流为 40mA，测试时间为 15min，2θ 范围为 20°～100°，并利用 X′Pert High Score Plus 软件分析检测结果，进行物相分析。

3.1.5　铜/铝复合板的力学性能检测

（1）显微硬度检测

采用 FM-700 维氏显微硬度仪对铜/铝复合板界面扩散层剖面进行显微硬度的检测，所用试样为前期用于微观组织观察的金相试样。显微硬度的检测在 500 倍条件下进行，加载负荷为 25g，加载时间为 10s。检测范围包括界面及其左右两侧 80μm 的区域，从铝侧到铜侧每隔 20μm 打 1 个点进行测量，共计 9 个点。

（2）界面剥离实验

采用 SANSCMT 5000 材料试验机进行铜/铝复合板的界面剥离实验，利用线切割机在复合板的中心区域取样，试样被剪裁成尺寸规格为 100mm×10mm 的长条，其中长边沿轧制方向，短边沿宽度方向。在实验前，使用铁钳将试样沿界面手工剥开约 10mm 的距离，以便于其在夹头中的固定，实验过程如图 3.4 所示。双金属层沿试样长度方向逐渐剥离，加载的外力始终作用于整个宽度方向上，因此剥离强度可表示为单位宽度上的剥离力，界面的平均剥离强度则为长度方向上所有剥离强度的平均值。界面剥离强度的计算公式如下：

$$P=F/W \tag{3.2}$$

式中，P 为界面剥离强度，N/mm；F 为界面剥离力，N；W 为试样的宽度，mm。

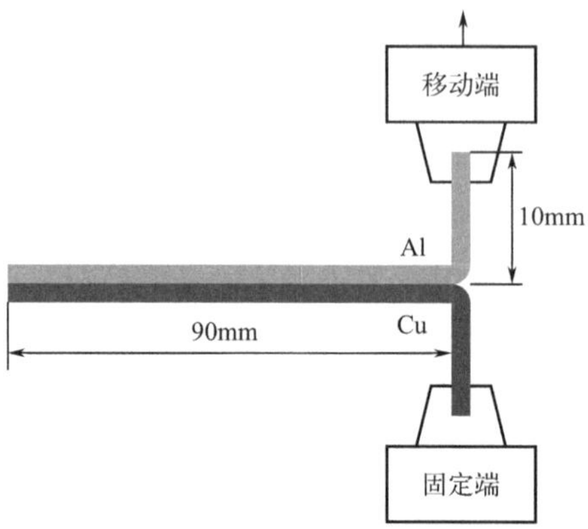

图 3.4　界面剥离实验示意图

(3) 室温拉伸实验

铜/铝复合板的室温拉伸实验在东北大学 EPM 实验室 SANSCMT 5000 材料试验机上进行，主要检测试样的抗拉强度和断裂伸长率，并获得拉伸断口以进一步分析界面结合状态，拉伸速度分别设定为 1mm/min、10mm/min 和 100mm/min。

拉伸试样通过线切割机在复合板的中心区域取得，其尺寸规格参照国家标准 GB/T 228.1—2021，标距尺寸为 15mm×10mm，如图 3.5 所示。在复合板的中间区域取样，试样的长度方向与轧制方向一致，即拉伸方向；试样的宽度方向与复合板的宽度方向一致，与拉伸方向垂直。

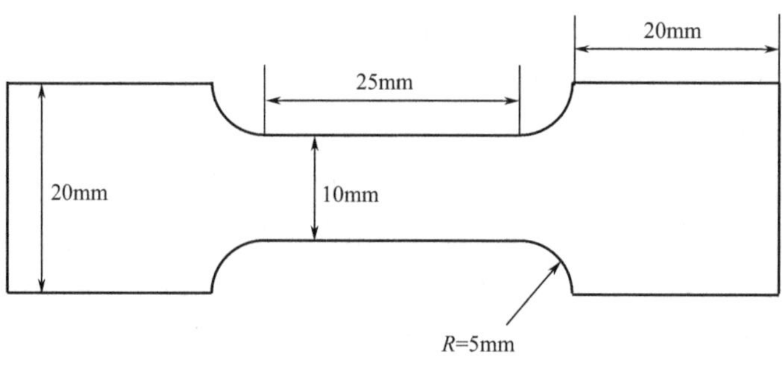

图 3.5　拉伸试样尺寸示意图

3.2　异步速比对铜/铝复合板组织与性能的影响

3.2.1　异步速比对铜/铝复合界面微观组织的影响

图 3.6 为采用不同异步速比进行复合实验的试样，经 350℃保温 1h 后的界面显微组织扫描照片。可以发现，同步轧制和异步轧制工艺制备的复合板界面，经退火后均形成一定厚度的扩散层组织，呈现为三亚层结构，其中紧邻铝、铜基体的扩散亚层厚度相近，都明显大于中间亚层。并且，异步速比为 1.3 和 1.5 的试样界面扩散层结构较为完整、连续，整体厚度也更均匀，约为 3μm；同步轧制和异步速比为 1.7 的试样界面扩散层的连续性较差，存在未能形成完整扩散层的区域。

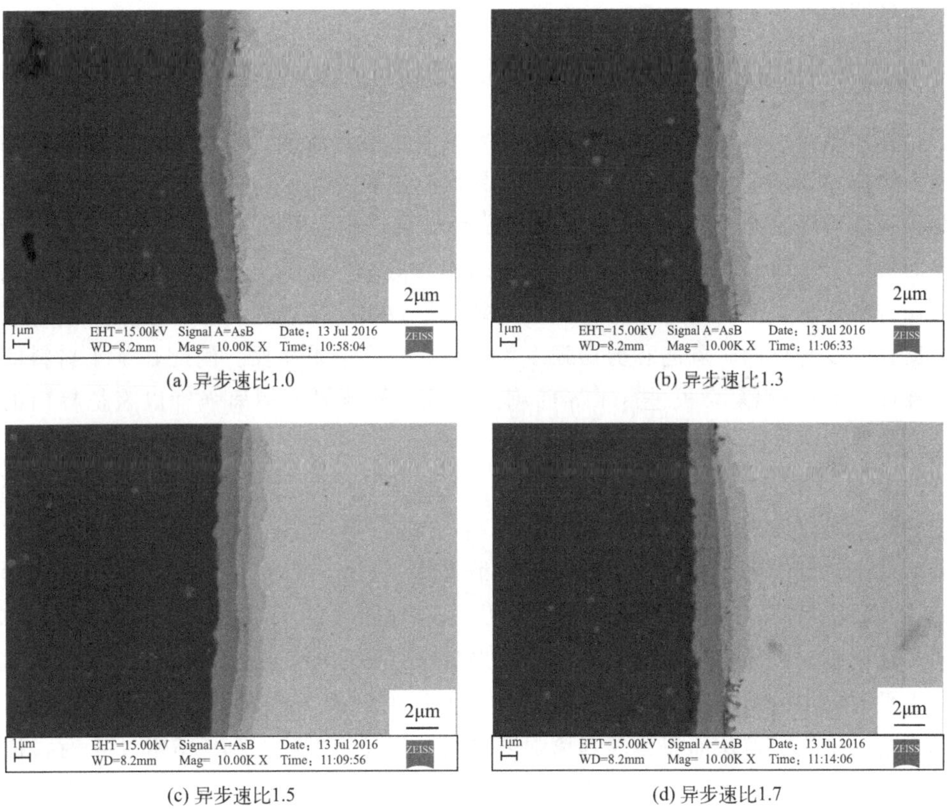

图 3.6　不同异步速比下界面组织形貌扫描照片

根据异种金属固相结合机理的“三阶段理论”，退火过程中金属原子的扩散行为与过渡层的形成，是以轧制复合过程中良好机械结合的实现为前提的，即从物理结合过渡到冶金结合。在轧制力与接触表面摩擦应力的作用下，金属表面氧化膜被破坏，形成沿宽度方向的裂纹，内部新鲜金属通过这些裂纹挤出、接触，形成机械连接。在退火过程中，已经形成连接的金属原子就会突破能量势垒，越过界面，迁移进入对面金属，形成铜/铝固溶组织。与同步轧制相比，异步轧制使轧件承受更剧烈的剪切变形，促进了表面氧化膜的开裂，形成更多有利于机械结合的新鲜表面，同时累积大量的变形热，使金属原子在退火前就已经处于较为活跃的状态，退火时的界面热扩散行为发生在更广泛的区域上，因此形成的扩散层组织结构更为完整连续。另外，观察图 3.6（d）还可以发现，过大的异步速比（1.7）反而不利于扩散层的生长，其界面扩散层与同步轧制的试样类似，也存在缺陷区域，只是整体厚度比同步轧制的试样略大。虽然较大的异步速比有利于使界面处形成更多的新鲜表面，但是同时也会降低轧制力，不能提供足够的变形能，导致内部新鲜金属的挤出程度不够，反而削弱了机械结合，退火后难以形成完整的扩散层组织。

3.2.2 异步速比对铜/铝复合界面结合强度的影响

界面结合强度是层状复合材料的重要力学性能，能够直接反映界面的结合效果。检测界面结合强度的方法通常包括界面剥离和剪切实验两种，但本章的研究对象是轧后厚度小于 0.8mm 复合薄带，其中铝层的轧后厚度不足 0.4mm，进行界面剪切实验时，较薄的铝层承受载荷的能力低于界面承受剪切力的能力，因此其在拉力作用下产生应力集中并率先断裂，导致实验结果无效。一般情况下，结合良好的复合界面，剥离和剪切强度均较高，反之结果相反。因此，基于材料的特殊性，对铜/铝复合板进行了界面剥离实验，检测界面剥离强度以表征界面的结合效果。

图 3.7 为经 350℃和 500℃退火 1h 的复合板的界面剥离强度随异步速比的变化曲线。可以发现，随着异步速比的提高，350℃退火的试样界面剥离强度先增大后减小，其中异步速比为 1.3 时达到最大值 5.62N/mm；不同异步速比的试样经 500℃退火后，界面剥离强度变化不大，但都明显低于 350℃退火的试样。与同步轧制相比，异步轧制具有的搓轧效果带来强烈的剪切变形，增强了金属基体在水平方向上的塑性流动，加剧了金属表面层的破裂，形成了更多的新鲜表面，界面结合更紧密，从而使界面剥离强度提高。当异步速比达到 1.5 和 1.7 时，搓轧区的范围增大，剪切变形更剧烈，但同时较大的轧辊转速差也导致轧制力的大幅度降低，使界面形成机械连接的驱动力减弱，反而会弱化界面结合效果。

此外，过于剧烈的剪切变形使双金属接触表面产生大量的残余应力，再次硬化的表面又阻挡了内部新鲜金属的暴露，阻碍了界面的机械结合。当退火温度达到 500℃时，界面扩散层内生成大量的金属间化合物 Cu_xAl_y，这些化合物具有

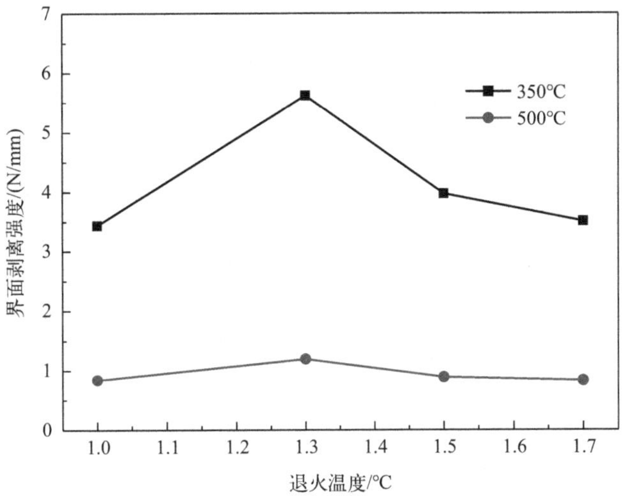

图 3.7　不同异步速比下复合板界面剥离强度

硬且脆的性能特征，使整个界面过渡层的强度降低，抵消掉了异步速比对界面结合效果的影响，因此检测到的界面剥离强度显著低于低温退火的试样[19]。关于退火条件对界面性能的影响规律，后文会做出详细讨论。

3.2.3　不同异步速比下铜/铝复合板剥离表面形貌

图 3.8 为采用同步轧制和不同异步速比的异步轧制工艺制备的铜/铝复合板，经 350℃保温 1h 和界面剥离实验后，获得的铝、铜剥离表面二次电子扫描照片。可以发现，同步轧制和异步速比为 1.3 的试样铝剥离表面均分布有大量长条状的凸起组织，并且在异步速比为 1.3 的试样表面上更密集；异步速比为 1.7 的试样铝剥离表面更为平坦，未观察到明显的凸起组织；与铝基体相比，铜剥离表面的形貌较为光滑，其中异步速比为 1.3 的试样铜剥离表面存在较密集的波浪状痕迹。

为便于分析金属剥离表面的组织成分，采用背散射扫描分析，结果如图 3.9 所示。因为所用的实验材料为纯铜和纯铝，杂质含量极低，所以影响扫描照片颜色衬度的元素只有铜、铝，其中颜色较暗的区域表示铝元素含量较高，而颜色越亮说明铜元素的含量越高。结合图 3.8 和图 3.9 可知，在铝剥离表面上大量分布的凸起组织具有较高的铜含量，说明这些组织是从铜基体上断裂后，附着在铝剥离表面上形成的断裂脊；异步速比为 1.7 的试样剥离表面几乎完全被断裂脊覆盖，形貌起伏不大，表现为平坦的状态；铜剥离表面整体上以较高铜含量的组织为主，但异步速比为 1.7 的试样表面可以观察到一些铝含量较高的局部长条形组织。

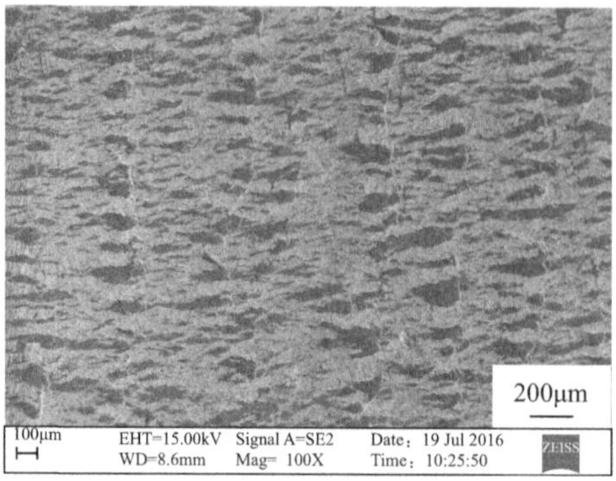

(a) 异步速比1.0的Al表面

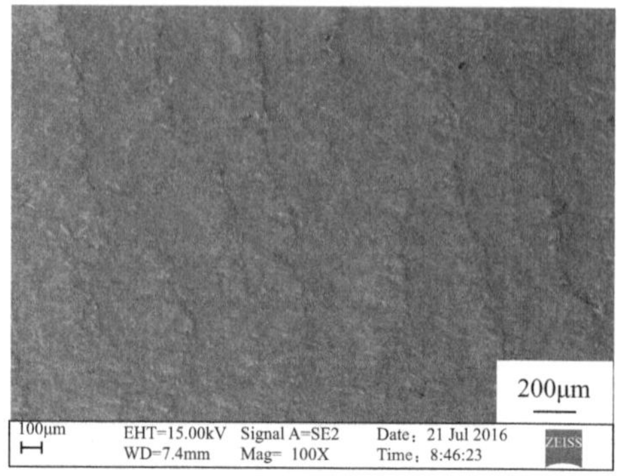

(b) 异步速比1.0的Cu表面

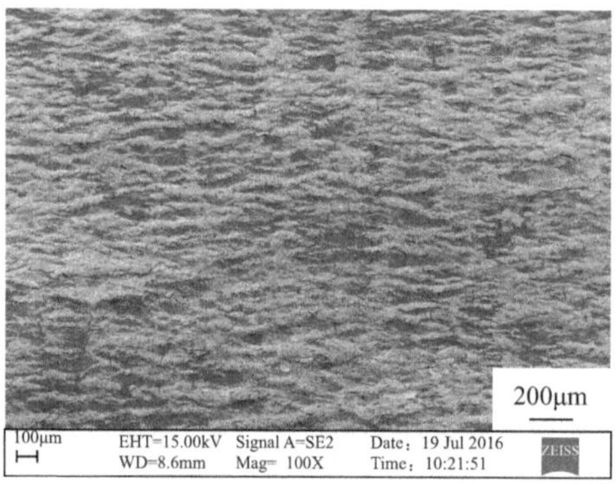

(c) 异步速比1.3的Al表面

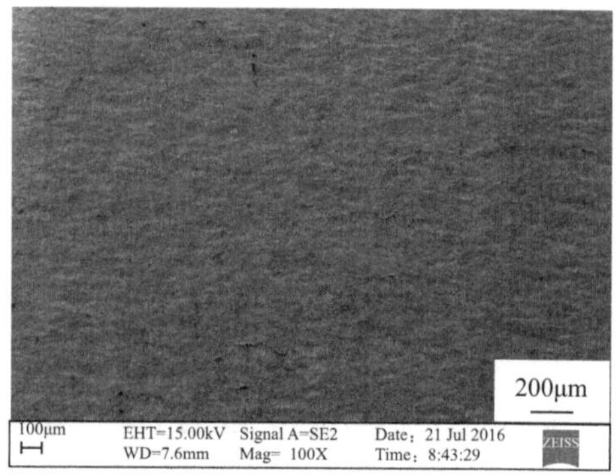

(d) 异步速比1.3的Cu表面

(e) 异步速比1.7的Al表面

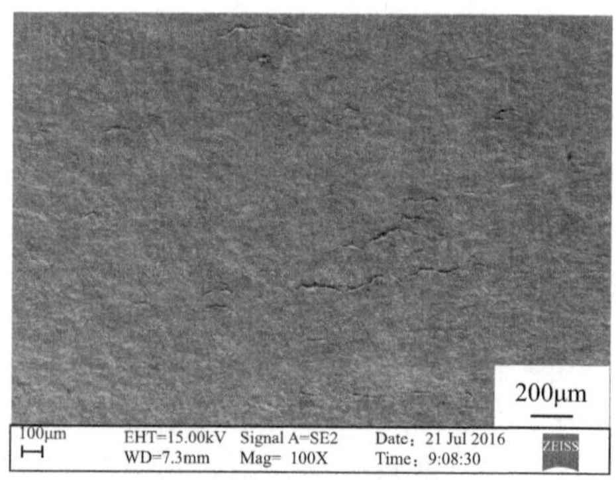

(f) 异步速比1.7的Cu表面

图 3.8 不同异步速比下剥离表面二次电子扫描照片

基于轧制复合界面结合机理，铜、铝界面的机械连接是通过表面硬化层开裂，内部新鲜金属暴露挤出来实现的。复合界面结合的方式不是面与面的整体连接，而是点与点的局部连接，连接点的数量越多，结合强度越高，复合界面的整

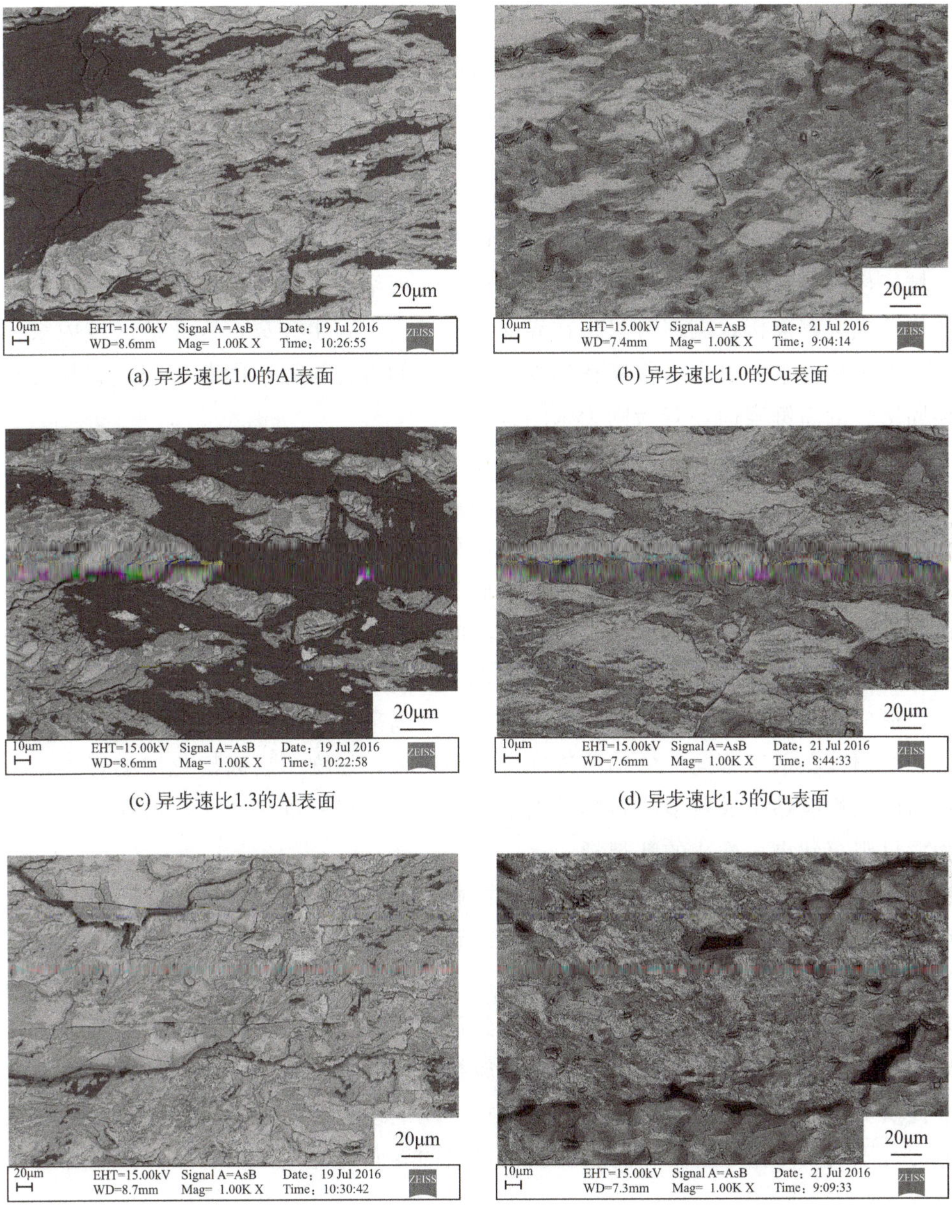

(a) 异步速比1.0的Al表面　(b) 异步速比1.0的Cu表面

(c) 异步速比1.3的Al表面　(d) 异步速比1.3的Cu表面

(e) 异步速比1.7的Al表面　(f) 异步速比1.7的Cu表面

图 3.9　不同异步速比下剥离表面背散射扫描照片

体结合性能就越好。这些连接点大量聚集的区域，就是能够形成机械结合的新鲜表面，并在退火过程中由物理结合过渡到冶金结合，在界面形成铜/铝固溶体组织，并伴有金属间化合物的生成；而连接点较少甚至没有连接点的区域，只能形成微弱的机械结合或处于未结合状态，在退火时元素扩散困难，难以形成扩散层，界面基本保持初始的分离状态。

在界面剥离实验中，双金属层在拉力的作用下沿界面剥离，界面层受法向应力而断裂，断裂通常发生界面各亚层之间或其与金属基体之间结合强度较低的区域。从图 3.9 可以看出，大量铜元素覆盖在铝剥离表面上，说明界面的剥离断裂是发生在界面层内靠近铜基体侧的位置。在整个界面过渡层内，铜侧界面层与铜基体的结合强度相对较低，在剥离实验中从铜基体上分离，其中机械结合较好的区域，便形成覆盖在铝剥离表面上的断裂脊；而结合较差的区域基本上没有与铜基体形成紧密连接，剥离时只是在界面层的带动下发生分离，因此该区域内未检测到大量铜元素。总之，覆盖在铝剥离表面上的富含铜元素的断裂脊，就是实现牢固结合的新鲜表面，其余则为未结合区域。

观察图 3.8 和图 3.9 可知，异步速比为 1.3 的试样铝剥离表面上断裂脊的分布更为密集，异步速比为 1.7 的试样铝剥离表面几乎全被断裂脊组织覆盖，而在同步轧制试样铝剥离表面上存在较多大面积的未结合区域，说明异步轧制工艺有效地促进了金属表面硬化层的破裂，形成了更多的表面裂纹，为内部新鲜金属的挤出提供了更多的通道。此外，在常规的同步轧制复合过程中，通常软质金属的变形量更大，其表面硬化层的破坏程度也更高，但相对应的硬质金属的变形量较小，形成的新鲜表面较少，不利于界面结合。当采用异步轧制工艺时，与快轧辊接触的铜板在水平方向上的塑性流动会得到增强，加剧了表面硬化层的开裂，使界面两侧均能够生成较多的新鲜表面，形成牢固连接的概率增大，试样在剥离实验后可观察到更大面积的断裂脊。

由第 3.2.2 节中关于异步速比对界面剥离强度的影响规律可知，高异步速比反而降低了界面结合强度，说明虽然表面硬化层的充分破裂增大了新鲜表面的面积，但是这仅仅使新鲜金属暴露出来，而金属之间牢固连接的实现还需要足够的轧制力，使这些暴露出来的金属原子达到形成键连接的距离，才能完成复合。当异步速比为 1.3 时，搓轧效果加剧了金属接触表面的破裂，并且有足够的轧制力来提供变形能，使铜、铝原子形成键连接，而继续增大异步速比会导致过低的轧制力，不利于界面结合，因此若要获得良好的界面结合，异步速比需控制在合理范围内。

图 3.10 为剥离表面的高倍扫描照片，可以更细致地观察铝剥离表面上的断裂脊和铜剥离表面上的断口形貌。可以发现，铝、铜剥离表面均表现为脆性断裂的形貌特征，其中铝表面上的断裂脊组织的形貌凹凸不平，并存在微裂纹；铜表面呈现出界面层断裂后的形貌，并有大量微孔洞分布，且异步速比越大，其数量越多。当复合板在 350℃保温 1h 后，界面扩散层内已生成大量硬而脆的铜铝金属间化合物，并且不同扩散亚层中化合物相种类以及固溶体组织的成分有差别，

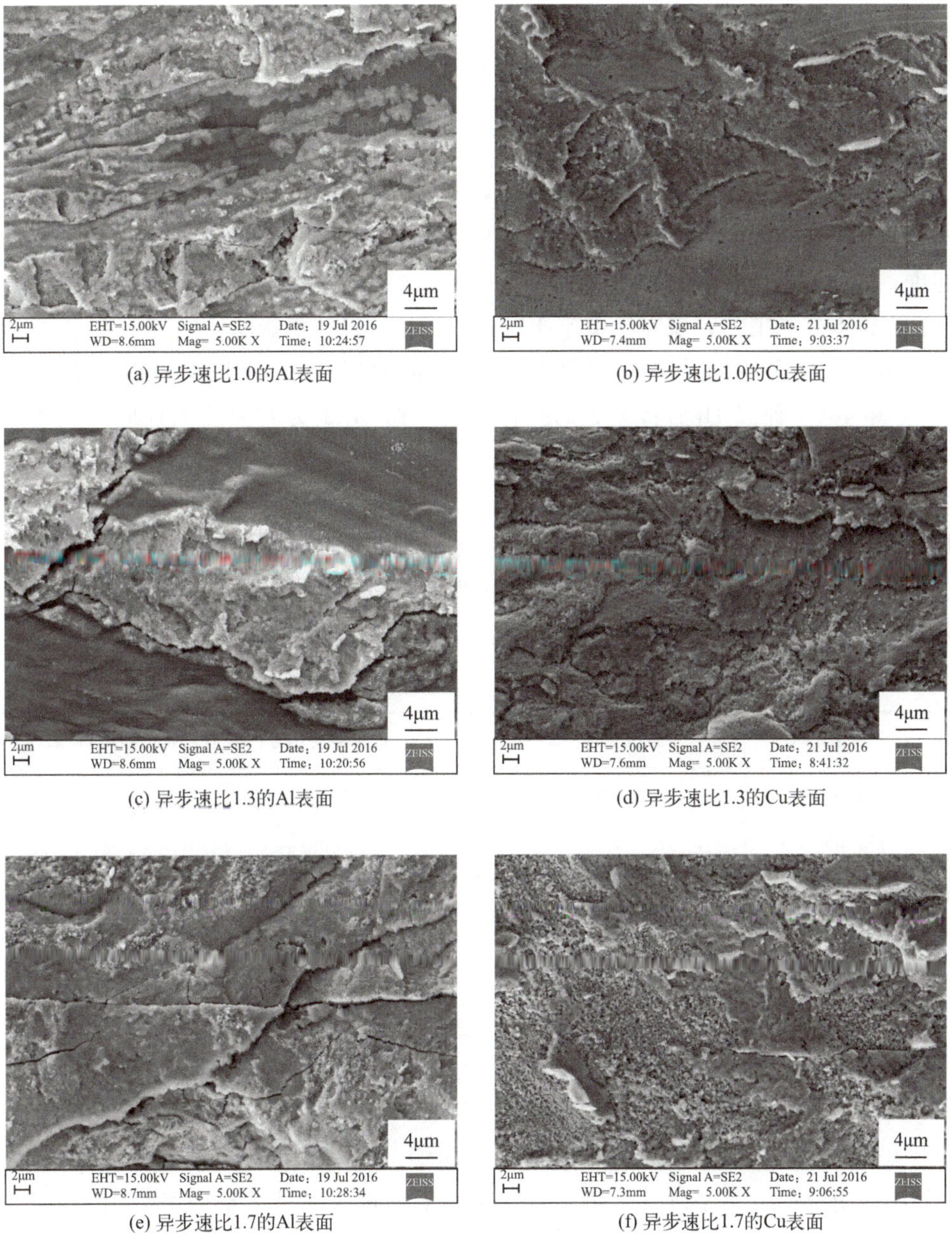

(a) 异步速比1.0的Al表面　(b) 异步速比1.0的Cu表面

(c) 异步速比1.3的Al表面　(d) 异步速比1.3的Cu表面

(e) 异步速比1.7的Al表面　(f) 异步速比1.7的Cu表面

图 3.10　不同异步速比下复合板剥离断口形貌

导致界面两侧扩散亚层具有不同的力学性能和结合强度。当复合板沿界面剥开时，与金属基体结合较差的铜亚层发生断裂，但未与铝基体分离。退火后，界面扩散层与基体的紧密结合被脆性化合物破坏，因此剥离断口可观察到裂纹和孔洞。异步速比越大，轧制复合时形成机械连接的区域面积越大，参与热扩散的金属原子就越多，导致产生更多的脆性化合物，进一步破坏界面结合，这也是过大的异步速比会显著降低界面剥离强度的原因之一。

3.2.4 异步速比对铜/铝复合板拉伸性能的影响

考虑到过高的异步速比会显著影响双金属在轧制复合时的变形行为，导致轧后复合板中铜、铝层厚度分配与同步轧制相比差异较大，并且还会降低界面结合强度，难以进行力学性能的对比研究，因此下面主要比较同步轧制和异步速比为1.3的异步轧制工艺，研究异步速比对复合板拉伸性能的影响。

表3.5为采用同步和异步轧制工艺制备的铜/铝复合板，分别经300℃、350℃和400℃保温1h后检测到的拉伸性能，图3.11为对应的工程应力应变曲线。随着退火温度的提高，不同轧制工艺的复合板抗拉强度减小，伸长率增大。在相同的退火条件下，异步轧制工艺提高了复合板的断裂伸长率，但对于抗拉强度的影响有一定差异。当退火温度为300℃时，同步轧制的试样抗拉强度更高；当退火温度达到350℃后，异步轧制工艺反而提高了复合板的抗拉强度。

表3.5 同步和异步轧制复合板的拉伸性能

异步速比	退火温度/℃	抗拉强度/MPa	伸长率/%
1.0	300	185.6	12.3
1.3	300	178.6	13.4
1.0	350	149.4	18.8
1.3	350	153.5	20.4
1.0	400	142.4	22.2
1.3	400	143.9	23.5

经过大压下率的轧制变形后，复合后的铜、铝基体均累积严重的加工硬化，在300℃退火时，铝基体发生再结晶，而在低温退火条件下铜的组织尚未回复，因此复合板整体的抗拉强度较高，伸长率较低。在异步轧制复合实验中，与快轧辊接触的铜板变形速率得到提高，两组元金属的变形过程更趋于同步，使接触表面的相对滑动减小；采用同步轧制工艺时，双金属在界面处发生严重的相互摩擦作用，而低温退火条件难以消除冷加工带来的残余应力，阻碍了金属基体和界面层内的位错运动，造成位错缠结，这种位错强化效应提高了同步轧制复合板的抗拉强度。当退火温度达到350℃后，铜、铝组织均得到回复，晶粒显著长

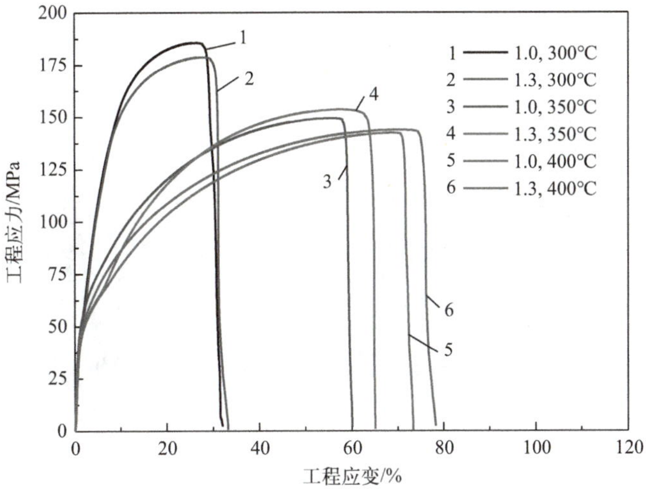

图 3.11　同步和异步轧制复合板工程应力应变曲线

大，这种退火软化现象使复合板具有比低温退火时更低的抗拉强度和更高的伸长率。

与单一材料相比，层状复合材料的拉伸变形行为有显著不同，主要是因为异种金属间存在力学性能的差异，各组元具有不同的伸长率。在拉伸实验中，伸长率相对较低的金属会首先发生颈缩，导致另一金属因拉伸应力的突然增大而提前发生塑性失稳，最终使整个复合板断裂。结合前文可知，异步轧制复合板具有结合强度较高的界面层，能够在双金属层之间起到更好的过渡和协调作用。当伸长率较低的组元金属发生断裂时，会通过界面层附着在对面金属基体上，而良好结合的界面层能够承受更大的拉伸应力，延迟对面金属的断裂，提高复合板的整体伸长率。同时，异步轧制复合板的界面机械结合程度较高，能促进退火过程中的元素扩散，在界面层内起到固溶强化的作用；而同步轧制试样的界面层强度较低，在金属基体的延伸过程中产生大量微裂纹，形成断裂源，引起整个复合板的应力集中，降低了复合板的伸长率。

3.2.5　同步与异步轧制的铜/铝复合板拉伸断口形貌分析

不同轧制工艺和退火温度下的复合板拉伸断口形貌扫描照片分别如图 3.12、图 3.13 和图 3.14 所示。从中可以发现，在 300℃ 和 350℃ 退火时，同步轧制试样在拉伸断裂后整个界面产生较大程度的开裂，而异步轧制试样界面局部区域依然保持一定的连接状态。当退火温度为 400℃ 时，两种复合工艺制备的试样界面断口形貌已无明显差别，均发生严重开裂，且开裂的深度显著大于更低温度退火的试样。此外，350℃退火的异步轧制试样界面呈现出较为光滑的形貌特征，拉伸断裂后界面上存在较完整的连接区域。

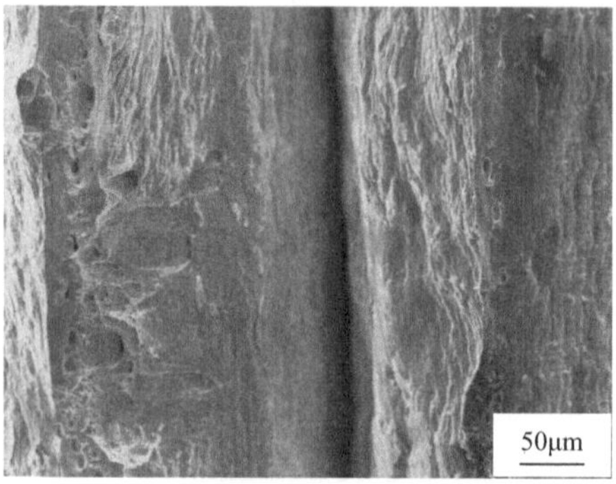

(a) 同步轧制，200倍

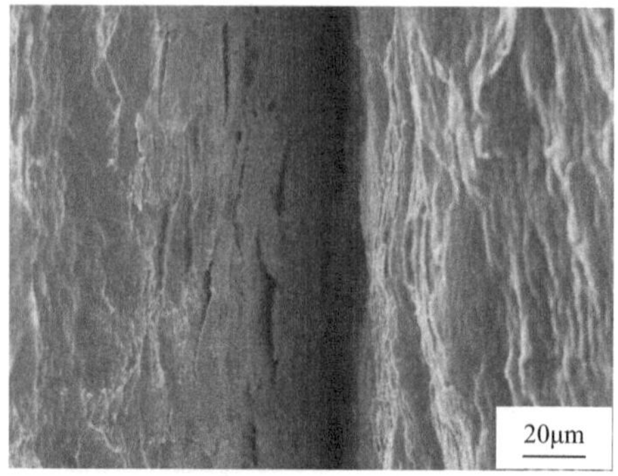

(b) 同步轧制，500倍

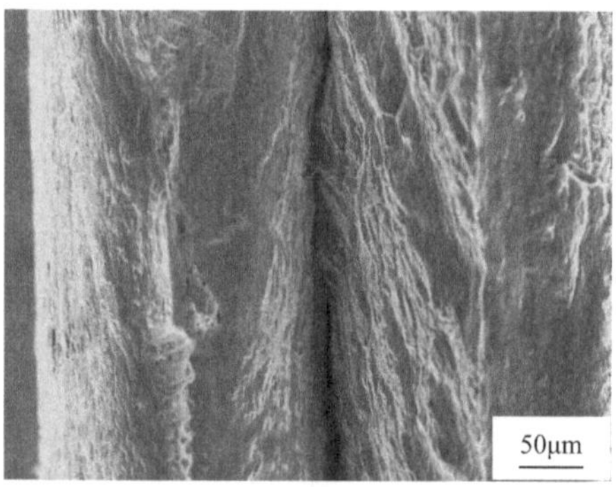

(c) 异步轧制，200倍

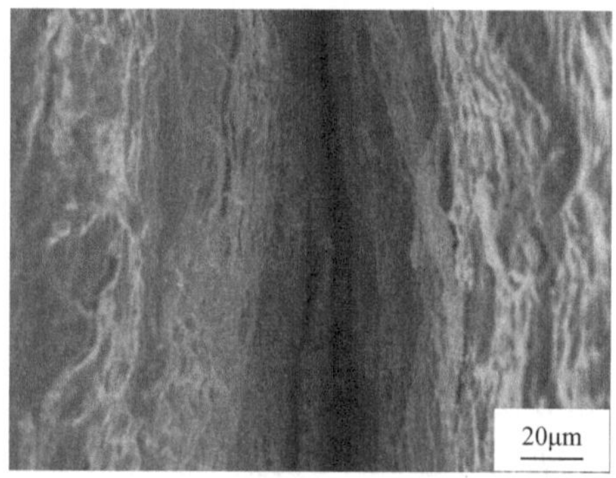

(d) 异步轧制，500倍

图 3.12 300℃退火时同步和异步轧制复合板拉伸断口形貌

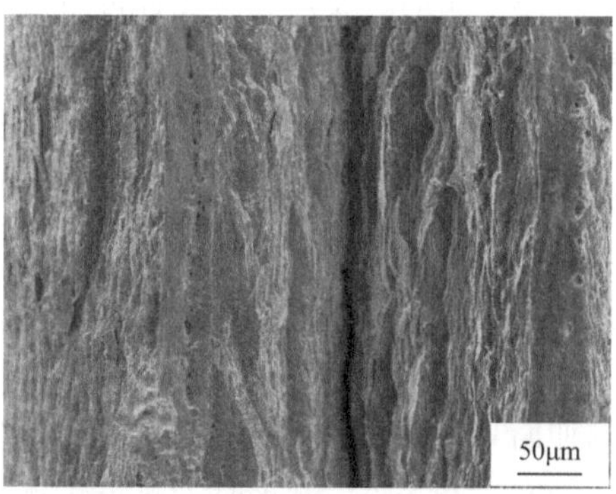

(a) 同步轧制，200倍

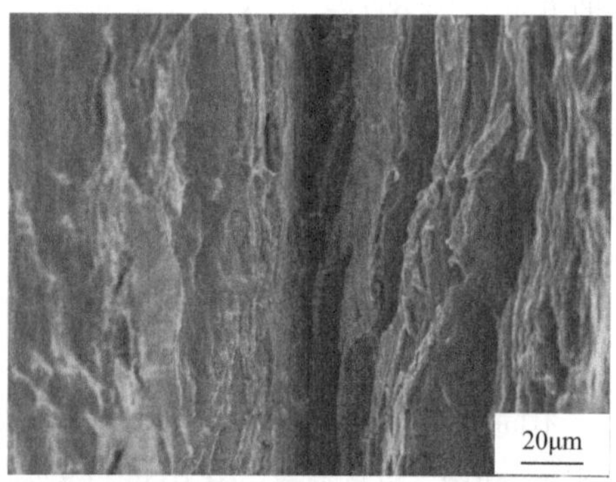

(b) 同步轧制，500倍

(c) 异步轧制，200倍

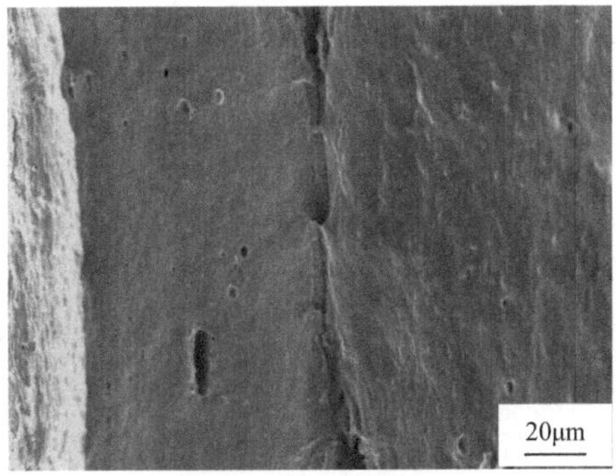

(d) 异步轧制，500倍

图 3.13 350℃退火时同步和异步轧制复合板拉伸断口形貌

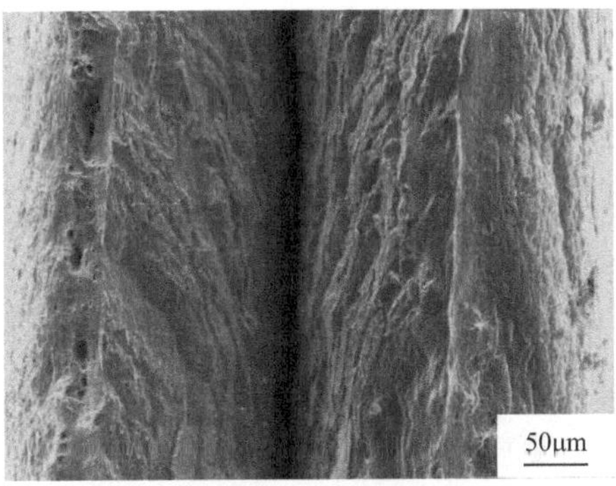

(a) 同步轧制，200倍

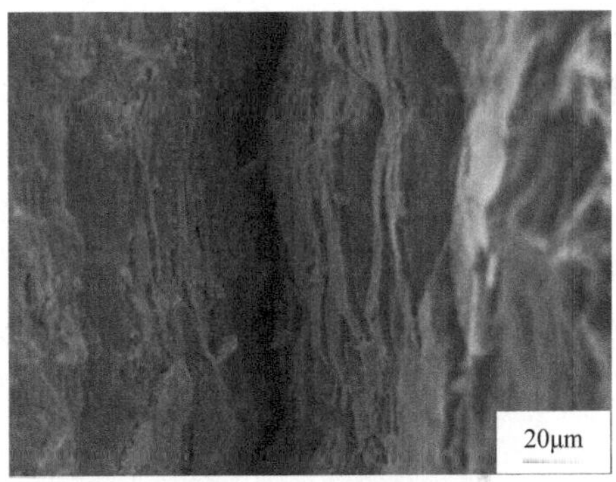

(b) 同步轧制，500倍

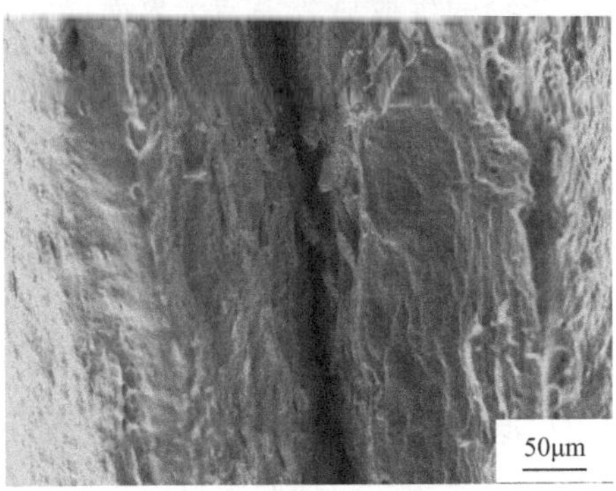

(c) 异步轧制，200倍

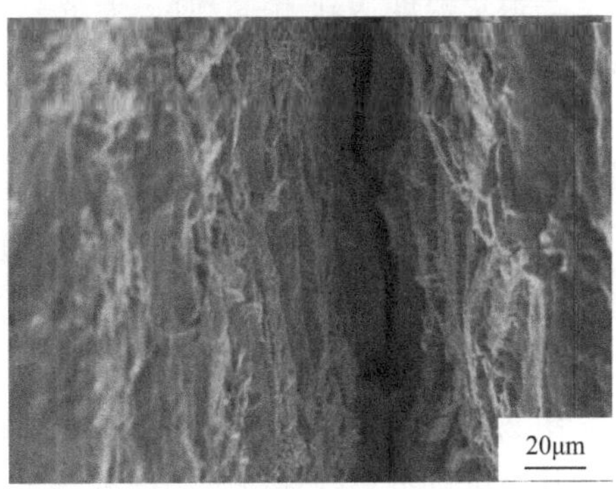

(d) 异步轧制，500倍

图 3.14 400℃退火时同步和异步轧制复合板拉伸断口形貌

在拉伸实验中，金属基体与界面过渡层共同承受拉伸载荷。随着金属基体塑性变形量的不断增加，相对更脆的界面过渡层会率先发生断裂，此时其过渡作用减弱甚至消失，导致双金属层的分离。基于前文研究可知，采用异步速比为1.3的异步轧制工艺可以获得具有较好结合效果的界面组织，其剥离强度显著大于同步轧制的试样。因此，在拉伸变形过程中，界面层可以在双金属层之间起到良好的过渡和缓冲作用，其结合强度越高，对双金属层塑性变形行为的协调作用就越大。

在300℃退火时，界面层内尚未生成足以破坏结合强度的大量金属间化合物，双金属层的结合较为紧密。然而，铜、铝金属在冷轧复合过程中承受剧烈的塑性变形，在300℃退火后铝基体组织得到回复，但再结晶温度相对较高的铜基体依然存在大量的加工硬化组织。因此，双金属层在拉伸过程中表现出较大差异的变形行为，界面层除了承受拉伸载荷之外，还要受到因双金属层之间的相互作用而产生的剪切力。基于金属轧制复合结合机理，异步轧制工艺带来的剧烈剪切应变促进了金属接触表面硬化层的破裂，大量洁净金属被挤出，在界面形成更多的连接点，这是异步轧制工艺强化界面结合的主要方式。在图3.13（c）中，拉伸断裂后的界面依然保留了少量的连接点，说明与同步轧制相比，异步轧制工艺制备的复合板因具有更好的界面结合性能，可以在拉伸过程中较好地维持复合板的整体结构。

观察图3.12（a）和图3.13（a）发现，同步轧制复合板界面均发生了整体开裂，但350℃退火的试样开裂程度更低。经过350℃退火后，铜、铝基体的塑性均获得有效的回复，双金属层的拉伸变形过程更趋于一致，界面层受到金属基体的作用减小，断裂后界面的分离程度也更低。异步轧制工艺使接触表面产生大量连接点，而更高的退火温度促进了元素扩散，更多的连接点形成更牢固的冶金结合，制约了双金属层的分离过程。

当退火温度达到400℃时，大量金属间化合物的生成显著提高了界面层的脆性，在拉伸载荷的作用下更容易断裂，几乎不再能制约双金属层的变形行为，而失去了过渡层的双金属层变形的非同步性也随之增大，进一步破坏了界面层组织，最终导致界面发生严重开裂。在异步轧制复合过程中形成的界面连接点，反而在高温退火条件下成为脆性化合物相的形核点，削弱了异步轧制工艺对界面的强化作用，因此同步和异步轧制复合板经400℃退火后，界面拉伸断口的开裂程度均明显增大。

图3.15和图3.16分别为经300℃和350℃退火的试样拉伸断口微观组织形貌，从中可以更直观地研究不同轧制工艺制备的复合板在拉伸断裂后，界面层微观组织的形貌特征。从图3.15中可以看出，经300℃退火的异步轧制试样在拉伸变形后，断口附近的界面依然保持较完整的结构，而同步轧制试样则明显承受了较大的破坏，界面层组织呈现出碎裂的形貌特征。在图3.16中，经350℃退火的同步轧制试样界面层的破坏程度显著增大，出现大量的碎块组织，而异步轧制试样界面层整体结构受破坏较小，但存在局部开裂现象。

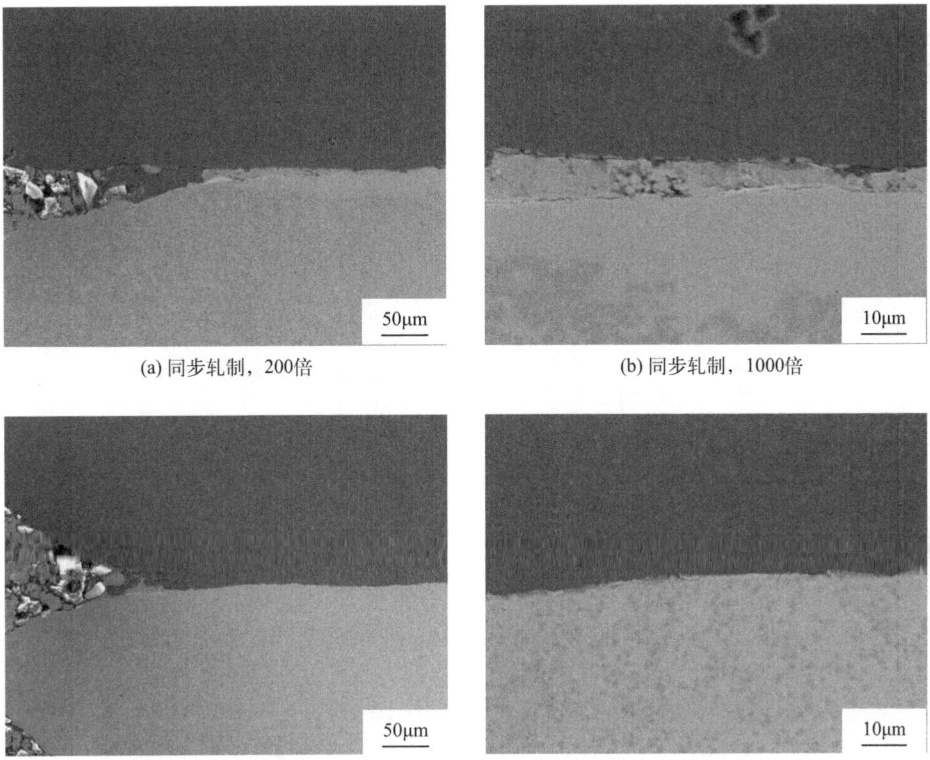

(a) 同步轧制，200倍　(b) 同步轧制，1000倍

(c) 异步轧制，200倍　(d) 异步轧制，1000倍

图 3.15　300℃退火时拉伸断裂后的复合板界面形貌

观察拉伸断口附近的界面微观组织形貌可以看出，同步与异步轧制复合板在拉伸断裂后，界面层的变形行为呈现出较大差异，异步轧制对于界面结合的强化作用显著降低了界面层的破坏程度。前文已提到，350℃退火的异步轧制试样界面开裂程度较小，断裂后依然存在较大面积的连接区域，观察图 3.16（c）和（d）可知，其断裂后的界面层基本形貌保存完好，扩散层组织未受到整体破坏。因为 350℃的复合板双金属层的变形同步性更好，界面层受到金属基体的剪切作用较小，所以这些局部断裂形貌的产生主要是受拉伸载荷的影响，塑性相对较低的界面层随着金属基体的延伸而被拉断。总之，拉伸实验中复合板界面层的破坏因素主要是拉伸载荷和双金属层的非同步变形行为，而后者可以导致界面层组织发生整体破坏，但采用异步轧制复合工艺的强化作用可以在一定程度上缓解这种破坏作用。

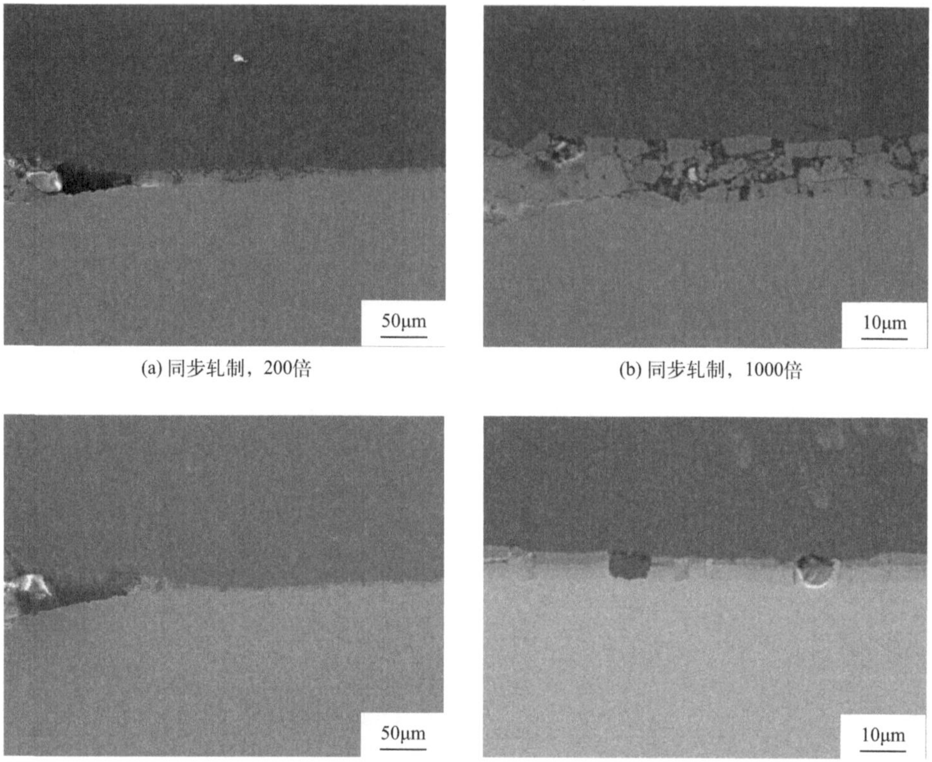

(a) 同步轧制，200倍　(b) 同步轧制，1000倍

(c) 异步轧制，200倍　(d) 异步轧制，1000倍

图 3.16　350℃退火时拉伸断裂后的复合板界面形貌

3.3　组元金属初始性能对铜/铝复合板界面结合的影响

3.3.1　组元金属初始性能对铜/铝复合界面结合强度的影响

为研究组元金属在轧制复合中的变形量分配对界面结合的影响，制备了三种不同力学性能的铝板，按照强度从高到低的顺序分别标记为 1#、2# 和 3#，而铜板规格一致。对轧后复合板进行退火处理，分别在 300℃、350℃和 400℃保温 30min，然后进行界面剥离实验，并处理实验数据，选取具有典型性的一段剥离曲线来计算平均剥离强度，剥离曲线如图 3.17 所示，平均剥离强度如表 3.6 所示，剥离距离为 6mm。

从实验结果发现，退火温度的提高显著降低了剥离强度，而在相同的退火条件下，剥离强度随着铝板初始强度的降低而减小。在轧制复合过程中，具有不同力学性能的组元金属处于统一的受力环境中，在轧制力的作用下表现出变形行

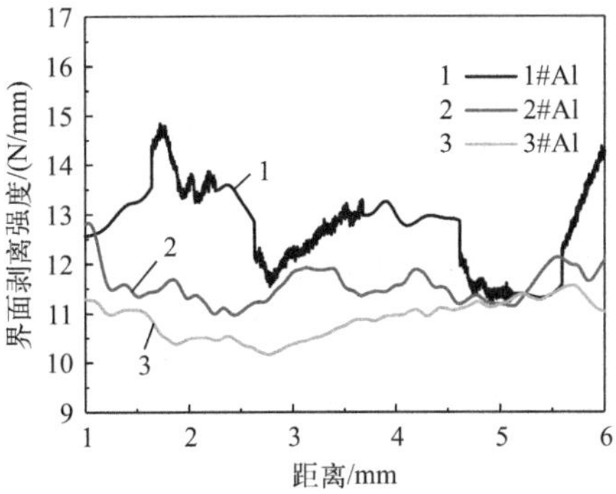

(a) 300°C

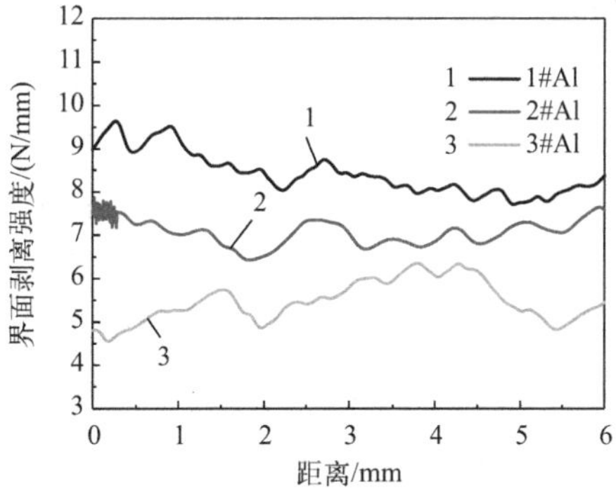

(b) 350°C

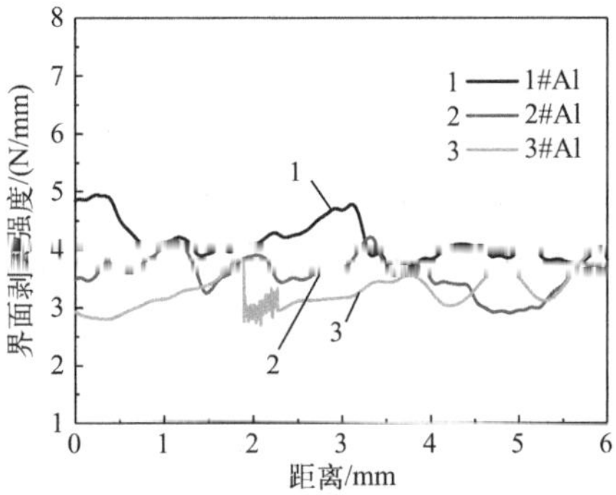

(c) 400°C

图 3.17　不同铝初始性能的复合板剥离曲线

表 3.6　不同铝初始性能的复合板界面剥离强度

退火温度/℃	1# 剥离强度/(N/mm)	2# 剥离强度/(N/mm)	3# 剥离强度/(N/mm)
300	12.8	11.7	11.0
350	8.4	7.1	5.5
400	4.1	3.6	3.3

为的异步性。在轧制初期，相对软质的金属铝首先发生塑性变形，并随着变形量和变形速率的提高累积严重的加工硬化，导致变形越来越困难，此时轧件的压下变形就会分配到铜上，双金属进入共同变形状态。当铝板的初始强度较高时，变形抗力与铜更为接近，会更快地达到其保持单独塑性变形的极限，使铜板参与变形的过程提前，变形量增大，从而扩大了共同变形区的范围。界面机械结合的实现，需要两侧新鲜表面的连接，若其中一侧金属表面硬化层的破坏不充分，便会阻碍界面结合。当采用强度较低的铝材时，双金属的力学性能差异过大，在轧制复合过程中软质金属铝会承担大部分的变形，导致铜的表面破坏程度较低，两侧

新鲜表面相遇的概率减小，最终降低了界面剥离强度。

观察图 3.17 中剥离曲线的变化特征发现，300℃退火的试样剥离曲线波动范围更大，极差可达到 4.0 左右，尤其是 1# 试样的剥离曲线局部表现出更剧烈波动。在低温退火条件下，界面扩散程度较小，生成的脆性金属间化合物较少，也就是冶金结合的程度有限，界面基本保持轧制复合时的机械结合状态。在 1# 试样中，铝板初始强度的提高使铜板的变形程度增大，从而暴露出更多的新鲜表面。当双金属轧制复合时，如果界面两侧相遇的区域均是充分暴露的新鲜表面，那么该区域的结合强度可达到最大，而其他区域的结合强度则明显较低，因此界面不同位置结合状态差异较大，在数据上表现为大范围波动的剥离曲线。

随着退火温度的提高，界面扩散层进一步生长，形成固溶体组织，并产生大量脆性金属间化合物，显著破坏界面结合。在界面层中机械结合程度较高的位置，退火时原子的扩散程度也更高，更多的金属原子参与生成脆性金属间化合物，界面结合的破坏也更严重；而在机械结合程度较低的位置，虽然脆性化合物的生成较少，但是其原本的结合强度就较低，退火后依然保持较差的连接状态。总之，高温退火条件主要削弱了机械结合程度较高区域的结合效果，使整个界面的结合强度均较低，因此检测到的剥离曲线波动范围较小。

3.3.2 不同组元金属初始性能的铜/铝复合板剥离表面形貌

通常情况下，剥离撕裂面的形貌特征可以间接反映出界面的结合过程。图 3.18 为采用不同初始强度的铝板制备的铜/铝复合板，经 300℃退火的试样界面剥离表面形貌。可见，1#～3# 试样的铜、铝剥离表面存在凸起的断裂脊组织，呈现出韧性断裂的形貌特征，并且随着铝初始强度的提高，铝表面的断裂脊分布更为密集，而铜表面则相反，1# 试样的铜表面上断裂脊数量更多、形貌更明显。

根据前文研究可知，低温退火条件下金属基体开始回复，但界面的扩散程度较低，脆性金属间化合物尚未大量生成，对界面结合的破坏较小，因此 300℃退火的剥离表面基本保持轧制状态。铝材初始强度的提高使铝层变形更困难，其在轧制方向上的塑性延伸也更小，使铝表面氧化膜的开裂程度降低，可供内部新鲜金属挤出的裂纹较少，因此沿界面剥离后，附着在表面上的断裂脊也相对较少。

然而，当轧制复合工艺相同时，铝层变形量减小，意味着对应的铜层变形量增大，促进了铜基体表面氧化膜的破碎，大量铜的新鲜金属暴露挤出，剥离撕裂后形成附着在铜表面上的断裂脊组织。2# 和 3# 试样的铝层变形量较大，导致铜层的变形量和表面破裂程度较低，内部新鲜金属的挤出量有限，界面的整体结合效果较差。总之，金属表面硬化层的破坏是界面形成牢固连接的重要前提，在轧制复合中，这一过程主要是通过金属基体沿轧制方向的塑性延伸实现的，而材料的初始力学性能直接影响其受力变形行为，最终影响界面结合。

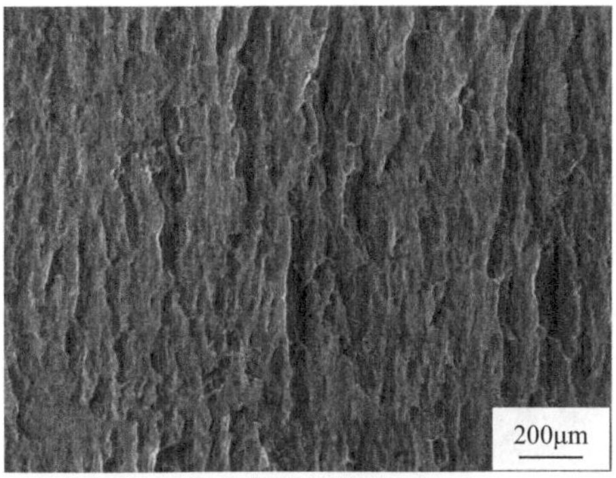

(a) 1# Al表面

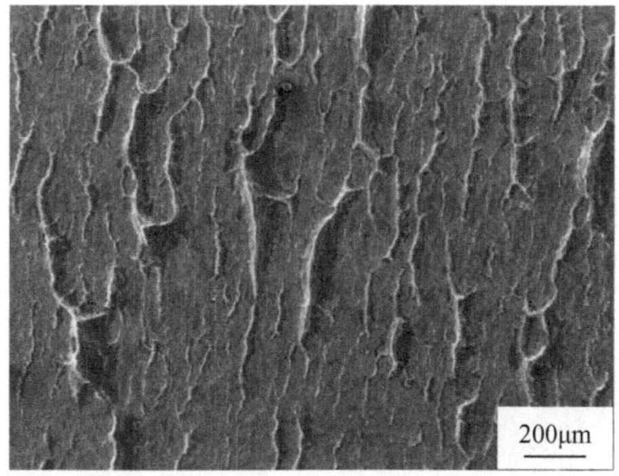

(b) 1# Cu表面

(c) 2# Al表面

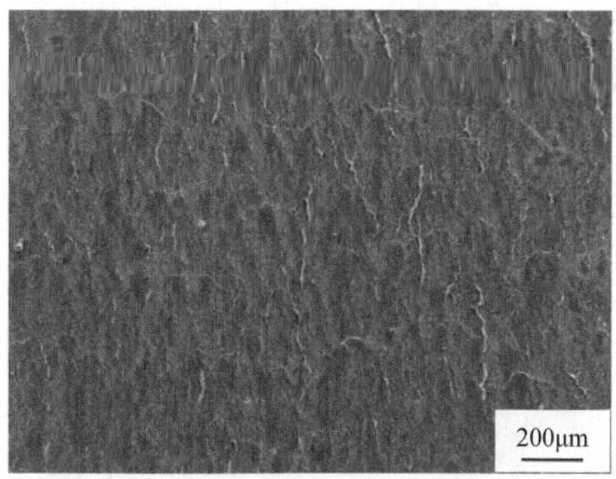

(d) 2# Cu表面

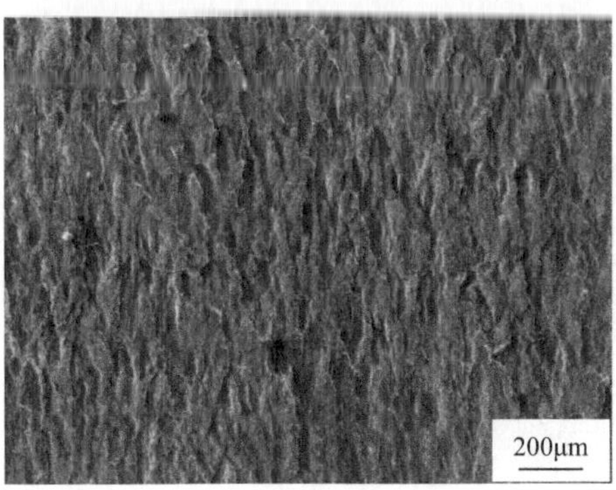

(e) 3# Al表面

(f) 3# Cu表面

图 3.18　300℃退火时不同铝初始性能的复合板剥离表面扫描照片

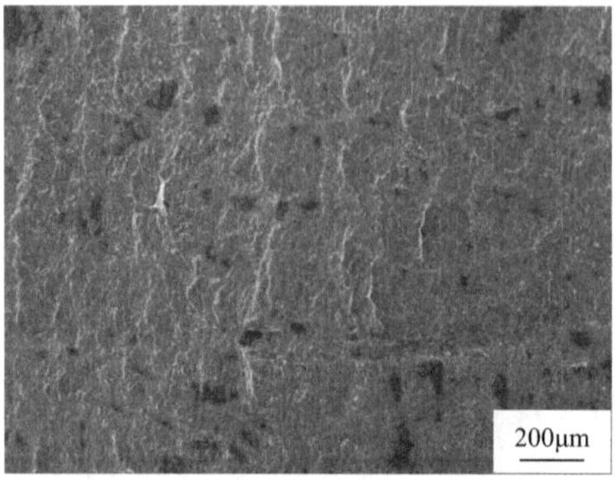

(a) 1# Al表面

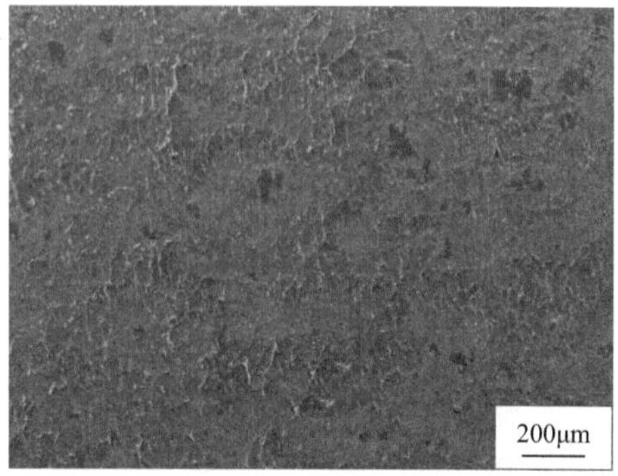

(b) 1# Cu表面

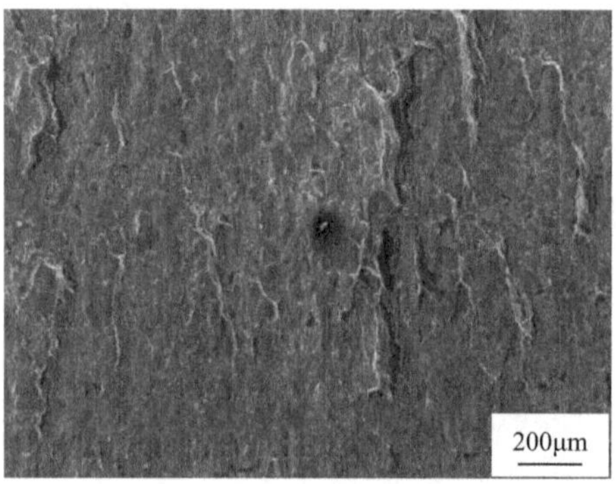

(c) 2# Al表面

(d) 2# Cu表面

(e) 3# Al表面

(f) 3# Cu表面

图 3.19　400℃退火时铝初始性能不同的复合板剥离表面扫描照片

另外，退火条件会影响界面的扩散行为和金属间化合物的生成，也会使剥离表面组织形貌有所差别。从图 3.19 可以看出，当退火温度提高到 400℃时，铜、铝剥离表面断裂脊不再明显，整体形貌更为光滑。由前文可知，高温退火条件使界面层生成大量脆性金属间化合物，显著降低了界面层与金属基体的结合强度，在剥离实验中界面整体发生断裂，与金属基体分离。图 3.20 为 1# 复合板剥离表面形貌的局部放大扫描照片，可见 300℃退火的剥离表面断裂脊形貌呈现韧性断裂的特征，说明该温度下尚未形成大量足以破坏界面结合的化合物相；经 400℃退火后，明显凸起的断裂脊消失，剥离表面形貌更为平坦，并夹杂有微裂纹，说明此时的界面层较脆，在剥离时受力开裂，脆性金属间化合物的生成在一定程度上抵消掉了材料初始性能和变形行为对界面结合的影响。

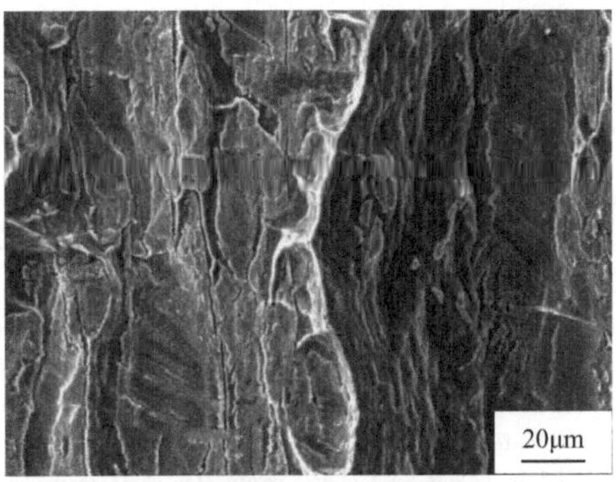

(a) 300℃退火Al表面

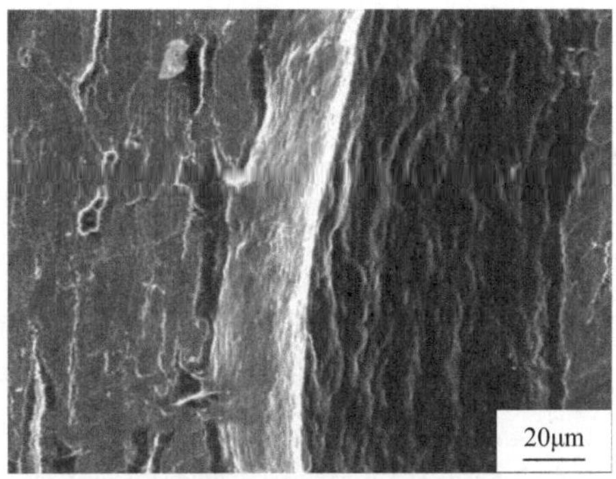

(b) 300℃退火Cu表面

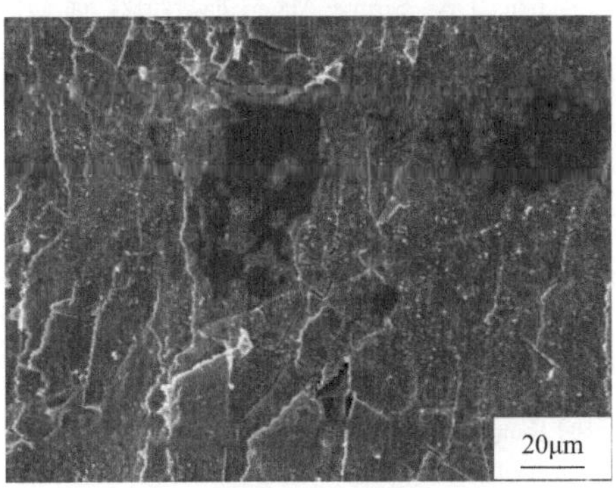

(c) 400℃退火Al表面

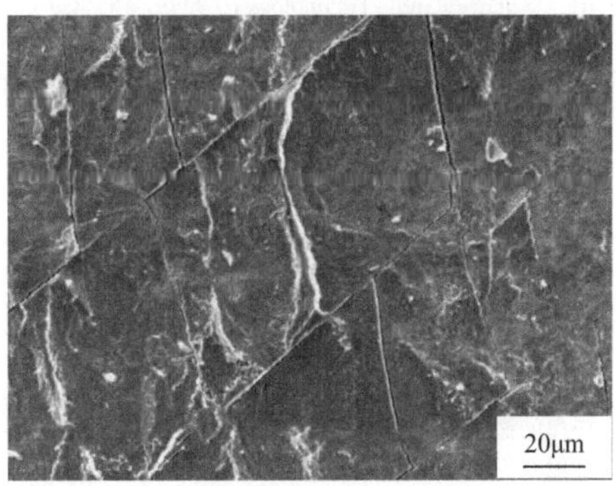

(d) 400℃退火Cu表面

图 3.20　1# 复合板的剥离断口形貌

· 参考文献 ·

[1] Maksimov E A. Research into an additional mechanism of lowering the pressure and increasing the compressions during the asymmetric rolling of strips of aluminum alloys[J]. Russian Journal of Non-Ferrous Metals, 2011, 52(1): 29-32.

[2] Mehr V Y, Toroghinejad M R, Rezaeian A. The effects of oxide film and annealing treatment on the bond strength of Al-Cu strips in cold roll bonding process[J]. Materials and Design, 2014, 53: 174-181.

[3] 张将. 铜/铝双层板轧制复合机理与工艺研究[D]. 太原: 太原科技大学, 2016.

[4] Tang C, Liu Z, Zhou D, et al. Surface treatment with the cold roll bonding process for an aluminum alloy and mild steel[J]. Strength of Materials, 2015, 47(1): 150-155.

[5] Eizadjou M, Talachi A K, Manesh H D, et al. Investigation of structure and mechanical properties of multi-layered Al/Cu composite produced by accumulative roll bonding (ARB) process[J]. Composites Science and Technology, 2008, 68(9): 2003-2009.

[6] Tayyebi M, Eghbali B. Motevalli P D, et al. Microstructure and mechanical properties of Tr-metal Al/Ti/Mg laminated composite processed by accumulative roll bonding[J]. Materials Science & Engineering, A. Structural Materials: Properties, Misrostructure and Processing, 2015, 628: 135-142.

[7] 于洋, 宋鸿武, 陈岩, 等. 超薄铜铝复合电缆带的制备及其力学性能研究[J]. 材料科学与工艺, 2014, 22(5): 13-18.

[8] 于洋. 超薄铜铝复合电缆带累积轧制过程中力学性能及界面演化机制研究[D]. 沈阳: 中国科学院大学, 2014.

[9] 杨松涛, 赵景申, 欧阳向荣, 等. 影响双金属轧制复合结合强度的工艺因素综述[J]. 有色金属加工, 2013, 42(3): 5-8.

[10] Shabani A, Toroghinejad M R, Shafyei A. Effect of post-rolling annealing treatment and thickness of nickel coating on the bond strength of Al-Cu strips in cold roll bonding process[J]. Materials & Design, 2012, 40: 212-220.

[11] Jamaati R, Amirkhanlou S, Toroghinejad M R, et al. Effect of particle size on microstructure and mechanical properties of composites produced by ARB process[J]. Materials Science and Engineering A, 2011, 528(4-5): 2143-2148.

[12] Jamaati R, Toroghinejad M R. Investigation of the parameters of the cold roll bonding (CRB) process[J]. Materials Science and Engineering A, 2010, 527(9): 2320-2326.

[13] Lee K S, Lee S E, Sung H K, et al. Influence of reduction ratio on the interface microstructure and mechanical properties of roll-bonded Al/Cu sheets[J]. Materials Science and Engineering A, 2013, 583(42): 177-181.

[14] Quadir M Z, Wolz A, Hoffman M, et al. Influence of processing parameters on the bond toughness of roll-bonded aluminium strip[J]. Scripta Materialia, 2008, 58(11): 959-962.

[15] Lapovok R, Ng H P, Tomus D, et al. Bimetallic copper-aluminium tube by severe plastic deformation[J]. Scripta Materialia, 2012, 66(12): 1081-1084.

[16] Pan S C, Huang M N, Tzou G Y, et al. Analysis of asymmetrical cold and hot bond rolling of unbounded clad sheet under constant shear friction[J]. Journal of Materials Processing Technology, 2006, 177(1-3):114-120.

[17] Tian Y, Guo Y H, Wang Z D, et al. Analysis of rolling pressure in asymmetrical rolling process by slab method[J]. Journal of Iron and Steel Research, International, 2009, 16(4): 22-26+38.

[18] Kang S B, Min B K, Kim H W, et al. Effect of asymmetric rolling on the texture and mechanical properties of AA6111-aluminum sheet[J]. Metallurgical and Materials Transactions A, 2005, 36(11): 3141-3149.

[19] Salout S A, Mirbagheri S M H. Microstructural and mechanical characterization of Al/Cu interface in a bimetallic composite produced by compound casting[J]. Scientific Reports, 2024, 14(1): 13.

第4章

铜/铝复合板的退火处理及界面反应扩散

在冷轧复合过程中，组元金属均承受剧烈的塑性变形过程，因此需要进行轧后退火处理以消除加工硬化和残余应力。同时，冷轧复合阶段界面的结合方式主要是物理结合，而变形热提供的能量不足以使整个界面达到冶金结合，因此退火过程也是强化界面的重要手段。随着退火过程的进行，界面处已形成初步物理结合的原子因获得足够的能量而被激活，开始迁移进入对面金属基体内部，发生互扩散行为，形成固溶体组织，表现为具有一定厚度的扩散层结构。然而，根据大量以往研究，随着退火过程的持续，固溶体组织内会生成大量硬且脆的金属间化合物，其种类主要由温度和原子浓度条件决定。这些金属间化合物会破坏界面组织，导致在冷轧阶段已实现牢固结合的双金属层更容易断裂分离，并且其破坏作用通常随着退火温度的提高和时间的延长而增强，因而轧后退火工艺需得到合理控制[1]。本章通过采用不同的退火温度和时间对铜/铝冷轧复合板进行热处理，分析退火条件对复合板组织与性能以及界面的影响规律，为合理的轧后退火工艺的制定提供实验依据与数据支持。

此外，为进一步探索在退火过程中优化铜/铝冷轧复合界面的方法，本章还采用了铝基体合金化和磁场条件下热处理等手段，讨论了在铝基体中添加硅元素对界面扩散层和复合板整体性能的影响，对复合材料在退火过程中施加磁场的可行性进行了初步研究，为铜/铝冷轧复合板的制备提供了新的思路。本章通过研究经过热处理后复合板的组织与性能演变过程，分析了铜/铝冷轧复合界面的组织性能相关性，讨论了应用新方法对改善复合板的综合性能和强化界面结合的影响规律，为解决铜/铝复合板制备过程中始终存在的重点问题提供了新的思路与途径。同时，本章对铜/铝冷轧复合板及其界面进行了微观组织观察与力学性能检测，也为后文中关于界面生成演变机制的讨论奠定了实验基础。

4.1 退火温度对铜/铝复合板组织与性能的影响

在冷轧复合过程中，组元金属均经历大压下率的轧制变形过程，产生严重的加工硬化和残余应力，需进行轧后退火处理以恢复材料的组织性能。此外，轧制复合时界面主要以机械啮合和固相结合的方式形成连接，虽然变形热可以激活部分界面原子，但是扩散程度较低，无法形成完整而连续的过渡层组织[2]。因此，为使界面实现由物理结合向冶金结合的过渡，需采用退火工艺改善界面结合效果，并合理控制温度条件。

4.1.1 退火温度对铜/铝复合界面扩散层形貌的影响

图 4.1 为铜/铝复合板的界面显微组织扫描照片，可以发现在不同退火温度保温 1h 后界面发生元素的扩散，形成一定厚度的扩散层组织，通常表现为三亚层结构，而 500℃退火的试样界面可观察到两个中间亚层。对不同退火温度下的界面各扩散亚层取 5 个位置进行测量，获得平均厚度，结果见表 4.1，对应的各亚层厚度随退火温度的变化曲线见图 4.2。从中可以发现，随着退火温度的提高，界面各扩散亚层均显著生长，但生长速率存在差异。当退火温度不超过 400℃时，铝侧亚层的厚度大于铜侧亚层，而在 500℃退火时，铜层亚层迅速生长，厚度超过铝侧亚层。另外，在不同的退火温度下，中间亚层的厚度始终是最小的。

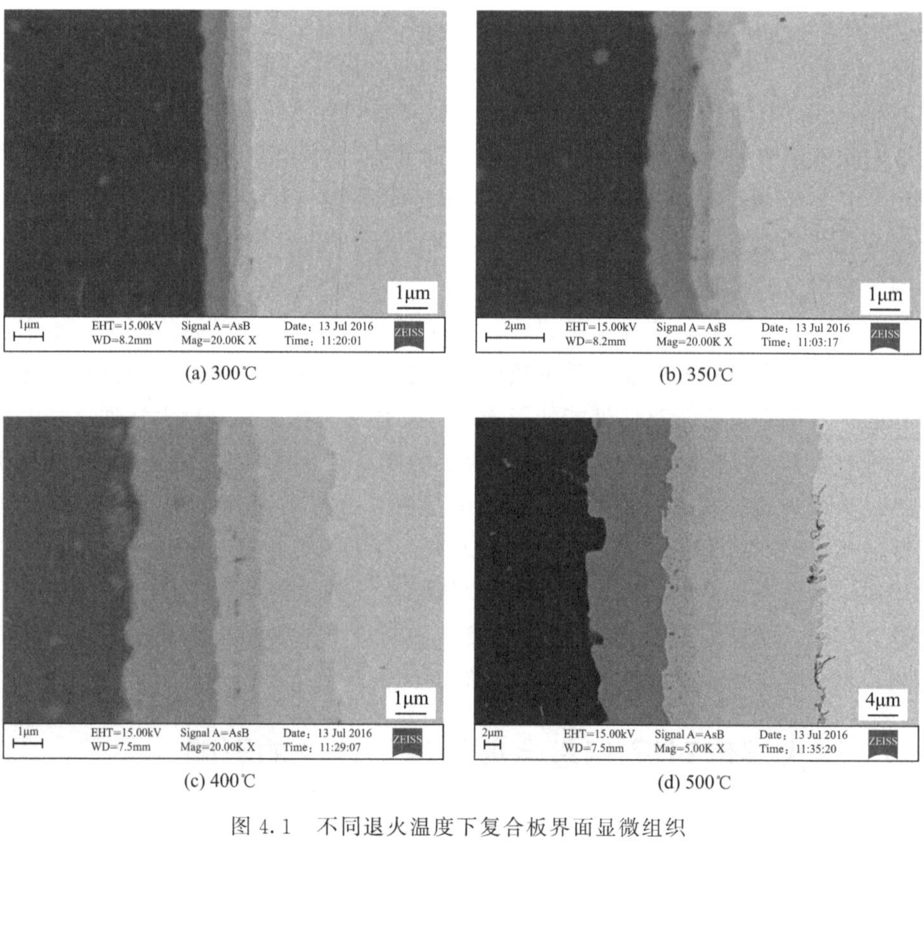

(a) 300℃ (b) 350℃

(c) 400℃ (d) 500℃

图 4.1 不同退火温度下复合板界面显微组织

表 4.1　不同退火温度下界面扩散层及各亚层厚度

退火温度/℃	铝侧厚度/μm	中间厚度/μm	铜侧厚度/μm	总厚度/μm
300	0.82	0.27	0.55	1.64
350	1.36	0.64	0.91	2.91
400	3.09	1.09	2.36	6.54
500	9.67	7.33	13.33	30.33

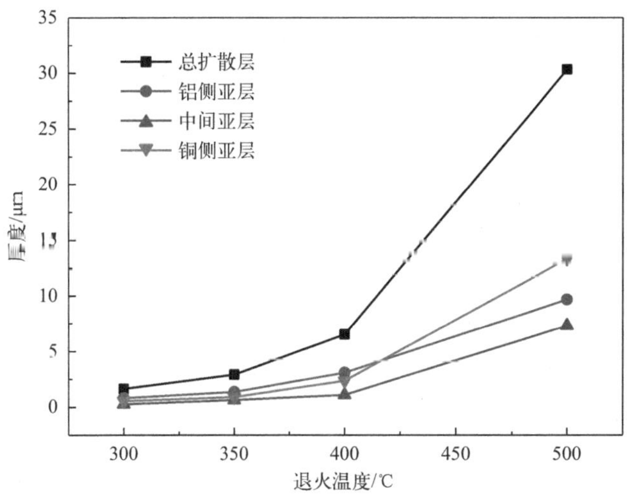

图 4.2　界面扩散层及各亚层厚度随退火温度的变化曲线

在退火过程中，界面发生铜、铝元素的互扩散，但两者在对面金属基体内的扩散速率存在差异，这会显著影响各扩散亚层的形貌特征。一般情况下，熔点较高的金属原子倾向于在熔点较低的金属基体内扩散，并且铜原子的尺寸要小于铝原子，因此铜原子在铝基体中的扩散速率更大。随着退火过程的持续，铝侧扩散亚层迅速生长，形成固溶体组织，并生成富铝型的金属间化合物。因此，双金属基体内扩散行为的差异，导致在较低温度退火条件下，铝侧形成的扩散亚层厚度大于铜侧。

金属间化合物的形核不仅需要达到其生成自由能，还需要周边环境中有足够浓度的金属原子参与反应。随着扩散距离的增大，金属原子的迁移变得更困难，因此越过界面扩散过来的原子，大部分会在靠近界面的位置聚集。随着扩散的继续，当达到化合物相的形核条件时，界面处首先析出新相，并在热力学作用下长大。因为铜原子在铝基体中的扩散相对容易，所以化合物相首先在界面处铝基体一侧生成，并随着退火时间的增加，在界面处形成化合物层，而后续的金属原子需要穿过铝侧亚层内的化合物层才能继续扩散，这就使界面两侧扩散亚层在生长速率上的差值逐渐减小。当退火温度达到 500℃时，铝侧亚层内有更多的化合物相沿界面形核、长大，扩展并铺满整个界面，形成阻碍扩散的屏障。基于热力学理论，铜侧化合物的标准生成自由能更低，在高温退火条件下，强大的扩散驱动力使更多的铝原子激活，迁移进铜基体内，最终使铜侧扩散亚层的生长速率超过铝侧[3,4]。

4.1.2 退火温度对铜/铝复合界面结合强度的影响

前文已提到，考虑到实验材料尺寸的特殊性，通过剥离实验来表征界面结合效果。图 4.3 为不同退火温度的试样界面剥离曲线，选取剥离距离为 20mm，计算得出的平均剥离强度和曲线方差如表 4.2 所示。退火温度的提高显著降低了界面剥离强度，退火温度为 300℃的试样平均剥离强度为 6.47N/mm，而当退火温度提高到 500℃时，剥离强度下降了约 62.1%。此外还观察到，退火温度越低，检测到的剥离曲线波动就越剧烈，计算出的方差数值越大。

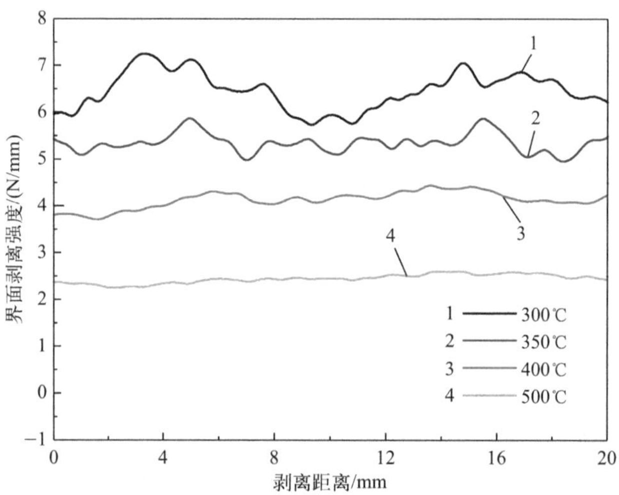

图 4.3 不同退火温度下复合板的界面剥离曲线

退火温度对界面组织与扩散行为有较大影响，而具有不同结构的界面层与金属基体的结合程度也有明显差异。由前文研究可知，铜、铝金属表面层会在轧制复合过程中开裂，内部新鲜金属得以暴露，并随着金属基体的塑性流动而挤出，形成紧密的机械连接。当进行退火处理时，界面经过热扩散形成铜/铝固溶体组织，并析出金属间化合物。随着退火温度的提高，铜、铝原子的迁移变得更活跃，扩散程度更高，促进了界面层内金属间化合物的形核与长大。然而，这些化合物具有较高的强度和脆性，会破坏界面结合，使界面层在受到法线方向的拉力时更容易发生断裂。复合板经高温退火后，检测到的界面剥离强度会大幅度下降，说明扩散层组织对界面的结合状态具有根本性的影响，因此控制界面组织是改善铜/铝复合板综合性能的重要途径。

表 4.2　不同退火温度下复合板的界面剥离强度

退火温度/℃	平均剥离强度/(N/mm)	剥离曲线方差
300	6.47	0.39
350	5.34	0.20
400	4.13	0.18
500	2.45	0.10

基于轧制复合界面结合机理，组元金属在接触表面形成点与点的结合，界面不仅存在新鲜金属充分暴露挤出，并形成牢固机械连接的区域，同时也存在因受到表面氧化膜和杂质阻碍而结合程度较低的区域。这两种区域分布在整个界面上，使界面剥离强度随检测位置的变化而波动。在 300℃退火时，试样界面层内生成的金属间化合物数量较少，尚未对界面结合有明显破坏作用。在机械结合程度较高的区域，双金属接触表面经过剧烈的相互挤压和摩擦，生成较高的变形热，使金属原子形成一定程度的键连接，在退火过程中的扩散程度也更高，使该区域因得到固溶强化而具有较高的剥离强度。随着退火温度的提高，脆性金属间化合物开始在固溶体组织内沿界面形核、长大，而轧制过程中形成良好物理结合的区域，在退火时的扩散更剧烈，会更快达到化合物相形核的浓度条件，在该区域内的生成数量也更大，导致剥离强度的大幅度降低。同时，在物理结合较差的区域，虽然剥离强度较低，但是化合物相的生成也较为滞后，对界面结合的破坏程度有限，因此其剥离强度的降低幅度相对较小。高温退火条件通过促进脆性化合物相的生成，破坏了界面与金属基体结合，使整个界面的剥离强度均处于较低的状态。

4.1.3　不同退火温度下铜/铝复合板剥离表面形貌

图 4.4 为在不同温度下保温 1h 的铜/铝复合板沿界面分离后的铝、铜剥离表面二次电子扫描照片。从中可以看出，退火温度为 300℃和 350℃的试样铝剥离表面存在大量黏附金属，主要是长条状的断裂脊组织，并且其在 350℃退火试样上的分布更为密集；当退火温度达到 400℃时，铝剥离表面上的断裂脊形貌已不明显，铜剥离表面上分布有少量细且长的凸起组织；当退火温度提高到 500℃，铜、铝剥离表面均被大量层片状的金属覆盖，并伴有贯穿表面的粗大横向裂纹。

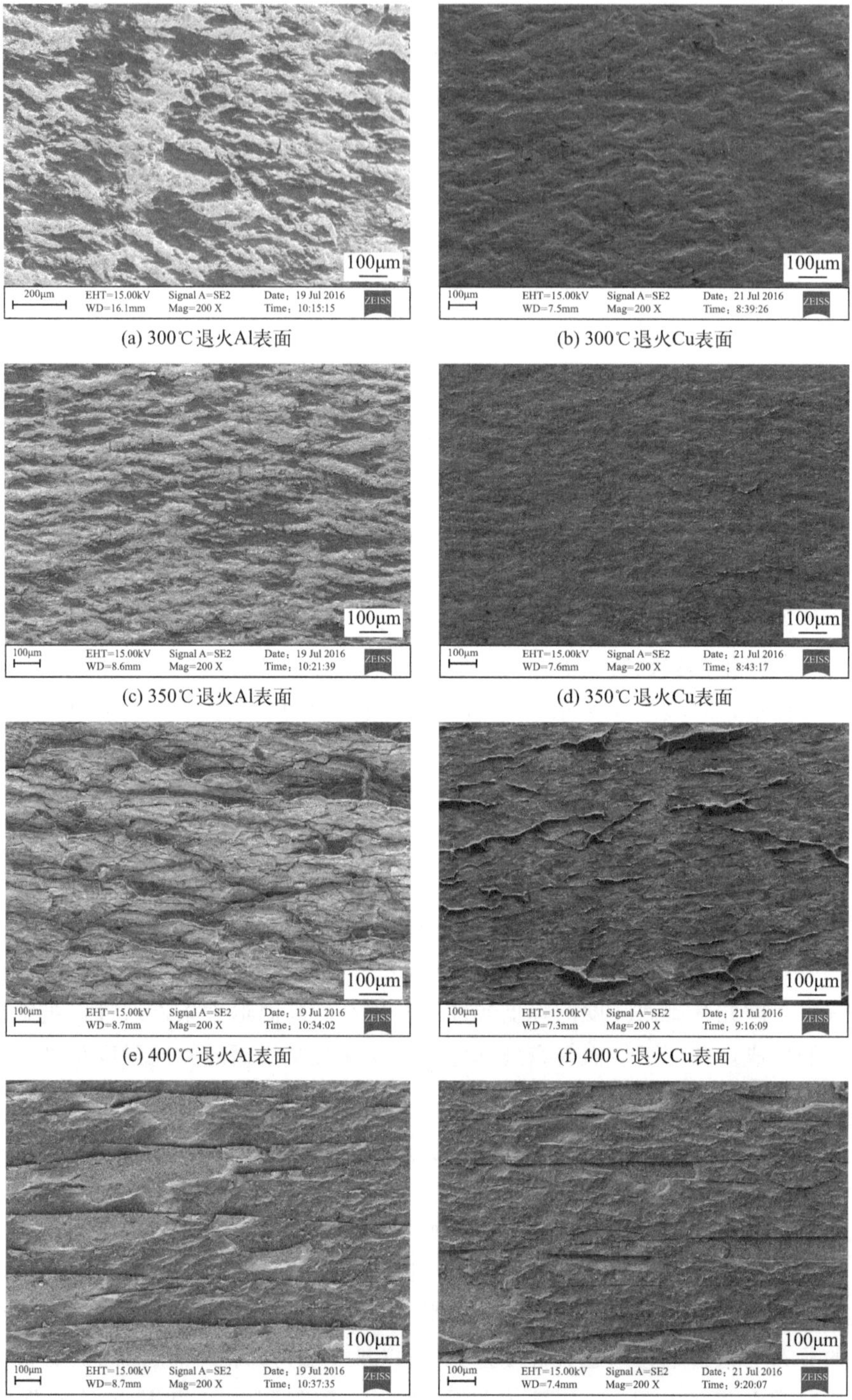

(a) 300℃退火Al表面

(b) 300℃退火Cu表面

(c) 350℃退火Al表面

(d) 350℃退火Cu表面

(e) 400℃退火Al表面

(f) 400℃退火Cu表面

(g) 500℃退火Al表面

(h) 500℃退火Cu表面

图 4.4　不同退火温度下剥离表面二次电子扫描照片

为进一步反映铝、铜剥离表面的组织成分，获得不同退火温度的试样背散射扫描照片，如图 4.5 所示。随着退火温度的提高，界面断裂后附着在铝剥离表面上的富铜组织逐渐增多；在 400℃退火的铝剥离表面上，块状的富铜组织内夹杂大量微裂纹，并存在少量条状的富铝组织，表现为韧性断裂的形貌特征；500℃退火的试样铝剥离表面整体被含铜组织覆盖，并存在有大量微孔。在不同的退火温度下，铜剥离表面组织成分主要是富铜组织，而分布在 400℃退火的铜表面上的长条凸起组织具有较高的铝含量。

在 300℃退火时，由于扩散驱动力相对较低，发生扩散的金属原子主要位于新鲜表面处，即机械结合程度较高的区域，这些原子在退火前便已形成一定程度的键连接，本身就处于较为活跃的状态。随着退火时间的延长，这些区域内优先发生热扩散，形成铜/铝固溶体组织，在界面断裂后与铜基体分离，附着在铝剥离表面上形成观察到的富铜组织。此外，在一些机械结合强度较低的区域，低温退火条件难以提供足够的扩散激活能，铜、铝接触表面基本保持程度较低的物理结合状态，因此表现为光滑的铝基体形貌。

当退火温度为 350℃时，铝剥离表面上断裂脊组织所占面积增大，并夹杂少量微裂纹。退火温度的提高使界面元素的扩散行为更剧烈，更多的铜、铝原子被激活，迁移的距离增大。随着退火过程的进行，在扩散层内靠近界面处，有更多的位置达到了金属间化合物生成的浓度条件，在热力学作用下沿界面长大，并逐渐扩展到附近机械结合程度较低的区域。由于脆性相的存在，界面层与铜基体的结合强度显著降低，当界面剥离后，形成更多高铜含量的断裂脊组织黏附在铝表面上，并在剥离力的作用下产生裂纹。

当退火温度提高到 400℃时，金属间化合物的生成量进一步增大，几乎铺满整个界面，导致断裂后的铝剥离表面大部分被富铜组织覆盖。结合图 4.6 中剥离断口的组织形貌，该温度下铜、铝表面均存在长条状、铝含量较高的凸起组织，并且形貌类似，都呈现出韧性断裂特征，说明这些局部区域的组织与性能，跟大部分区域相比具有较大差异。已知在轧制复合过程中，金属表面硬化层的开裂程度是影响机械结合的重要因素，当界面两侧均有新鲜金属暴露、挤出并连接时，便形成良好结合的区域；而在界面两侧金属表面均未充分破裂的位置，界面结合被氧化膜和杂质阻碍，几乎未形成金属原子的键连接，界面结合强度极低。在这些机械结合程度很低的区域内，金属原子处于较低的能量状态，低温退火条件难以使该区域内发生扩散行为。

当退火温度提高时，更多铜、铝原子被激活，突破能量势垒，扩散到对面金属基体内，使原本物理结合较差的区域也达到了一定程度的冶金结合。但是，由于该区域内扩散行为的发生需要较长的孕育期，并且参与扩散的金属原子数量较少，形成的固溶体组织浓度相对较低，因此难以达到新相的形核条件，金属间化

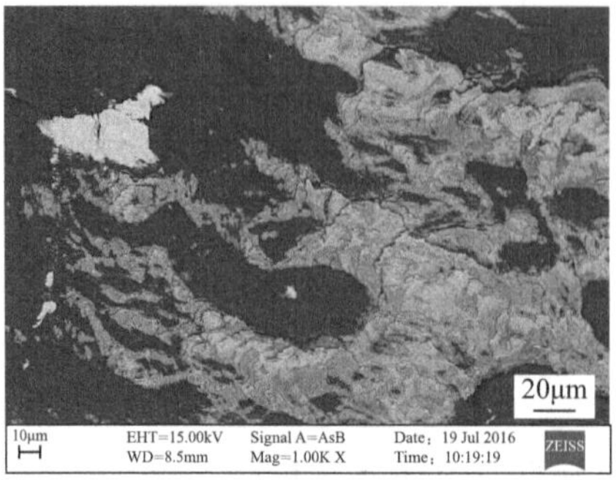

(a) 300℃退火Al表面

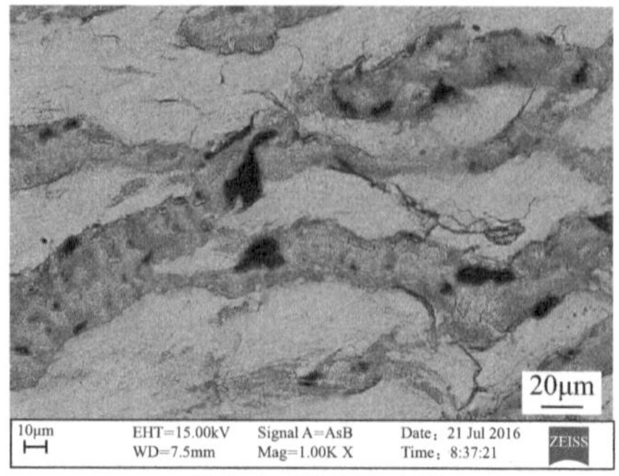

(b) 300℃退火Cu表面

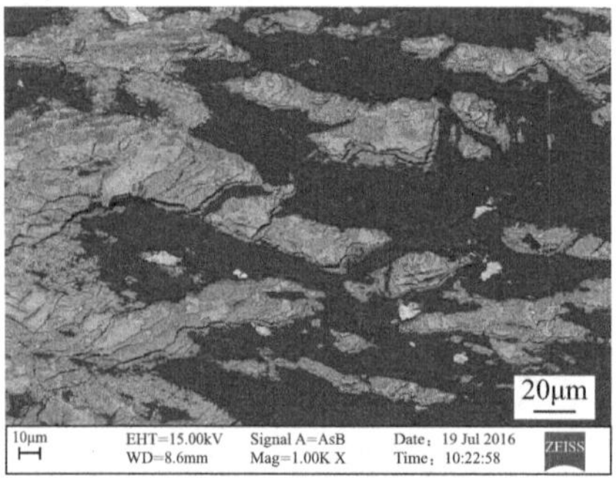

(c) 350℃退火Al表面

(d) 350℃退火Cu表面

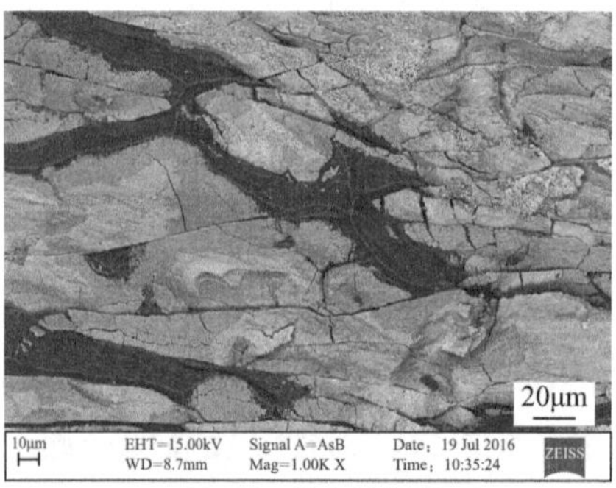

(e) 400℃退火Al表面

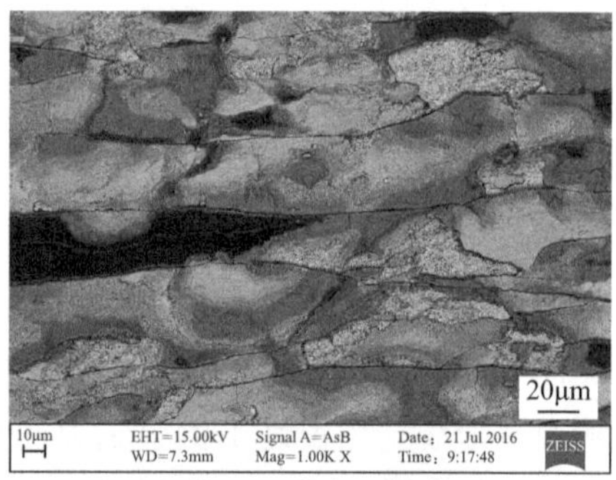

(f) 400℃退火Cu表面

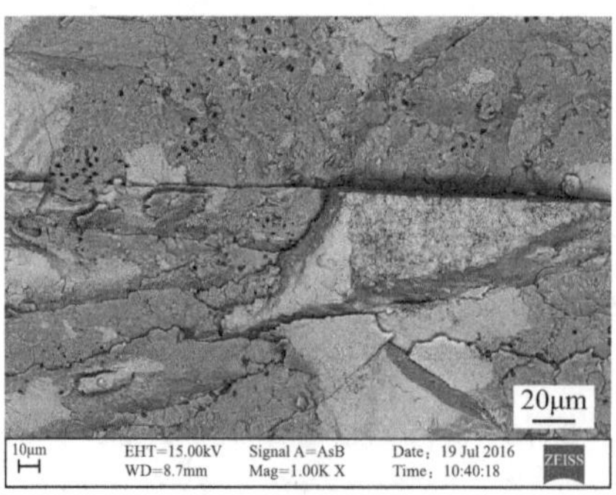

(g) 500℃退火Al表面

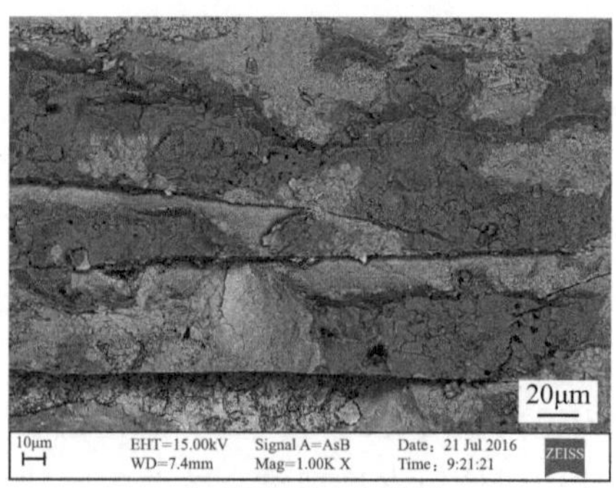

(h) 500℃退火Cu表面

图 4.5　不同退火温度下剥离表面背散射扫描照片

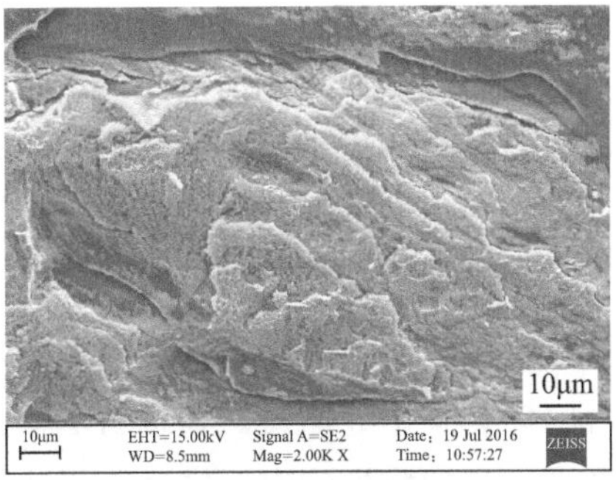

(a) 300℃退火Al表面

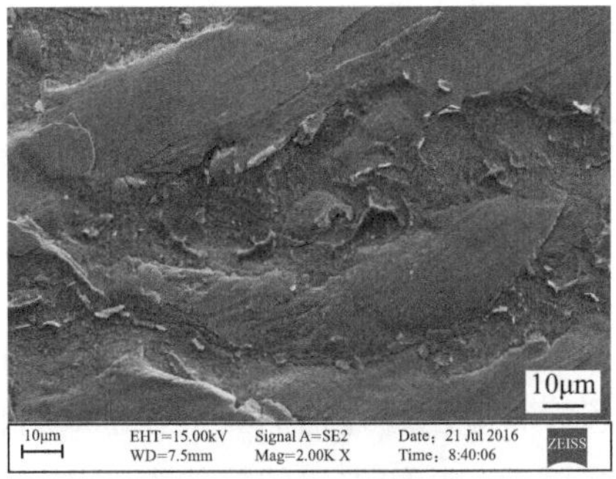

(b) 300℃退火Cu表面

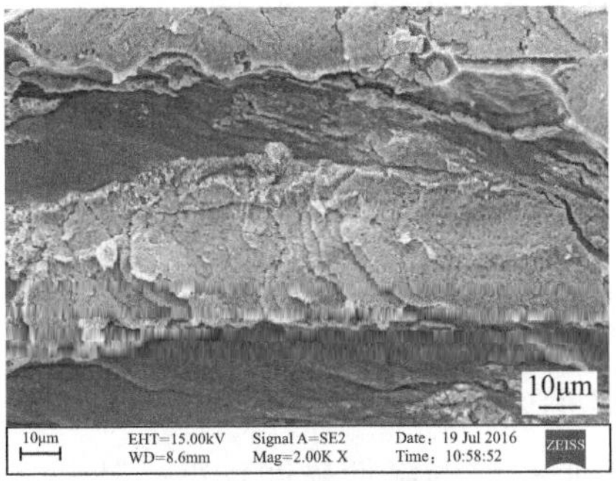

(c) 350℃退火Al表面

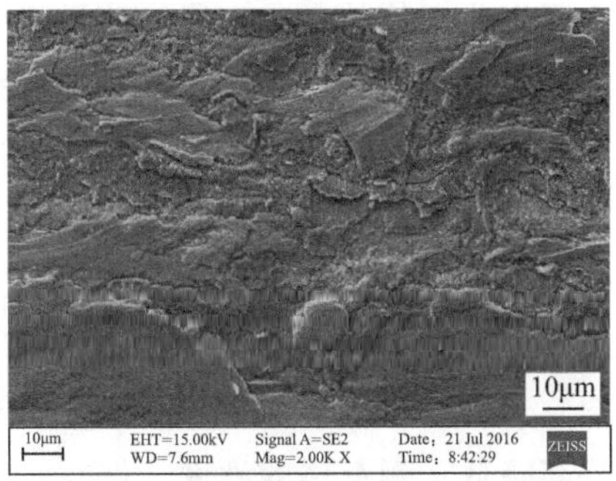

(d) 350℃退火Cu表面

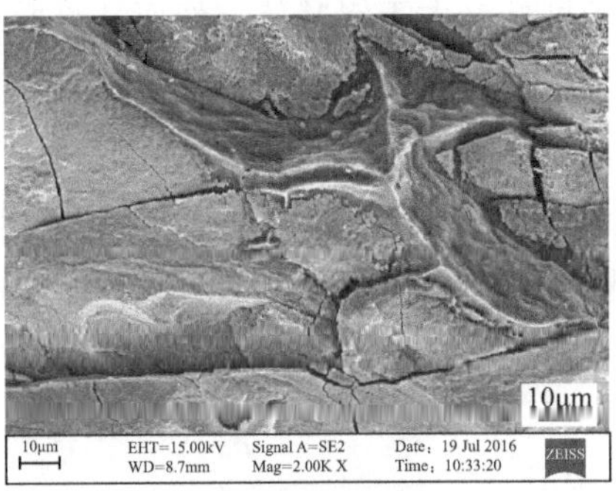

(e) 400℃退火Al表面

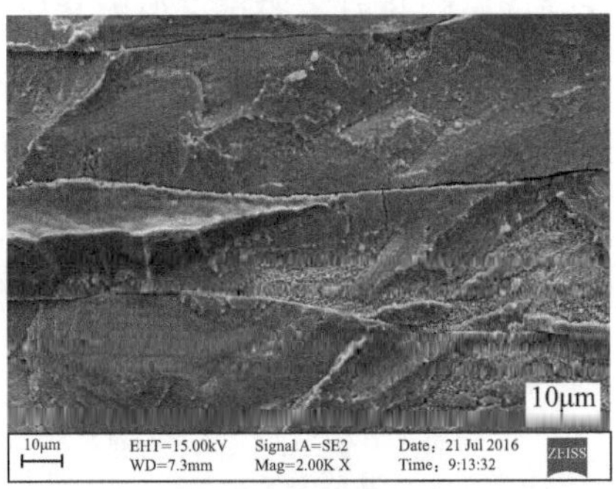

(f) 400℃退火Cu表面

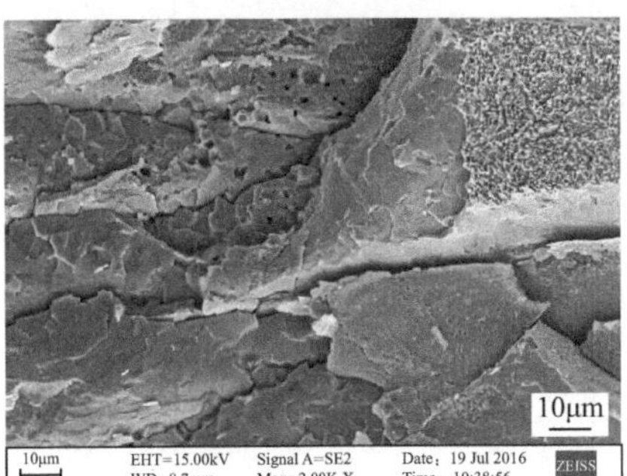

(g) 500℃退火Al表面

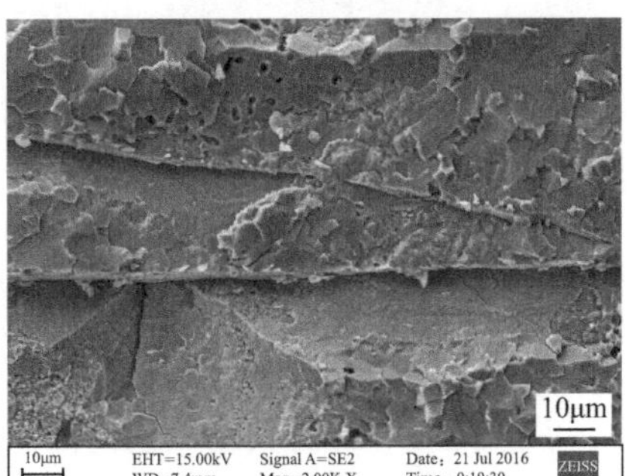

(h) 500℃退火Cu表面

图 4.6　不同退火温度下剥离断口形貌

合物未能大量生成。已知铜的抗拉强度显著大于铝，而界面层又在退火过程中得到固溶强化，因此相对而言，在该区域铝基体的强度最低，在剥离实验中更容易断裂，形成在铜、铝剥离表面上均能观察到的韧性断口组织形貌。这种现象也说明，抑制界面扩散层中金属间化合物的生成，是铜/铝复合板界面强化的有效方法。

当退火温度达到 500℃时，界面扩散行为进一步加剧，此时铜侧扩散亚层迅速生长，其厚度超过铝侧亚层，金属间化合物铺满整个界面层。在进行剥离实验时，界面承受法线方向的拉伸力，产生沿宽度方向的脆性裂纹。过高的退火温度导致金属间化合物的大量生成，使界面层具有极高的脆性，其与金属基体的结合强度显著降低，经剥离后形成大量碎块状组织，在一些位置甚至发生化合物层的大面积脱落。因此，500℃退火的铜/铝复合板界面结合被严重破坏，已不具备实际应用价值。

4.1.4 退火温度对铜/铝复合界面附近显微硬度的影响

图 4.7 为复合板界面及其附近金属基体的维氏显微硬度值，可以发现退火温度的提高降低了铜基体的硬度，但在 500℃退火时的降低幅度较小；退火温度对铝基体硬度影响相对不明显，但铜基体的硬度始终大于铝基体。然而，界面层的显微硬度值随退火温度的变化规律，基本与金属基体呈相反的趋势。随着退火温度的提高，界面层的硬度显著增大，在 300℃、350℃、400℃和 500℃退火时，检测到的显微硬度值分别为 88.1HV、135.7HV、174.8HV 和 190.1HV。此外，300℃退火的试样界面硬度值要小于铜基体，而当退火温度达到 350℃后，其硬度值超过铜基体。

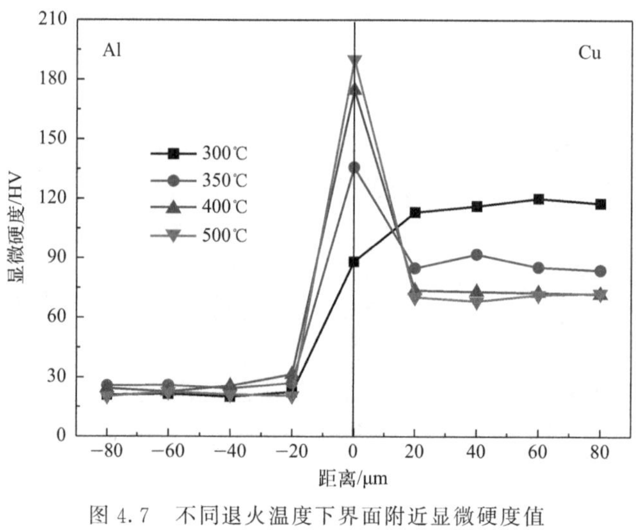

图 4.7 不同退火温度下界面附近显微硬度值

在轧制复合过程中，铝、铜层均经过大变形量冷加工过程，因此累积了严重的加工硬化，导致金属基体硬度显著增大。在轧后退火过程中，金属基体的组织得到软化，消除了冷加工过程带来的残余应力。通常情况下，金属的再结晶温度在其熔点的 40%左右，已知纯铝的熔点为 660.4℃，纯铜的熔点为 1083.4℃，因此铝具有更低的再结晶温度。在 300℃退火时，铝基体发生再结晶，组织得到充分软化，晶粒长大已达到一定极限，因此随着退火温度继续升高，铝基体的硬度基本保持稳定。由于铜的再结晶温度较高，低温退火条件难以使组织回复，当退火温度达到 400℃后，组织已得到充分软化，因此其硬度与 500℃的试样相比变化不大。

从图 4.7 中还能发现，300℃退火的试样界面层硬度介于铜、铝基体之间，主要是因为此时界面扩散程度相对较低，扩散层成分主要是铜/铝固溶体组织，生成的金属间化合物数量较少，尚未对界面结合造成严重破坏。因此，获得固溶强化的界面层与铝基体相比，其硬度有所提高，但依然比铜基体低。当退火温度达到 350℃后，扩散层开始达到金属间化合物生成的温度与浓度条件，这些化合物具有高强度、高脆性的性能特征，逐渐在固溶体组织内沿界面形核、长大，从而提高了整个界面层的硬度，甚至超过铜基体。随着退火温度的提高，界面层硬度继续增大，但 500℃退火的试样界面硬度与 400℃的试样相比，增大幅度较小。根据前文研究可知，在 400℃退火时，便已形成覆盖整个界面的脆性化合物层，而继续提高退火温度可以加剧界面扩散行为，并生成更多的脆性化合物。但是，这主要使界面扩散层进一步长大，金属间化合物的分布范围扩展，而界面层中单位面积上的化合物数量在 400℃时已接近极限，500℃退火对其增大程度有限，因此对界面层整体硬度的提升幅度也明显减小。总之，由于有多种脆性金属间化合物的存在，界面层的性能与金属基体相比有明显差异，因此对于铜/铝复合板的组织、性能及力学行为，不能认为是铜、铝两种材料的简单加权平均，需要综合考虑界面扩散层的作用与影响。

4.1.5　不同退火温度下铜/铝复合板与组元金属层的拉伸性能

表 4.3 和表 4.4 分别为不同退火温度下复合板及其组元金属的抗拉强度与伸长率测试结果，图 4.8 为对应的数值变化曲线，图 4.9 为对应的工程应力应变曲线。

表 4.3　不同退火温度下复合板和组元金属的抗拉强度

退火温度/℃	铜层抗拉强度/MPa	复合板抗拉强度/MPa	铝层抗拉强度/MPa
300	287.0	214.7	76.7

续表

退火温度/℃	铜层抗拉强度/MPa	复合板抗拉强度/MPa	铝层抗拉强度/MPa
320	222.2	160.3	44.8
340	191.7	155.9	38.8
360	182.8	147.4	35.9
400	156.7	114.0	22.6

表 4.4 不同退火温度下复合板和组元金属的伸长率

退火温度/℃	铜层伸长率/%	复合板伸长率/%	铝层伸长率/%
300	2.0	3.7	8.6
320	8.3	12.1	13.3
340	24.1	22.8	21.6
360	30.3	26.3	24.1
400	37.4	34.1	28.8

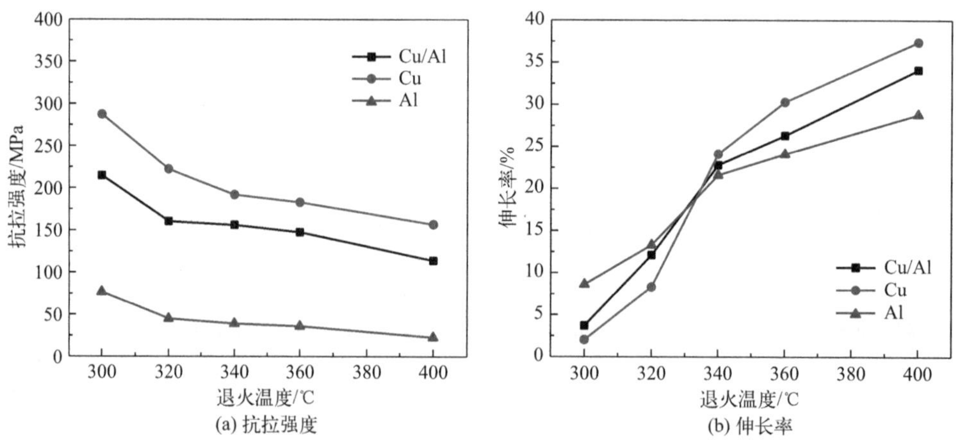

图 4.8 复合板和组元金属的拉伸性能随退火温度的变化曲线

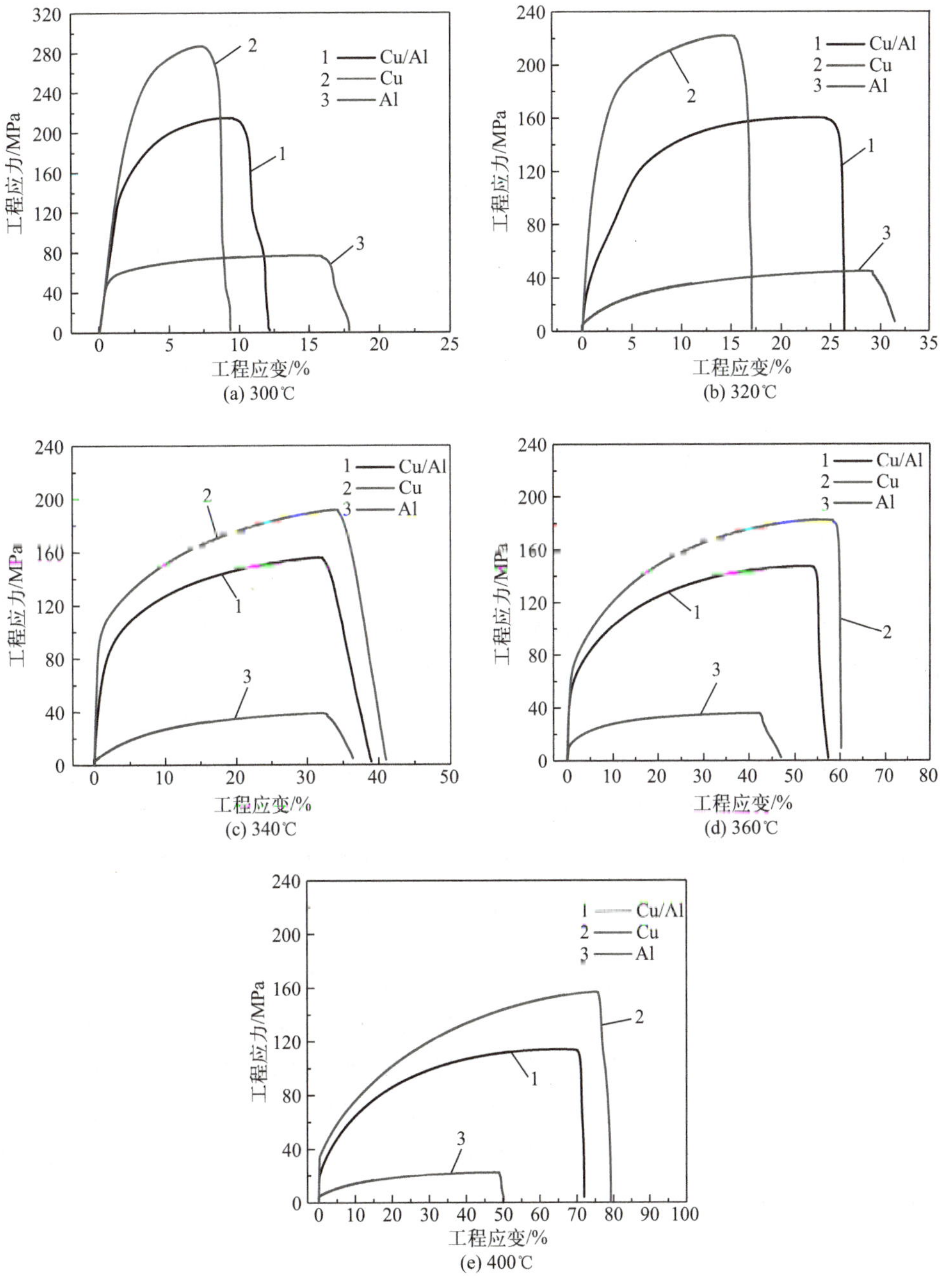

图 4.9　不同退火温度下复合板和组元金属的拉伸工程应力应变曲线

可以看出，当退火温度从 300℃逐渐提高到 400℃时，试样的抗拉强度减小，而伸长率增大，复合板的拉伸性能介于铜、铝层之间。铜基体的抗拉强度始终高于铝基体，而其伸长率在低温退火条件下小于铝基体，但从340℃开始显著增大，并超过铝基体。值得注意的是，在340℃退火时，两组元金属的伸长率最为接近，并且复合板的伸长率介于两者之间，因此也相对接近。

在300℃和320℃退火时，熔点相对较低的铝基体首先发生再结晶，组织得到软化，伸长率提高；而铜基体的组织回复程度较低，冷加工带来的加工硬化和残余应力未得到充分消除，在拉伸过程中表现为较高的抗拉强度和较低的伸长率。当退火温度超过340℃后，铜基体组织也发生再结晶，性能逐渐恢复到轧制前的状态，因此其伸长率超过铝基体。

在本实验中，当退火温度低于340℃时，铝层的伸长率高于铜层；当退火温度高于340℃时，铜层的伸长率高于铝层；当退火温度为340℃时，两者的伸长率较为接近。在拉伸变形过程中，当具有不同伸长率的双金属通过界面过渡层形成结合后，可以作为统一的整体进行塑性延伸，并且几乎同时发生断裂，说明界面过渡层必然起到不可或缺的协调作用。

在拉伸载荷的作用下，与金属基体相比，由于界面层的塑性极差，因此会在拉伸变形的初期便发生断裂，而此时金属基体尚未发生屈服。随着金属基体变形过程的持续，组元伸长率相对较低的金属层会首先产生颈缩，而另一组元金属还在继续其塑性延伸过程。此时，由于界面层起到的协调作用，双金属层作为一个整体承受拉伸载荷，因此当其中一个组元产生颈缩时，复合板的整体受力面积会减小，从而使另一组元承受的单位面积载荷瞬间增大，这种受力状态的突然变化会导致其提前发生屈服，而该过程是瞬间发生的。随后，均产生颈缩的双金属层会几乎同时发生断裂，宏观上表现为复合板的整体断裂[5]。

4.1.6 铜/铝复合板及界面的拉伸变形行为和失效分析

图4.10和图4.11分别为垂直与平行拉伸方向的复合板拉伸断口扫描照片，即界面断口的正面与侧面。观察其宏观形貌特征可以发现，不同退火温度下的复合界面在拉伸断裂后，发生不同程度的开裂，其中在320℃和340℃退火的试样界面开裂程度较小，400℃退火的试样界面开裂程度较大，界面层组织破坏严重。

图4.12为拉伸实验中，不同退火温度下的复合板界面剥离强度，可以发现退火温度从300℃提高到320℃后，界面剥离强度增大，而继续提高退火温度会使剥离强度持续减小。总之，复合板在320℃退火时界面结合最好，在300℃和340℃退火时界面结合相对较差，退火温度超过340℃后界面结合强度迅速下降。

在未结合的试样中，两组元金属的实际伸长率存在一定差异，但结合为复合材料后，可同步发生拉伸变形和断裂。在300℃和320℃退火的试样中，铜基体的加工硬化组织尚未充分消除，其实际压下率小于铝基体。在拉伸过程中，铜层率先发生屈服并产生颈缩，导致复合板的横截面积突然减小，铝层承受的载荷瞬间增大，突然产生的应力集中使铝层的塑性失稳提前发生。此时，伸长率更低的铜层并未发生断裂，而是通过界面过渡层依附在铝基体上，继续进行延伸，直到复合板发生整体断裂。

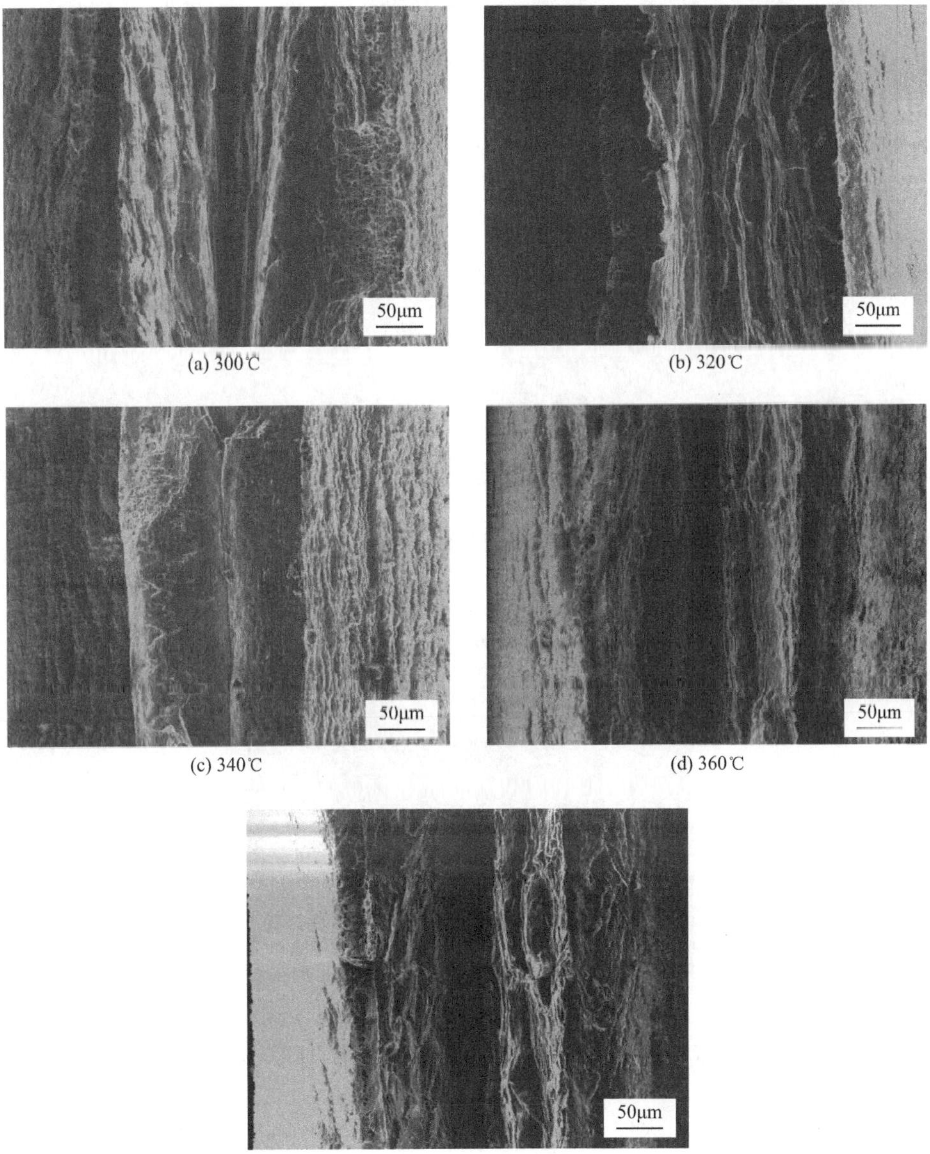

图 4.10　不同退火温度下复合板的正面拉伸断口形貌

(a) 300℃

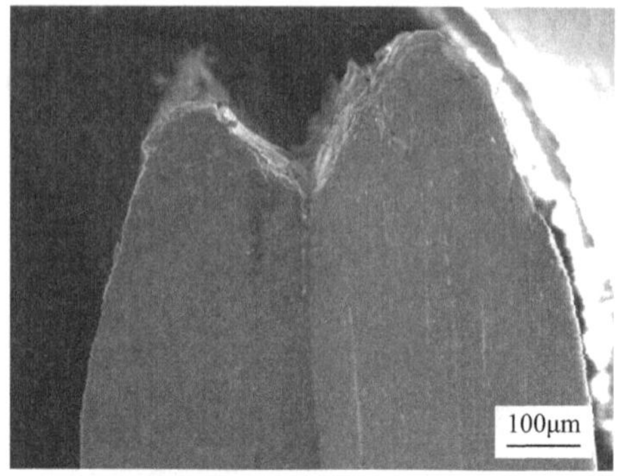

(b) 320℃

(c) 340℃

(d) 360℃

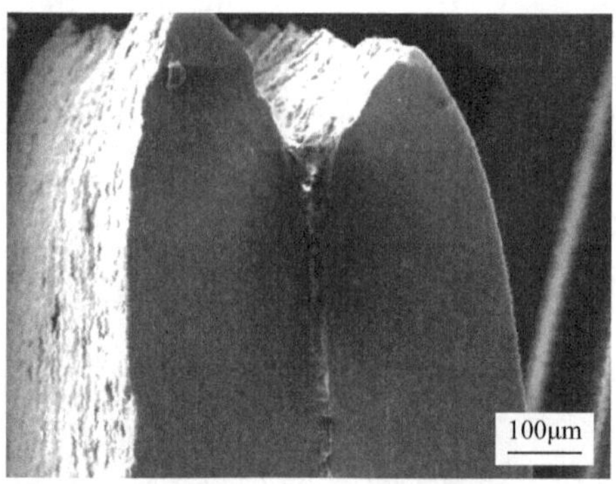

(e) 400℃

图 4.11 不同退火温度下复合板的侧面拉伸断口形貌

在 360℃和 400℃退火的试样中，情况刚好与低温退火时相反，此时铜层的实际压下率超过铝层，因此在拉伸过程中铝基体首先达到屈服极限，进而依附在铜基体上继续变形。由于双金属层存在变形行为的差异，界面层始终承受沿拉伸方向的剪切应力，并在金属基体发生颈缩时开裂，而除了金属基体的拉伸变形行为之外，影响界面开裂程度的主要因素还有界面结合强度。

由图 4.12 可知，与 300℃相比，退火温度为 320℃的复合板具有更高的剥离强度，这主要是因为更剧烈的元素扩散行为使界面层组织的固溶强化程度更高，并且低温退火条件下尚未大量生成足以破坏界面结合的脆性金属间化合物，因此界面形成更牢固的冶金结合。当退火温度继续提高，大量化合物相在界面扩散层内形核、长大，导致界面剥离强度持续下降。在 320℃退火的复合板中，铝、铜层的实际伸长率分别为 13.3%和 8.3%，两者的拉伸变形过程难以同步，因此界面层除了承受拉伸载荷外，还要承受因双金属层之间的相互制约而产生的剪切应力。在该退火温度下，获得固溶强化的界面层组织可以承受较大的拉伸载荷，并且其与金属基体的结合强度更高，能在双金属层之间起到良好的过渡作用，有效地抑制拉伸变形时双金属层的分离。

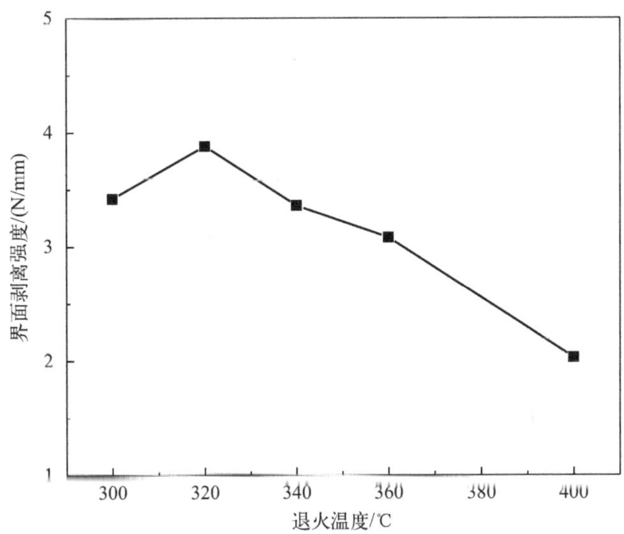

图 4.12　复合板界面剥离强度随退火温度的变化曲线

当退火温度提高到 340℃时，复合板的界面剥离强度开始降低，并且略低于 300℃退火的试样。此时，铜、铝层的实际伸长率在各组实验数据中最为接近，分别为 24.1%和 21.6%，并且复合板的整体伸长率介于两者之间，达到 22.8%。在轧制复合过程中，变形抗力更低的铝层首先发生塑性变形，变形量更大，因此加工硬化也更严重，但由于其再结晶温度也相对较低，在低温退火条件下即可恢复塑性；而铜层则刚好相反，其组元压下率相对较小，并且组织再结晶的发生需要更高的温度条件，因此经 340℃退火后两组元金属刚好达到近似的伸长率，在拉伸变形过程中，双金属基体可实现同步变形，并同时产生颈缩，直到断裂失效。在该温度条件下，由于双金属层的拉伸变形行为更趋于同步，在界面处的相对滑动程度较低，因此界面过渡层承受来自金属基体的作用力也较小。在拉伸过程中，更脆的界面层随着金属基体的塑性延伸而首先断裂，相对同步的变形对界面层的破坏程度较低，双金属层通过界面过渡层始终保持紧密结合，拉伸断裂后界面未发生严重开裂。

当退火温度达到 360℃后，铜基体组织发生再结晶，塑性得到恢复，其实际伸长率超过铝层，因此双金属层的拉伸变形行为难以同步，使界面层受到沿拉伸方向的剪切应力作用。由图 4.12 可知，高温退火条件使界面剥离强度显著降低，这是由于脆性金属间化合物的大量生成。当实际伸长率相对较低的铝层首先产生颈缩时，界面在拉力作用下产生开裂，并在随后的拉伸变形中，开裂的深度继续增大。从图 4.11（e）可以看出，当退火温度达到 400℃时，复合板经过拉伸断裂后界面被整体撕裂，并且越靠近断口位置开裂的程度越大。

图 4.13 为不同退火温度下复合板拉伸断裂后的界面组织形貌。可以看出，300℃和 320℃退火的试样界面扩散程度较低，退火温度达到 340℃后界面存在明显的扩散层组织。不同退火温度下的试样界面层呈现出不同程度的开裂，其中340℃退火的试样界面主要以细小的横向裂纹为主，表现为扩散层的整体开裂；在 360℃和 400℃退火的试样界面中，横向裂纹更为粗大，并伴有沿界面方向的微裂纹，表现为扩散层内部的层间断裂。

与金属基体相比，获得固溶强化的界面过渡层通常具有更差的塑性，并且高温退火条件会导致金属间化合物的大量生成，使界面层的力学性能表现为脆性特征。在复合板的拉伸实验中，复合界面与拉伸方向一致，当铜、铝基体尚未发生屈服时，更脆的界面过渡层便在拉伸载荷的作用下率先断裂，形成垂直于界面方向的横向裂纹，并随着拉伸过程的持续，界面裂纹不断扩展。此外，基于铜、铝层在拉伸过程中的非同步性，界面过渡层还承受来自金属基体的剪切应力，这会导致界面裂纹的进一步增大。

观察图 4.13（d）和（e）可知，界面扩散层内还存在层间断裂的现象，即扩散亚层之间的分离。当退火温度达到 360℃时，铜层的实际伸长率比铝层大25.8%，而在 400℃时这一数值增大到 29.9%，因此双金属层的拉伸变形行为难以一致。当铝层发生塑性屈服时，并未单独断裂，而是通过界面过渡层黏附在铜基体上继续延伸。此时，铝层已开始出现颈缩，而铜层尚未达到屈服极限，双金属层在界面处发生剧烈的相对滑动，界面层受到的剪切应力瞬间增大。

已知高温退火条件会显著破坏界面结合，因此在剪切应力的作用下，较脆的界面层出现层间断裂。在退火过程中，金属间化合物主要在界面处开始形核，进而长大并逐渐铺满扩散层，大量脆性化合物聚集在界面处，因此可以观察到，界面剪切应力引起的层间断裂主要发生在该位置。在图 4.13（c）中，经 340℃退火

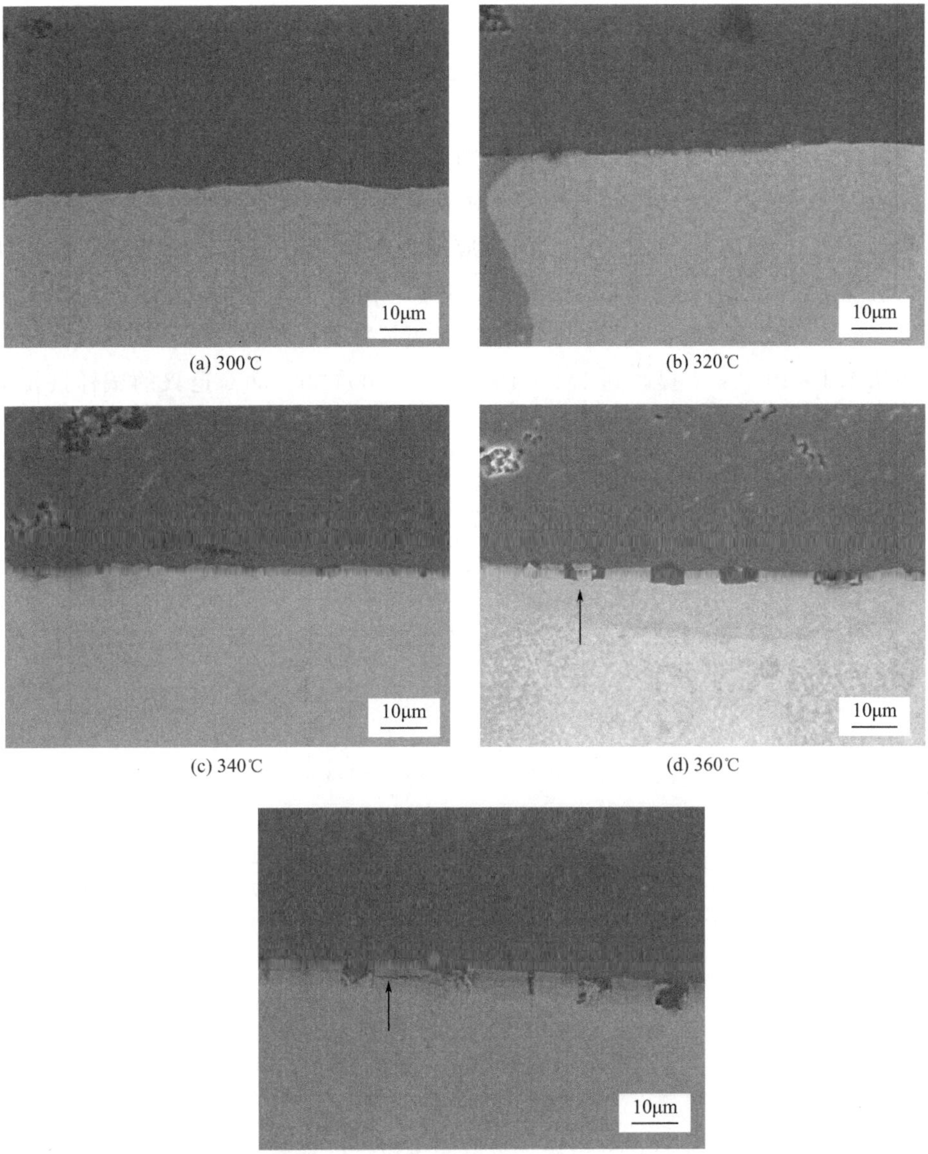

(a) 300℃　(b) 320℃　(c) 340℃　(d) 360℃　(e) 400℃

图 4.13　不同退火温度下复合板拉伸后的界面组织形貌

的试样界面也形成具有一定厚度的扩散层组织，并生成足以破坏界面结合的金属间化合物。然而，由于该温度下铜、铝基体刚好达到近似的伸长率，因此在拉伸过程中双金属层的变形行为能够实现基本同步，与其他试样相比，界面处的相对滑动和界面层受到的剪切应力较小。随着金属基体的塑性延伸，相对较脆的界面层在拉伸载荷的作用下发生断裂，形成相对细小的横向裂纹；而同步变形的双金属层几乎同时发生颈缩，对界面层的破坏较小，未使横向裂纹严重扩大，并且抑制了层间断裂的发生。

4.1.7　不同退火温度和应变速率下铜/铝复合板的拉伸性能

在拉伸实验中，设定拉伸速度分别为 1mm/min、10mm/min 和 100mm/min，根据拉伸试样的标距，换算的对应的应变速率分别为 $1.1\times10^{-3}s^{-1}$、$1.1\times10^{-2}s^{-1}$ 和 $1.1\times10^{-1}s^{-1}$。不同应变速率的复合板拉伸性能如表 4.5 所示，对应的工程应力应变曲线如图 4.14 所示。由表 4.5 可知，在不同的退火温度下，随着应变速率的提高，检测到的复合板抗拉强度和伸长率均增大。当应变速率从 $1.1\times10^{-3}s^{-1}$ 提高到 $1.1\times10^{-1}s^{-1}$，300℃和 350℃退火的试样抗拉强度分别增大了 10.8%和 12.8%，而 400℃退火的试样抗拉强度仅增大 2.7%。

表 4.5　不同应变速率下复合板的拉伸性能

退火温度/℃	应变速率/s^{-1}	抗拉强度/MPa	伸长率/%
300	1.1×10^{-3}	207.5	4.5
300	1.1×10^{-2}	219.5	7.0
300	1.1×10^{-1}	230.0	10.6
350	1.1×10^{-3}	143.6	28.2
350	1.1×10^{-2}	152.9	35.3
350	1.1×10^{-1}	162.0	41.7
400	1.1×10^{-3}	136.1	34.4
400	1.1×10^{-2}	137.7	42.0
400	1.1×10^{-1}	139.8	44.6

由于铜、铝均为面心立方结构，具有大量位错滑移系，在发生塑性变形时对应变速率的敏感性较高。当应变速率提高时，金属基体内位错增值和滑移所需的时间缩短，从而产生位错缠结，使组织获得位错强化，因此抗拉强度会显著增大。

在复合板拉伸变形过程中，塑性更差的界面层会率先断裂。界面层的组织与性能主要受退火温度影响，当退火温度为 400℃时，金属间化合物已经大量生成，并铺满界面大部分区域。含有金属间化合物的界面层具有较高的脆性，其性能与金属基体差异较大，使位错强化效果减弱，因此在高温退火条件下，较高的应变速率对试样抗拉强度的提升效果显著降低。

在复合板的拉伸过程中，塑性差异较大的双金属层难以同步变形，而界面层可以起到过渡和协调作用，使复合板保持整体性能。然而，应变速率的提高使界面层过早发生断裂，其对双金属层的制约作用失效，金属基体的单独塑性延伸阶段更长，因此复合板的断后伸长率随着应变速率的提高而增大。

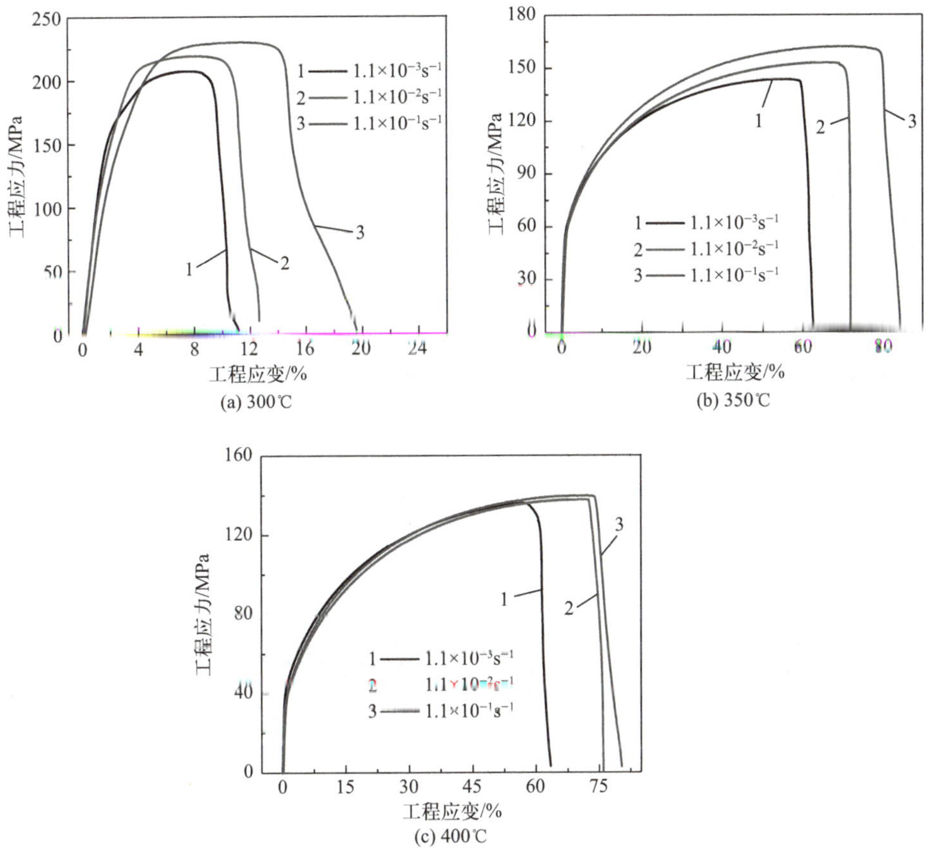

图 4.14　不同应变速率下复合板工程应力应变曲线

4.2　退火时间对铜/铝复合板组织与性能的影响

4.2.1　退火时间对铜/铝复合界面扩散层形貌的影响

图 4.15 为复合板分别在 400℃退火 0.5h、1h、4h 和 8h 后，界面扩散层的显微组织形貌。在不同退火时间下界面各扩散亚层的扫描照片中，分别取 5 个典型位置进行测量，获得的平均厚度如表 4.6 所示。随着退火时间的延长，界面扩

散层均明显生长，但不同扩散亚层的生长速率有所差异。从图 4.16 中各扩散亚层厚度与退火时间的关系曲线可以看出，随着保温时间的延长，扩散层的生长速率逐渐降低，其中中间亚层的降低趋势最为明显，从 4h 到 8h 其厚度仅增大了 4.3%。

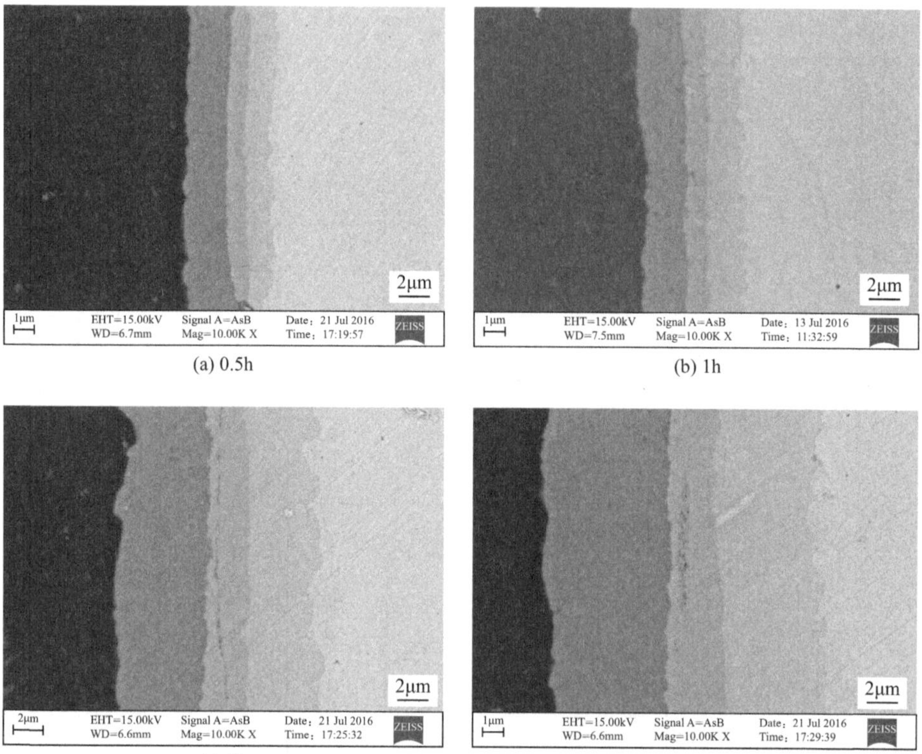

(a) 0.5h　(b) 1h　(c) 4h　(d) 8h

图 4.15　不同退火时间下复合板界面显微组织

表 4.6　不同退火时间下界面扩散亚层及各亚层厚度

退火时间/h	铝侧厚度/μm	中间厚度/μm	铜侧厚度/μm	总厚度/μm
0.5	2.83	1.16	1.66	5.65
1	3.16	1.33	2.42	6.91
4	6.17	2.08	4.67	12.92
8	8.50	2.17	6.67	17.34

复合板在 400℃退火 0.5h 后，便已在界面处形成具有三亚层结构的扩散层

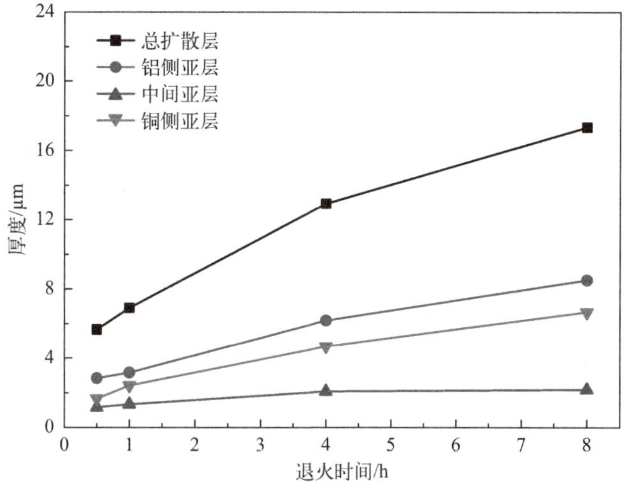

图 4.16　界面扩散层及各亚层厚度随退火时间的变化曲线

组织，并且铝侧亚层厚度最大，铜侧亚层次之，中间亚层最小。经 0.5h 退火后，铜侧亚层的厚度为铝侧亚层的 58.7%，而当退火温度延长到 1h、4h 和 8h 时，这一数值分别达到了 76.6%、75.7%和 78.5%，说明随着扩散过程的进行，铜侧亚层的生长速率在 0.5～1h 的时间段内有明显的提高。由于铜原子在铝基体中的扩散相对容易，因此在退火初期，铝基体内的扩散行为更剧烈，形成的铝侧扩散亚层厚度相对更大。随着迁移进入铝基体的铜原子数量不断增加，扩散层固溶体组织具备了铜铝金属间化合物形核的浓度条件，化合物相开始沿界面生成，并逐渐扩展，在铝侧亚层内靠近界面处形成化合物层。此时，继续迁移过来的铜原子因被初生的化合物层阻挡而扩散速率有所减小，导致化合物向铝基体内侧继续生长的趋势放缓，在宏观上表现为铜侧与铝侧扩散亚层的厚度差距缩短，而这种现象最可能发生在退火过程进行到 0.5～1h 之间。此外，当保温时间超过 1h 后，这种厚度差距基本稳定，说明生成的相对滞后的铜侧化合物层抑制了铝原子的扩散，使界面两侧扩散亚层的生长速率趋于一致。

中间扩散亚层的形成主要依赖于两侧金属间化合物产生进一步反应，在该亚层内铜、铝元素的含量较为接近。界面经过较长时间扩散和反应后，两侧化合物层逐渐铺满整个界面，金属原子的扩散行为受到阻碍，靠近界面两侧的化合物浓度也趋于稳定。中间亚层内因新相的生成而不断生长，导致靠近金属基体的化合物相距离越来越大，反应越来越困难，因此随着退火时间的延长，该亚层的生长速率逐渐减小，并在保温 4h 后其厚度基本保持不变。

4.2.2 退火时间对铜/铝复合界面结合强度的影响

表 4.7 为分别在 400℃退火 0.5h、1h、4h 和 8h 的复合板界面剥离强度，可以发现 1h 退火的试样界面剥离强度最大，达到 4.13N/mm，之后随着保温时间的延长而降低。退火时间对于界面结合的作用，主要表现在对冶金结合程度的影响上。基于轧制复合界面结合机理，金属表面硬化层在轧制力的作用下破裂，内部新鲜金属通过裂口挤出并相互接触，随着变形过程的进行而形成连接，即所谓的物理结合。退火过程通过促进界面扩散，使界面结合逐渐向冶金结合过渡，且在已经形成良好物理结合的连接点位置上，金属原子处于较为活跃的状态，更容易完成冶金结合过程。

表 4.7 不同退火时间下复合板的界面剥离强度

退火时间/h	界面剥离强度/(N/mm)
0.5	3.92
1	4.13
4	3.65
8	3.11

由于扩散过程的发生需要一定的孕育期，当保温时间从 0.5h 提高到 1h 后，更长时间的退火过程有利于激活界面上更多的金属原子，同时界面层内也累积了更多的能量以促进扩散。在轧制复合时物理结合程度较低的区域，扩散驱动力相对不足，短时间退火过程难以使金属原子形成键连接，因此适当延长保温时间有利于界面上更大面积的区域形成冶金结合。随着退火时间的继续增加，虽然元素扩散行为更加剧烈，但是同时也会导致界面脆性相的大量生成，最终反而会破坏界面结合。因此，当采用退火处理来强化冷轧复合界面时，与退火温度一样，退火时间也应控制在合理范围内。

4.2.3 不同退火时间下铜/铝复合板剥离表面形貌

图 4.17 为在 400℃保温不同时间下的铜/铝复合板沿界面分离后的铝、铜剥离表面背散射扫描照片。由表面组织的颜色衬度可知，随着退火时间的延长，铝剥离表面被含铜组织覆盖的面积不断增大，到 4h 时已基本铺满整个铝表面；在经不同时间退火的试样铜剥离表面上主要为铜含量较高的组织，在退火 1h 的铜表面上分布有与铝表面类似的长条形含铝组织。

图 4.18 为对应的二次电子扫描照片，图 4.19 为剥离断口形貌，可以发现退火 0.5h 的双金属剥离表面上均存在光滑的金属基体形貌，而铝表面上分布有含铜

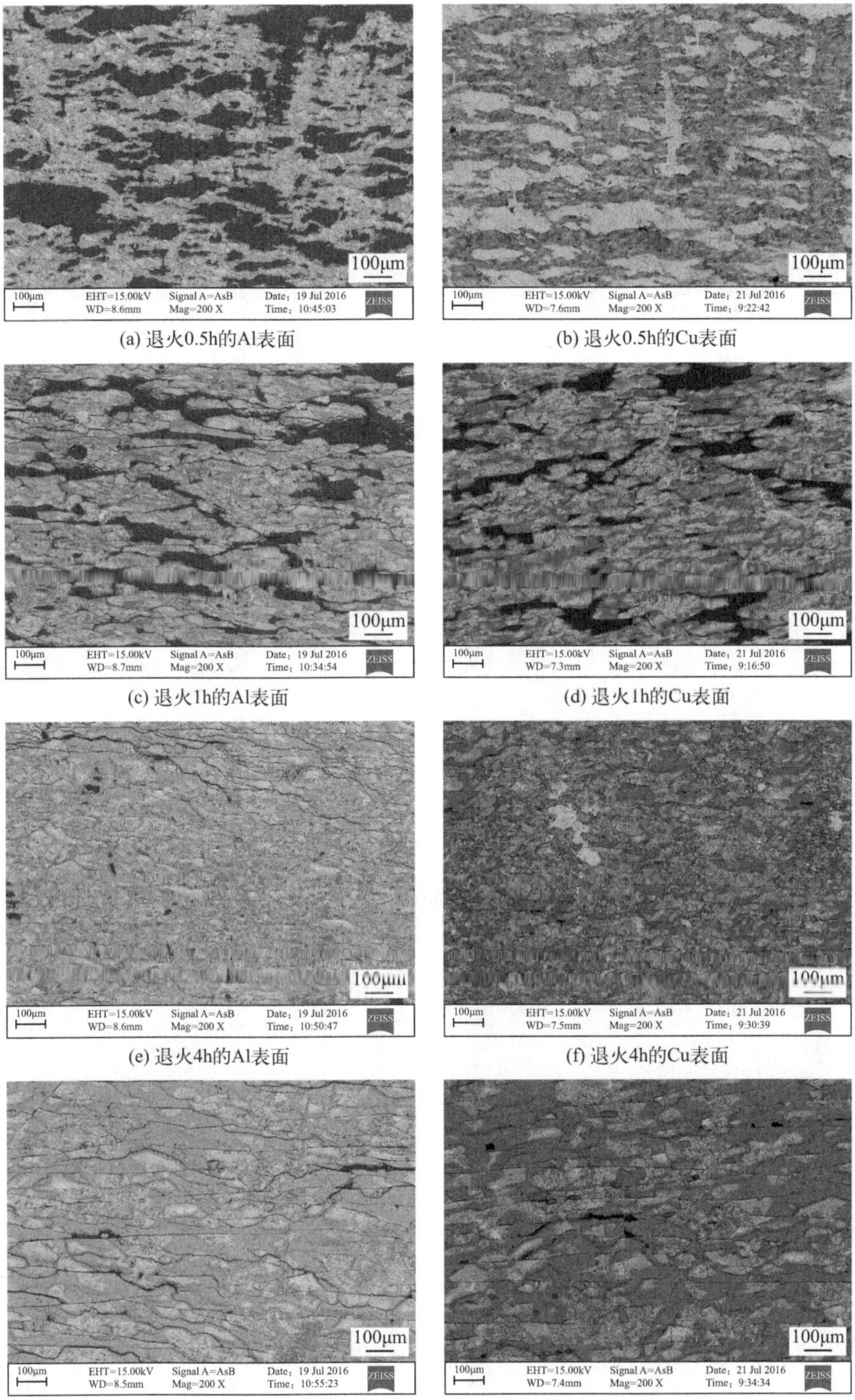

(a) 退火0.5h的Al表面

(b) 退火0.5h的Cu表面

(c) 退火1h的Al表面

(d) 退火1h的Cu表面

(e) 退火4h的Al表面

(f) 退火4h的Cu表面

(g) 退火8h的Al表面

(h) 退火8h的Cu表面

图 4.17　不同退火时间下剥离表面背散射扫描照片

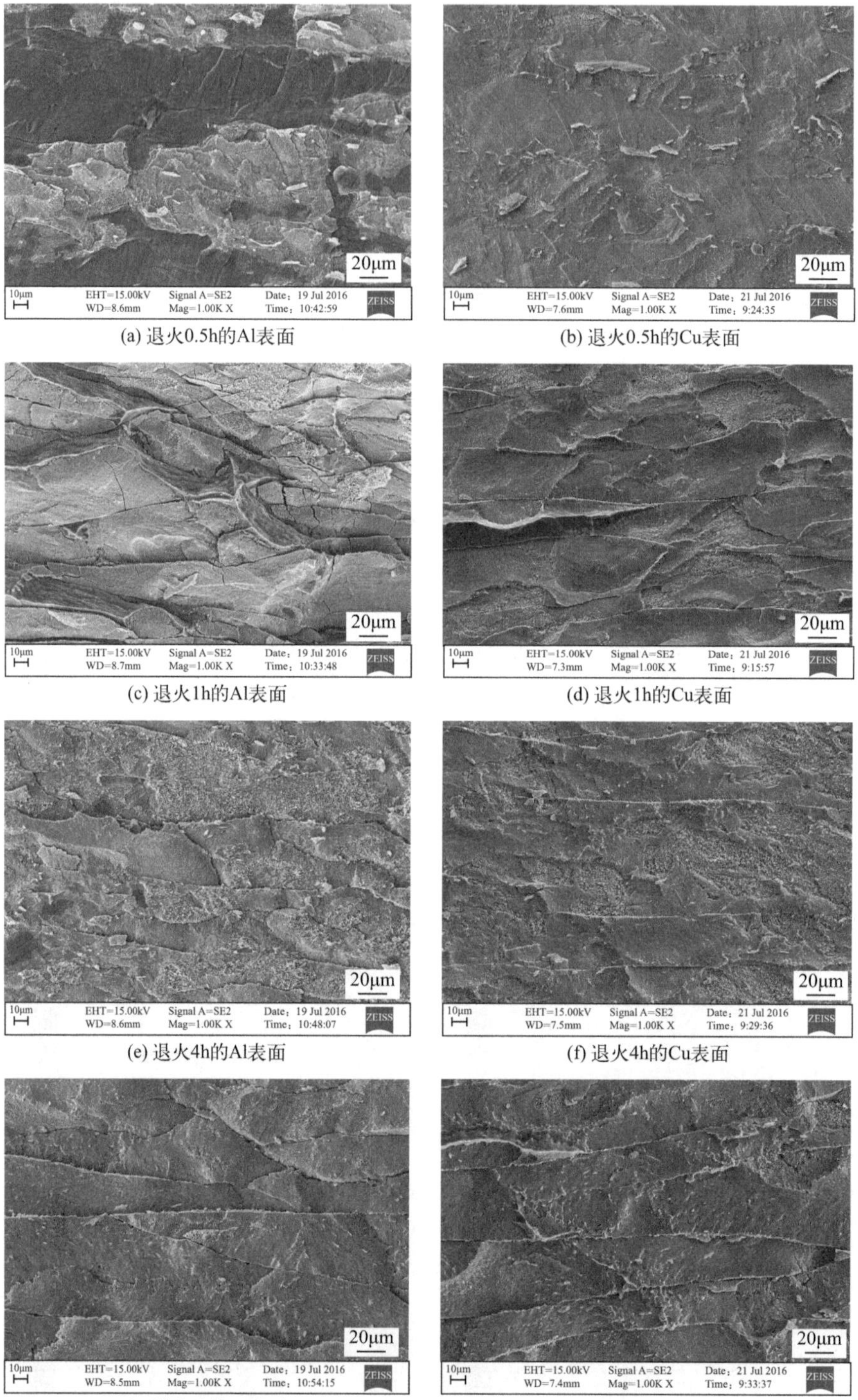

(a) 退火0.5h的Al表面 (b) 退火0.5h的Cu表面

(c) 退火1h的Al表面 (d) 退火1h的Cu表面

(e) 退火4h的Al表面 (f) 退火4h的Cu表面

(g) 退火8h的Al表面 (h) 退火8h的Cu表面

图 4.18 不同退火时间下剥离表面二次电子扫描照片

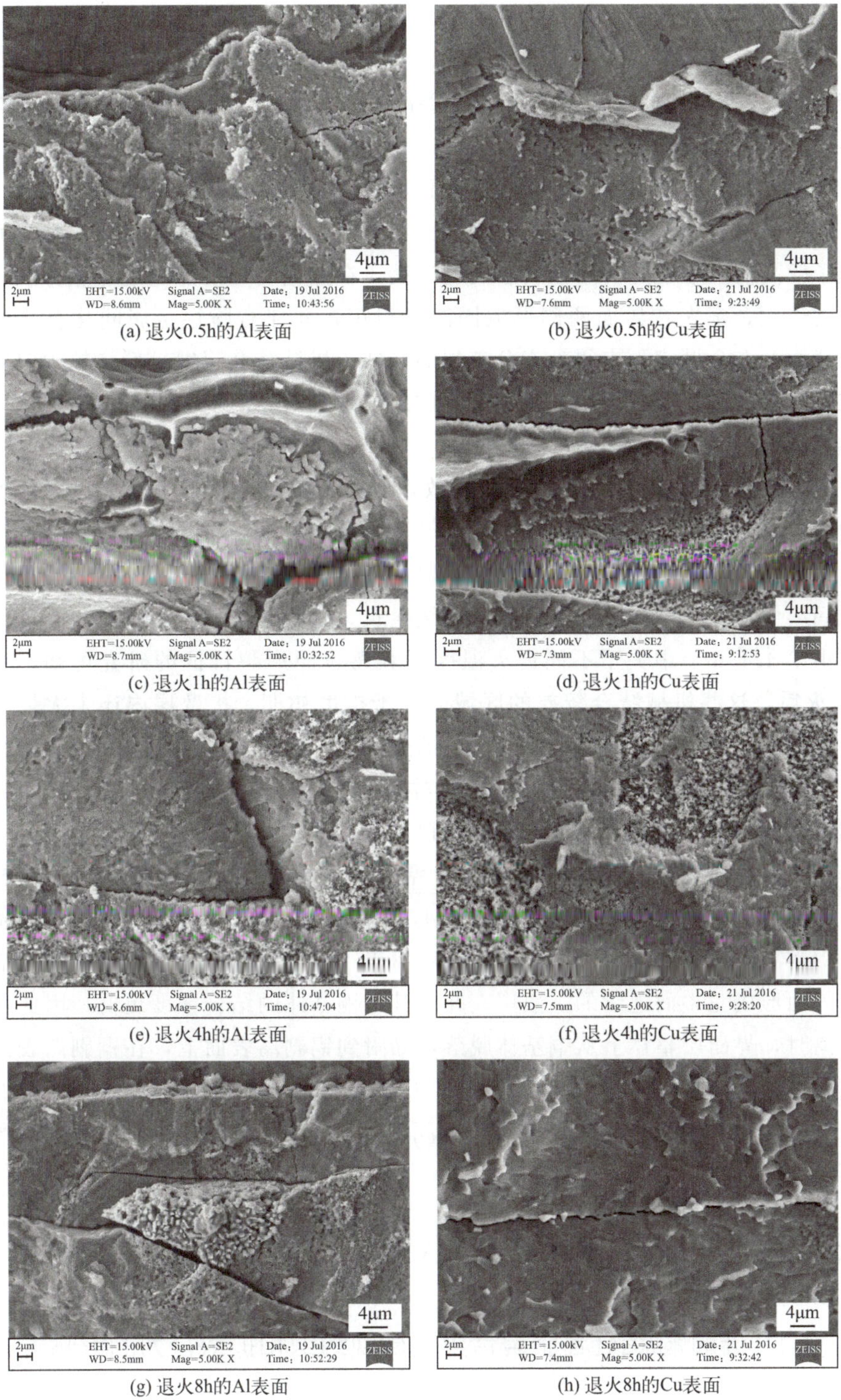

(a) 退火0.5h的Al表面　(b) 退火0.5h的Cu表面

(c) 退火1h的Al表面　(d) 退火1h的Cu表面

(e) 退火4h的Al表面　(f) 退火4h的Cu表面

(g) 退火8h的Al表面　(h) 退火8h的Cu表面

图 4.19 不同退火时间下剥离断口形貌

的断裂脊组织，在铜表面上则为断裂脊脱落的痕迹；退火 1h 的试样上的长条形含铝组织，表现为韧性断裂的形貌特征，铝表面上的含铜组织中有微裂纹，呈现出碎块状态；退火时间达到 4h 后，双金属表面均存在大量脆性组织，并伴有贯穿表面的粗大裂纹。

在轧制复合阶段，由于金属表面硬化层开裂与新鲜金属连接状态的差异，界面各处的机械结合程度也有所不同。在已经形成良好物理结合的区域，金属原子累积了较高的变形能，并形成初步的键连接，在退火初期便能越过能量势垒，扩散程度较大，率先在界面两侧形成固溶体组织，并伴有脆性金属间化合物的生成。然而，在金属表面未得到充分破裂的区域，机械结合程度较低，较短时间退火难以激活大部分金属原子，几乎未形成冶金结合，界面剥离后基本保留金属基体的光滑形貌。

当退火时间延长到 1h 后，界面扩散程度不断提高，接触表面上更多位置的物理边界被扩散原子填充，降低了后续扩散原子的能量势垒。在机械结合程度较低的区域内，较长时间退火使金属原子累积了足够的扩散激活能，也开始沿界面形成固溶体组织，并向金属基体内部继续生长。

由第 4.1.6 节中关于不同退火温度下剥离表面形貌特征的研究可知，经过 1h 退火后，这些机械结合较差的区域尚处于扩散初期，扩散层内还未大量析出脆性化合物。此时，已经获得固溶强化的过渡层与金属基体形成了高强度的结合状态，导致在剥离实验中，抗拉强度相对较低的铝基体更容易发生断裂，在铜、铝剥离表面均可以观察到对应的韧性断口形貌。

在扩散初期，金属间化合物主要沿界面局部位置生成，随着退火过程的持续，逐渐扩展并铺满整个界面。由图 4.17（e）和（f）可以看出，退火时间为 4h 时，铝剥离表面上大部分区域被富铜组织覆盖，说明较长时间退火使扩散程度更大，界面形成完整而连续的扩散层，并且其与铜基体的结合强度更低，因此在界面剥离时，界面层整体上从铜基体脱落，黏附到铝剥离表面上，在铜剥离表面上留下脆性断裂的痕迹。当退火时间达到 8h，更脆的界面层在剥离力的作用下形成沿宽度方向的粗大裂纹，说明过长时间退火的铜/铝复合板界面结合已被严重破坏，不具备实际应用价值。

4.3 硅添加对铜/铝硅合金复合板界面组织与性能的影响

4.3.1 硅对铜/铝硅合金复合界面微观组织和扩散行为的影响

图 4.20 为在不同温度下保温 1h 的试样界面显微组织扫描照片，经 300℃退火的试样界面处未形成明显的过渡层组织，说明低温退火条件下的扩散驱动力不

足，界面附近被激活的铜、铝原子数量较少，扩散距离有限。当退火温度达到 400℃时，界面处形成具有一定厚度的扩散层组织，并且铜侧扩散亚层的厚度大于铝硅合金侧。当退火温度为 500℃时，界面处元素扩散更为剧烈，扩散层进一步生长，扩散层内部出现微裂纹，这可能是大量脆性金属间化合物的生成导致的。

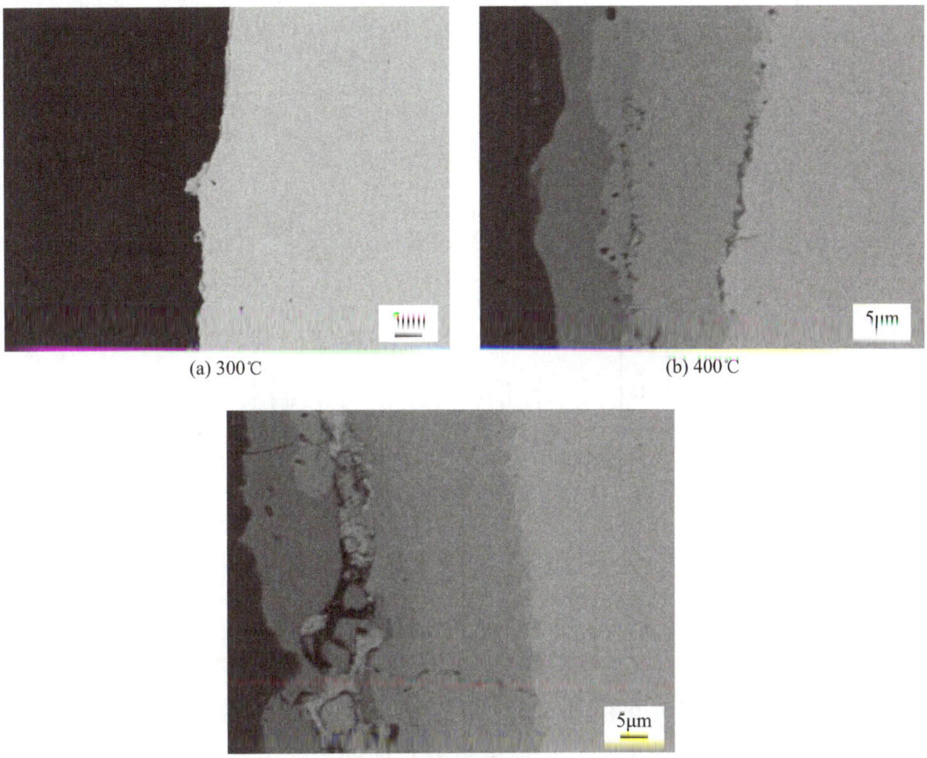

(a) 300℃　(b) 400℃

(c) 500℃

图 4.20　不同退火温度下硅含量 1.82%的复合板界面显微组织

对复合板界面附近的硅元素进行线扫描分析，结果如图 4.21 所示，其中左侧为铝基体，右侧为铜基体。当退火温度为 300℃时，能量峰值主要出现在铝硅合金基体侧，说明此时扩散驱动力不足，硅原子尚未越过界面，只是弥散分布在金属基体中；当退火温度为 400℃或 500℃时，硅元素的能量峰值开始出现较大波动，并且在扩散层和铜基体中都检测到波动。随着退火温度的提高，界面处元素的扩散驱动力增大，偏聚在铝基体侧的硅开始冲破束缚，随着铝原子共同扩散，迁移进入界面扩散层中，甚至迁移到铜侧扩散层内。

图 4.22 为不同硅含量的铜/铝硅合金复合板经退火后界面显微组织的金相照片。从图 4.22 (a)、(c) 和 (e) 可以看出，不同硅含量的试样经 400℃退火后，

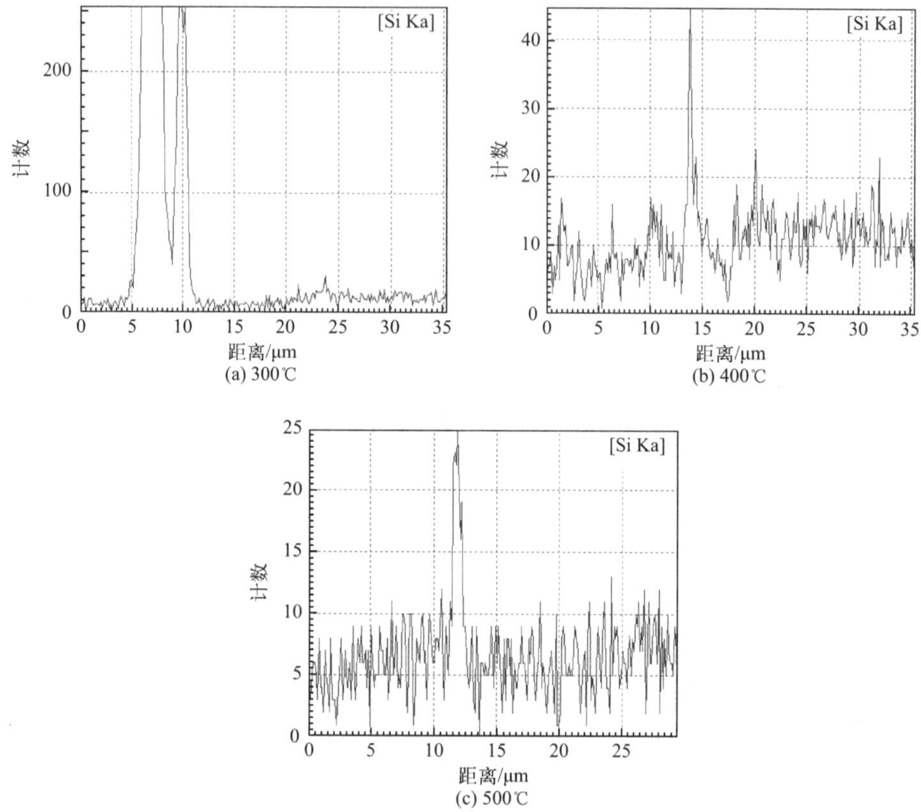

图 4.21 不同退火温度下硅元素线扫描结果（Si 含量 1.82%）

界面处开始形成扩散层，并且随着硅含量的增加，界面颜色整体偏暗，铝基体中弥散分布的初晶硅向界面偏聚，呈现密集分布的趋势。由图 4.22（b）、（d）和（f）可知，经 500℃退火后，界面扩散层显著生长，铜侧扩散亚层的厚度明显大于铝硅合金侧，且硅含量越高，铝侧扩散亚层越呈现出模糊的状态，此外，观察到的铝硅共晶组织数量也明显减少，说明高温退火使一部分硅溶进铝基体中。

与铜、铝原子相比，硅原子半径较小，这导致相同条件下硅原子的扩散激活能相对较低，当外界提供足够的扩散驱动力时，硅原子优先发生扩散，迁移到界面处时扩散阻力增大，难以继续扩散，便在界面处发生偏聚；而铝侧扩散层呈现出较为模糊的状态，说明硅含量的增加导致迁移进入铝基体的铜原子数量有所减少，在界面处偏聚的硅成为了阻碍扩散的屏障。然而，当退火温度达到 500℃时，界面处的硅已经难以阻挡活跃的铜、铝原子向界面两侧相互迁移，因此硅的屏障被打破，阻碍扩散的能力降低，甚至随铝原子一同迁移进入扩散层，其抑制作用减弱，但对于铝侧扩散层的生长依然具有较显著的抑制作用。

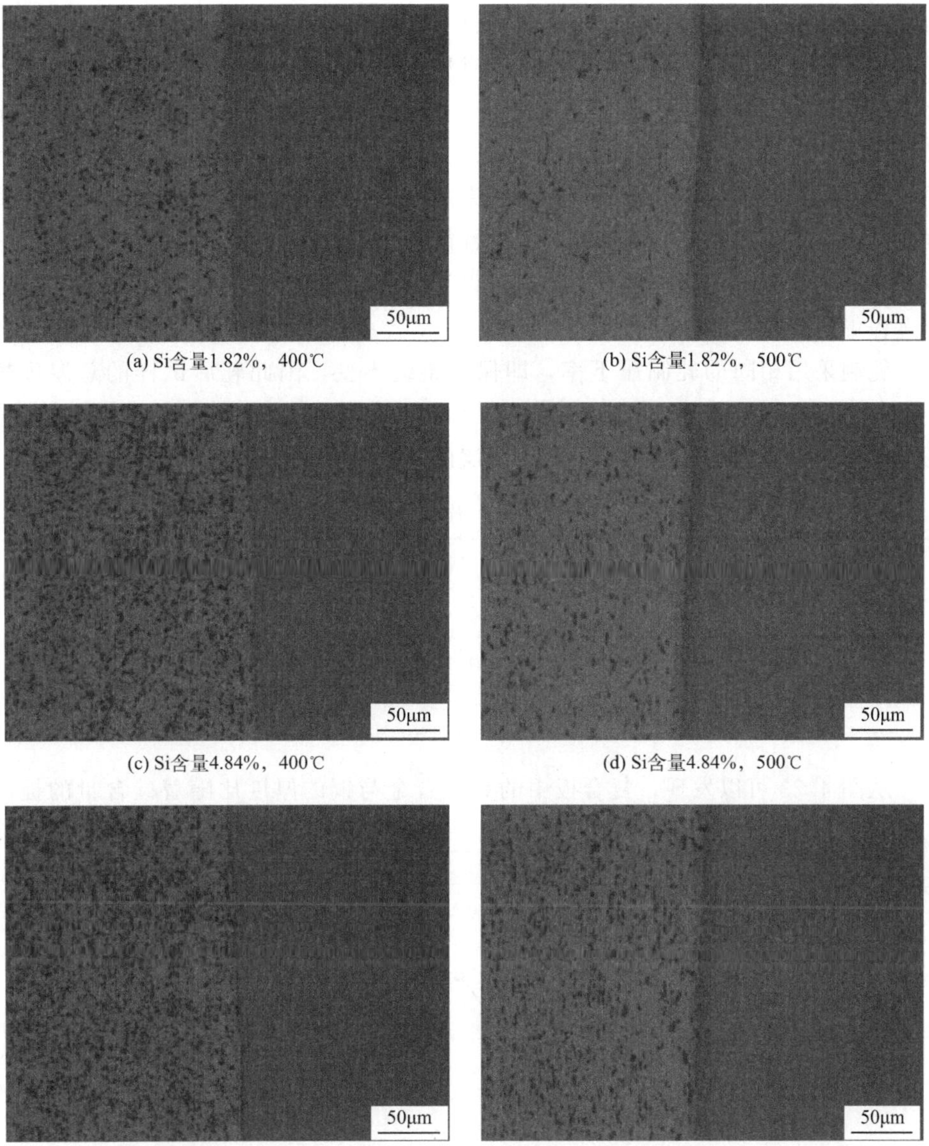

(a) Si含量1.82%，400℃　(b) Si含量1.82%，500℃

(c) Si含量4.84%，400℃　(d) Si含量4.84%，500℃

(e) Si含量8.66%，400℃　(f) Si含量8.66%，500℃

图 4.22　不同硅含量和退火温度下复合板的界面显微组织

4.3.2　不同硅含量下铝硅合金板的力学性能与变形行为

已知硅含量为 12.6%时，铝和硅达到共晶点，共晶温度为 577℃。复合板采用的原材料均是硅含量小于 10%的亚共晶型铝硅合金，经过均匀化退火后，硅主要以共晶组织和少量颗粒状的初晶硅的形式弥散分布在 α-Al 中。铝基体合金化是改善铜/铝冷轧复合板综合力学性能的重要手段之一，通过在铝中添加硅元素来改善铝基体的力学性能，进而影响整个复合板的综合性能。

相关研究表明，在铝基体合金化的过程中，对抗拉强度和伸长率影响最大的合金元素是铜，其次便是硅[6]。在复合轧制前，对不同硅含量的退火态铝硅合金带进行拉伸实验，结果如表 4.8 所示。从表 4.8 中可以看出，随着硅含量的增加，铝硅合金的抗拉强度增大，而伸长率减小，说明硅元素的添加提高了铝基体强度，进而也会影响整个复合板的力学性能。此外，铝相对于铜而言属于软质金属，变形抗力更小，而硅元素的添加可以缩小两者变形能力的差异，使两者的变形过程更趋于同步。

轧制采用相同的轧制压下率，即保持辊缝不变，因此轧后试样的总厚度恒定。前文已提到，硅含量会影响铝硅合金带的力学性能，进而影响在轧制过程中的变形行为，导致轧后复合板中双金属层的厚度比会随硅含量的大小而变化。

表 4.8 不同硅含量下铝硅合金带的拉伸性能

硅含量/%	抗拉强度/MPa	伸长率/%
1.82	99.25	46.6
4.84	112.29	38.7
8.66	132.35	33.0

从图 4.23 可以发现，复合板中的铝硅合金与铜的厚度比随着硅含量的提高

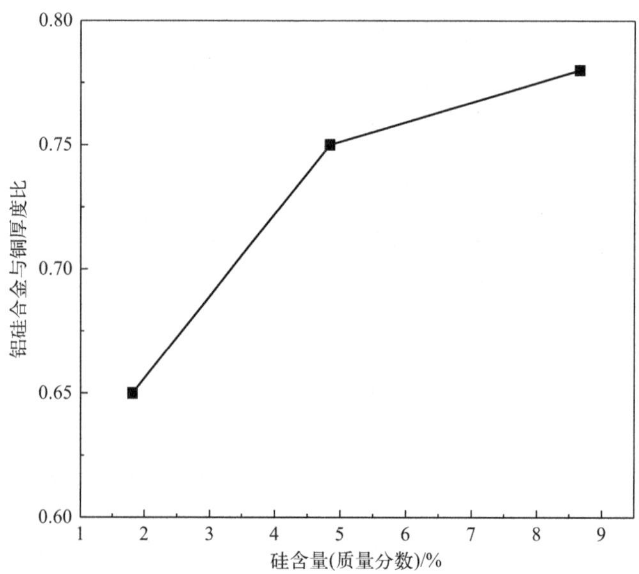

图 4.23 不同硅含量的复合板中铝硅合金与铜的厚度比

而增大。硅元素的添加，提高了铝基体的强度，但降低了塑性，因此硅含量越高，铝硅合金的变形抗力就越大，变形越困难。在相同的轧制工艺条件下，轧制力和异步轧制工艺所带来的剪切应变会更容易作用到相对软质的金属上，因此硅含量越高，轧后铝硅合金的厚度越大，变形量与铜越接近。

4.3.3　硅对铜/铝硅合金复合界面结合强度的影响

对具有不同硅含量和退火温度的复合板进行界面剥离实验，以表征铜/铝硅合金的界面结合强度，结果如图 4.24 所示。当退火温度为 300℃时，界面剥离强度随硅含量的增大而明显降低；当退火温度为 400℃和 500℃时，不同硅含量的试样界面剥离强度变化不大，但都明显低于经 300℃退火的试样。当双金属刚刚进入辊缝时，变形抗力相对较低的铝硅合金首先发生塑性变形，而相对硬质的铜尚处于弹性阶段，之后随着轧制力的增大，铜也达到屈服极限。随着双金属基体共同沿轧制方向延伸，表面氧化膜被破坏，产生大量裂纹，内部新鲜金属通过这些裂纹被挤出，金属原子形成键连接，实现机械结合。另外，由于两种金属的力学性能存在差异，变形过程不一致，因此会在接触表面处产生摩擦应力，进一步促进表面氧化膜的破裂，增大机械结合的面积。已知硅元素的添加会提高铝基体的强度，变形更为困难，沿轧制方向的塑性延伸减小，并且与纯铝相比，铝硅合金的变形能力与铜更为接近，两者变形过程更趋于同步，因此接触表面处的相对滑动减弱，产生的摩擦应力减小，这都会使表面氧化膜的破坏程度降低，削弱结合效果。

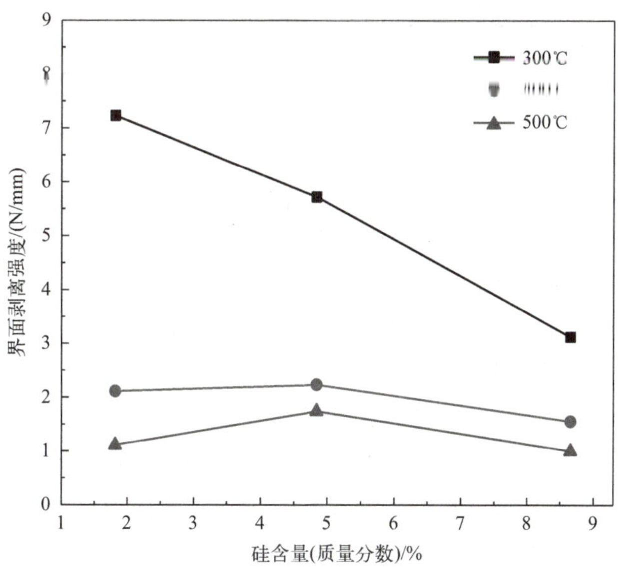

图 4.24　不同硅含量和退火温度下界面剥离强度

此外，在退火过程中，强大的扩散驱动力会使偏聚于界面处的硅元素开始越过界面，迁移进入界面扩散层，甚至进入铜基体，硅含量和退火温度越高，这种现象越显著。这些存在于界面扩散层中的硅减小了铜、铝原子的接触面积，阻碍了新鲜金属沿着破裂的氧化膜缝隙挤出，从而降低了界面结合强度。当退火温度超过400℃时，扩散层内开始析出大量硬而脆的铜铝金属间化合物，而这些化合物与金属基体本身的晶体结构存在差异，会破坏界面结合。当退火温度较高时，脆性相对于界面结合效果的影响更为显著，因此不同硅含量的试样界面剥离强度均较低。

4.3.4 硅对铜/铝硅合金复合板拉伸性能的影响

在拉伸实验中，通过复合界面而紧密结合的双金属层起初会同步发生拉伸变形，但本身力学性能的差异导致两者的延伸速率不一致，在界面处会产生相互作用力，破坏界面结合。根据界面剥离实验结果可知，高温退火使界面结合强度显著降低，在拉伸变形时界面在剪切应力的作用下断裂，双金属层提前分离，导致检测结果无效。因此，针对复合板的拉伸性能研究，本文选用界面结合效果较好的试样进行拉伸实验，即退火温度为300℃，以保证复合板在拉伸变形过程乃至断裂时，界面始终保持紧密结合的状态。

表4.9为经300℃保温1h后不同硅含量的复合板拉伸性能的检测结果，可以看出复合板的抗拉强度和伸长率均随着硅含量的增大而提高。硅元素的添加提高了铝基体的强度，进而提高了复合板的整体强度。

表4.9 不同硅含量下复合板的拉伸性能

硅含量/%	抗拉强度/MPa	伸长率/%
1.82	188.45	11.9
4.84	209.18	13.8
8.66	215.44	17.5

与单一材料不同，决定层状复合材料变形行为的因素除了金属基体的基本性能外，还有界面的结合性能。在拉伸变形过程中，复合板界面处产生的相互作用力会破坏界面组织，使过渡层内产生微裂纹，当这些微裂纹延伸进金属基体内部，便成为断裂源，使复合板提前发生断裂。在硅含量较高的试样中，铝硅合金的力学性能与铜更接近，变形过程更趋于同步，两者之间的相对滑动和相互作用力较小，界面的破坏程度也较低，复合板在变形过程中的整体性和协调性更好，因此伸长率提高，并且拉伸断裂后界面的开裂程度也较低，如图4.25所示。观察拉伸断裂后的复合板界面形貌特征还可以发现，界面左侧的铝硅合金断口处存

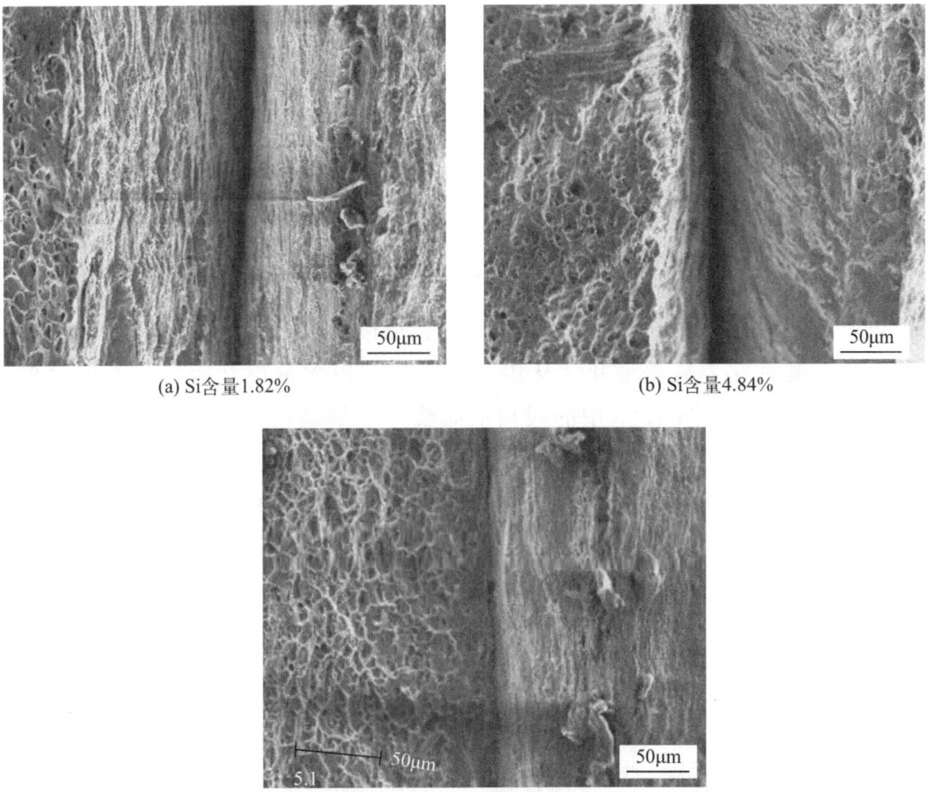

(a) Si含量1.82%　　(b) Si含量4.84%

(c) Si含量8.66%

图 4.25　不同硅含量下复合板拉伸断口形貌

在大量韧窝，并且硅含量越高韧窝的数量越多。

4.4　铜/铝复合板的界面反应扩散行为

关于退火过程中铜/铝冷轧复合界面的形态演变与物相生成过程，目前尚无直接的观测方法，而多是以间接实验现象作为依据来进行推测与分析，其原因主要是难以在避免金属基体干扰的前提下，针对复合界面进行独立研究。另外，退火时界面金属间化合物的生成种类、顺序以及分布状态，同样难以直接观察分析，因此需要采用多种研究手段，并对实验结果进行总结对比，为进一步探索控制和强化界面的方法奠定基础。

根据大量以往研究，为同时兼顾金属基体与复合界面的综合使用性能，采用固-固复合法制备的铜/铝复合材料，其退火温度往往不超过 500℃。在该温度范围内，界面层内生成的金属间化合物通常为 $CuAl_2$ 相、CuAl 相和 Cu_9Al_4 相。这些化合物的存在对复合界面的结合状态以及产品的最终使用性能具有显著影响，因此其形成过程与生长机制始终是复合材料领域研究的关键内容，而相关的控制手段也处于不断的探索之中[7,8]。本节通过分析界面处铜、铝元素的分布状态，并结合剥离撕裂面的金属间化合物物相检测结果，研究了铜/铝冷轧复合界面扩散层的基本结构，讨论了界面冶金结合的形成过程与化合物相的生成演变机制，为进一步探索复合界面的控制方法提供了实验依据与理论基础。

4.4.1 铜/铝复合界面扩散层元素分布

利用扫描电镜检测复合板界面扩散层组织的元素分布状态，沿垂直界面方向进行线扫描能谱分析，结果如图 4.26 所示。可以看出，界面处铜、铝元素的含量随扩散距离而发生显著变化，从铝侧到铜侧，铝含量逐渐降低，而铜含量升高。并且还能发现，图 4.26 中的线扫描曲线并不是呈严格的线性变化趋势，而是每经过一次扩散亚层的边界，元素含量便会发生一定程度的突变，尤其在高温退火时甚至表现出明显的平台特征，说明不同扩散亚层内的元素分布状态和组织成分存在差异。

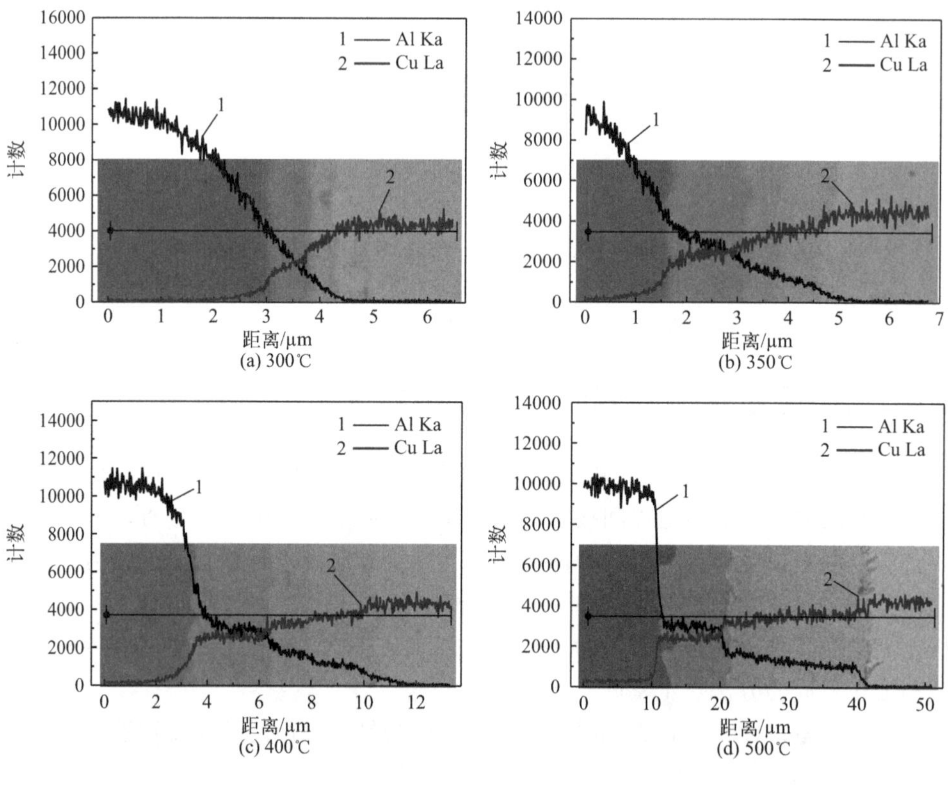

图 4.26　不同退火温度下界面扩散层的线扫描结果

在退火过程中，强大的扩散驱动力使界面附近的铜、铝原子被激活，发生大范围的自由迁移，并且能够越过界面进入对面金属基体内部，因此在界面两侧均能检测到铜、铝两种元素，说明退火时界面发生了元素互扩散。随着扩散过程的进行，铝侧和铜侧分别形成 Al-Cu 和 Cu-Al 固溶体组织，当原子浓度达到新相的生成条件时，铜铝金属间化合物 Cu_xAl_y 开始沿界面形核，并逐渐扩展到整个界面，形成对应的扩散亚层组织。由于这些金属间化合物的铜、铝原子数量比例为固定值，因此化合物相的存在会使固溶体组织内元素含量的梯度变化状态趋于平缓，导致元素含量发生突变。并且，退火温度越高，化合物相的生成数量越大，各扩散亚层内的元素含量比例就越趋近于对应的金属间化合物内的铜、铝原子数比，检测到的元素含量变化曲线呈现出更明显的平台特征。

在 300℃退火时，界面层内铝元素含量呈近似线性变化的趋势，而铜元素在铝侧亚层内出现含量突变，这主要是由两种元素的扩散速率差异造成的。基于前文研究可知，铜原子更容易在铝基体中扩散，因此在扩散初期，铝侧亚层具有更大的生长速率，能够更快达到金属间化合物形核的浓度条件。此时，迁移进入铜基体内的铝原子数量相对较少，浓度较低的 Cu-Al 固溶体内析出的化合物相数量也较少，因此铝元素的含量分布主要受原子扩散行为的影响，检测到的线扫描曲线从铝侧到铜侧持续下降。

当退火温度提高时，界面扩散程度更高，各扩散亚层均发生不同程度的生长。观察图 4.26 (b) 可以发现，复合板经过 350℃退火后，铜、铝原子的扩散距离增大，铜元素线扫描曲线的平台特征更为明显，并且铝元素也表现出一定程度的含量突变现象。另外，铝侧亚层具有更大的厚度，铜、铝元素的含量变化更趋于平缓，说明此时该亚层内已生成大量金属间化合物，并显著影响了铜、铝的原子数量比例。值得注意的是，在铝侧扩散亚层内越靠近界面的位置，这种含量平台的现象就越明显，这主要与元素的扩散行为有关。根据菲克定律，扩散过来的铜原子从铜侧到铝侧的浓度呈降低趋势，而金属间化合物的生成需要达到其温度和浓度条件，铝基体内的化合物相浓度分布状态由铜原子的浓度决定，因此在聚集了更多铜原子的界面处，化合物相的数量也更大，铜、铝元素的含量比例更接近于化合物的原子数比。此时，铝原子在铜基体内的扩散程度依旧相对较低，铜侧亚层内的铝原子浓度也较低，金属原子未充分反应生成新相，从元素分布状态上看，该亚层内的主要成分是 Cu-Al 固溶体组织。此外，中间扩散亚层内的新相是由界面两侧化合物反应生成的，而铜侧亚层化合物生成数量过少，同时也限制了中间亚层化合物的形核，因此该亚层的元素分布也未出现明显的平台特征。

观察图 4.26 (c) 发现，400℃退火的试样界面扩散行为进一步加剧，元素的扩散距离继续增大。铝侧亚层内的元素含量变化更趋于稳定，说明此时金属间化合物已经沿界面大量形核，并向铝基体内侧生长，逐渐铺满整个扩散层。从线扫描曲线的变化特征可以看出，铜侧和中间扩散亚层也开始生成对应的金属间化合物，使元素含量曲线在靠近界面的位置出现平台。这主要是因为在更高温度退火时，扩散进入铜基体的铝原子数量增加，固溶体组织达到了金属间化合物生成的浓度条件，而铜侧化合物又与界面另一边的铝侧化合物进一步反应，生成中间亚层对应的化合物。

在图 4.26（d）中，试样经过 500℃退火后，元素扩散距离达到 30μm 左右，各扩散亚层内的含量曲线均出现明显的平台状态。在铝侧扩散亚层内，铜、铝的含量曲线达到几乎水平的状态，说明高温退火条件提高了铜原子的扩散程度，并且更多的铜原子参与了界面反应，从界面到扩散层的远端均分布大量的金属间化合物。然而，随着退火过程的继续，后续迁移过来的铜原子需要越过初期形成的铝侧化合物层，扩散过程受阻碍，导致铝侧亚层的生长速率下降，其厚度被铜侧亚层超过。

4.4.2 铜/铝复合板剥离表面元素分布

为进一步分析和确定界面组织成分，对剥离实验后的组元金属表面进行电子探针检测分析，获得剥离表面元素分布状态和形貌特征照片，其中图 4.27 和图 4.28 分别为 300℃退火后的铝、铜剥离表面，图 4.29 和图 4.30 分别为 400℃退火后的铝、铜剥离表面。观察图 4.27 可以发现，经 300℃保温 1h 的试样，铝剥离表面上凸起的断裂脊组织具有较高的铜含量，而其余平坦而光滑的区域，其主要成分是铝元素。由图 4.28 可知，在该温度下的铜剥离表面组织为铜基体，但少数局部区域具有较高的铝含量。基于前文研究，在冷轧复合过程中，良好的机械结合主要在界面两侧新鲜表面相遇的区域形成，这些区域的金属原子在冷加工阶段便已形成相对牢固的键连接。在退火过程中，该区域内的金属原子更容易发生扩散，并以固溶体组织的方式使界面形成冶金结合，同时伴有脆性化合物的生成。

结合图 4.27 和图 4.28 可知，当双金属层沿界面剥离后，界面形成冶金结合的组织主要保留在铝表面上，说明铜侧扩散亚层与铜基体之间的结合强度更低，在受到法向拉伸应力时率先断裂，形成了铝表面上具有较多铜元素的断裂脊组织，而铜表面上则保留下含有铝元素的断口形貌。此外，在铝、铜剥离表面的其他区域，几乎未检测到对面的金属元素，说明该区域主要为金属基体。在一些机械结合较差的区域，特别是被两侧氧化膜阻碍的位置，金属原子未充分形成键连接，并且低温退火条件难以提供足够的扩散激活能，界面冶金结合程度极低，基本保持未结合的状态。

观察图 4.29 发现，400℃退火的试样铝剥离表面被大量块状含铜组织覆盖，并分布有长条形裂纹；而在图 4.30 中，铜剥离表面的组织成分则主要是铜基体。

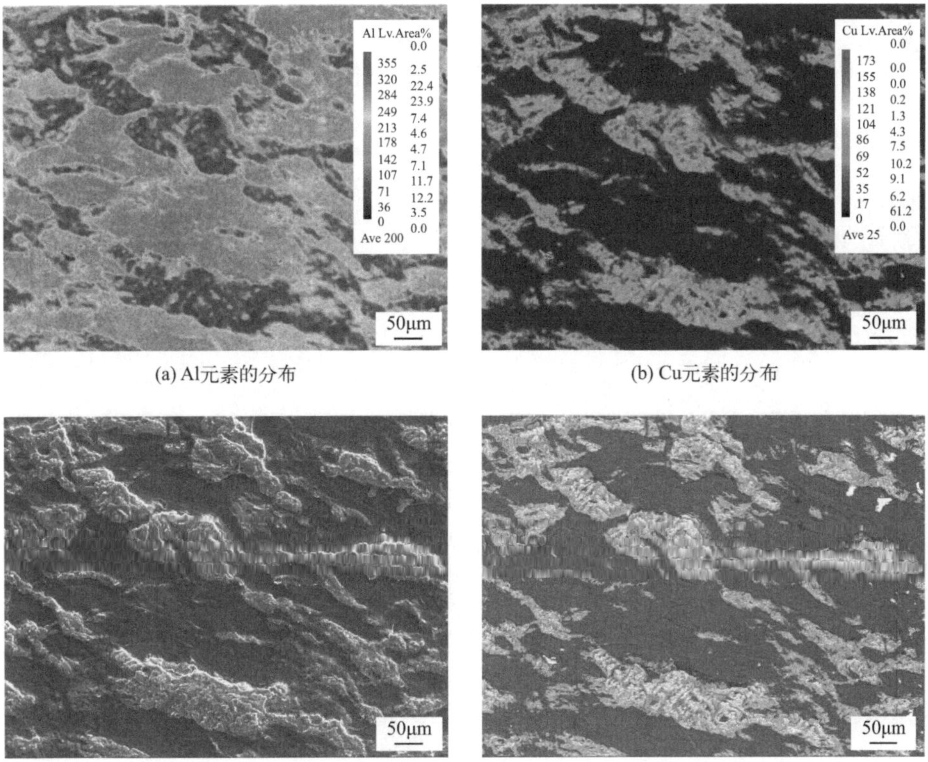

(a) Al元素的分布　(b) Cu元素的分布

(c) 二次电子扫描照片　(d) 背散射扫描照片

图 4.27　300℃退火的铝剥离表面电子探针分析结果

基于前文研究可知，退火温度提高到 400℃后，界面扩散层内已开始大量生成金属间化合物，界面层组织表现出较高的脆性。当进行剥离实验时，与金属基体之间结合强度更低的铜侧扩散亚层更容易发生断裂，导致界面扩散层整体上从铜基体上脱落，并黏附到铝基体上。由于扩散层断裂的位置在紧挨铜基体一侧，而在铝剥离表面上观察到的扩散层组织中，铜侧化合物层位于上部位置，因此检测到大量铜元素。

另外，在图 4.30 中的铜剥离表面上，代表铝元素的点并未完全呈现黑色，说明在铜基体上有少量铝元素的存在。在退火过程中，界面元素扩散行为符合菲克定律，元素分布状态随扩散距离表现出一定的浓度梯度。对于扩散进入铜基体中的铝原子，迁移距离越大，扩散越困难，其浓度从界面到铜基体内部呈降低趋势。因此，金属间化合物首先在扩散层内靠近界面处形核，并向金属基体内部生长，化合物浓度由温度条件和扩散过来的金属原子数量共同决定。在铜侧扩散亚层的远端，铝原子的浓度较低，尚未生成大量脆性金属间化合物以破坏界面结合

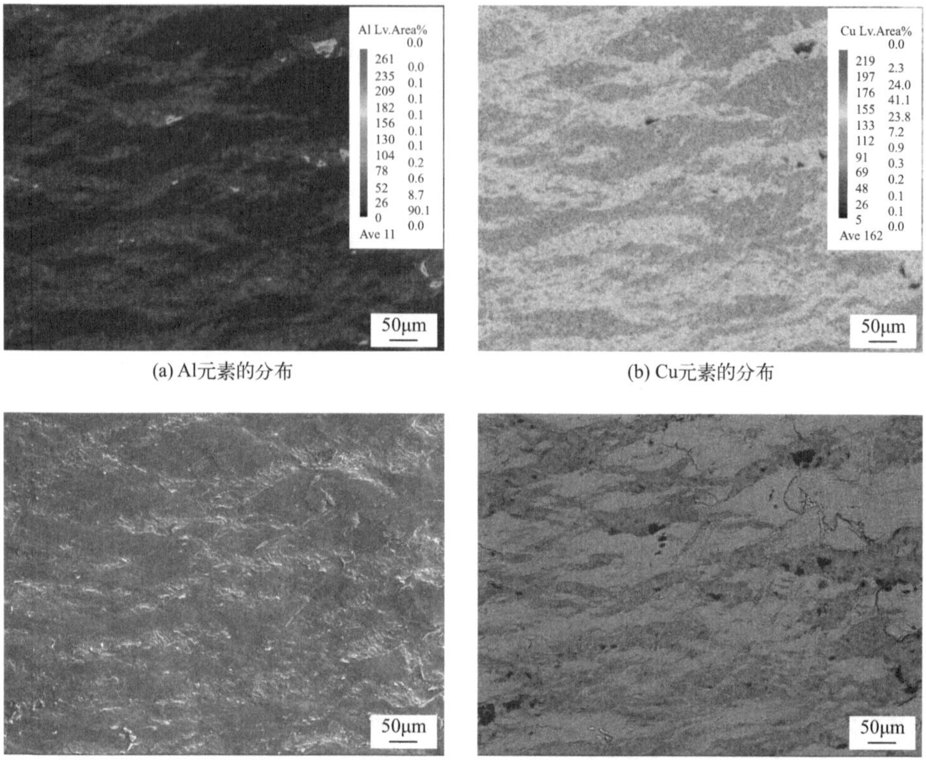

(a) Al元素的分布　(b) Cu元素的分布

(c) 二次电子扫描照片　(d) 背散射扫描照片

图 4.28　300℃退火的铜剥离表面电子探针分析结果

性能。在剥离过程中，界面发生断裂的位置为铜侧化合物层与铜基体的边界处，而在与界面层组织分离后的铜基体上，依然存在少量优先扩散过来的铝原子，并且尚未与铜原子反应生成化合物，因此可以在界面剥离后的铜基体组织上检测到铝元素。

比较图 4.28 和图 4.30 中铜剥离表面的元素分布状态还能发现，300℃退火的铜表面存在大量几乎不含铝的区域，而 400℃退火的铜表面大部分区域可以检测到铝元素。基于前文关于铜铝固相结合过程与金属表面层演变规律的研究，轧制复合的界面具有三种不同的结合状态，并在后续的退火过程中表现出冶金结合程度的差异。在图 4.28 中的铝剥离表面上，形成断裂脊的区域主要为界面两侧新鲜表面均得到充分暴露的位置，其在轧制复合时的机械结合程度最高，退火时的热扩散更容易发生，因此界面经剥离断裂后，铜元素会黏附到铝表面上；在界面上其他区域，内部新鲜金属受到氧化膜的阻挡，其机械结合程度较低，同时低温退火条件难以提供足够的扩散驱动力，几乎未形成冶金结合，因此在铝表面上的这些区域未检测到铜元素，而图 4.28 中铜表面上对应的位置也几乎不存在铝元素。

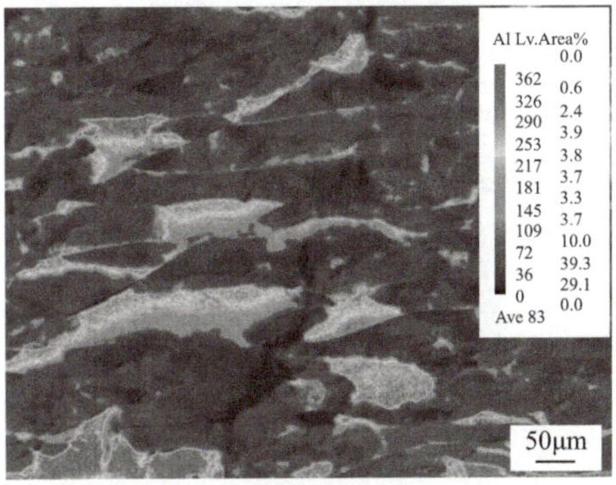

(a) Al元素的分布

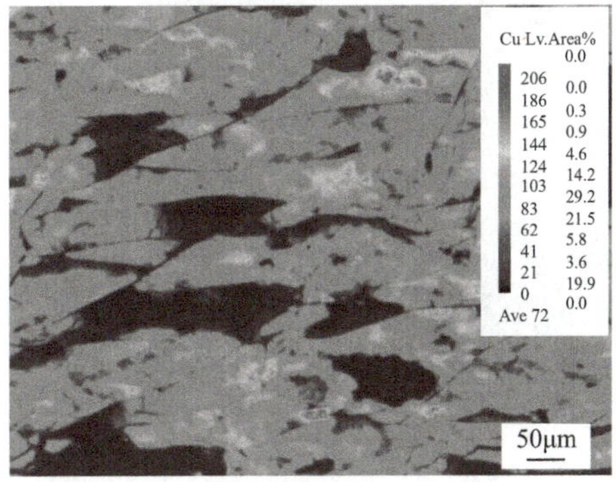

(b) Cu元素的分布

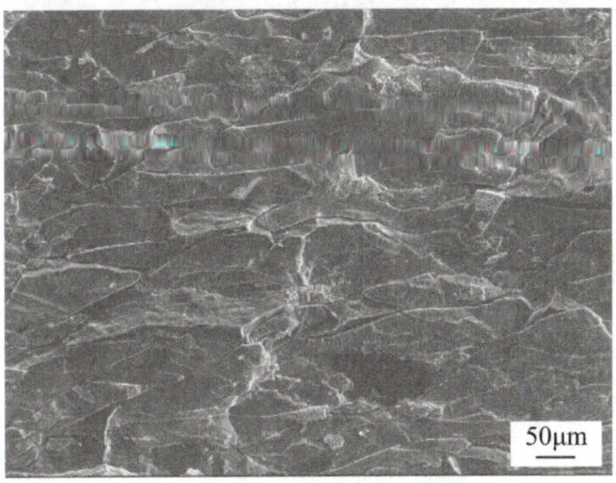

(c) 二次电子扫描照片

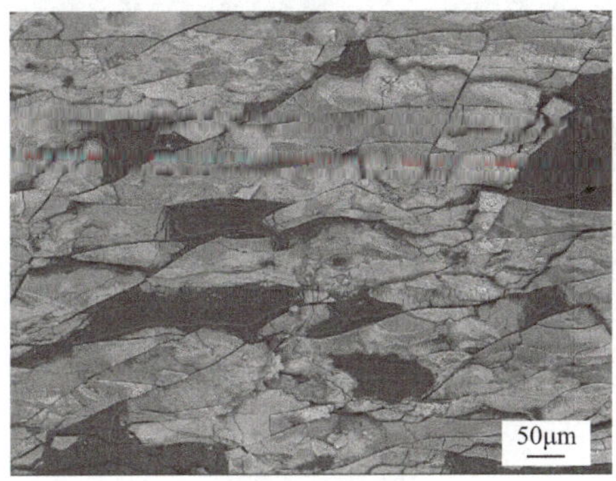

(d) 背散射扫描照片

图 4.29　400℃退火的铝剥离表面电子探针分析结果

当退火温度提高到 400℃时，强大的扩散驱动力使一些原本机械结合程度较低区域的金属原子也被充分激活，界面上更多的区域发生元素扩散，虽然在剥离实验中铜侧化合物层整体上从铜基体上断裂，但是依然有少量扩散距离较大的铝原子留存在铜表面上，如图 4.30 所示。

观察图 4.29 和图 4.30 还能发现，在 400℃退火的铝、铜剥离表面上局部区域，均分布有长条形凸起组织，呈现出韧性断裂特征。基于前文分析可知，这些长条组织最可能是拉伸断裂后的铝基体，结合电子探针检测结果发现，这些组织具有较高的铝含量，进一步验证了前文的推测与分析。同时，在上述铝基体的断口组织中，还能检测到少量的铜元素，说明在退火过程中该位置发生了一定程度的扩散，只是扩散程度相对较低，迁移进入铝基体组织中的铜原子数量较少，尚未形成足以破坏界面结合的大量脆性化合物，因此在剥离实验中，该位置组织未发生脆性断裂，这主要是由氧化膜阻碍了界面物理结合并抑制了后续冶金结合造成的。

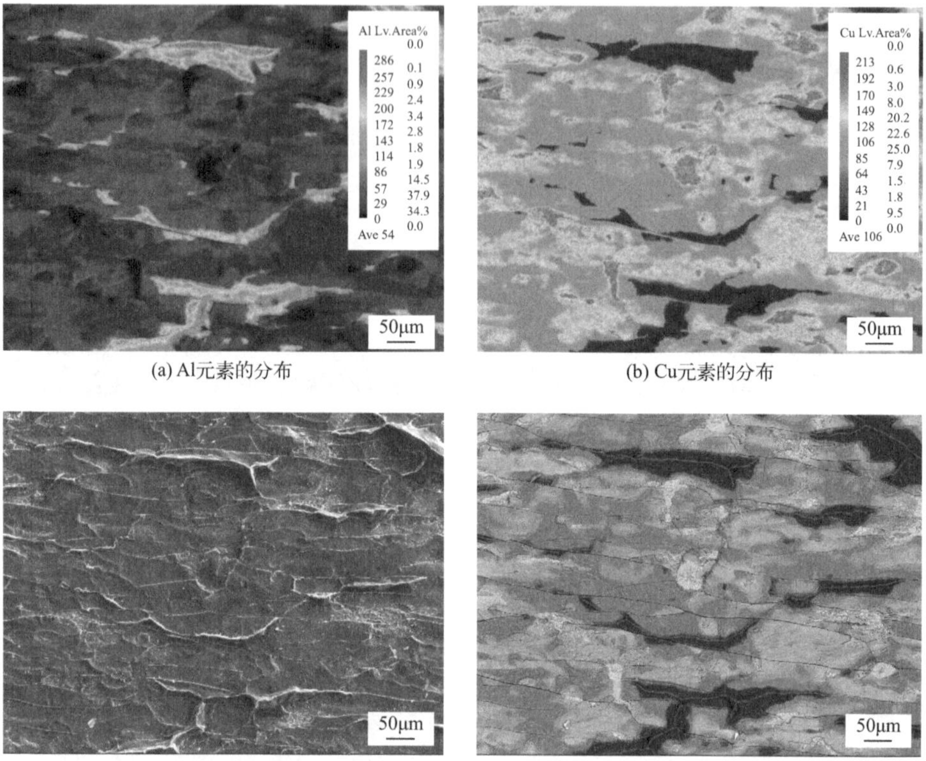

(a) Al元素的分布　(b) Cu元素的分布

(c) 二次电子扫描照片　(d) 背散射扫描照片

图 4.30　400℃退火的铜剥离表面电子探针分析结果

4.4.3　铜/铝复合界面扩散层的生长动力学

根据前文中的400℃退火的试样界面扩散层形貌与扩散层厚度，总结了各扩散亚层的厚度随退火时间的变化规律，进行了铜/铝冷轧复合界面生长动力学的相关分析。图 4.31 为界面扩散层及其各亚层的平均厚度与退火时间的拟合曲线，根据拟合结果及以往研究数据，发现两者成近似抛物线关系。因此，可以认为扩散层的平均厚度 x 与退火时间的开方值 $t^{1/2}$ 成近似线性关系，获得相应的线性拟合结果如图 4.32 所示，获得对应的关系公式如下：

$$x_i = (2.37t)^{1/2} + 1.54 \tag{4.1}$$

$$x_{Al} = (1.65t)^{1/2} + 0.67 \tag{4.2}$$

$$x_{Cu} = (1.53t)^{1/2} + 0.03 \tag{4.3}$$

$$x_m = (0.72t)^{1/2} + 0.85 \tag{4.4}$$

式中，x_i、x_{Al}、x_{Cu} 和 x_m 分别表示扩散层总厚度、铝侧亚层厚度、铜侧亚层厚度和中间亚层厚度；t 为退火时间。基于菲克扩散定律，在一定的温度条件下，理论上扩散距离与扩散时间成抛物线关系，其公式可表示为：

$$x=(Dt)^{1/2} \tag{4.5}$$

式中，x 为扩散距离（扩散层厚度）；D 为扩散系数[9,10]。

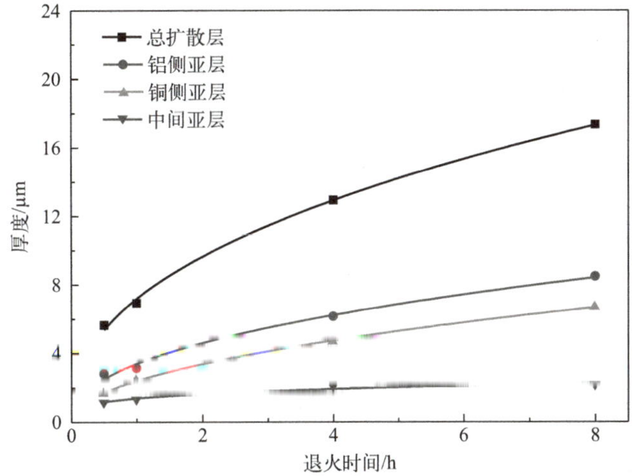

图 4.31　界面扩散层及其各亚层的厚度与退火时间的拟合结果

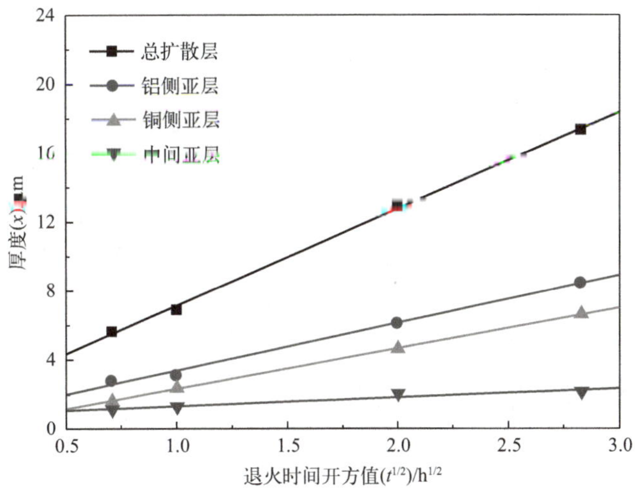

图 4.32　界面扩散层厚度 x 与退火时间开方值 $t^{1/2}$ 的线性拟合结果

将上述线性拟合的公式与菲克扩散定律的方程相结合，即可获扩散层及其各亚层扩散系数 D 的数值。扩散系数是反映扩散速率的物理量，由计算结果可知，铝侧亚层的扩散系数最大，铜侧亚层次之，而中间亚层最小。因此，在 400℃退火时，界面各扩散亚层的生长速率并不相同，这与前文对界面微观组织形貌的观察分析结果相吻合。轧制复合后的退火过程对界面结合性能有显著影响，总结界面扩散层的生长规律可以为退火工艺的合理制定提供相应的理论与实验依据。

4.4.4 铜/铝复合板界面物相成分分析

对复合板界面扩散层进行 EDX 能谱分析（能量色散 X 射线分析），获得不同扩散亚层内的铜、铝原子数比，结果如图 4.33 所示。根据 EDX 检测结果中的界面元素成分比例，推测不同扩散亚层中可能存在的成分以及金属间化合物种类，如表 4.10 所示。

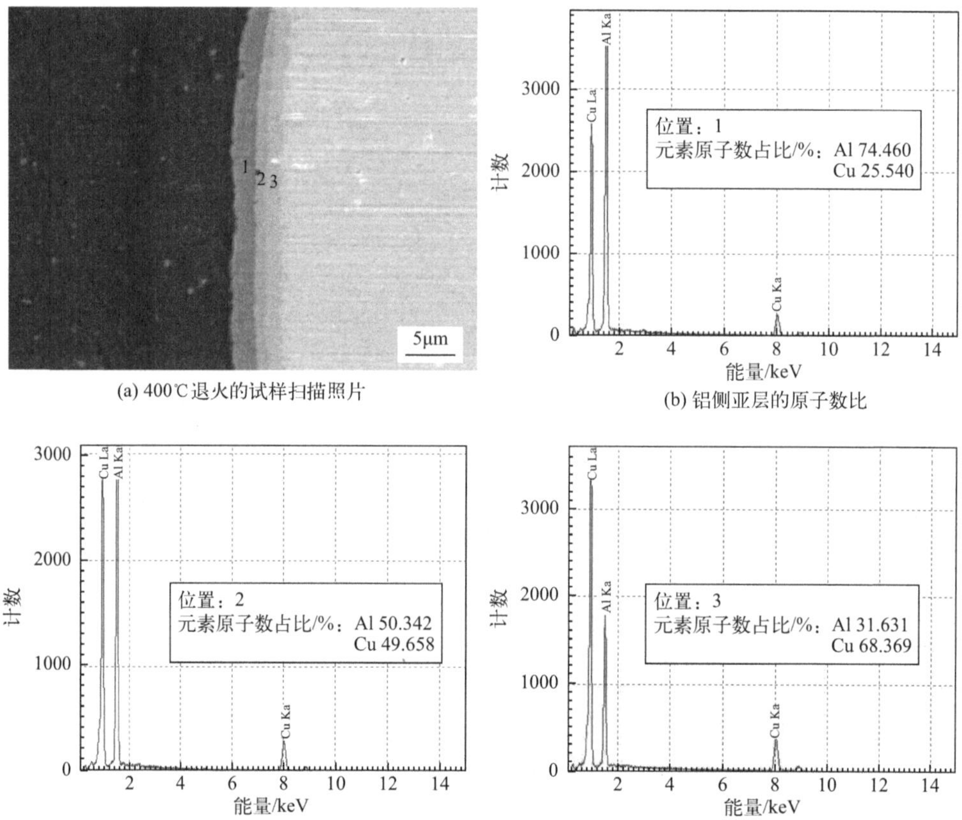

(a) 400℃退火的试样扫描照片

(b) 铝侧亚层的原子数比

(c) 中间亚层的原子数比

(d) 铜侧亚层的原子数比

图 4.33 界面扩散层 EDX 分析结果

表 4.10 界面各扩散亚层的成分分析

扩散亚层	Cu 原子数占比/%	Al 原子数占比/%	Cu/Al 原子数比	可能存在的化合物
铝侧扩散亚层	25.540	74.460	0.34	$CuAl_2$

续表

扩散亚层	Cu 原子数占比/%	Al 原子数占比/%	Cu/Al 原子数比	可能存在的化合物
中间扩散亚层	49.658	50.342	0.99	CuAl
铜侧扩散亚层	68.369	31.631	2.16	Cu_9Al_4

在退火过程中，界面发生元素扩散，铜、铝原子分别迁移到对面金属基体内部，形成固溶体组织。根据图 4.26 中的界面扩散层线扫描结果可知，界面元素的分布状态呈现出一定程度的梯度变化规律，铝侧扩散亚层主要为扩散的铜原子与铝基体组成的 Al-Cu 固溶体组织，因此铝原子的数量相对更大，而铜侧扩散亚层则刚好相反，形成 Cu-Al 固溶体组织，具有更多的铜原子，这也与图 4.33 中的 EDX 检测结果吻合。另外，金属原子的扩散距离越大，所需的扩散驱动力也越大，因此发生迁移的金属原子主要在靠近界面处聚集，逐渐使中间扩散亚层内的铜、铝原子数接近。

为进一步确定界面层金属间化合物种类与分布状态，对剥离撕裂后的铝、铜表面进行 XRD（X 射线衍射）检测，结果如图 4.34 所示。当退火温度为 300℃时，在铝表面上可以检测到 $CuAl_2$ 相和 CuAl 相，而铜表面上未发现金属间化合物的存在；在 400℃和 500℃退火时，铝表面上检测到三种化合物，包括 $CuAl_2$ 相、CuAl 相和 Cu_9Al_4 相，400℃的铜表面只存在 Cu_9Al_4 相，而 500℃的铜表面还发现了 CuAl 相。

基于金属间化合物的生成演变机制，在适当的温度条件下，当扩散过来的金属原子达到其最大固溶度时，才开始析出新相，即以上检测到的各种铜铝金属间化合物，共晶温度范围内能够稳定存在的相共有 5 种，从铝侧到铜侧依次是 θ 相（$CuAl_2$）、η_2 相（CuAl）、ζ_2 相（Cu_4Al_3）、δ 相（Cu_3Al_2）以及 γ_1 相（Cu_9Al_4）[11,12]。然而，从图 4.34 中的 XRD 实验结果可以看出，在界面层内没有发现 Cu_4Al_3 相和 Cu_3Al_2 相的存在，说明实验环境未达到这两种化合物的生成条件。有研究表明，当铜/铝冷轧复合板经 500℃退火 3h 后，Cu_4Al_3 相在 $CuAl_2$ 相和 Cu_9Al_4 相之间生成。此外，不同金属间化合物的生长速率存在差异，并且在生长过程中会产生相互竞争关系，导致孕育时间较长的相没来得及生成，或者生成数量较少，采用常规手段难以检测到，使一些理论上可能存在的相未被发现。

4.4.5　铜/铝金属间化合物生产演变及反应机制

在固态相变中，金属间化合物的生成顺序是热力学和动力学共同作用的结果，因此若要分析界面反应过程与生成的新相种类，需要综合考虑自由能和界面

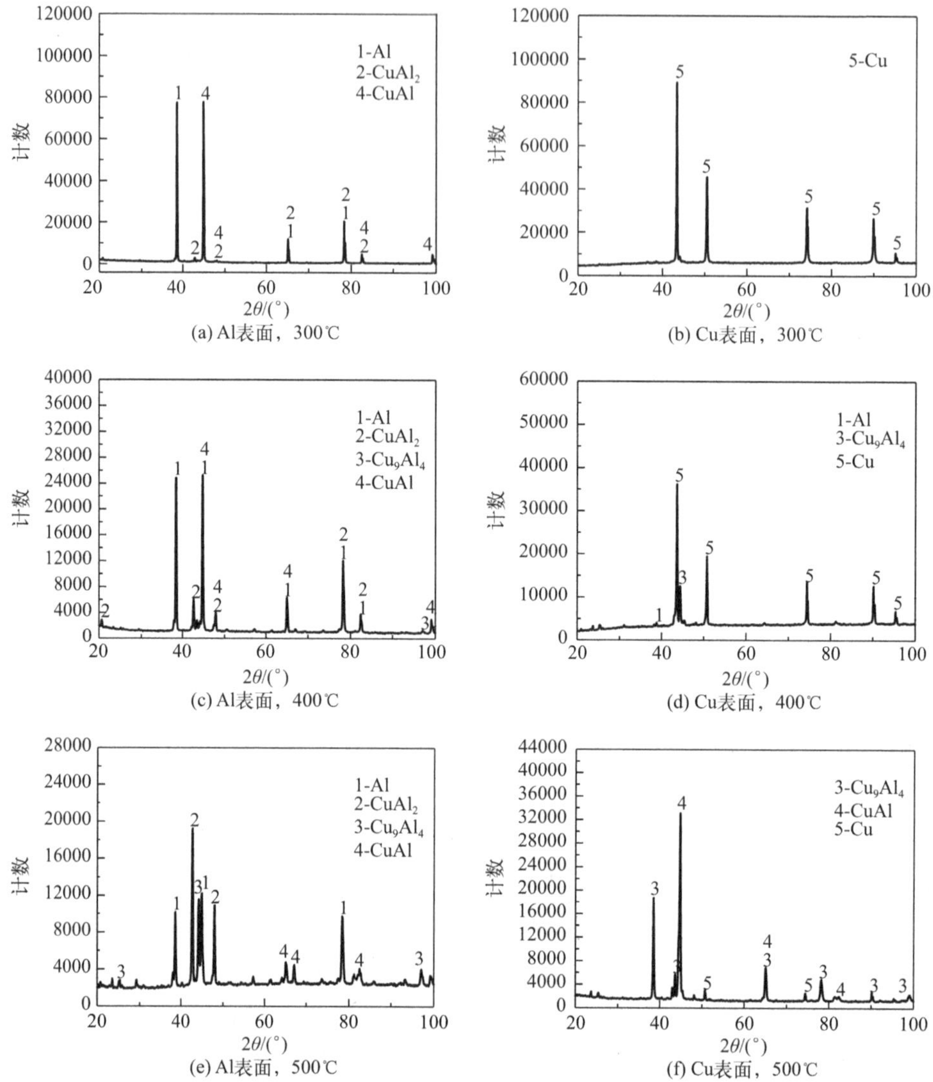

(a) Al表面，300℃　(b) Cu表面，300℃　(c) Al表面，400℃　(d) Cu表面，400℃　(e) Al表面，500℃　(f) Cu表面，500℃

图 4.34　不同退火温度下铝、铜剥离表面 XRD 分析结果

元素浓度状态的影响。通常采用有效生成热（effective heat of formation，EHF）模型来分析金属间化合物的生成顺序和铜/铝固相结合界面的元素反应机制，讨论界面组织与性能的控制和强化方法。根据 Guo 等的相关研究，金属间化合物的有效生成热 $\Delta H'$可表示为[13]：

$$\Delta H' = \Delta H^{\ominus} \times C_e / C_1 \tag{4.6}$$

式中，$\Delta H^{\ominus}$为标准生成自由能；C_e 为界面固溶体组织内限制元素的有效浓度；C_1 为金属间化合物中限制元素的浓度。在一定的温度条件下，当溶质原子达到其极限固溶度时，C_e 为固定值。从公式（4.6）中可以看出，金属间化合物标准生成自由能的绝对值（生成热通常为负数）越大，并且其中溶质原子数量占比越小，有效生成热的绝对值就越大。

在不同的退火温度下，各种铜铝金属间化合物的标准生成自由能如表 4.11 所示，标准生成自由能与温度的关系曲线如图 4.35 所示，其中 T 为摄氏温度[14]。根据热力学分析，界面固溶体组织内的金属间化合物，按照标准生成自由能由低到高依次生成，其顺序为 Cu_9Al_4、Cu_4Al_3、Cu_3Al_2、$CuAl_2$ 以及 CuAl。然而，由图 4.34（a）和（b）中的 XRD 物相检测结果可知，300℃退火的界面层组织只检测到 $CuAl_2$ 相和 CuAl 相，未发现 Cu_9Al_4 相，这与热力学分析结果不符，说明金属间化合物的生成顺序不仅由生成自由能决定，还需要考虑动力学的影响。

表 4.11　不同温度下铜铝金属间化合物的标准生成自由能

金属间化合物	$\Delta H^\ominus$ /(J/mol)	$\Delta H^\ominus$(300℃) /(J/mol)	$\Delta H^\ominus$(400℃) /(J/mol)	$\Delta H^\ominus$(500℃) /(J/mol)
$CuAl_2$	$-77100+22.3T$	−70410	−68180	−65950
CuAl	$-51380+14.8T$	−46940	−45460	−43980
Cu_4Al_3	$-179800+51.7T$	−164290	−159120	−153950
Cu_3Al_2	$-128440+36.9T$	−117370	−113680	−109990
Cu_9Al_4	$-334000+96.1T$	−305170	−295560	−285950

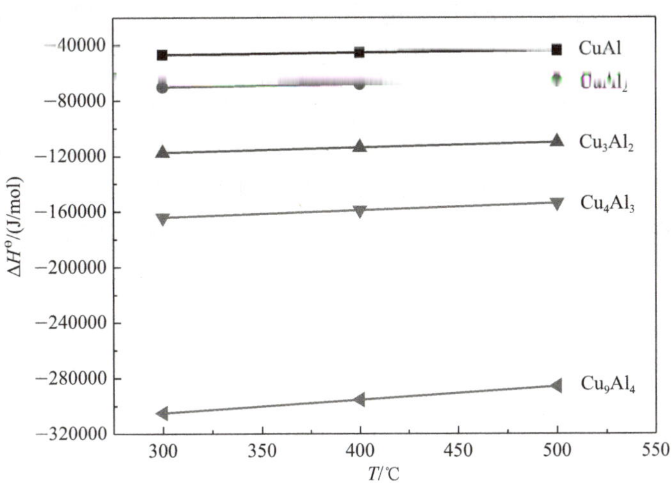

图 4.35　铜铝金属间化合物标准生成自由能与温度的关系曲线

根据前文提到的界面扩散层组织形貌可知，在500℃以下退火时，铝侧亚层的厚度大于铜侧，主要是因为铜原子在铝基体中的扩散相对更容易。铝原子在铜基体中的极限固溶度达到19.7%（原子百分数），而铜原子在铝基体中仅为2.48%（原子百分数）[15]。因此，更大的扩散速率和更低的极限固溶度导致铝侧扩散亚层会优先析出新相，形成相应的化合物 $CuAl_2$ 相。然而，当退火温度为300℃时，界面扩散驱动力不足，铜侧金属间化合物的形成受到动力学作用的限制，固溶体组织尚未达到新相形成的浓度条件，因此在较低的退火温度下，未检测到富铜化合物相的存在。

在界面上形成良好物理结合的位置，元素扩散的距离更近，更容易形成固溶体组织。根据图4.33中的EDX检测结果可知，界面中间亚层的铜、铝原子数量基本达到一致，此时形成过饱和固溶体组织。在300℃退火时，铝侧已开始在界面处生成 $CuAl_2$ 相，形成沿界面铺开的化合物层。在铝表面发现中间亚层存在的化合物CuAl相，说明在退火过程中铜侧短暂地生成过 Cu_9Al_4 相，只是数量相对较少，当与铝侧的 $CuAl_2$ 相发生反应生成CuAl相后，数量进一步减少，以至于采用常规手段难以检测到，因此300℃退火的铜剥离表面未发现任何金属间化合物。

当退火温度为400℃时，更多被激活的铝原子扩散到铜基体内部，为 Cu_9Al_4 相的形核提供了浓度条件。值得注意的是，在铜和铝表面上均发现铜侧化合物 Cu_9Al_4 相，而铜表面上未检测到 $CuAl_2$ 和CuAl的存在，这主要与化学反应机制有关。已知 $CuAl_2$ 相中的Al、Cu原子数比值为2，而 Cu_9Al_4 相中的Cu、Al原子数比值大于2，两者若要反应生成Cu、Al原子数相同的CuAl相，就必须有Al原子的参与。因此，CuAl相是在 $CuAl_2$ 相和 Cu_9Al_4 相接触的界面位置形核，随后向铝基体内部生长，最终在铝侧亚层靠近界面的位置形成中间亚层。此时，在退火初期形成于界面处的 $CuAl_2$ 相已经在生成CuAl相的反应中被消耗掉，而铝侧亚层内部的 $CuAl_2$ 相由于受到中间亚层的阻挡，剥离后未黏附到铜表面上。界面两侧的化合物相由初期的 $CuAl_2$ 相与 Cu_9Al_4 相，转变为CuAl相与 Cu_9Al_4 相，而两者的边界就是冷轧复合阶段形成的初始界面，剥离实验中的界面断裂便发生在该位置，即中间亚层与铜侧亚层之间。

随着退火温度提高到500℃，界面层金属间化合物的种类未发生改变，这可能是由于保温时间较短造成的。与400℃退火不同的是，500℃退火的试样铜剥离表面也有CuAl相的存在，说明大量生成的金属间化合物使扩散层组织具有极高的脆性，在界面中间与铜侧亚层之间发生剥离断裂时，这两个亚层在受力过程中也发生一定程度的脆性断裂，导致两种化合物相均黏附到铜、铝表面上。

在热力学和动力学的共同作用下，金属间化合物 $CuAl_2$ 相率先在铝基体侧铜原子浓度较高的位置生成，也就是沿双金属层的连接界面形核，然后向铝基体内部生长，逐渐铺满整个界面，形成铝侧化合物层。在众多富铜类金属间化合物中，Cu_9Al_4 相因具有更低的生成自由能而紧随其后形核，并向铜基体内部生长，形成铜侧化合物层。当金属基体侧不断发生反应并析出新相时，界面层的中间位置铜、铝原子的数量越来越接近，分别于界面两侧形成 $CuAl_2$ 相和 Cu_9Al_4 相，又发生二次反应沿界面生成 CuAl 相，并向铝基体侧生长，最终形成中间化合物层[16]。界面金属间化合物的生成演变过程如图 4.36 所示，通过分析界面元素与铜铝金属间化合物的分布状态，总结出了铜/铝冷轧复合界面在退火过程中的反应机制，为轧后退火工艺参数的制定提供了理论与实验依据。

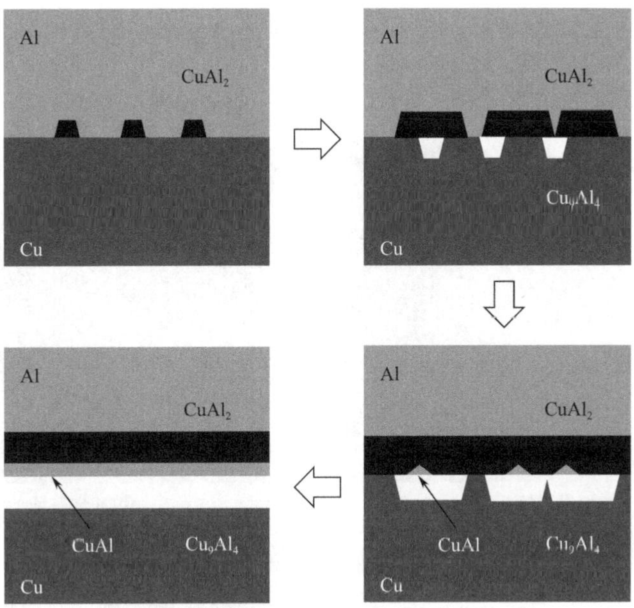

图 4.36　退火过程中界面金属间化合物的生成演变过程

4.5　磁场退火条件下铜/铝复合界面组织

铜/铝冷轧复合板的磁场热处理过程在东北大学 EPM 实验室中完成，采用的设备为 JMTD-12T100 超导强磁场装置。该设备可分为控制区域和磁体区域两部分，其中控制区域负责控制磁场大小，磁体区域内部的超导线圈可产生磁场，并存在一个直径 100mm 的圆柱形空腔，腔体中心位置的磁场强度最大。磁场热处理实验选用的试样取自铜/铝冷轧复合板的中心位置，利用线切割机制成尺寸规格为 10mm×10mm 的小块。将试样放入空腔内部的石墨坩埚中，并用刚玉杆支撑坩埚内的试样到腔体的磁场中心位置，设定磁场强度为 1T。试样的界面与磁场方向垂直，放置方式有两种，分别为铜上铝下和铝上铜下，即使磁场分别从正、反两个方向穿过试样，并进行对比分析。在热处理之前，先向腔体内通氩气以排净空气，起到保护气氛的作用，然后启动真空加热炉，升温速率为5℃/min，温度精度控制在±5℃。热处理过程的保温温度为350℃，保温时间为30min，热处理结束后，试样随炉冷却至室温。

图4.37为在非磁场和6T磁场条件下退火10min的复合板界面扩散层微观形貌扫描照片，退火温度为400℃，磁场方向与界面垂直。当磁场方向由铜侧指向铝侧时，规定磁场方向为正向，如图4.37（b）所示；反之则规定磁场方向为反向，如图4.37（c）所示。观察图4.37可知，磁场的施加对界面扩散层厚度有显著影响，其中正向磁场对扩散层生长起到抑制作用，而反向磁场则起到促进作用。

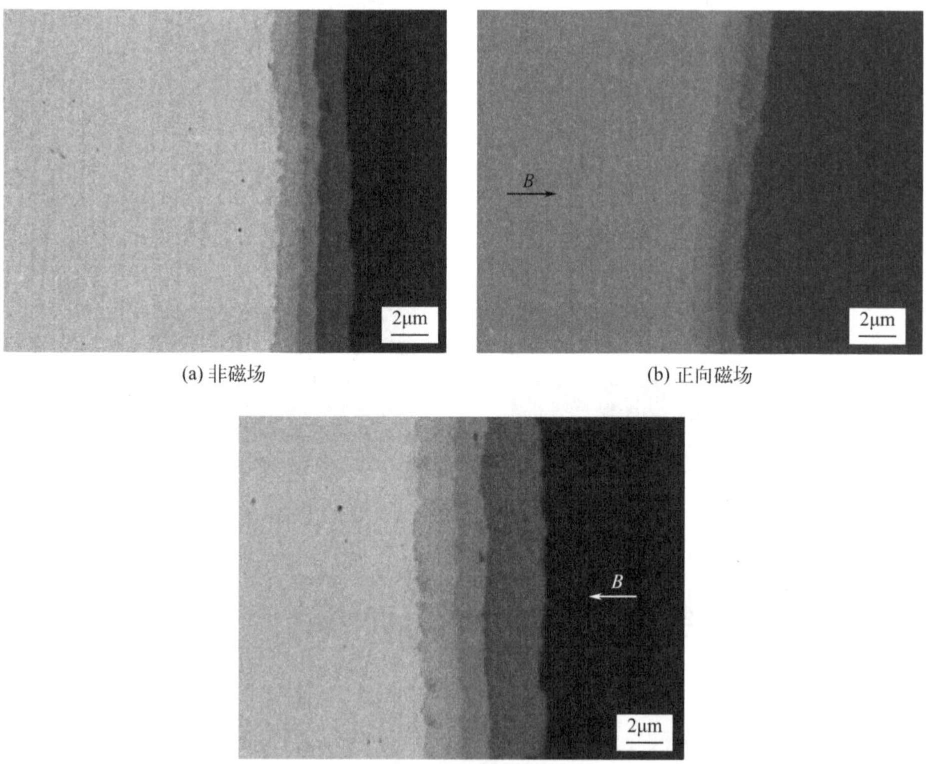

(a) 非磁场　(b) 正向磁场　(c) 反向磁场

图4.37　非磁场和6T磁场退火10min的界面微观组织

B—磁感应强度，箭头表示方向

对图4.37中的试样各扩散亚层平均厚度进行测量，结果如表4.12和图4.38所示。可以发现，在磁场的作用下，界面各扩散亚层表现出相同的变化趋势，说明磁场的施加能够同时影响到铜、铝原子的扩散行为。并且，在经不同方向磁场退火的试样中，其扩散层内部结构特征与非磁场退火的试样相似，都是铝侧亚层厚度最大，铜侧次之，中间最小，说明磁场的施加对铜、铝原子扩散速率的影响程度较为接近。

表 4.12　非磁场和 6T 磁场退火 10min 的界面扩散层及各亚层厚度

磁场条件	铝侧厚度/μm	中间厚度/μm	铜侧厚度/μm	总厚度/μm
正向磁场	0.88	0.31	0.69	1.88
非磁场	1.33	0.67	1.04	3.04
反向磁场	2.44	1.11	1.48	5.03

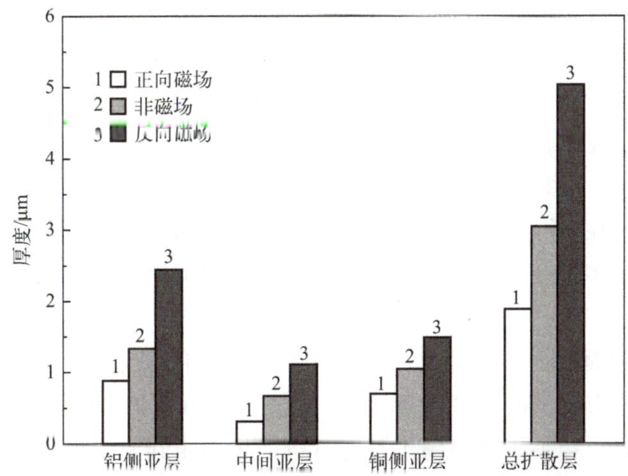

图 4.38　非磁场和 6T 磁场退火 10min 的界面扩散层及各亚层厚度变化

通常情况下，铜、铝金属属于非磁性材料，但在磁场环境下均容易发生磁化，从而表现出宏观磁性。已知铝为顺磁性材料，其原子更倾向于沿磁场方向运动；铜为抗磁性材料，其原子更倾向于背离磁场方向运动[17]，该过程如图 4.39 所示。在磁场退火过程中，铜、铝原子表现出相反的运动趋势，最终导致形成的扩散层厚度发生变化。当施加正向磁场时，铜、铝原子均受到阻碍扩散的驱动力，因此其扩散行为受到抑制，扩散距离减小；而反向磁场引起的驱动力则促进了铜、铝原子的扩散行为，扩散距离增大。另外，界面两侧及中间亚层均随磁场方向的变化而同步减薄或增厚，说明磁场可以对铜、铝原子的扩散行为起到相近的抑制或促进作用，只是作用的方向相反。因此，基于这种特性，一定条件下的磁场热处理可以起到控制界面扩散的作用。

图 4.40 为在非磁场与磁场条件下退火 30min 的试样界面扩散层微观形貌扫

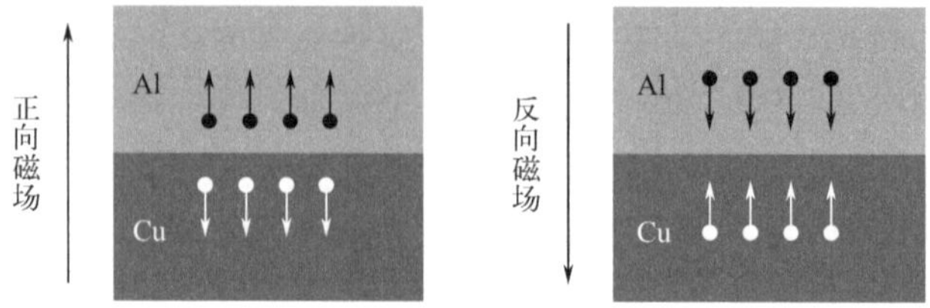

图 4.39 不同磁场方向退火的铜、铝原子运动趋势示意图

描照片，发现随着退火时间的延长，磁场的施加及其方向的调整对界面扩散层厚度的影响已不明显，这与图 4.37 中退火 10min 的试样有较大差异。表 4.13 和图 4.41 分别为对应的界面扩散层及其各亚层的厚度和变化趋势，发现施加正、反两个方向的磁场均对界面扩散有一定促进作用，其中反向磁场的效果相对更显著。因此，与较短时间退火相比，退火 30min 时磁场对界面扩散的影响不只体现在金属原子的运动趋势上，还存在其他方面的作用。

根据相关研究，在热处理过程中施加磁场可以改变金属原子的热振动频率，从而影响金属原子的扩散行为以及扩散层生长速率[18]。扩散系数是反映扩散程度的物理量，指在单位浓度梯度条件下，单位时间内通过单位面积的扩散物质量。扩散系数有多种表示方式，根据原子模型方程可用如下公式来表示：

$$D=a^2 P\Gamma \tag{4.7}$$

式中，D 为原子的扩散系数；a 为原子单次的平均跃迁距离；P 为原子的跃迁方向概率；Γ 为原子的跃迁频率[19]。从公式中可以看出，金属原子的扩散系数与跃迁频率成正相关，而磁场正是通过将能量作用到原子尺寸上，并提高金属原子的跃迁频率以促进扩散行为，从而使界面扩散层加速生长。

通常情况下，元素热扩散存在一定的孕育期，金属原子需要具备足够的能量以克服能量势垒，才能发生扩散。当退火时间较短时，界面处大多数金属原子尚未达到其扩散条件，整个界面的扩散程度较低。此时，磁场的施加一方面可以通过提高原子的跃迁频率以使其更快达到扩散激活能，另一方面则通过影响原子的运动趋势以使其发生特定方向的移动。由于退火时间较短，金属原子储存的能量相对有限，因此磁场成为控制扩散行为的主要驱动力，使原本能量状态较低的铜、铝原子在磁场的作用下迁移更大的距离，最终使界面扩散层宏观上表现出减薄或增厚。

当退火时间延长时，界面处更多的原子被激活并发生扩散，而磁场对原子跃迁频率的提升又进一步增大了原子的迁移距离，从而使扩散层厚度增加。然而，经较长时间磁场退火的试样扩散层增厚幅度小于较短时间磁场退火的试样，说明此时对界面扩散行为起主要作用的因素是退火时间，磁场的影响则随热扩散过程

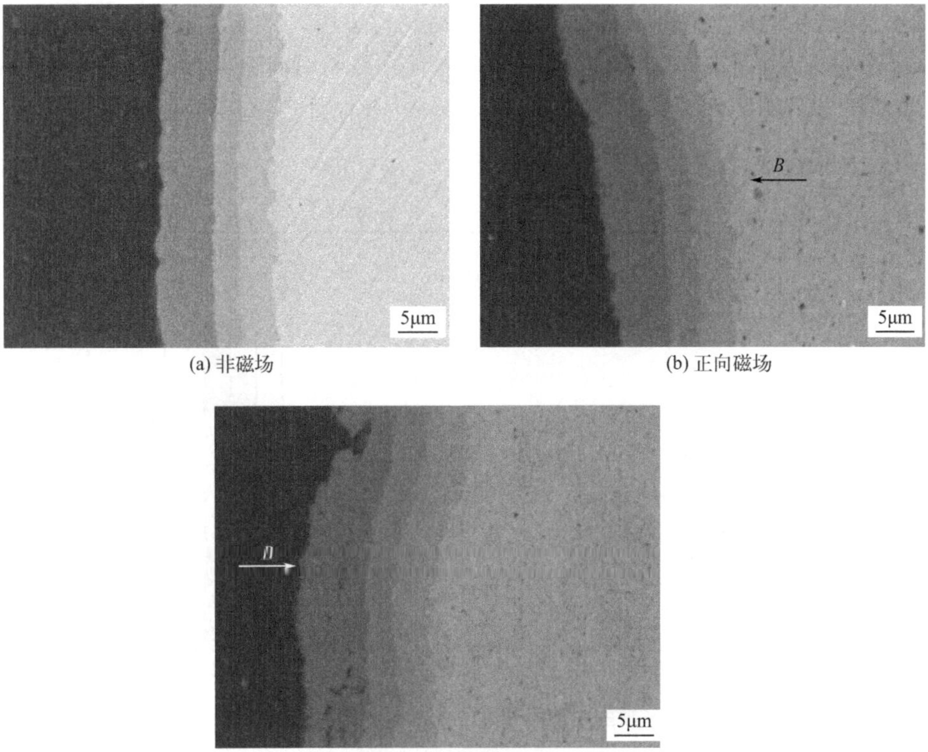

(a) 非磁场　(b) 正向磁场　(c) 反向磁场

图 4.40　非磁场和磁场退火 30min 的界面微观组织

表 4.13　非磁场和磁场退火 30min 的界面扩散层及各亚层厚度

磁场条件	铝侧厚度/μm	中间厚度/μm	铜侧厚度/μm	总厚度/μm
正向磁场	4.44	1.80	2.50	8.74
非磁场	3.89	1.81	2.36	8.06
反向磁场	4.86	1.94	2.64	9.44

的进行而被逐渐削弱。另外，从图 4.40（b）中可以看出，正向磁场的施加并未如图 4.37（b）中所示那样使界面扩散层减薄，而是略有增厚，说明较长时间的退火引起更剧烈的扩散行为，更为活跃的金属原子已经在一定程度上摆脱了磁场对其运动方向的制约，此时磁场所起到的主要作用是使更多原子克服能垒以进行扩散，而只有在较短时间退火时，磁场才能有效地影响金属原子的运动趋势。

比较图 4.40（b）和（c）可知，经过较长时间退火后，施加反向磁场的试样扩散层厚度依然略大于施加正向磁场的试样，并且铝侧亚层的厚度增长更为明显，这可能是因为此时铜原子的迁移依然在一定程度上受到磁场方向的作用，而铝原子所受到的影响较小。总之，在较短时间退火时，磁场主要是通过制约铜、铝原子的运动方向来达到控制界面的目的；而在较长时间退火时，由于大量原子达到其扩散激活能，磁场在影响原子运动趋势方面的作用有所减弱，主要是通过提高原子的跃迁频率以促进扩散。

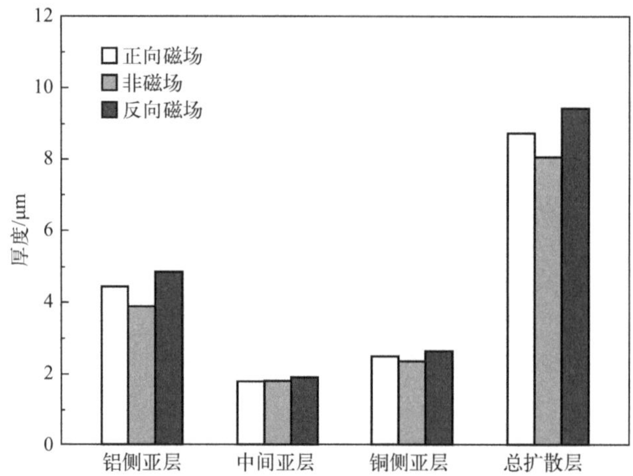

图 4.41 非磁场和磁场退火 30min 的界面扩散层及各亚层厚度变化

· 参考文献 ·

[1] Yu G A, Zhang H M, Yu Z X, et al. Effect of annealing temperature on interface diffusion behavior of ultra-thin Cu/Al composite sheet by secondary micro-rolling[J]. Materials Letters, 2024, 377: 1.1-1.4.

[2] Adhami M, Eghbali B, Jafari R. Effect of annealing on the interface and microstructural properties of Al/Cu composites processed by hot pressing and subsequent cold rolling[J]. Journal of Materials Engineering and Performance, 2025, 34 (3): 1840-1851.

[3] Maity D, Jha R K, Mandal S, et al. Melting phenomenon in Cu-Al joining using a novel friction processing technique: A molecular dynamics study[J]. Materials Today Communications, 2025, 42:111354.

[4] Ran M T, Bian G B, Zhang H W, et al. Electropulsing-enhanced atomic diffusion and recrystallization to optimize mechanical properties of Al/Cu laminated metal composites[J]. Journal of Manufacturing Processes, 2024, 119: 224-234.

[5] Chang D X, Wang P. Effect of interface on microstructure and mechanical properties of Cu/Al laminated composite produced by asymmetrical roll bonding and annealing[J]. Rare Metal Materials and Engineering, 2022, 51(12): 4673-4681.

[6] Li W, Song P L, Sun C W, et al. Defect induced fatigue failure behavior and life assessment of laser powder bed fused Al-Si alloy under different build-

ing directions [J]. Engineering failure analysis, 2024: 156:107826-107841.

[7] Ebrahimi M, Liu G P, Wang Q D, et al. Evaluation of interface structure and high-temperature tensile behavior in Cu/Al8011/Al5052 trilayered composite[J]. Materials Science and Engineering A, 2020, 798:140129-140137.

[8] Huang H G, Dong Y K, Yan M, et al. Evolution of bonding interface in solid-liquid cast-rolling bonding of Cu/Al clad strip[J]. Chinese Journal of Nonferrous Metals, 2017, 27(5): 1019-1025.

[9] 许并社．材料界面的物理与化学[M]. 北京：化学工业出版社，2006.

[10] Shahverdi H R, Ghomashchi M R, Shabestari S, et al. Kinetics of interfacial reaction between solid iron and molten aluminium[J]. Journal of Materials Science, 2002, 37(5): 1061-1066.

[11] Zhou Y, Wang J N. Mechanical Properties of Thermally Annealed Cu/Ni and Cu/Al Multilayer Thin Films: Solid Solution vs. Intermetallic Strengthening[J]. Metals (2075-4701), 2024, 14 (9):956-967.

[12] Lee W B, Bang K S, Jung S B. Effects of intermetallic compound on the electrical and mechanical properties of friction welded Cu/Al bimetallic joints during annealing[J]. Journal of Alloys and Compounds, 2005, 390(1-2): 212-219.

[13] Guo Y, Liu G, Jin H, et al. Intermetallic phase formation in diffusion-bonded Cu/Al laminates[J]. Journal of Materials Science, 2011, 46 (8): 2467-2473.

[14] Kobayashi S, Yakou T. Control of intermetallic compound layers at interface between steel and aluminum by diffusion-treatment [J]. Materials Science and Engineering A, 2002, 338 (1-2): 44-53.

[15] Wei Q Y, Zhao Y L, Liu H, et al. Effect of heat treatment on the deformation behavior of an Al-Cu alloy studied by in-situ synchrotron X-ray diffraction[J]. Materials Science and Engineering A, 2024, 914: 147138.

[16] Srhaug J A, Elkjaer A, Thronsen E, et al. Al-Cu intermetallic phase growth in hybrid metal extrusion & bonding welds exposed to isothermal annealing or direct current cycling[J]. Materials & Design, 2024, 240:112867.

[17] Li X, Fautrelle Y, Ren Z. Influence of an axial high magnetic field on the liquid-solid transformation in Al-Cu hypoeutectic alloys and on the microstructure of the solid[J]. Acta Materialia, 2007, 55(4): 1377-1386.

[18] Li D G, Wang Q, Liu T, et al. Growth of diffusion layers at liquid Al-solid Cu interface under uniform and gradient high magnetic field conditions[J]. Materials Chemistry and Physics, 2009, 117(2-3): 504-510.

[19] 任晓，周文龙，陈国清，等．稳恒强磁场对 Al-Cu 扩散偶界面中间相形成和生长的影响[J]. 材料工程，2007,35(8): 41-44+78.

第5章

钛/铁复合板的同步异温轧制及组织性能

5.1 钛/铁同步异温轧制复合工艺

层状金属复合板的轧制复合机理已被探明。然而，其界面结合机理是研究者们以轧后结合界面的微观表征结果为佐证，反向推断和分析出的轧制复合过程。目前，仍然缺乏针对轧制复合过程的系统论证和直接阐述。此外，轧制压下率是公认的影响界面结合性能的重要工艺参数之一，如果轧制压下率较小，复合板的变形量不足，界面结合不紧密导致结合强度较低。增大轧制压下率能够有效提高界面结合强度，但是盲目地提高轧制压下率，会直接提高轧机的生产功率，不利于生产成本的降低。因此，在钛/铁复合薄板的实际生产中，需要确定轧制复合的临界轧制压下率。

本章将从层状金属复合板的轧制过程入手，采用数学解析法对复合板的界面结合机理进行理论论证和详细阐述。此外，以不同的轧制压下率进行钛/铁复合薄板的异温热轧数值模拟，确定其轧制复合的临界轧制压下率，并阐明轧制压下率对层状金属复合板界面结合性能的影响机制。最终进行异温热轧实验，以期达到成功复合3mm厚DT4薄板和1mm厚TA1薄板的目的。同时制备出界面结合良好的钛/铁复合薄板，研究其结合界面和各金属层的微观组织，对界面结合机理进行进一步的阐述。

5.1.1 钛/铁复合板轧制复合过程数值模拟分析

通过实验研究复合板的轧制过程存在一定的难度，因此通过数值模拟分析钛/铁复合薄板的轧制复合过程。采用商用软件DEFORM-2D/3D进行数值模拟，基于轧制坯料的形状、尺寸以及实际轧制条件，建立钛/铁复合薄板的数值模型。考虑到轧制坯料的宽厚比远大于10，轧制复合中板材的实际展宽较小可忽略不计，因此采用二维模型对轧制复合过程进行模拟，保证计算准确性的同时还可以提高计算效率。TA1薄板的金属性能直接选择数值模拟软件材料库中的

TITANIUM-TYPE-1。由于材料库中没有工业纯铁的相关数据，DT4 薄板的金属性能通过高温压缩实验获得，如图 5.1 所示。

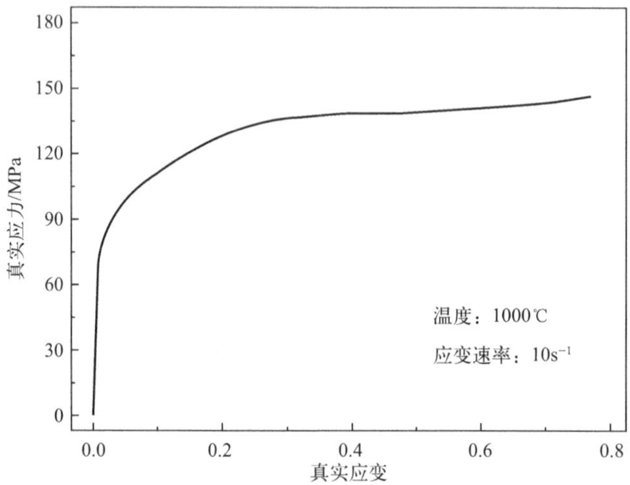

图 5.1 DT4 的真实应力-真实应变曲线（1000℃）

轧制复合数值模拟中 TA1 层、DT4 层的厚度分别设置为 1mm、3mm，轧辊的直径设置为 350mm，图 5.2 所示为钛/铁复合薄板在轧制入口处数值模型的局部放大图。采用四边形网格对各层金属薄板进行网格划分，全局的网格单元近似尺寸为 0.125mm。最终，划分好的 TA1 薄板具有 3096 个单元、3492 个节点，DT4 薄板具有 5805 个单元、6208 个节点。其中，轧辊被设置为刚体，板材被设置为塑性变形体。轧辊与各板材之间的摩擦系数设置为 0.3、TA1 薄板与 DT4 薄板之间的摩擦系数设置为 0.7，摩擦类型为库仑摩擦。TA1 薄板的温度设置为 300℃，DT4 薄板的温度设置为 1000℃，轧辊的温度设置为 25℃。此外，轧辊与板材、环境与板材之间的热交换系数分别设置为 12N/（s·mm·℃）、0.03N/（s·mm·℃）。轧制压下率在 40%～65%的范围内调节，以探索轧制压下率对

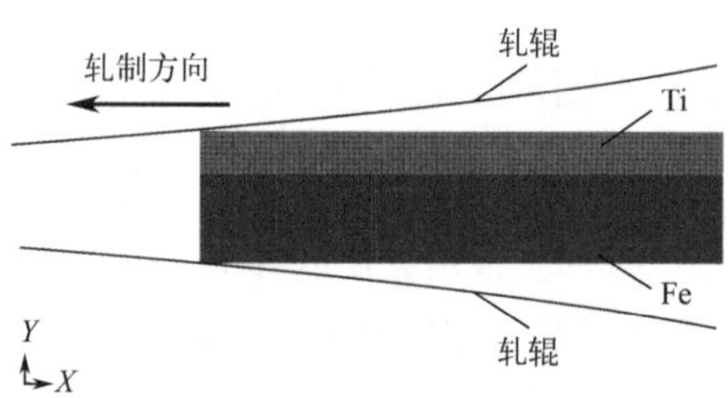

图 5.2 钛/铁复合薄板的轧制复合数值模拟模型

坯料复合效果的影响。其中，初始板材的总厚度保持不变，轧制压下率通过调整轧辊间隙来变化，轧辊间隙分别被设置为 2.4mm、2.2mm、2mm、1.8mm、1.6mm、1.4mm。轧制速度固定为 0.1m/s。

5.1.2 轧制压下率对钛/铁复合界面结合状态的影响

本研究在界面两侧的金属层中各选取一个节点，追踪并输出其模拟结果来分析稳定轧制过程。其中，两个节点的位置接近于结合面且沿界面对称分布。图 5.3 为稳定轧制阶段 TA1 层和 DT4 层的厚向应变变化趋势。可以看出，受不同轧制压下率的影响，TA1 层的厚向应变值存在差异，但是其厚向应变曲线的分布趋势是相同的。相较而言，DT4 层在不同轧制压下率下的厚向应变分布曲线之间出现了较明显的变化：当轧制压下率达到 65％时，DT4 层的厚向应变分布曲线上出现了一个较为明显的平台，而在 40％～60％轧制压下率下，DT4 层的厚向应变分布曲线均为较平滑的上升曲线。在轧制变形区，板材相对滑动方向发生改变的界限不是一条线，而是一个区段，在这段长度上，后滑结束了，而前滑还未开始，这个区域被称为中性区[1]。在稳定轧制阶段，后滑区的板材向轧制入口方向流动，前滑区的板材向轧制出口方向流动，轧制过程中板材的减薄主要发生在这两个区域。与滑动区不同，中性区的板材在轧制过程中处于平衡状态，因此，尽管板材在该区域受到极大的轧制法向力作用，但是板材基本不发生流动，进而导致在中性区板材的厚度基本不发生变化。基于上述分析，可以判断图 5.3（b）中的平缓段曲线为中性区的垂直应变曲线，该平台对应着中性区的位置。中性区的存在，已经在较多的研究中得到了验证。其中，肖宏和刘晓[2]在研究中发现轧制压下率和板材的初始厚度是影响中性区大小的主要参数，并指出了只有当轧制压下率足够大时，板材才会在轧制过程中出现较大

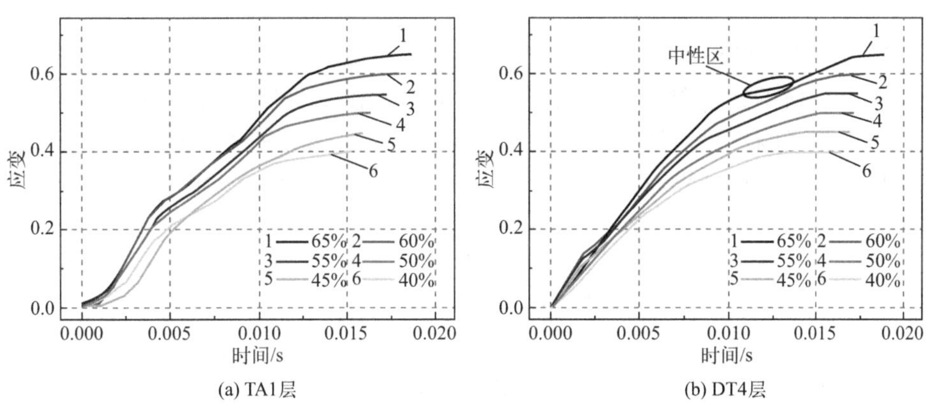

(a) TA1层　　(b) DT4层

图 5.3　不同轧制压下率下钛/铁复合薄板各金属层的厚向应变曲线

范围的中性区，且对于厚度较小的薄板，其在轧制过程中出现明显中性区的工艺条件更加苛刻。因此，当轧制压下率达到65%后，仅在DT4层出现了较明显的中性区。

图5.4为稳定轧制阶段TA1层和DT4层的轧向应变速率变化曲线。可以看出，在轧制压下率达到65%时，DT4层中性区所在位置的轧向应变速率曲线呈现出降至接近0随后再升高的趋势，这是由于中性面两侧板材的滑动方向发生转换。此外，中性面位置的板材相对于轧辊静止，因此当板材处于中性面时，其轧向应变速率接近于零，其中，谷值位置对应中性面位置。对于TA1层，当其处于DT4层中性区的相应位置时，其轧向应变速率较大。因此，当轧制压下率为65%时，中性区范围内DT4层、TA1层之间的轧向应变速率差值是轧制过程中最大的，导致DT4层、TA1层在该区域内存在明显的速度间断区，进而在结合面上产生强烈的剪切效应，使界面氧化膜发生破裂。

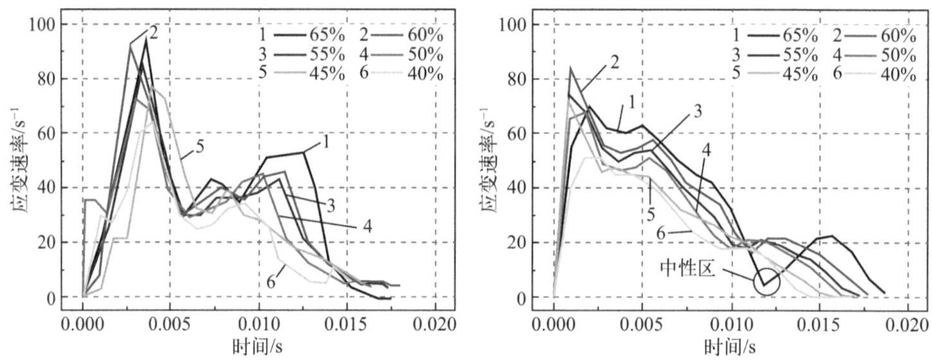

(a) TA1层　　(b) DT4层

图5.4　不同轧制压下率下钛/铁复合薄板各金属层的轧向应变速率曲线

界面氧化膜在破裂后会裸露出新鲜金属，新鲜金属中的原子会发生互扩散，进而实现界面的冶金结合。镇凡等人[3]指出：在金属层状复合板的扩散焊接中，压力是影响其界面结合强度的主要参数之一，增大压力有利于界面上原子间的扩散，进而提高界面的结合强度。同理，轧制法向力会对复合板界面的结合效果产生一定的影响。图5.5为不同轧制压下率下钛/铁复合薄板中DT4层、TA1层在结合界面两侧的厚向应力峰值。可以看出，各金属层的厚向应力峰值随着轧制压下率的增大而提高。而根据图2.2，轧制法向力峰值出现在稳定轧制阶段的中性面，同时中性区又是剪切作用最强烈的区域，因此，板材在经过中性区的过程中能够产生冶金结合，进而实现界面的有效复合。基于此，随着轧制压下率的提高，钛/铁复合薄板的界面结合效果也会随之增强。此外，较大的垂直应力还有利于各金属层在界面位置产生塑性变形，进而增大板材的相对滑动趋势[4]。

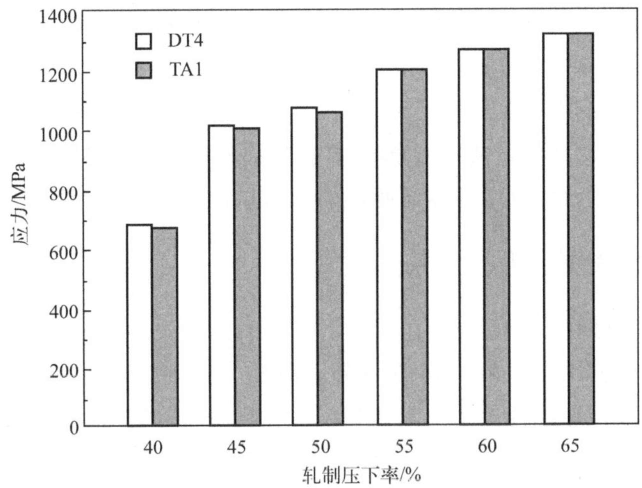

图 5.5　钛/铁复合薄板界面的垂直应力峰值

图 5.6 给出了钛/铁复合薄板的轧制复合过程。轧制过程中，DT4 层、TA1 层材料属性的不同会导致二者中性面的角度之间存在偏差，同时，DT4 层和 TA1 层轧制坯料厚度的不同进一步导致该偏差的增大，如图 5.2 所示。在中性区，DT4 层处于平衡状态，因此其不发生前、后滑或滑动趋势极其微弱，然而

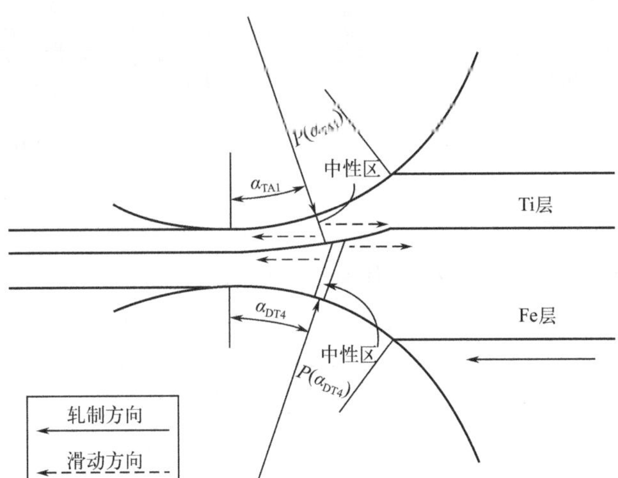

图 5.6　钛/铁复合薄板的轧制复合过程示意图

α 为中性面的角度；P 为该处轧辊对板材的法向力

中性区内的 DT4 层在界面处相对于另一侧 TA1 层的滑动存在着较强的相对运动趋势，足以产生剪切作用来破坏金属层在界面上的氧化膜，进而裸露出新鲜金属。因此，中性区也可以被视为轧制过程中界面发生有效结合的主要区域。对于 3mm 厚 DT4 薄板和 1mm 厚 TA1 薄板的轧制复合，当轧制压下率达到 65%时，DT4 层中性区的出现可以有效扩大剪切效应的作用范围，提高氧化膜的破裂效果，这将有助于钛/铁复合薄板界面的结合。同时，由于轧制压下率的增大，随之增大的轧制法向力可以增强界面两侧的元素扩散，提高界面冶金结合效果。

5.1.3 钛/铁复合板的制备过程

（1）实验原材料

实验原材料选用常见的市售商用金属薄板，分别为：具有良好导磁性能的 DT4 工业纯铁板，厚度为 3mm；具有良好耐腐蚀性能的 TA1 工业纯钛板，厚度为 1mm。两种板材均为轧制成形的板材，且其轧制后经过退火处理，板材晶粒的等轴化程度较高，如图 5.7 所示。

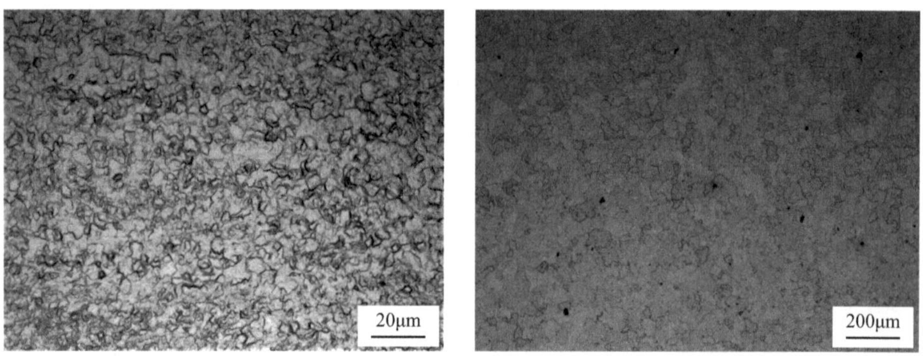

(a) TA1工业纯钛　　(b) DT4工业纯铁

图 5.7　DT4 和 TA1 的微观组织

两种板材的详细化学元素组成如表 5.1 所示。

表 5.1　DT4 和 TA1 的化学成分　　单位：%

板材	O	C	N	Ni	Al	Mn	Si	Cr	Fe	Ti
DT4	—	0.002	—	0.01	0.04	0.02	0.2	0.01	余量	—
TA1	0.15	0.05	0.03	—	—	—	—	—	0.15	余量

（2）钛/铁复合板的轧制

DT4、TA1 薄板均按照 200mm×200mm 的长×宽规格进行裁切，两种薄板坯料的前端面均被加工成斜面，并在此端加工出相对应的销孔，便于二者在堆叠的过程中进行定位。裁切好的坯料表面用 150# 砂纸打磨，并用酒精冲刷表面，清除油污。处理好的坯料分别置于不同温度的氩气保护电阻炉中进行加热，DT4 薄板的炉温为 1000℃，TA1 薄板的炉温为 300℃，保温时长 30min。采用分别加热的目的是使 DT4 薄板在较高的温度下软化进而降低轧制力，同时也保证 TA1 薄板不会在较高的温度下发生强烈的氧化。加热后，两种板材同时出炉，并按照图 5.8 所示的方式进行组坯，随后将待复合板坯迅速地送入室温轧辊。待复合板坯的前端呈楔形，便于其被送入轧辊。实验所用轧机的轧辊直径为 350mm，轧辊宽度为 500mm。轧制过程中，轧辊的速度固定为 0.1m/s，轧辊和板坯之间无润滑。轧辊间隙按照轧制压下率进行固定，以一道次轧制完成复合。

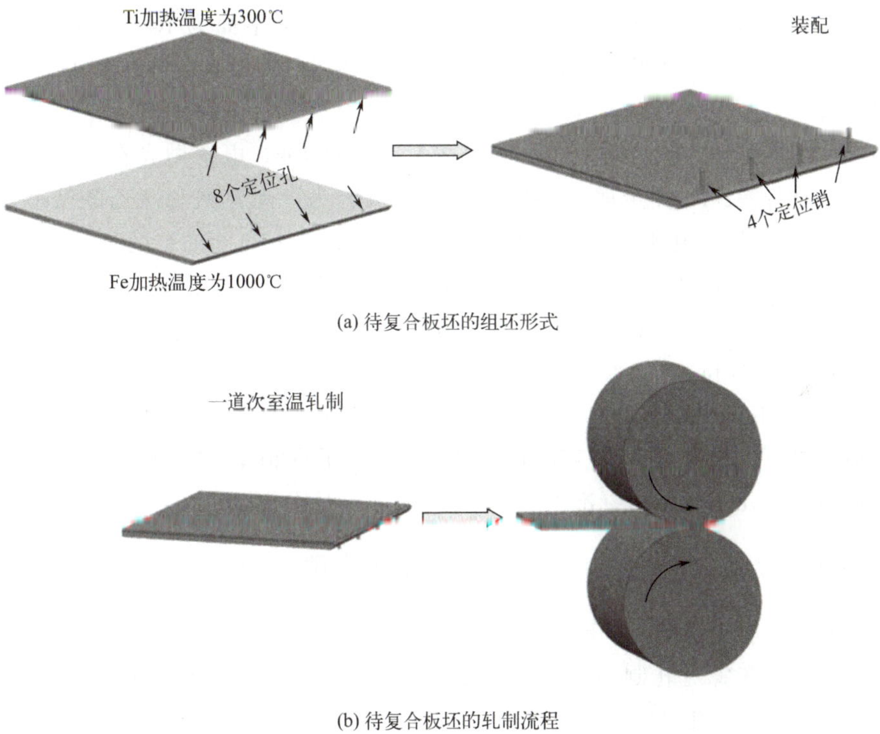

图 5.8　钛/铁复合薄板异温热轧复合过程示意图

(3) 钛/铁复合板的热处理

对非真空条件下异温热轧制备的钛/铁复合薄板进行热处理。加热炉空炉升温，在达到预设温度后，将复合薄板放入炉中，并计时开始保温。当达到保温时长后，取出板材进行空冷。加热过程全程采用 Ar_2 作为保护气体。热处理的加热温度区间为 560～680℃，保温时长为 1h。

5.1.4 钛/铁复合板的微观组织表征

(1) SEM 分析

采用扫描电子显微镜(SEM,型号 S-3400N)观察轧制态、退火态钛/铁复合薄板结合界面的微观组织,并利用能谱仪(EDS)检测界面上的元素分布。待测试样经过 150#、600#、1000#、1500#、2000#、3000#、5000#、7000#砂纸研磨,然后使用粒度为 0.5μm 的金刚石抛光膏进行机械抛光,抛光过程中采用 SiO_2 悬浮液作为抛光介质。采用 5%的硝酸酒精对抛光后的试样进行腐蚀。其中,试样的被观察面为 RD(轧向)×ND(法向)面。

(2) EBSD 分析

采用 ZEEIES Gemini 300 电子背散射衍射仪(EBSD)对轧制态、退火态钛/铁复合薄板的微观组织和织构进行表征,试样的观察平面为 RD×TD(横向)面。在经过研磨、机械抛光后,以不同的工艺参数对 TA1 侧金属层和 DT4 侧金属层进行电解抛光。TA1 侧金属层的电解抛光液成分为:高氯酸、正丁醇和甲醇溶液,其体积比为 5∶30∶65,电压 25V,时间 40s,电解抛光在低于−25℃的环境下进行。DT4 侧金属层的电解抛光液成分为:高氯酸和冰乙酸溶液,其体积比为 25∶75,电压 20V,时间 4min,电解抛光在低于 5℃的环境下进行。EBSD 表征时,扫描电压 20kV,束流强度 20nA,扫描步长为 0.3μm。实验数据通过 HKL® Channel 5 软件进行处理和分析。

(3) XRD 分析

采用 Cu-K_α 的 XRD-7000 X 射线衍射仪(XRD)对轧制态、退火态钛/铁复合薄板的界面物相进行表征。XRD 扫描范围为 20°~90°,扫描速度 8°/min,实验数据通过 JADE 软件与标准物相的 PDF 卡进行对比分析。

5.1.5 钛/铁复合板的力学及成形性能检测

(1) 室温剥离实验

通过剥离实验对轧制态、退火态钛/铁复合薄板的界面结合性能进行测试。剥离试样参照 GB/T 2791—1995 进行设计。如图 5.9 所示,复合板沿着轧制方向被加工成 100mm×12.5mm 的矩形试样,将试样长度方向一端的 TA1 侧、DT4 侧金属层分离并分别向外弯曲。其中,被分离的各金属层长度约为 25mm。剥离实验中,分离开的两侧金属分别被夹持在 WGW-100H 型电子万能试验机上,以 1mm/min 的速度进行拉伸。其中,标距段 20mm 内的实验数据被作为剥离实验的测试结果。

(2) 室温单轴拉伸实验

采用 WGW-100H 型电子万能试验机进行轧制态、退火态钛/铁复合薄板的

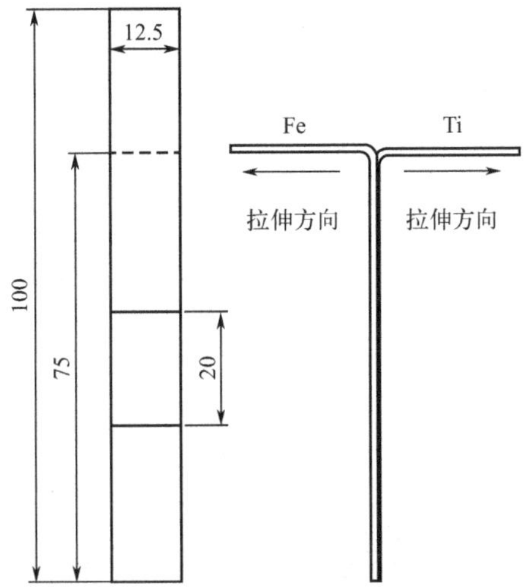

图 5.9　剥离实验样品示意图（单位：mm）

室温单轴拉伸实验，测试其室温力学性能。如图 5.10 所示，试样的尺寸按照 GB/T 228.1—2021 进行设计，试样的切割方向分别与复合板的轧制方向成 0°、45°、90°。

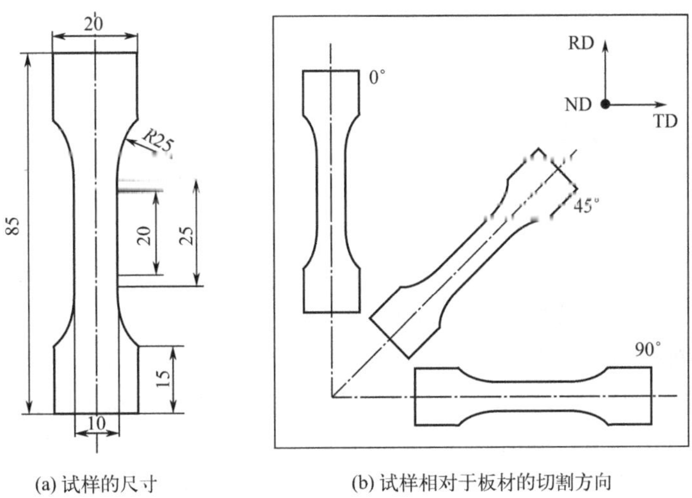

(a) 试样的尺寸　(b) 试样相对于板材的切割方向

图 5.10　单轴拉伸实验样品示意图（单位：mm）

（3）室温双轴拉伸实验

采用北方工业大学自主研发的双轴拉伸试验机进行室温双轴拉伸实验。试样的几何形状和尺寸参照 ISO 16842—2021 进行设计，如图 5.11 所示。双轴拉伸实验在室温条件下以 0.001s^{-1} 的应变速率进行。室温双轴拉伸实验按照 9 组不同的双轴加载比例进行，加载比例路径（F_1 ∶ F_2）分别为 0∶4、1∶4、2∶4、3∶4、4∶4、4∶3、4∶2、4∶1 和 4∶0（F_1、F_2 为十字形双轴拉伸试样两条臂所施加载荷）。每个加载比例下的实验最少重复进行 3 次。

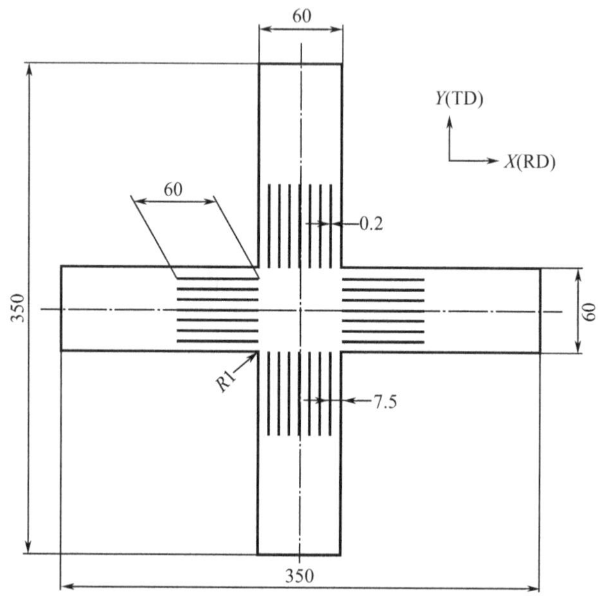

图 5.11 双轴拉伸实验样品示意图（单位：mm）

(4) 室温杯突实验

按照国家标准 GB/T 4156—2020 进行轧制态、退火态钛/铁复合薄板的埃里克森杯突实验。杯突实验是将金属薄板试样夹紧在凹模和压边圈之间，采用一个前端为球形的冲头对其进行冲压，直到板材出现裂纹发生破裂，破裂时凹痕的深度就是金属板材的埃里克森杯突值 IE。薄板埃里克森杯突实验的模具尺寸需要依据成形坯料的实际板厚进行选定，如图 5.12 所示。根据实验标准，杯突试样的形状、尺寸设计为 90mm×90mm（长×宽）的正方形试样。以恒定压边力 10kN、冲头行进速度 15mm/min 进行实验。每组实验在室温下重复进行 3 次。实验过程中，凸模由钛层一侧进行冲压，复合板与模具之间涂抹润滑油进行润滑。

(5) 室温拉深成形实验

按照国家标准 GB/T 15825.3—2008 进行轧制态、退火态钛/铁复合薄板的室温拉深成形实验。拉深成形实验的模具尺寸根据成形坯料的实际厚度进行选定，如图 5.13 所示。根据实验标准，拉深成形试样的形状、尺寸设计为 ϕ90mm

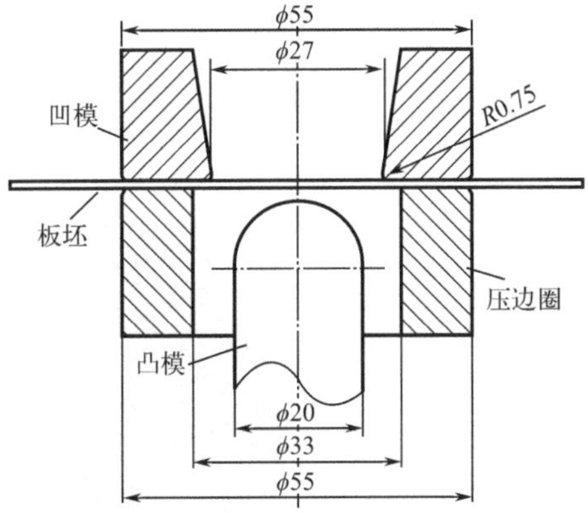

图 5.12　室温杯突实验模具示意图（单位：mm）

的圆形试样。选用聚四氟乙烯作为润滑剂，以压边力 15kN、凸模行进速度 1mm/s 进行实验。实验中，凸模从钛层一侧进行拉深成形。每组实验在室温下重复进行 3 次。

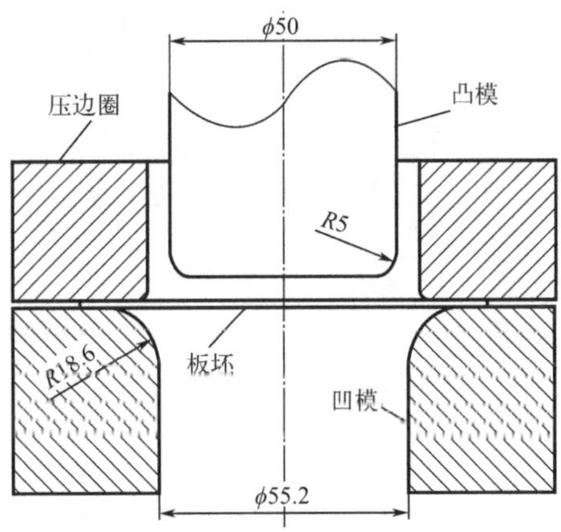

图 5.13　室温拉深实验模具示意图（单位：mm）

5.2　钛/铁复合板的轧后组织与性能

5.2.1　钛/铁复合板显微组织与织构分析

界面上产生剪切变形是金属氧化膜发生破裂的前提，为了证明钛/铁复合薄板在轧制过程中发生了剪切变形，65%轧制压下率异温热轧钛/铁复合薄板中 TA1 侧、DT4 侧金属层的微观组织被表征和分析。图 5.14 为钛/铁复合薄板结合界面附近 TA1 侧、DT4 侧金属层的反极图以及晶界分布图，其中，取向误差角大于 10°的大角度晶界用黑色线表示，取向误差角介于 2°～10°之间的小角度晶界用红线表示。

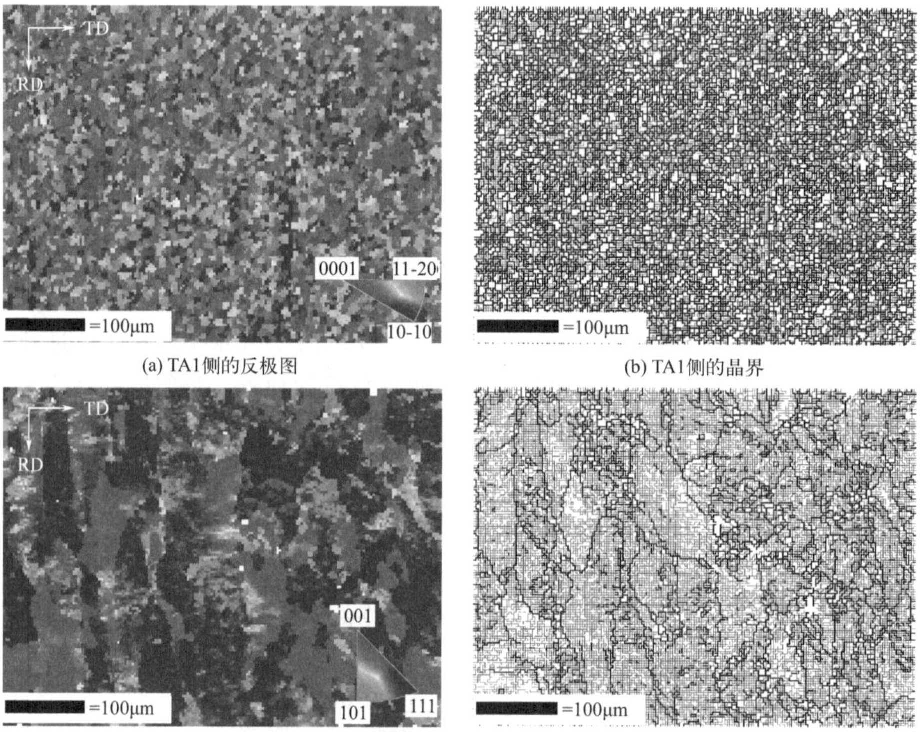

(a) TA1侧的反极图　(b) TA1侧的晶界

(c) DT4侧的反极图　(d) DT4侧的晶界

图 5.14　钛/铁复合薄板的微观组织

（见文后彩图）

轧后 TA1 侧金属层的微观组织为细小的等轴晶粒，通过 Channel 5 软件测量，得出其平均晶粒尺寸为 7.1μm。此外，TA1 侧金属层中分布着大量的小角度晶界，在所有的晶粒中几乎均有分布。Ti 为密排六方结构（HCP），在热轧过程中易发生动态再结晶，进而导致 TA1 侧金属层的晶粒在轧后发生了细化。轧后 DT4 侧金属层的微观组织主要为沿着轧制方向的长晶粒，在这些长晶粒中分布着大量的小角度晶界。由于 Fe 为体心立方结构（BCC），热轧过程中不易发生动态再结晶，导致原材料 DT4 侧金属层的等轴晶粒在轧制过程的大塑性变形下沿轧制方向被拉长。此外，大量小角度晶界的出现，说明轧制过程中 DT4 侧金属层几乎没有发生再结晶[5]。因此异温热轧后，钛/铁复合薄板各金属层中仍然存在着大量晶体缺陷。

图 5.15 给出了轧后 TA1 侧、DT4 侧金属层的局部取向差。通过 EBSD 获得的局部取向差可以用于分析材料中的位错密度[6]，即通过局部取向差的平均角度来计算几何位错密度：

$$\rho^{\mathrm{GND}}=\frac{2LM_{\mathrm{ave}}}{\mu b} \tag{5.1}$$

其中，ρ^{GND} 为几何位错密度；LM_{ave} 为局部取向差的平均角度；b 为 Burger 矢量；μ 为步长。

根据公式（5.1）可以推断出，材料的几何位错密度与局部取向差之间呈正相关。因此，通过图 5.15 判断出：轧制复合后，TA1 侧、DT4 侧金属层中存在着大量的位错。位错是晶体在剪切载荷的作用下，沿着滑移面发生滑动而产生的晶体缺陷。大量位错的出现，表明复合板界面附近的 TA1 侧、DT4 侧金属层在轧制过程中产生了较大程度的变形。轧制复合后钛/铁复合薄板各金属层中出现的大量位错说明复合板在轧制过程中发生了较大程度的塑性变形，而较大的塑性变形必然会引起界面两侧金属发生一定程度的剪切变形。

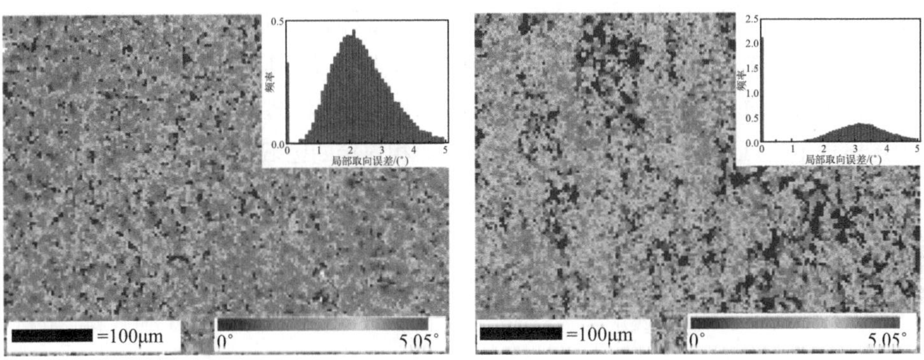

(a) TA1侧　　(b) DT4侧

图 5.15　钛/铁复合薄板的局部取向差分布

（见文后彩图）

图 5.16 为结合界面附近 TA1 侧金属层的极图。在｛0001｝极图中可以看出，基面织构的 C-轴从 ND 到 TD 倾斜约 40°。这种织构可以被称为基面倾斜织构，其最大极密度为 15.69。有研究表明：基面倾斜织构是比较典型的钛合金轧制织构[7]。在｛11-20｝极图和｛10-10｝极图中可以观察到＜11-20＞//RD 拉伸织构和＜10-10＞//RD 压缩织构[8]。这些织构在 RD 方向上具有一定的宽度，这是由 RD 方向上的剪切作用导致的。因此，在轧制过程中，TA1 层在界面附近发生了剪切变形。

图 5.17 为结合界面附近 DT4 侧金属层的取向分布函数（ODF）图（Phi2＝

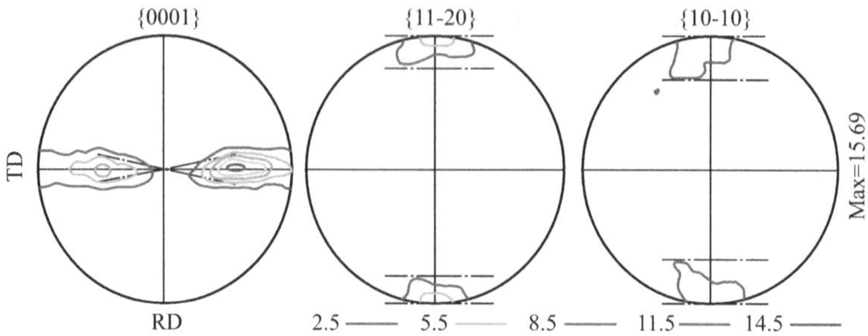

图 5.16 TA1 侧金属层的极图

（见文后彩图）

45°）。<111>是 BBC 结构的主要滑移方向之一，这就导致了<111>//ND（γ-纤维织构）显著分布在轧制后的 DT4 侧金属层中，其中｛111｝<110>具有最高的强度 9.3。此外，｛111｝<110>还是<110>//RD（α-纤维织构）中的主要组分，α-纤维织构是在沿 RD 的拉伸、剪切作用下形成的。此外，DT4 侧金属层中还分布着具有较高强度（强度为 9.13 和 9.3）的｛001｝<110>，同样可以表明 DT4 侧金属层在轧制过程中产生了较为强烈的剪切变形。Tamimi 等[9]和 Lee 等[10]的研究均指出：BCC 金属在剪切变形的作用下，｛111｝<110>和｛111｝<112>均具有转变为其他类型织构的倾向。因此，DT4 侧金属层的 ODF 图中还出现了｛111｝<110>和｛001｝<110>相连接的区域，即｛112｝<111>。

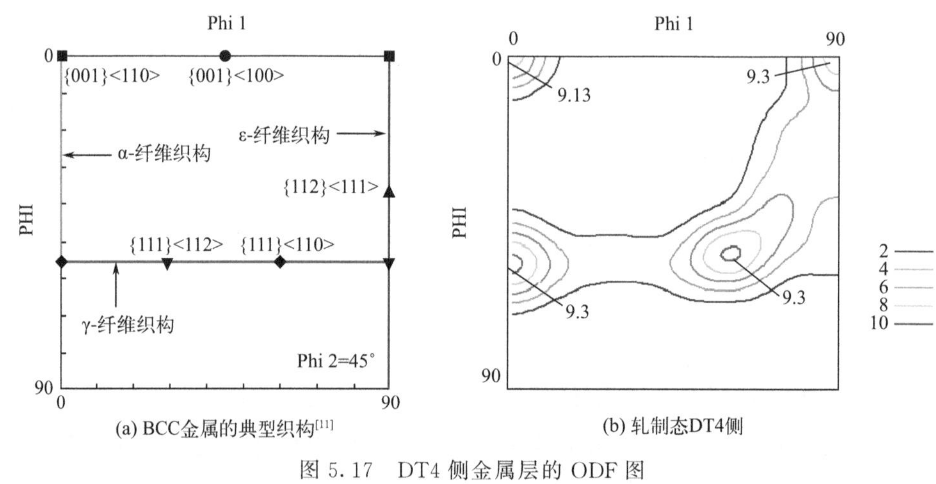

图 5.17 DT4 侧金属层的 ODF 图

（见文后彩图）

5.2.2 钛/铁复合界面微观组织

图 5.18 为 65％轧制压下率异温热轧钛/铁复合薄板结合界面的微观形貌。可

以看出，结合界面整体呈现出较为平直的状态，此外，结合界面上有少量夹杂物间断分布。由此可以判断出：金属氧化膜在轧制复合的过程中发生了破裂。图 5.18（b）为图 5.18（a）中所选区域的局部放大图，从图中可以清晰地观察到，夹杂物钉扎嵌入 TA1 侧金属层，这一现象符合金属层状复合板界面结合机制中的机械啮合。

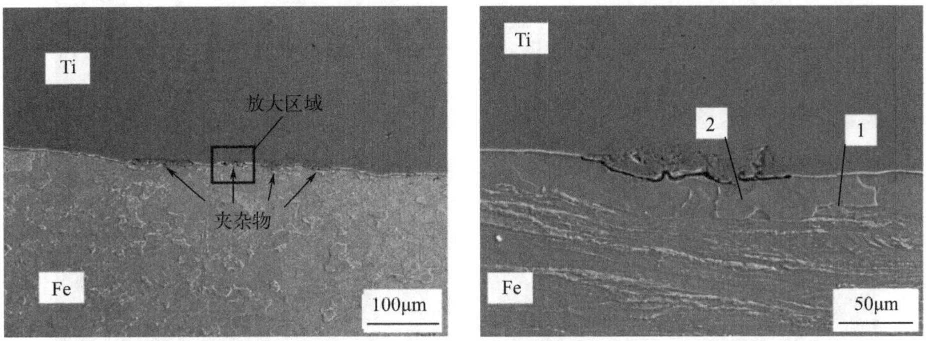

(a) 低放大倍数　(b) 高放大倍数

图 5.18　钛/铁复合薄板的界面形貌

为了分析钛/铁复合薄板轧制过程中的元素扩散，对图 5.18（b）中的夹杂物和结合界面位置进行了元素线扫描分析。图 5.19（a）为沿着直线 1 的元素分布曲线。可以看出，结合界面主要发生 Ti 元素和 Fe 元素之间的扩散，O 元素和 C 元素含量极少且分布几乎不变，说明结合界面主要通过 Ti 元素和 Fe 元素的相互扩散实现结合。因此，图 5.18（b）中的高亮层可被认定为扩散层[12]。图 5.19（b）为沿直线 2（即夹杂物）的元素分布曲线。其元素扫描结果显示出夹杂物位置为稳定的 Fe 元素和 O 元素，表明钛/铁复合薄板界面上的夹杂物为铁的氧化物。

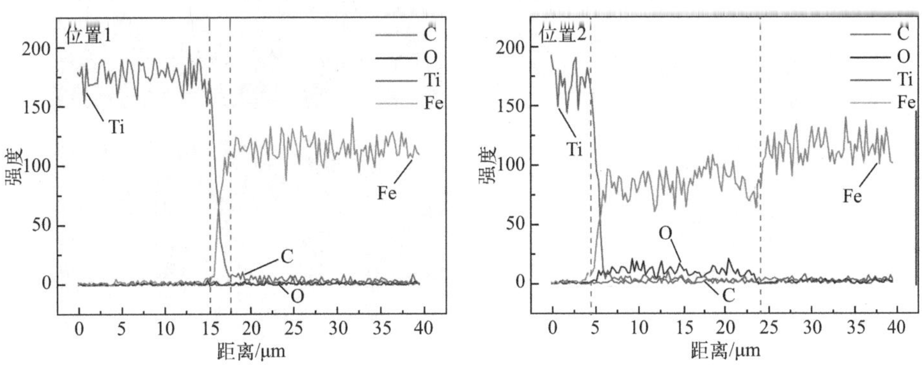

(a) 结合面　(b) 夹杂物

图 5.19　钛/铁复合薄板界面元素分布曲线

图 5.20、图 5.21 分别为剥离后 TA1 侧、DT4 侧金属层的断裂界面形貌以

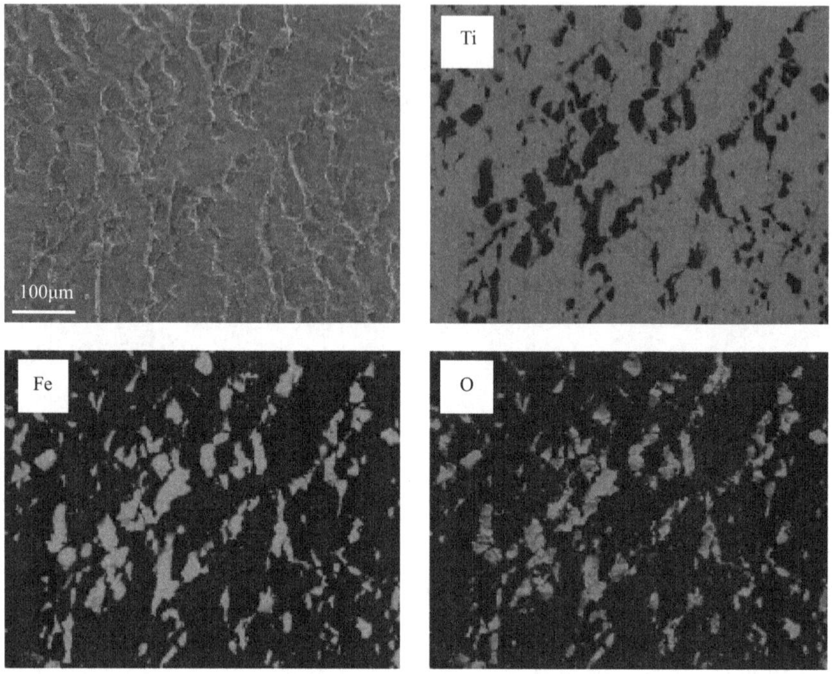

图 5.20 剥离后 TA1 侧金属层的元素分布

（见文后彩图）

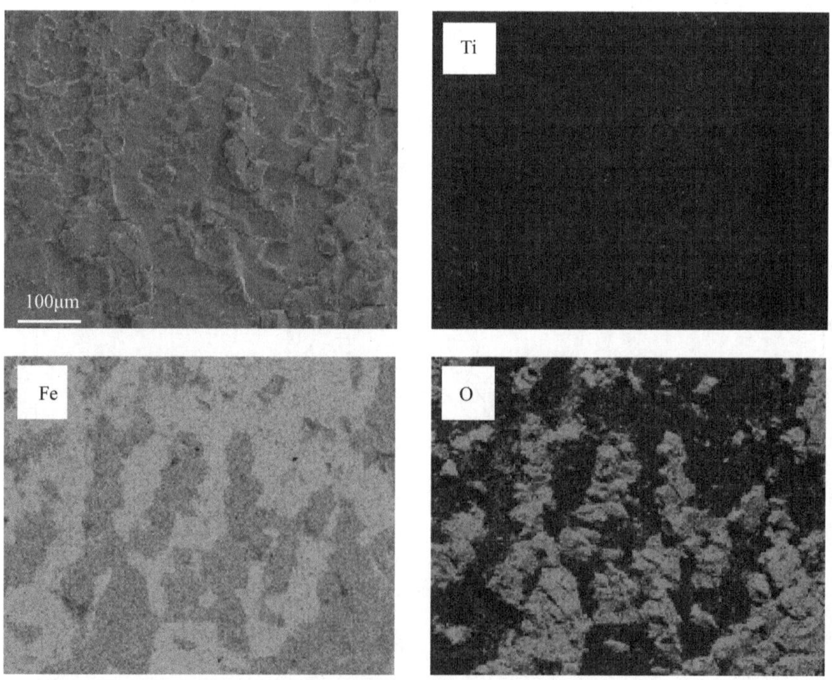

图 5.21 剥离后 DT4 侧金属层的元素分布

（见文后彩图）

及界面上的化学元素分布图。其中，由于图 5.19 中显示出 C 元素很少且无明显变化，因此对剥离界面中的 C 元素未进行进一步的分析。TA1 侧、DT4 侧金属层的断裂形貌均呈现出明显的凹凸不平状。不平整的界面可以提高结合界面在拉剪过程中的结合强度，这是由于钛/铁复合薄板结合界面上分布的氧化物杂质钉扎在两侧金属层中，进而起到增强界面的作用。从元素分布图中可以看出，在 TA1 侧金属层上主要分布着 Ti 元素，Fe 元素和 O 元素并出现在剥离界面上的凹坑位置。与之相反，在 DT4 侧金属层上，Fe 元素和 O 元素分布在剥离界面的凸起位置，而 Ti 元素在整个界面上有极少量的分布。因此可以确定，剥离后 TA1 侧、DT4 侧金属层的剥离界面上均保留着夹杂物。并且，DT4 侧金属层上被保留的夹杂物要多于 TA1 侧金属层，可以说明夹杂物与 DT4 侧金属层之间的结合强度要高于其与 TA1 侧金属层的结合强度。此外，在 TA1 侧金属层的剥离界面上，Fe 元素仅出现在夹杂物所处的位置上。然而，在 DT4 侧金属层的剥离界面上，Ti 元素几乎分布在整个区域上。这也可以表明，Ti 元素和 Fe 元素在结合界面上发生了扩散，并且 Fe 元素在轧制过程中的扩散能力比 Ti 元素的扩散能力更强。

5.2.3　钛/铁复合板的力学性能

参考轧制复合数值模拟结果进行钛/铁复合薄板的异温热轧实验。在 40%～60%的轧制压下率条件下，钛/铁复合薄板的结合界面在轧制后均出现了一定程度的开裂，没有实现良好的结合，如图 5.22 (a) 所示。以 65%的轧制压下率进行轧制实验，钛/铁复合薄板被成功地复合，在经过一道次的轧制后，其总厚度约为 1.47mm，复合薄板中 TA1 层、DT4 层的厚度比约为 1∶4，各金属层厚度

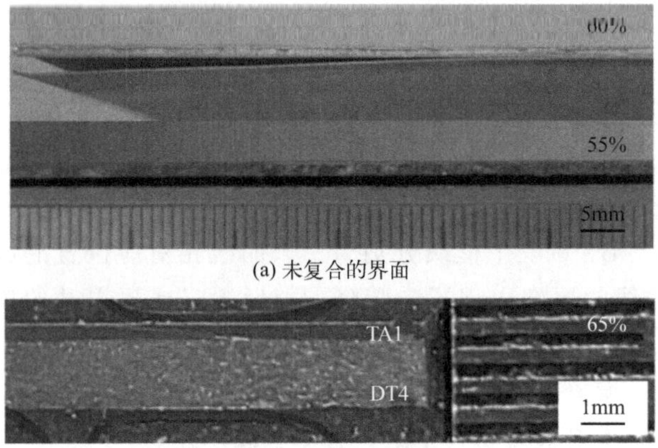

(a) 未复合的界面

(b) 复合良好的界面

图 5.22　不同轧制压下率下的复合板结合界面

分布均匀，界面平直无开裂，如图 5.22（b）所示。对比发现，轧制后的实际板厚与轧辊间隙不同，这是因为在实际生产中，轧机的机座和轧辊在轧制过程中产生弹性变形，从而导致轧制板材的实际厚度比空载时的轧辊间隙大，它是实际生产中不可控制的因素，并且这种现象在数值模拟中是不存在的。

图 5.23 为钛/铁复合薄板的剥离强度-位移曲线，实验样品为 65%轧制压下率制备的复合板。从图中可以看出，剥离强度随着位移的增加而提高，当结合界面上出现裂纹时，剥离强度急剧下降。裂纹越大剥离强度下降的幅度越大，剥离强度随着界面开裂范围的增大而降低。界面开裂后，通过弯曲已经剥离的 TA1 层、DT4 层金属来短暂的协调剥离过程。最终，剥离强度随着实验位移的进一步增加而提高。在稳定剥离阶段，钛/铁复合薄板界面的剥离强度稳定在 7.7N/mm 左右。异温热轧钛/铁复合薄板的界面剥离强度，已经与相同轧制压下率预扩散+热轧钛/钢复合板的界面剥离强度相当[13]。

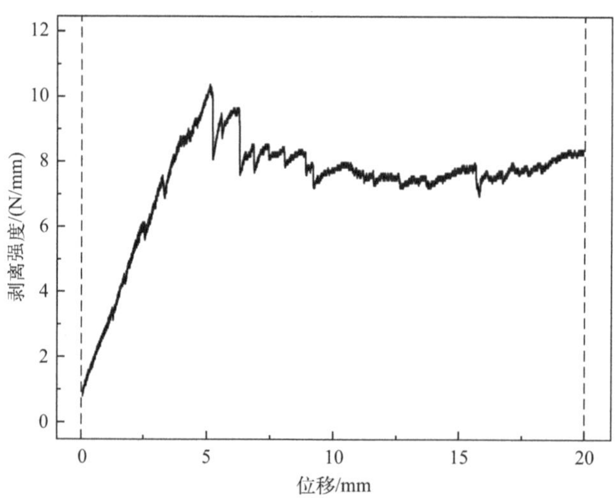

图 5.23 钛/铁复合薄板的剥离强度-位移曲线

图 5.24 为钛/铁复合薄板（65%轧制压下率）不同方向的工程应力-工程应变曲线，图中 A、B、C 三个框线分别为三条曲线相对应位置的放大图。可以看出，应力-应变曲线的尾端出现了先骤降，随后缓降或再提升的现象，这是由于在金属层状复合板的单轴拉伸过程中，复合板的界面先发生开裂，拉伸应力立即减小，然而此时，复合板的金属层均未出现断裂。随后，伴随着拉伸的持续进行，拉伸应力略有提升或者缓慢下降，直至金属层断裂。

对于金属层状复合板，结合界面的开裂也是其失效的判据。然而，复合板各层金属的性能存在差异，导致结合界面两侧的金属层在单轴拉伸过程中出现应变差，进而导致结合界面发生开裂。因此，只有复合板界面上产生协调变形，才能

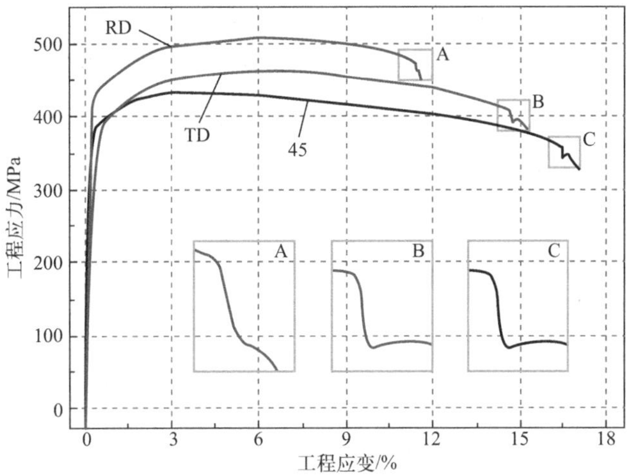

图 5.24　钛/铁复合薄板的工程应力-工程应变曲线

保证其产生开裂时刻尽可能地延后。如果复合板的界面结合强度较低，结合界面在单轴拉伸过程中就会过早地开裂。从图 5.24 中可以看出，在三个方向上，钛/铁复合薄板单轴拉伸试样从颈缩到界面开裂的拉伸应变均大于 10%，可以说明钛/铁复合薄板的界面结合性能较好，能够维持各金属层之间的协调变形。

5.2.4 钛/铁复合板的工程应用

目前，该轧制复合工艺已经应用于工业化，实现钛/铁复合薄板的批量化生产。其轧制生产线以及所生产出的钛/铁复合薄板产品，如图 5.25 所示。江西工埠机械有限责任公司基于该项技术建设了小型轧制生产线，年产量可以达到 120 万片（尺寸约 450mm×450mm×1.5mm）。

(a) 生产线　　(b) 量产钛/铁复合薄板

图 5.25　钛/铁复合薄板的产业化制备

· 参考文献 ·

[1] 赵振铎,邵明志,张召铎,等. 金属塑性成形中的摩擦与润滑[M]. 北京:化学工业出版社,2004.

[2] 肖宏,刘晓. 极薄箔带轧制的适轧厚度理论及数值模拟[J]. 钢铁,2019,54(6):48-55.

[3] 镇凡,刘静,黄峰,等. 变形率对316L/Q420不锈钢复合板界面结构和结合性能的影响[J]. 材料热处理学报,2023,44(1):22-30.

[4] Jiang L Y, Zhen T, Huang J B, et al. Calculation and analysis of rolling force during aluminum alloy thick plate snake/gradient temperature rolling with different roll diameters[J]. International Journal of Advanced Manufacturing Technology, 2021, 115 (11-12): 3453-3465.

[5] Jamili A M, Zarei-Hanzaki A, Abedi H R, et al. The microstructure, texture, and room temperature mechanical properties of friction stir processed Mg-Y-Nd alloy[J]. Materials Science and Engineering A, 2017, 690: 244-253.

[6] Sarkar A, Dash M K, Nagesha A, et al. EBSD based studies on various modes of cyclic deformation at 923 K in a type 316LN stainless steel[J]. Materials Science and Engineering A, 2018, 723: 229-237.

[7] Wang Y, He W J, Liu N, et al. Effect of pre-annealing deformation on the recrystallized texture and grain boundary misorientation in commercial pure titanium [J]. Materials Characterization, 2018, 136: 1-11.

[8] Li B X, He W J, Chen Z J, et al. Evolution of interface and collaborative deformation between Ti and steel during hot roll bonding[J]. Materials Characterization, 2020, 164: 110354.

[9] Tamimi S, Gracio J J, Lopes A B, et al. Asymmetric rolling of interstitial free steel sheets: Microstructural evolution and mechanical properties[J]. Journal of Manufacturing Processes, 2018, 31: 583-592.

[10] Lee D, Omori T, Han K, et al. Effect of thermomechanical processing on texture and superelasticity in Fe-Ni-Co-Al-Ti-B alloy[J]. Shape Memory and Superelasticity, 2018, 4: 102-111.

[11] Takenaka M, Fujita N, Hayakawa Y, et al. Unique effect of carbon addition on development of deformation texture through changes in slip activation and twin deformation in heavily cold-rolled Fe-3% Si alloys[J]. Acta Materialia, 2018, 157: 196-208.

[12] Qi Z C, Xiao H, Yu C, et al. Preparation, microstructure and mechanical properties of CP-Ti/AA6061-Al laminated composites by differential temperature rolling with induction heating[J]. Journal of Manufacturing Processes, 2019, 44: 133-144.

[13] 李博新. 钛/钢复合板界面结构及其组织性能调控[D]. 重庆:重庆大学,2019.

第6章

钛/铁复合板的微观组织及冲压成形性能

6.1 轧制态钛/铁复合板的冲压成形性能与力学参数

冲压成形是金属板材后续加工最常用的制备工艺之一。金属板材的冲压成形性能，比如塑性和各向异性，直接影响其冲压变形行为。冲压成形前有必要对金属板材的冲压成形性能进行研究。此外，相较于单层金属板，金属层状复合板的变形行为更加复杂：各层金属在变形过程中的应变不一致，优异的界面结合性能可以保证各金属层之间的协调变形；界面结合强度不足，复合板会过早地出现界面分层导致失效。因此，本章以65%轧制压下率、异温热轧制备的钛/铁复合薄板为研究对象，对其冲压变形行为进行研究，系统地分析其力学性能、屈服行为以及TA1层和DT4层的变形协调性等问题。

6.1.1 轧制态钛/铁复合板的单轴拉伸变形行为

为了测量TA1层和DT4层在单轴拉伸过程中的变形量（即局部拉伸应变分布），在钛/铁复合薄板的室温单轴拉伸实验中采用了数字图像相关技术（DIC）。实验过程中通过两台相机（型号：Phantom V7.3，Komi，韩国）拍摄试样表面的两侧，并使用视觉应变仪系统（型号：ARAMIS 5M，GOM光学测量技术，德国）检测变形试样表面的三维坐标，分析钛/铁复合薄板各金属层的面内应变状态。

图6.1为轧制态钛/铁复合薄板试样中TA1侧、DT4侧金属层在单轴拉伸实验期间拍摄的应变分布数字图像，数字图像数据是从数百幅高分辨率图像中选取的。对于RD试样，选取了试样标距段在拉伸应变3%至断裂应变26%范围内的7张图片。通过分析和对比同一时刻下TA1侧、DT4侧金属层的DIC图像，可以看出：拉伸应变为3%和7%时，试样标距段的面内应变均匀分布，说明此时的钛/铁复合薄板试样正处于弹性变形阶段，TA1侧、DT4侧金属层整体均匀变形。当拉伸应变为10%和12%时，TA1侧、DT4侧金属层的面内应变开始出现

应变集中。此时，拉伸试样已经离开弹性变形阶段开始发生塑性变形，但是试样并未出现明显的颈缩，此阶段通常被称为均匀塑性变形阶段。随着实验的进行，当拉伸应变增大至14%时，试样出现了明显的颈缩，应力集中和应变集中更加的强烈。颈缩后，试样的变形失稳越来越严重，当拉伸应变达到24%时，拉伸试样产生边裂现象，并随着拉伸的进行，越来越严重。当拉伸应变为26%时，拉伸试样断裂。此外，在钛/铁复合薄板的单轴拉伸过程中，TA1侧、DT4侧金属层的面内应变值以及面内应变分布趋势基本一致。

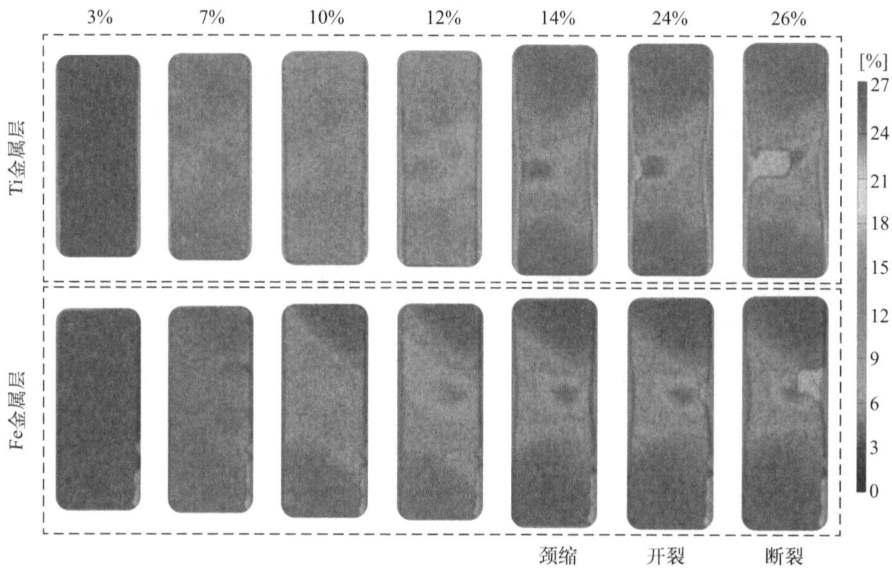

图 6.1 拉伸实验过程中拍摄的应变分布数字图像

（见文后彩图）

轧制态钛/铁复合薄板在室温拉深过程中，出现了各金属层的协调变形。这是由于复合板的界面结合强度足够大，其结合性能可以保证各金属层在单轴拉伸过程中的协调变形[1]。在单轴拉伸的加载下，拉伸试样中各金属层受到相同的外在变形力，但是由于异温热轧制备的钛/铁复合板中TA1侧金属层的厚度仅占整体的1/5，体积占比更大的DT4层在变形过程中起主导作用，DT4侧金属层会在结合界面的作用下带动TA1侧金属层发生变形。因此，虽然TA1侧、DT4侧金属层单独变形会出现应变差异，但是对于复合板，在结合界面的协调作用下，钛/铁复合薄板能够实现变形一致性。

基于上述分析，钛/铁复合薄板中各金属层在界面开裂前存在着变形一致性。此外，DT4侧金属层占复合板总体积的绝大部分，在变形过程中小厚度的TA1侧金属层主要是在DT4侧金属层的带动下发生变形。此外，结合层的体积相对较小，其对复合板整体成形性能的影响可忽略不计，同时，元素扩散机制在数值分析模型中也可以被忽略。因此，本研究中将钛/铁复合薄板假设为连续介质的均质材料进行公式化模型的建立，并应用于数值模拟分析复合板整体的冲压变形行为，该假设的应用条件是复合板在冲压成形过程中各金属层协同变形且不发生界面开裂。基于此假设前提，该模型可以用于预测和分析复合板在界面开裂前的整体宏观变形行为。

6.1.2　轧制态钛/铁复合板的冲压成形性能

通过室温单轴拉伸实验可以获得钛/铁复合薄板的工程应力-工程应变曲线。金属板材在单轴拉伸过程中会出现颈缩，导致试样的横截面积会随着拉伸的进行持续减小，但是应力是基于原始截面积进行计算的。因此，工程应力-工程应变曲线在试样颈缩后出现下降的趋势，这一阶段的数据其实是不真实的，并不能反映出材料实际的变形过程。材料的真实应力-真实应变是需要进行计算和修正的，真实应力 σ_T 和真实应变 ε_T 的计算公式为：

$$\sigma_T=\sigma_E(1+\varepsilon_E) \tag{6.1}$$

$$\varepsilon_T=\ln(1+\varepsilon_E) \tag{6.2}$$

其中，σ_E 为工程应力；ε_E 为工程应变。

图 6.2 为不同取样角度下轧制态钛/铁复合薄板的真实应力-真实应变曲线。可以看出，不同取样角度下，板材的应力-应变曲线之间存在差异，特别是应变相差较大，说明异温热轧制备的钛/铁复合薄板存在着较强的各向异性。此外，从图中还可以看出，其应力-应变曲线没有明显的屈服平台，对于此类材料，常

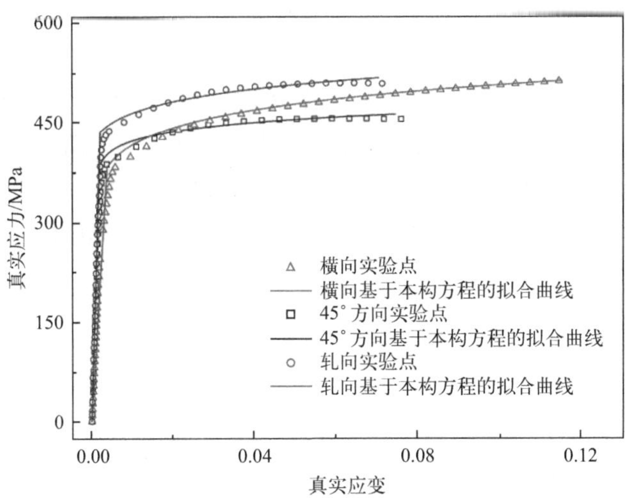

图 6.2　轧制态钛/铁复合薄板的真实应力-真实应变曲线

以 $\sigma_{0.2}$ 作为其屈服强度。表 6.1 给出了轧制态钛/铁复合薄板的主要力学性能参数。

表 6.1 轧制态钛/铁复合薄板的拉伸力学性能

取样方向	弹性模量/GPa	屈服强度/MPa	抗拉强度/MPa	断后伸长率/%
RD	98.3±2.5	382±5	519±7	16.5±4.4
45	176.9±1.7	388±4	461±8	29.2±1.3
TD	201.7±2.2	343±6	508±5	20.5±2.4

通过实验数据并经过处理后获得的真实应力-真实应变曲线仅可以描述材料在均匀塑性变形阶段的变形行为。只有通过采用合适的硬化模型对实验获得的真实应力-真实应变曲线进行拟合，才能获得可以描述材料变形完整过程的力学性能曲线。钛/铁复合薄板的各金属层在变形过程中具有变形一致性，同时，钛/铁复合薄板的结合界面没有在变形过程中出现过早的分层。基于上述分析，本研究将钛/铁复合薄板假设为单层板进行力学模型的公式化建立并进行数值模拟，达到揭示其宏观变形行为的目的。

采用分段拟合的方式建立钛/铁复合薄板的硬化模型，在弹性阶段，材料真实应力-真实应变之间呈线性相关，可以使用胡克定律进行公式化建立；在塑性阶段，真实应力-真实应变呈非线性关系，采用 Swift 模型进行公式化建立，具体方程为：

$$\sigma_T = \begin{cases} E\varepsilon_T, & \varepsilon_T \leqslant \varepsilon_u \\ K(\varepsilon_T + \varepsilon_0)^n, & \varepsilon_T \geqslant \varepsilon_u \end{cases} \tag{6.3}$$

其中，E 为弹性模量；K 为体积模量；n 为应变硬化指数；ε_T 为应变；ε_u 为材料达到屈服应力时对应的应变。根据公式（6.3）对钛/铁复合薄板的真实应力-真实应变曲线进行拟合，并与实验结果进行对比，如图 6.2 所示。表 6.2 为钛/铁复合薄板真实应力-真实应变曲线的拟合结果，其中，R^2 和 X^2 分别为拟合结果的确定系数和残差平方和。从拟合结果来看，拟合曲线的吻合度较高，说明该硬化模型可以较为准确地预测钛/铁层状复合薄板的应力-应变关系。

表 6.2 轧制态钛/铁复合薄板应力-应变曲线的拟合结果

取样方向	E	K	ε_0	n	R^2	X^2
RD	98267.777	614.522	−0.00311	0.0850	0.998	2.232
45°	176961.818	514.945	−0.00361	0.0423	0.943	16.195

续表

取样方向	E	K	ε_0	n	R^2	X^2
TD	201709.861	585.633	−0.00271	0.0486	0.972	10.831

本研究采用塑性应变比 r 值来直观地表征轧制态钛/铁复合薄板的各向异性。塑性应变比为单轴拉伸实验中，试样宽度方向真实塑性应变和厚度方向真实塑性应变的比值，即：

$$r=\frac{\varepsilon_b}{\varepsilon_a} \tag{6.4}$$

其中，ε_a 为厚度方向的真实塑性应变；ε_b 为宽度方向的真实塑性应变。在均匀塑性变形阶段，基于体积不变原理得到下列关系式，用于计算塑性应变比 r 值，即：

$$r=\frac{\ln\left(\frac{b}{b_0}\right)}{\ln\left(\frac{L_0 b_0}{Lb}\right)} \tag{6.5}$$

其中，b_0 为试样的原始宽度；L_0 为标距的原始长度；b 为试样进行指定应变后的宽度；L 为试样进行指定应变后的标距长度。经过测量及计算后，轧制态钛/铁复合薄板的各向异性参数在表 6.3 中给出。

表 6.3　轧制态钛/铁复合薄板的各向异性参数

取样方向	r 值	Δr 值
RD	0.37±0.02	−0.79
45°	1.28±0.08	
TD	0.62±0.07	

轧制金属板材平面内各向异性的整体描述通常用 Δr 来表示，其计算公式如下：

$$\Delta r=\frac{1}{2}(r_0-2r_{45}+r_{90}) \tag{6.6}$$

其中，r_0、r_{45}、r_{90} 分别对应 RD、45°、TD 三个取向方向试样的塑性应变比。Δr 反映了板材不同方向上 r 值的波动程度，Δr 的值越接近于 0，板材的各向异性越弱。经过计算，异温热轧钛/铁复合薄板的 Δr 值约为−0.79，表明其具有较强烈的各向异性。

6.1.3 轧制态钛/铁复合板的各向异性屈服行为

通过室温双轴拉伸实验，可以获得双向加载-应力下的工程应力-工程应变曲线，通过公式（6.1）和公式（6.2）进行处理可以得到真实应力和真实应变。此外，双轴拉伸实验应变是由弹性应变和塑性应变组成的，根据真实应力-真实应变曲线求出的弹性模量以及公式（6.7）和公式（6.8），可得出 x 方向和 y 方向的真实塑性应变：

$$\varepsilon_x^p=\varepsilon_x-\frac{\sigma_x}{E_x} \tag{6.7}$$

$$\varepsilon_y^p=\varepsilon_y-\frac{\sigma_y}{E_y} \tag{6.8}$$

其中，ε_x^p、ε_y^p 分别为 x 和 y 方向上的真实塑性应变；ε_x、ε_y 分别为 x 和 y 方向上的工程应变；σ_x、σ_y 分别为 x 和 y 方向上的工程应力；E_x、E_y 分别为 x 和 y 方向上的弹性模量。

图 6.3 为不同实验力加载比例下，轧制态钛/铁复合薄板在法平面内的真实应力-真实塑性应变曲线。在不同的双向应力条件下，轧制态钛/铁复合薄板的应变状态存在着较大的差异。当双向加载应力之间的差异较大时，小加载应力方向发生压缩应变。

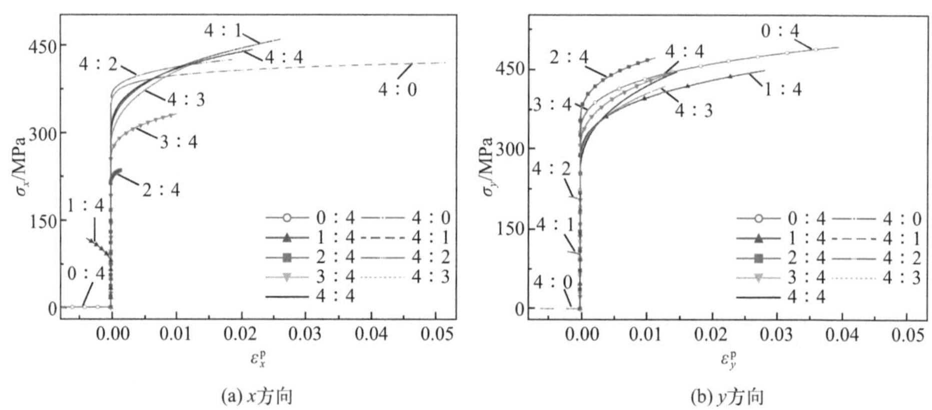

图 6.3 轧制态钛/铁复合薄板的真实应力-真实塑性应变曲线

以板材的 y 方向（RD）作为参考方向，选择 4∶0 加载比例下的双轴拉伸实验数据作为等效应力-等效塑性应变曲线。基于此，可以获得钛/铁复合薄板单位体积塑性功条件下的法平面屈服轨迹，其中，等效塑性应变达到工程应力应变曲线中常用的屈服点判据值 0.002 时，其对应的塑性功等值线即代表材料的初始屈服轨迹，如图 6.4 所示。其中，屈服轨迹的外凸越明显，说明此种材料的各向异性越强烈。

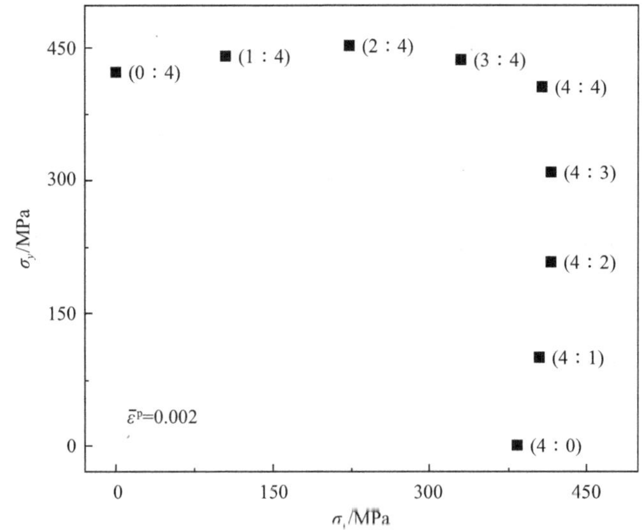

图 6.4 轧制态钛/铁复合薄板的初始屈服轨迹

采用 Dynaform 商业有限元软件进行钛/铁复合薄板的冲压成形数值模拟。该软件中已经嵌入多种各向异性屈服准则，其中包括目前最经典且最常使用的 Hill1948 屈服准则，以及更先进的 Yld2000-2d 屈服准则。这两种屈服准则在建立模型所需的实验量、实验成本以及软件计算效率、计算精度上各具优势，是目前最被大众考虑应用的屈服准则。Hill1948 屈服准则[2]的形式为：

$$f = F(\sigma_{yy} - \sigma_{xx})^2 + G(\sigma_{zz} - \sigma_{xx})^2 + H(\sigma_{xx} - \sigma_{yy})^2 + 2L\sigma_{yz}^2 + 2M\sigma_{zx}^2 + 2N\sigma_{xy}^2 = \bar{\sigma}^2 \tag{6.9}$$

其中，$\bar{\sigma}$ 为等效应力。当板材在成形过程中处于平面应力状态时，有：

$$\sigma_{zz} = 0 \tag{6.10A}$$

$$\sigma_{zx} = 0 \tag{6.10B}$$

$$\sigma_{yz} = 0 \tag{6.10C}$$

基于上式，公式 (6.9) 可以简化为：

$$f = F\sigma_{yy}^2 + G\sigma_{xx}^2 + H(\sigma_{xx} - \sigma_{yy})^2 + 2N\sigma_{xy}^2 = \bar{\sigma}^2 \tag{6.11}$$

分别令 x 和 y 为轧制方向和垂直轧制方向，则可以将轧制方向上的屈服应力 σ_0 作为等效应力，此时有：

$$\sigma_{xx} = \sigma_0 = \bar{\sigma} \tag{6.12}$$

在板材沿着单轴拉伸的过程中，有：

$$\sigma_{yy} = 0 \tag{6.13A}$$

$$\sigma_{xy}=0 \tag{6.13B}$$

联立公式（6.11）和公式（6.12），可得：

$$G+H=1 \tag{6.14}$$

采用塑性应变比 r_0 来表征材料的各向异性，由塑性应变比的定义可知：

$$r_0=\frac{\varepsilon_{yy}}{\varepsilon_{zz}} \tag{6.15}$$

其中，ε_{yy} 和 ε_{zz} 分别为材料沿轧制方向拉伸时，宽度和厚度方向上的塑性应变；r_0 为轧制取向方向试样的塑性应变比。根据塑性变形体积不变假设，可得：

$$\varepsilon_{xx}+\varepsilon_{yy}+\varepsilon_{zz}=0 \tag{6.16}$$

其中，ε_{xx} 为轧制方向塑性应变。由公式（6.15）和公式（6.16），可得：

$$r_0=\frac{\varepsilon_{yy}}{-(\varepsilon_{xx}+\varepsilon_{yy})} \tag{6.17}$$

结合 Drucker 公式：

$$\mathrm{d}\varepsilon_{xx}=\mathrm{d}\lambda\frac{\partial f}{\partial \sigma_{xx}} \tag{6.18A}$$

$$\mathrm{d}\varepsilon_{yy}=\mathrm{d}\lambda\frac{\partial f}{\partial \sigma_{yy}} \tag{6.18B}$$

$$\mathrm{d}\varepsilon_{xy}=\mathrm{d}\lambda\frac{\partial f}{\partial \sigma_{xy}} \tag{6.18C}$$

联立公式（6.11），可得：

$$\mathrm{d}\varepsilon_{xx}=\mathrm{d}\lambda[2(G+H)\sigma_{xx}-2H\sigma_{yy}] \tag{6.19A}$$

$$\mathrm{d}\varepsilon_{yy}=\mathrm{d}\lambda[2(F+H)\sigma_{yy}-2H\sigma_{xx}] \tag{6.19B}$$

$$\mathrm{d}\varepsilon_{xy}=\mathrm{d}\lambda(4N\sigma_{xy}) \tag{6.19C}$$

其中，$\mathrm{d}\lambda$ 为非负比例常数。由于单轴拉伸实验过程为比例加载，因此公式（6.17）可变换为：

$$r_0=\frac{\mathrm{d}\varepsilon_{yy}}{-(\mathrm{d}\varepsilon_{xx}+\mathrm{d}\varepsilon_{yy})} \tag{6.20}$$

当沿着轧制方向进行单轴拉伸实验时，有：

$$\sigma_{yy}=\sigma_{xy}=0 \tag{6.21}$$

联立公式（6.19）和公式（6.20），可得：

$$r_0=\frac{H}{G} \tag{6.22}$$

同理，得：

$$r_{90}=\frac{H}{F} \tag{6.23}$$

其中，r_{90} 为 90°方向试样的塑性应变比。45°方向上的单轴拉伸受力可分解为等双拉与剪切受力。根据定义，45°方向上的塑性应变比为：

$$r_{45}=\frac{\varepsilon_{135}}{\varepsilon_{zz}} \tag{6.24}$$

其中，ε_{135} 为 135°方向试样的塑性应变。根据塑性变形体积不变假设，可得：

$$r_{45}=\frac{\varepsilon_{135}}{-(\varepsilon_{45}+\varepsilon_{135})} \tag{6.25}$$

其中，ε_{45} 为 45°方向试样的塑性应变，结合应变莫尔圆可知：

$$\varepsilon_{\alpha}=\frac{\varepsilon_{xx}+\varepsilon_{yy}}{2}+\frac{\varepsilon_{xx}-\varepsilon_{yy}}{2}\cos\alpha+\frac{\varepsilon_{xy}}{2}\sin 2\alpha \tag{6.26}$$

其中，α 为应变莫尔圆上斜面方向与主应变方向之间的夹角。可以得出：

$$\varepsilon_{45}=\frac{1}{2}(\varepsilon_{xx}+\varepsilon_{yy}+\varepsilon_{xy}) \tag{6.27}$$

$$\varepsilon_{135}=\frac{1}{2}(\varepsilon_{xx}+\varepsilon_{yy}-\varepsilon_{xy}) \tag{6.28}$$

联立公式（6.25）、公式（6.27）、公式（6.28），可得：

$$r_{45}=\frac{\varepsilon_{xx}+\varepsilon_{yy}-\varepsilon_{xy}}{-2(\varepsilon_{xx}+\varepsilon_{yy})} \tag{6.29}$$

由于单轴拉伸为简单加载，可将全量应变 ε_{xx}、ε_{yy}、ε_{xy} 按照增量应变 $d\varepsilon_{xx}$、$d\varepsilon_{yy}$、$d\varepsilon_{xy}$ 计算，因此联立公式（6.19）和公式（6.29），可得：

$$r_{45}=\frac{F+G-2N}{-2(G+H)} \tag{6.30}$$

因此，基于公式（6.14）、公式（6.22）、公式（6.23）、公式（6.30），Hill1948 屈服准则参数的求解公式如下：

$$F=\frac{r_0}{(1+r_0)r_{90}} \tag{6.31A}$$

$$G=\frac{1}{1+r_0} \tag{6.31B}$$

$$H=\frac{r_0}{1+r_0} \tag{6.31C}$$

$$N=\frac{(1+2r_{45})(r_0+r_{90})}{2(1+r_0)r_{90}} \tag{6.31D}$$

通过 r 值进行求解，Hill1948 各向异性屈服准则的 4 个材料特征值 F、G、H、N 如表 6.4 所示。由此就可以建立钛/铁复合薄板的各向异性屈服模型。

表 6.4 轧制态钛/铁复合薄板的 Hill1948 屈服准则材料参数

F	G	H	N
0.4354	0.7314	0.2686	2.0783

Yld2000-2d 屈服准则的形式为：

$$\boldsymbol{\Phi}=\boldsymbol{\Phi}'+\boldsymbol{\Phi}''=2\boldsymbol{\sigma}^{\mathrm{a}} \tag{6.32}$$

其中：

$$\boldsymbol{\Phi}'=|S_1-S_2|^{\mathrm{a}} \tag{6.33}$$

$$\boldsymbol{\Phi}''=|2S_2+S_1|^{\mathrm{a}}+|2S_1+S_2|^{\mathrm{a}} \tag{6.34}$$

其中，S_1 和 S_2 为主偏应力；a 为由材料晶体结构决定的参数。通过线性转换得：

$$\boldsymbol{X}=\boldsymbol{Cs} \tag{6.35}$$

其中，$\boldsymbol{s}$ 为应力偏张量；$\boldsymbol{X}$ 为经过线性转换的应力张量；$\boldsymbol{C}$ 为线性转换矩阵。对公式（6.33）和公式（6.34）定义的各向异性屈服准则分别进行线性转换，可以得到：

$$\boldsymbol{\Phi}=\boldsymbol{\Phi}'(\boldsymbol{X}')+\boldsymbol{\Phi}''(\boldsymbol{X}'')=2\overline{\boldsymbol{\sigma}}^{\mathrm{a}} \tag{6.36}$$

其中：

$$\boldsymbol{\Phi}'=|\boldsymbol{X}_1'-\boldsymbol{X}_2''|^{\mathrm{a}} \tag{6.37}$$

$$\boldsymbol{\Phi}''=|2\boldsymbol{X}_2''+\boldsymbol{X}_1''|^{\mathrm{a}}+|2\boldsymbol{X}_1''+\boldsymbol{X}_2''|^{\mathrm{a}} \tag{6.38}$$

以及

$$\boldsymbol{X}'=\boldsymbol{C}'\boldsymbol{s}=\boldsymbol{C}'\boldsymbol{T}\boldsymbol{\sigma}=\boldsymbol{L}'\boldsymbol{\sigma} \tag{6.39}$$

$$\boldsymbol{X}''=\boldsymbol{C}''\boldsymbol{s}=\boldsymbol{C}''\boldsymbol{T}\boldsymbol{\sigma}=\boldsymbol{L}''\boldsymbol{\sigma} \tag{6.40}$$

其中，$\boldsymbol{T}$ 为将柯西应力张量 $\boldsymbol{\sigma}$ 转换为应力偏张量 $\boldsymbol{s}$ 的一个矩阵，$\boldsymbol{C}'$ 和 $\boldsymbol{C}''$ 为线性转换矩阵。结合

$$\boldsymbol{T}=\begin{pmatrix} 2/3 & -1/3 & 0 \\ -1/3 & 2/3 & 0 \\ 0 & 0 & 1 \end{pmatrix} \tag{6.41}$$

在与材料对称轴相关的参考系中，有：

$$\begin{pmatrix} X'_{11} \\ X'_{22} \\ X'_{12} \end{pmatrix}=\begin{pmatrix} C'_{11} & C'_{12} & 0 \\ C'_{21} & C'_{22} & 0 \\ 0 & 0 & C'_{66} \end{pmatrix}\begin{pmatrix} S_{11} \\ S_{22} \\ S_{33} \end{pmatrix} \tag{6.42}$$

以及

$$\begin{pmatrix} X''_{11} \\ X''_{22} \\ X''_{12} \end{pmatrix}=\begin{pmatrix} C''_{11} & C''_{12} & 0 \\ C''_{21} & C''_{22} & 0 \\ 0 & 0 & C''_{66} \end{pmatrix}\begin{pmatrix} S_{11} \\ S_{22} \\ S_{33} \end{pmatrix} \tag{6.43}$$

由于 $\boldsymbol{\Phi}'$ 取决于 $\boldsymbol{X}'_1-\boldsymbol{X}'_2$，所以 $\boldsymbol{C}'$ 中只有 3 个独立的系数，而在 $\boldsymbol{C}''$ 中有 5 个独立的系数。因此，在整个转换矩阵中共有 8 个独立的系数。

$\boldsymbol{X}'$ 和 $\boldsymbol{X}''$ 的特征值 X_1 和 X_2 分别为：

$$X_1=\frac{1}{2}\left(X_{11}+X_{22}+\sqrt{(X_{11}-X_{22})^2+4X_{12}^2}\right) \tag{6.44}$$

$$X_2=\frac{1}{2}\left(X_{11}+X_{22}-\sqrt{(X_{11}-X_{22})^2+4X_{12}^2}\right) \tag{6.45}$$

系数 $\boldsymbol{L}'$ 和 $\boldsymbol{L}''$ 分别为：

$$\begin{pmatrix} L'_{11} \\ L'_{12} \\ L'_{21} \\ L'_{22} \\ L'_{66} \end{pmatrix}=\begin{pmatrix} 2/3 & 0 & 0 \\ -1/3 & 0 & 0 \\ 0 & -1/3 & 0 \\ 0 & 2/3 & 0 \\ 0 & 0 & 1 \end{pmatrix}\begin{pmatrix} \alpha_1 \\ \alpha_2 \\ \alpha_7 \end{pmatrix} \tag{6.46}$$

以及

$$\begin{pmatrix} L''_{11} \\ L''_{12} \\ L''_{21} \\ L''_{22} \\ L''_{66} \end{pmatrix}=\frac{1}{9}\begin{pmatrix} -2 & 2 & 8 & -2 & 0 \\ 1 & -4 & -4 & 4 & 0 \\ 4 & -4 & -4 & 1 & 0 \\ -2 & 8 & 2 & -2 & 0 \\ 0 & 0 & 0 & 0 & 1 \end{pmatrix}\begin{pmatrix} \alpha_3 \\ \alpha_4 \\ \alpha_5 \\ \alpha_6 \\ \alpha_8 \end{pmatrix} \tag{6.47}$$

其中，$\alpha_1 \sim \alpha_8$ 为 Yld2000-2d 屈服准则的 8 个材料特征值，其需要采用最小化误差函数来进行求解。

本研究中的误差函数定义为实验数据与预测数据之间的差值。实验数据为沿着轧制方向、45°方向、垂直于轧制方向的单轴拉伸实验以及等双拉实验获得的屈服应力和塑性应变比。其误差函数 ζ 为：

$$\zeta=\sum_{i=1}^{3}\left(\frac{\sigma_{\theta_i}^{\mathrm{cal}}-\sigma_{\theta_i}^{\mathrm{exp}}}{\sigma_{\theta_i}^{\mathrm{exp}}}\right)^2+\left(\frac{\sigma_b^{\mathrm{cal}}-\sigma_b^{\mathrm{exp}}}{\sigma_b^{\mathrm{exp}}}\right)^2+\sum_{i=1}^{3}\left(\frac{r_{\theta_i}^{\mathrm{cal}}-r_{\theta_i}^{\mathrm{exp}}}{r_{\theta_i}^{\mathrm{exp}}}\right)^2+\left(\frac{r_b^{\mathrm{cal}}-r_b^{\mathrm{exp}}}{r_b^{\mathrm{exp}}}\right)^2 \tag{6.48}$$

其中，σ_{θ_i} 以及 r_{θ_i} 分别为与轧制方向呈不同角度 θ 的单轴拉伸屈服应力和塑性应变比，$\theta=0°$、45°、90°，σ_b、r_b 分别为等双拉屈服应力和等双拉塑性应变比。Yld2000-2d 屈服准则参数的求解流程如图 6.5 所示，采用此参数求解方法，计算出的 Yld2000-2d 屈服准则材料参数如表 6.5 所示。

本研究为了评估采用塑性应变比 r 值进行求解的 Hill1948 屈服准则和 Yld2000-2d 屈服准则的有效性和准确性，对采用两种屈服准则预测的轧制态钛/铁复合薄板法平面内的屈服轨迹与实验获得的初始屈服轨迹进行了对比，如图

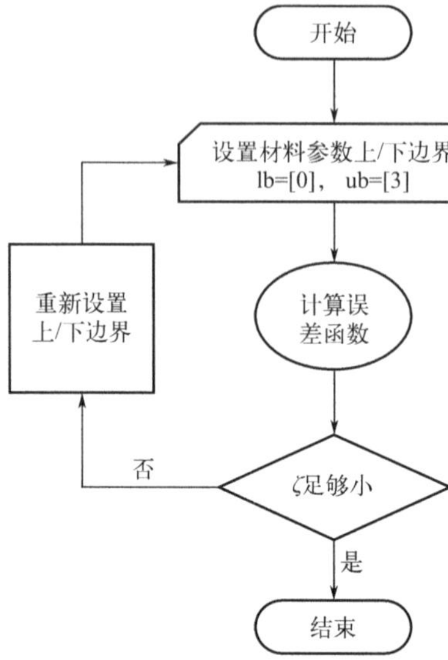

图 6.5 Yld2000-2d 屈服准则参数的计算流程图

表 6.5 轧制态钛/铁复合薄板的 Yld2000-2d 屈服准则材料参数

α_1	α_2	α_3	α_4	α_5	α_6	α_7	α_8
0.9035	0.8648	0.8523	0.9391	1.0156	0.8523	1.0625	0.7656

6.6 所示。可以看出，采用两种屈服准则预测的屈服轨迹与材料初始屈服轨迹的分布趋势基本一致，两种屈服准则均可以描述屈服轨迹的外凸性。此外，通过对比可以发现，采用 Yld2000-2d 屈服准则预测的屈服轨迹与实验值的吻合度更高，这是因为其参数求解过程中加入了等比例双向拉伸屈服应力，导致其对法平面屈服轨迹的约束能力更强。因此，Yld2000-2d 预测轧制态钛/铁复合薄板各向异性屈服行为的能力更强。

为了定量评估两种屈服准则预测屈服轨迹的精度，Du 等人[3]提出了一种评估预测曲线与实验数据点之间误差的方法，其公式如下：

$$\delta_{\mathrm{ave}}^{\mathrm{yl}}=\frac{1}{N_{\mathrm{yl}}}\left\{\sum_{i=1}^{N_{\mathrm{yl}}}\frac{\sqrt{\left[\sigma_{11}^{\mathrm{cal}}(i)-\sigma_{11}^{\mathrm{exp}}(i)\right]^2+\left[\sigma_{22}^{\mathrm{cal}}(i)-\sigma_{22}^{\mathrm{exp}}(i)\right]^2}}{\sqrt{\left[\sigma_{11}^{\mathrm{exp}}(i)+\sigma_{22}^{\mathrm{exp}}(i)\right]^2}}\right\} \tag{6.49}$$

其中，i 为双轴拉伸加载比例对应的实验数据点索引序号；N_{yl} 是实验数据点的数量，本研究中的 $N_{\mathrm{yl}}=9$。

图 6.7 为两种屈服准则预测钛/铁复合薄板屈服轨迹的误差。可以看出，采用 8 个材料特征值参与求解的 Yld2000-2d 屈服准则，其预测屈服轨迹的误差度

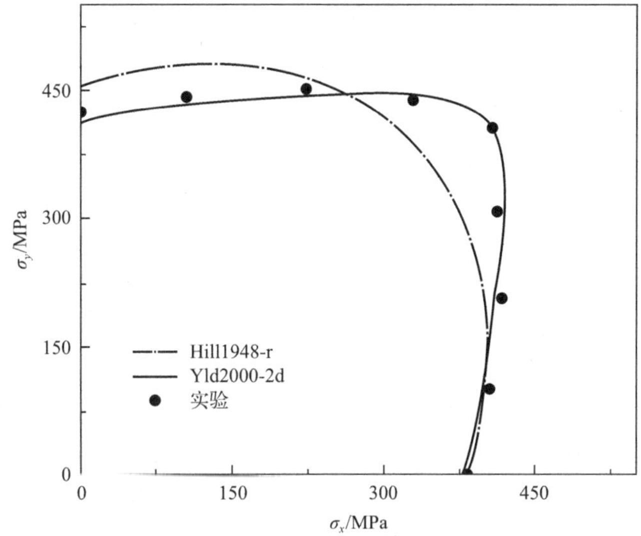

图 6.6　不同屈服准则预测的轧制态钛/铁复合薄板屈服轨迹

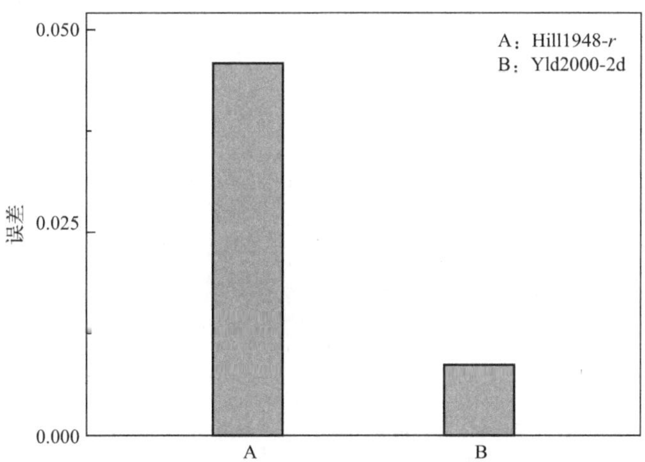

图 6.7　不同屈服准则预测屈服轨迹的误差统计图

明显低于使用 3 个材料特征值参与求解的 Hill1948 屈服准则。因此，Yld2000-2d 屈服准则更适用于预测钛/铁复合薄板的各向异性屈服行为。

6.2　屈服准则的适应性验证

不同屈服准则预测钛/铁复合薄板屈服轨迹的准确性和适用性已经得到了验证，但是不同屈服准则在钛/铁复合薄板冲压成形应用中的适用性需要进一步的验证。因此，本研究针对钛/铁复合薄板的室温杯突和拉深进行成形实验和数值模拟研究，将实验结果和数值模拟结果进行对比分析，以验证屈服准则在钛/铁复合薄板冲压成形中的适用性。其中，钛/铁复合薄板的冲压成形数值模拟采用商用有限元软件 Dynaform。

6.2.1 轧制态钛/铁复合板的室温杯突实验及数值模拟分析

根据薄板埃里克森杯突实验的实际模具尺寸建立数值模拟模型，如图 6.8 所示。其中，凸模、凹模以及压边圈被设置为带有非变形工具网格的刚体。由于钛/铁复合薄板界面结合性能优异，其变形过程中各金属层能够协调变形，如图 6.1 所示。因此，板料被设置为单层材料并设置其材料性能。板料被设置为可变形体，并被划分成 900 个可再划分的 Belytschko-Tsay 壳单元网格。为了对比 Hill1948-r 屈服准则（通过塑性应变比 r 值定参的 Hill1948 屈服准则）以及 Yld2000-2d 屈服准则在钛/铁复合薄板冲压成形数值模拟中的适用性以及预测能力，在模拟软件中分别选择 122* MAT_HILL_3R 和 133* MAT_BARLAT_YLD2000 材料模型来定义板料的属性。通过输入材料参数定义钛/铁复合薄板的流变曲线和各向异性。板料和各模具之间的摩擦系数被设置为 0.1。杯突成形数值模拟中工艺参数按照实际实验进行设置。其中，压边力设置为 10kN，凸模行进速度设置为 0.25mm/s。

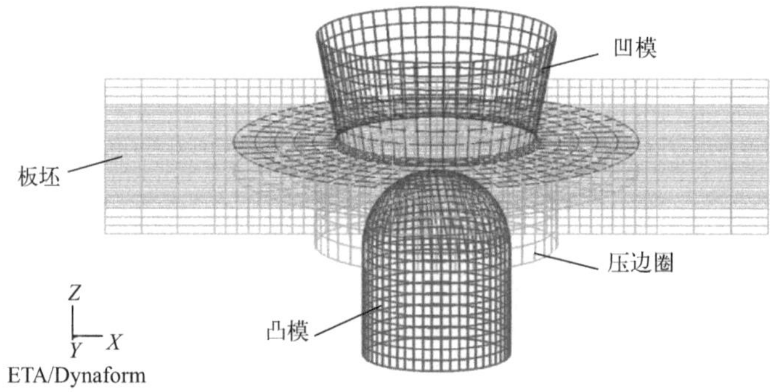

图 6.8 杯突数值模型

图 6.9 给出了钛/铁复合薄板杯突实验以及采用两种屈服模型进行数值模拟得到的极限成形深度（IE 值）。经过测量，轧制态钛/铁复合薄板的实验 IE 值为 7.52mm。此外，采用 Hill1948-r 屈服模型定义板材进行的数值模拟，其预测的 IE 值为 7.06mm；采用 Yld2000-2d 屈服模型定义板材进行的数值模拟，其预测的 IE 值为 7.09mm。两种屈服准则在预测轧制态钛/铁复合薄板室温杯突成形深度结果上相差不大，且相较于实验结果均具有较高的准确性。

图 6.10 为轧制态钛/铁复合薄板杯突实验成形件形貌。可以看出，成形裂纹

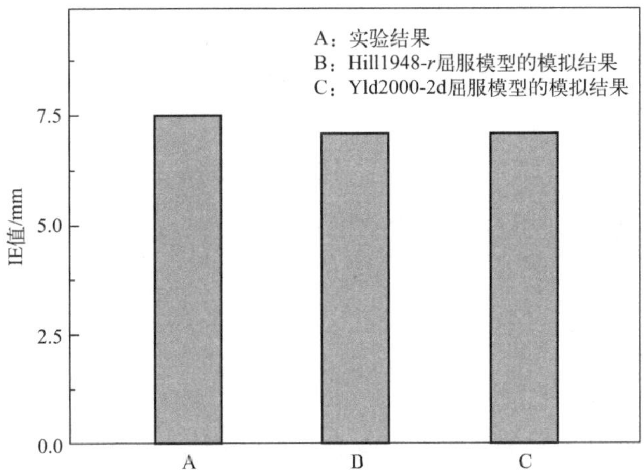

图 6.9　轧制态钛/铁复合薄板的 IE 值

出现在杯突成形件的顶部附近，裂纹方向与板材的轧制方向平行，其中在与左侧的长裂纹相对称的右侧位置还存在一条微裂纹。

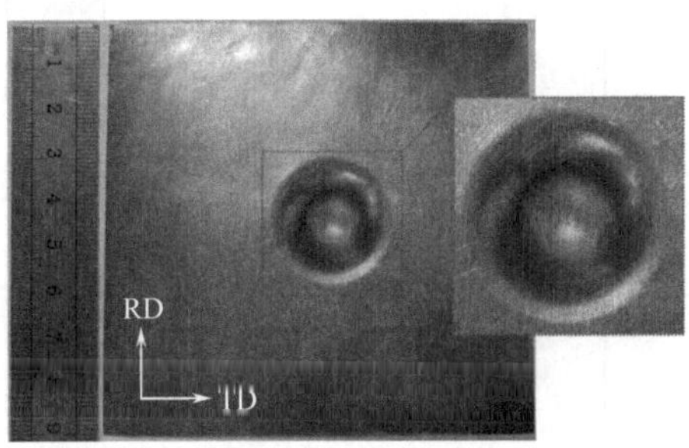

图 6.10　杯突成形件形貌

图 6.11 为采用两种屈服模型进行数值模拟预测出的杯突成形件形貌。可以看出：两种屈服模型预测的结果中，裂纹位置均出现在顶部附近，且裂纹方向与杯突实验一致，均沿着板材轧制方向延伸。两种屈服模型预测结果之间的区别在于：二者预测的裂纹数量存在差异。采用 Hill1948-r 屈服准则定义材料属性进行的杯突数值模拟预测出了杯突实验中的双裂纹。

图 6.12 为轧制态钛/铁复合薄板杯突实验以及采用两种屈服模型进行数值模拟预测的成形力峰值。室温杯突实验中，轧制态钛/铁复合薄板成形所需的最大实验力为 26.33kN。通过数值模拟预测的成形力峰值要低于实验中的成形力峰值。其中，采用 Yld2000-2d 屈服模型进行数值模拟预测的结果更接近于实验结果，其预测能力更加精确。

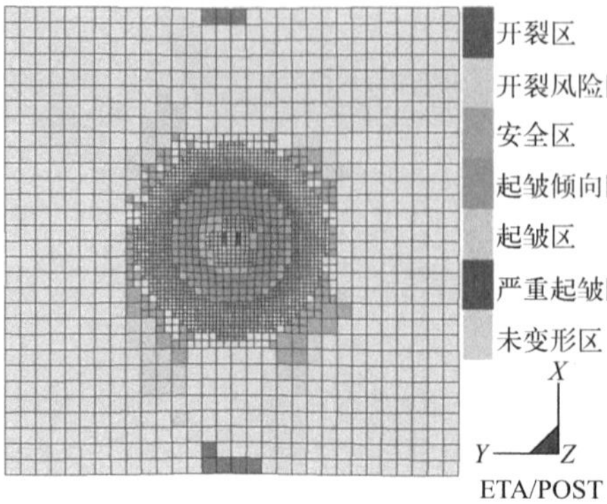

(a) Hill1948-r

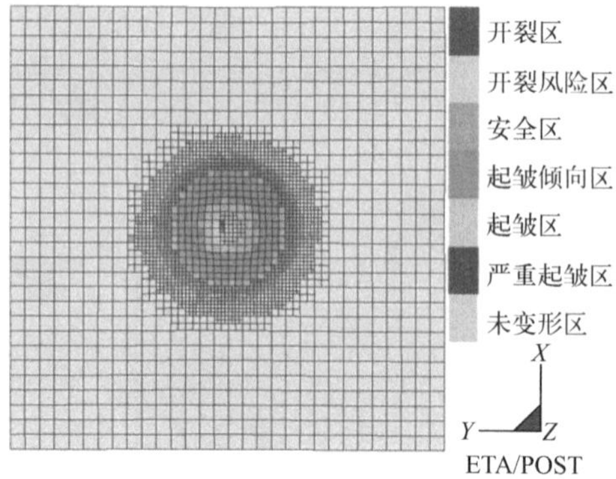

(b) Yld2000-2d

图 6.11 不同屈服模型预测的杯突成形件形貌

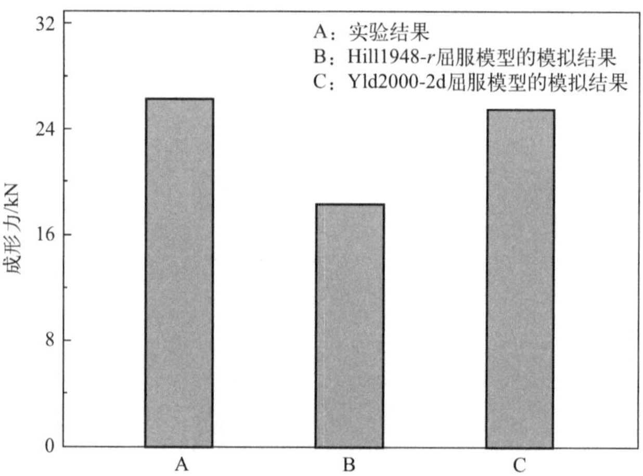

图 6.12 杯突实验成形力峰值

6.2.2 轧制态钛/铁复合板的筒形件室温拉深实验结果及数值模拟分析

根据金属薄板拉深实验的模具实际尺寸建立拉深数值模拟仿真模型，如图 6.13 所示。凸模、凹模压边圈被设置为带有工具网格的刚体部件。在 Dynaform 模拟软件中，选择 122* MAT_HILL_3R 和 133* MAT_BARLAT_YLD2000 材料模型定义板料的材料属性，对比 Hill1948-r 屈服准则和 Yld2000-2d 屈服准则在轧制态钛/铁复合薄板室温拉深成形中的适用性以及预测结果的准确性。板材采用 Belytschko-Tsay 壳单元网格对其进行划分，其中网格的平均尺寸约为 1mm。成形过程中，板料和各模具之间的摩擦系数被设置为 0.1。拉深成形数值模拟中的各项工艺参数按照实际实验进行设置。其中，压边力设置为 15kN，凸模行进速度设置为 1mm/s。

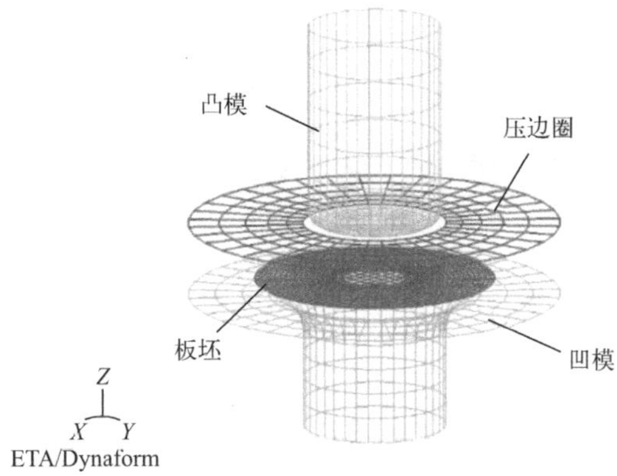

图 6.13　拉深数值模型

图 6.14 为室温拉深实验制备出的钛/铁复合薄板筒形件形貌。可以看出，在 1.8 的拉深比下，筒形件没有发生破裂以及界面开裂。此外，钛/铁复合薄板在拉深成形后出现了明显的制耳现象，说明钛/铁复合薄板的各向异性较为强烈。其中，拉深成形件的 4 个凸耳分别出现在 45°、135°、225°以及 315°方向上的附近位置，且 4 个凸耳基本呈对称分布。

图 6.14　拉深成形件形貌

图 6.15 为采用两种屈服模型进行数值模拟预测出的室温拉深成形件累积应变分布云图。可以看出，采用两种屈服模型的数值模拟方法，均能够预测出筒形拉深件的制耳现象，且预测凸耳数量、凸耳出现位置的能力也相对精准。同时，对比实验结果以及数值模拟结果还可以发现，轧制态钛/铁复合薄板筒形拉深件的侧壁边缘出现了褶皱，而采用两种屈服模型进行的数值模拟方法均预测出了侧壁边缘的起皱现象。然而，对比发现，两种数值模拟方法预测的成形件，在应变

分布上存在着差异。

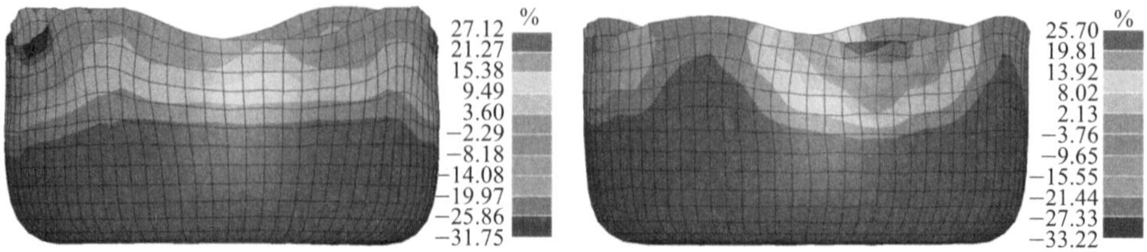

(a) Hill1948　　(b) Yld2000-2d

图 6.15　不同屈服模型预测的拉深成形件形貌

（见文后彩图）

为了比较 Hill1948-r 和 Yld2000-2d 两种屈服模型在轧制态钛/铁复合薄板拉深成形数值模拟中预测变形能力的精确度，将实验制备拉深筒形件的侧壁高度分布与两种屈服模型预测的结果进行对比。从图 6.16 中可以看出，两种屈服准则在预测波峰、波谷位置方面较为精确，同时二者预测的波谷高度也较为一致，二者之间预测能力的差异主要体现在预测的凸耳波峰高度上。采用 Hill1948-r 屈服准则预测的凸耳波峰要高于实验结果，且存在相对较大的偏差，Yld2000-2d 屈服准则在预测轧制态钛/铁复合薄板筒形件侧壁高度分布方面，具有更高的预测精度。

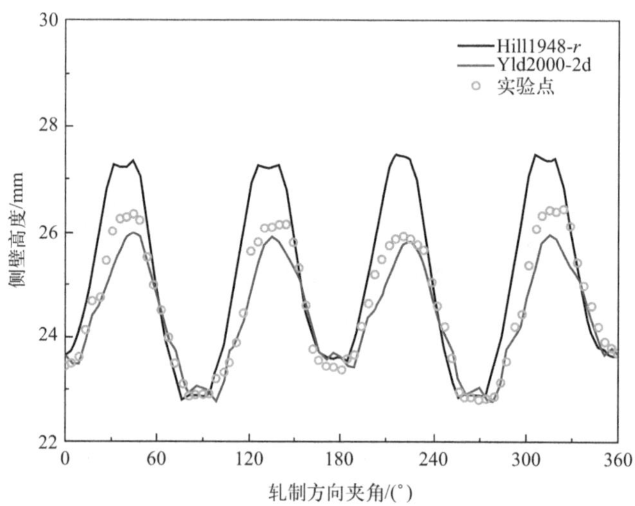

图 6.16　拉深成形件侧壁的高度分布曲线

为了比较 Hill1948-r 屈服准则和 Yld2000-2d 屈服准则在钛/铁复合薄板拉深

成形数值模拟中预测筒形拉深件厚度分布的能力，本研究选取了板料与轧制方向成 0°、45°、90°三个方向上的 20 个节点，在数值模拟研究中，输出上述节点的数值模拟结果，并将其与筒形拉深件上相对应位置的实际厚度进行对比，用以分析和对比两种屈服模型预测结果的精确度。实验数据获取位置如图 6.17 所示。

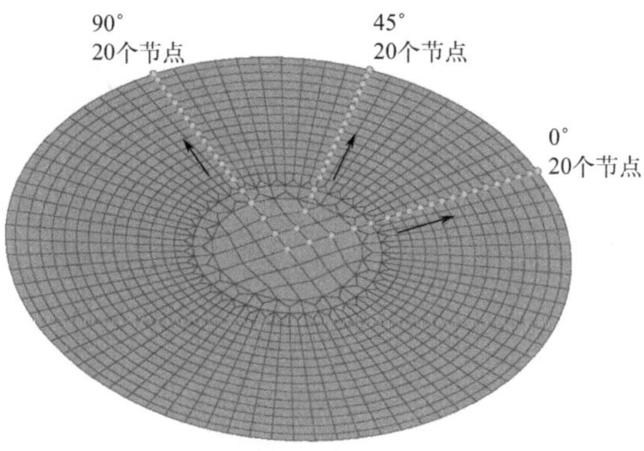

(a) 数值模拟

(b) 实验

图 6.17　拉深成形件厚度测量位置

图 6.18 为轧制态钛/铁复合薄板筒形拉深件三个方向上的实际厚度与数值模拟预测结果对比图。可以看出，采用两种屈服轨迹均可以预测出筒形拉深件的厚度分布趋势。对比发现，采用 Yld2000-2d 屈服准则进行的筒形件拉深数值模拟，其预测出的厚度分布结果更接近于筒形拉深件的实际厚度分布，说明 Yld2000-2d 屈服准则在预测钛/铁复合薄板拉深成形厚度方面，比 Hill1948-r 屈服模型具有更高的精确度。此外，在筒形拉深件的底部和凸缘区域，其 3 个各向异性主轴方向上的厚度分布基本一致，且侧壁区 3 个方向之间的厚度分布存在着较大的差异，这是导致拉深成形件产生制耳现象的主要原因。轧制态钛/铁复合薄板不同方向上的塑性应变比存在着较大的差异，这就意味着，在相同的外加载荷下，板料在各方向上的变形是不均匀的。根据公式（6.5）可以判断出，在相同的宽向应变速率下，塑性应变比越大厚向应变增量越小。同时，基于塑性变形体积不变假设，其长度方向上的应变增量相应增大，因此，轧制态钛/铁复合薄板成形件在 45°方向上出现凸耳。

图 6.19 为轧制态钛/铁复合薄板沿 3 个各向异性主轴方向切割面的宏观形貌，其中，筒形件内侧的高亮层为 TA1 侧金属层。可以看出，拉深成形件的界面上没有出现开裂。因此，可以说明轧制态钛/铁复合薄板的界面结合性能良好，可以维持各金属层在拉深成形过程中的协调变形，保证复合板整体的变形一致性。此外，拉深成形后的 TA1 侧金属层基本呈等厚度分布，同样可以说明在拉

深过程中，DT4 侧金属层的变形主导复合板的整体变形，TA1 侧金属层在结合界面的作用下，跟随着 DT4 侧金属层协调变形。

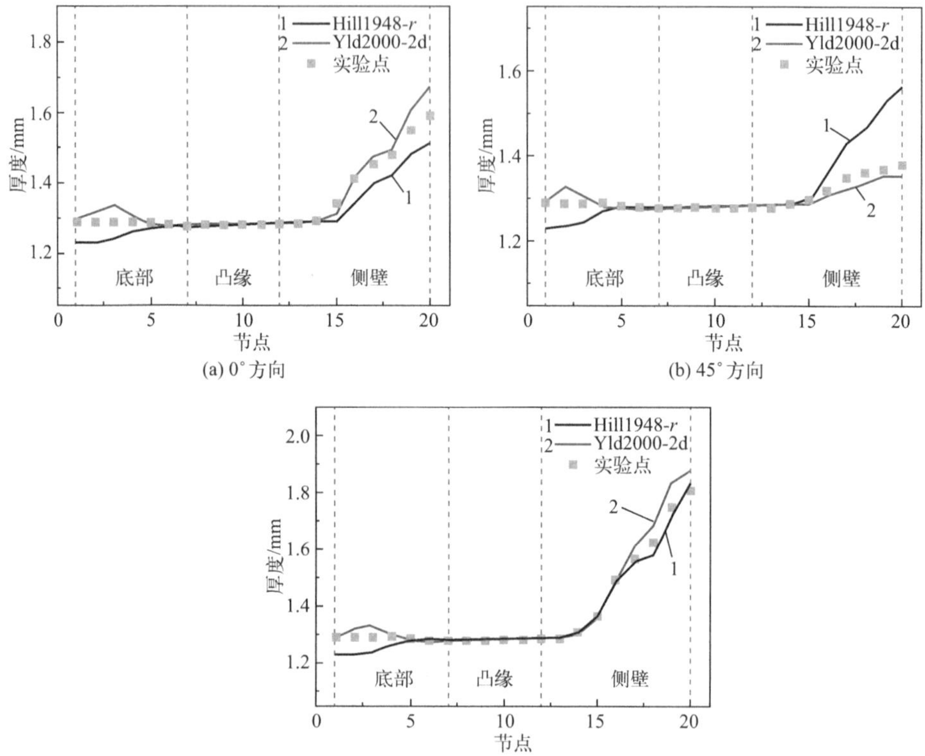

(a) 0° 方向　(b) 45° 方向　(c) 90° 方向

图 6.18　拉深成形件的厚度分布图

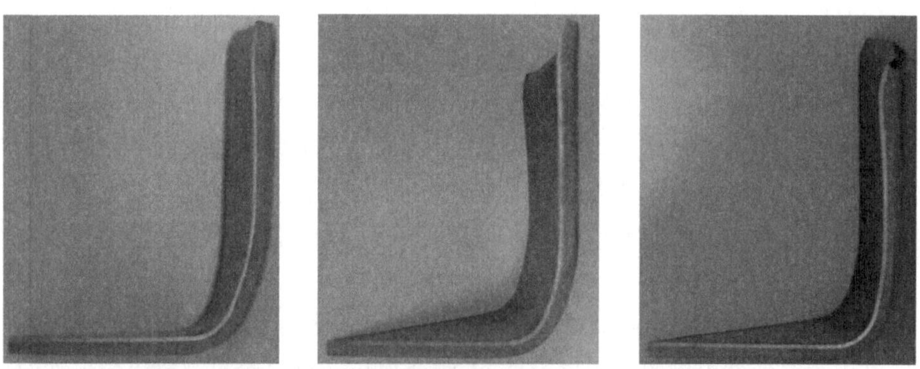
(a) 0° 方向　(b) 45° 方向　(c) 90° 方向

图 6.19　拉深成形件界面的宏观形貌

6.3 退火温度对钛/铁复合板组织与冲压成形性能的影响

轧制工艺生产的板材，通常表现出明显的各向异性[4]。此外，对于金属层状复合板，需要产生较大的塑性变形，才能实现其有效的界面复合，这就会导致板材产生强烈的加工硬化效应。因此，轧制工艺生产的金属层状复合板就不能作为坯料直接用于某些制造条件苛刻、成形质量要求较高的零部件的冲压成形。为解决这一问题，生产中一般会对轧制板材进行退火处理来达到提高其冲压成形性能的目的。然而，在退火处理中，复合板的结合界面强度同样会发生变化，进而影响复合板的开裂。退火温度和退火时间的选取直接影响轧后金属层的回复和再结晶程度，以及结合界面的元素扩散和界面化合物的析出程度，进而影响复合板的综合力学性能。

本节以 65%轧制压下率、异温热轧制备的钛/铁复合薄板为研究对象进行退火处理，制备出冲压成形性能优异的钛/铁复合薄板。退火时间越长，界面元素扩散程度越高，但是元素间生成化合物的反应时间也随之变长。因此，在本节中，将退火时间固定为 1h，尽可能地控制元素反应时长，同时起到缩短实际生产流程的作用。通过调控退火温度来达到改善异温热轧钛/铁复合板整体冲压成形性能的目的。本节还着重研究退火温度对其塑性、各向异性以及界面结合性能的影响，并对其影响机制进行系统的分析。

6.3.1 退火温度对钛/铁复合板微观组织的影响

(1) TA1 侧金属层

图 6.20～图 6.22 为经过不同退火温度处理后钛/铁复合薄板中 TA1 侧金属层晶粒的取向成像图。其中，晶粒按照反极图的基准色板进行着色。可以看出，经过不同温度退火后，TA1 侧金属层的微观结构均为等轴晶。相较于轧制态钛/铁复合薄板中 TA1 侧金属层的微观组织［图 5.14 (a) 所示］，经过不同温度退火后 TA1 侧金属层的晶粒均出现了一定程度的生长。其中，不同退火温度下晶粒长大的程度存在区别，随着退火温度的提高，晶粒长大的程度相应提高。通过 Channel 5 软件测量了 TA1 侧金属层的平均晶粒尺寸，560℃退火后 TA1 侧金属层的平均晶粒尺寸由轧制态的约 7.9μm 增大到约 8.9μm，TA1 侧金属层的平均晶粒尺寸在经过 680℃退火后，骤增至约 33.2μm。

图 6.23～图 6.25 为经过不同退火温度处理后钛/铁复合薄板中 TA1 侧金属层的晶界分布状态。其中，以黑色实线标注取向误差角大于 10°的大角度晶界，以红色实线标注取向误差角介于 2°～10°的小角度晶界。相比较于轧制态钛/铁复合薄板中 TA1 侧金属层的晶界分布［图 5.14 (b) 所示］，在经过 560℃退火后，

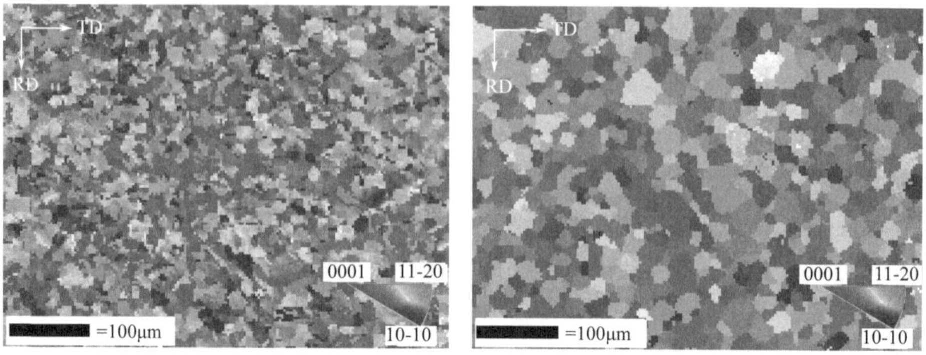

(a) 560℃退火态　　(b) 580℃退火态

图 6.20　560℃、580℃退火后的 TA1 侧金属层晶粒的取向成像图

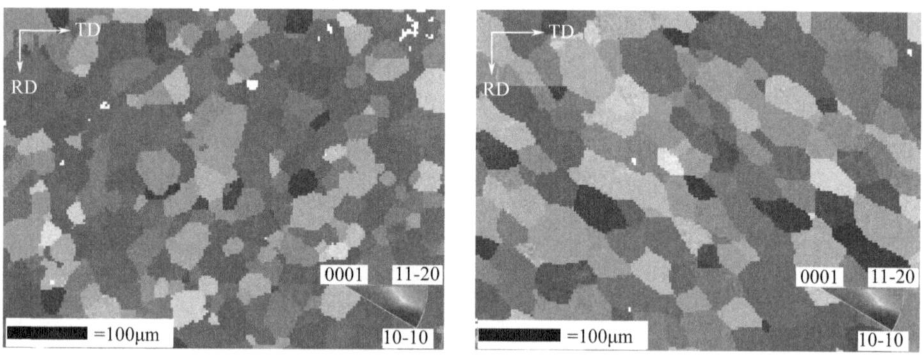

(a) 620℃退火态　　(b) 660℃退火态

图 6.21　620℃、660℃退火后的 TA1 侧金属层晶粒的取向成像图

图 6.22　680℃退火后的 TA1 侧金属层晶粒的取向成像图

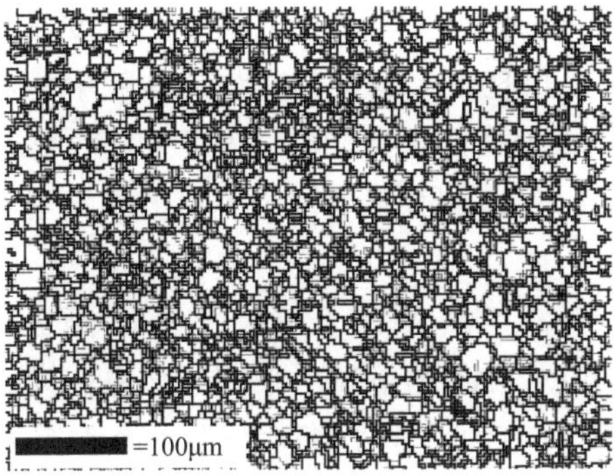

(a) 560℃退火态

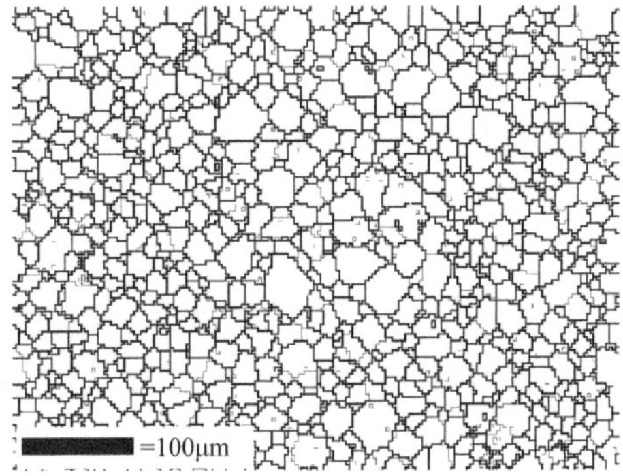

(b) 580℃退火态

图 6.23　560℃、580℃退火后的 TA1 侧金属层晶界分布图
（见文后彩图）

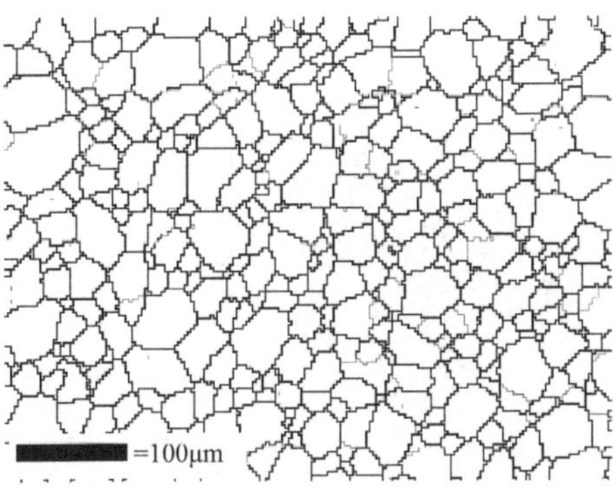

(a) 620℃退火态

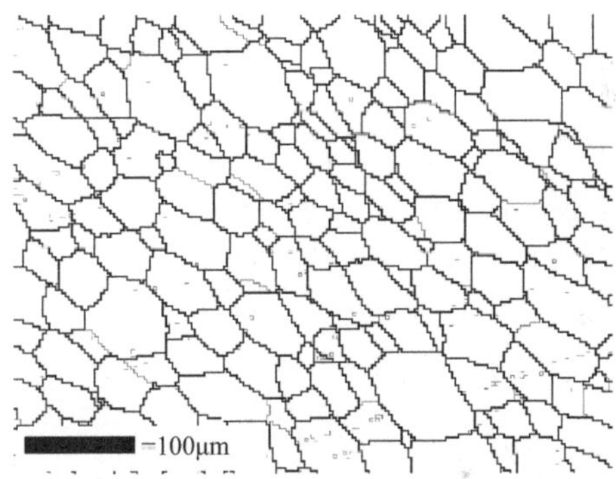

(b) 660℃退火态

图 6.24　620℃、660℃退火后的 TA1 侧金属层晶界分布图
（见文后彩图）

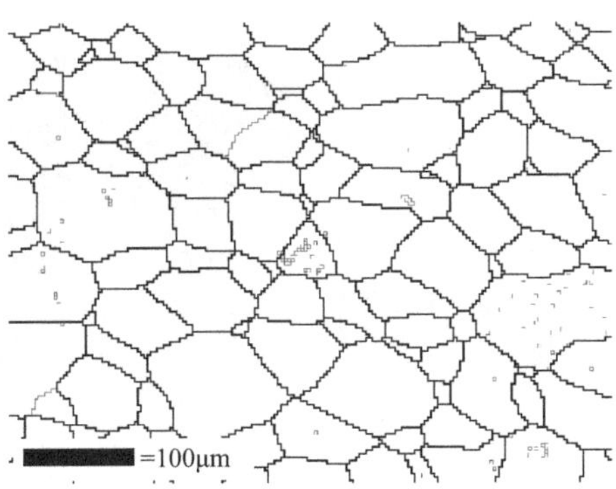

图 6.25　680℃退火后的 TA1 侧金属层晶界分布图
（见文后彩图）

TA1 侧金属层中的小角度晶界明显减少。当退火温度达到 580℃后，小角度晶界所占比例在整个 TA1 侧金属层的晶界分布中出现了大幅度的减少，晶粒中的小角度晶界在退火过程中消失。此外，随着退火温度的提高，小角度晶界的占比越来越小，特别是当退火温度提高到 620℃后，TA1 侧金属层中的小角度晶界基本消失。

图 6.26～图 6.28 为经过不同退火温度处理后钛/铁复合薄板中 TA1 侧金属层的局部取向差图。对比图 5.15（a），轧制态 TA1 侧金属层中的局部取向差主要集中在 3°左右，而约为 0°以及 5°局部取向差的分布是相对分散的。在经过 560℃退火后，TA1 侧金属层中小于 1°的局部取向差所占的比例有所增加，大于 1°的局部取向差在 TA1 侧金属层中仍然占有一定的比例。当轧制态钛/铁复合薄板经过 580℃及以上的温度退火后，TA1 侧金属层中的小角度局部取向差所占的比例更大，同时大于 2°的局部取向差几乎消失。此外，随着退火温度的升高，在 TA1 侧金属层中占最大比例的局部取向差的峰值角度更接近于 0°。

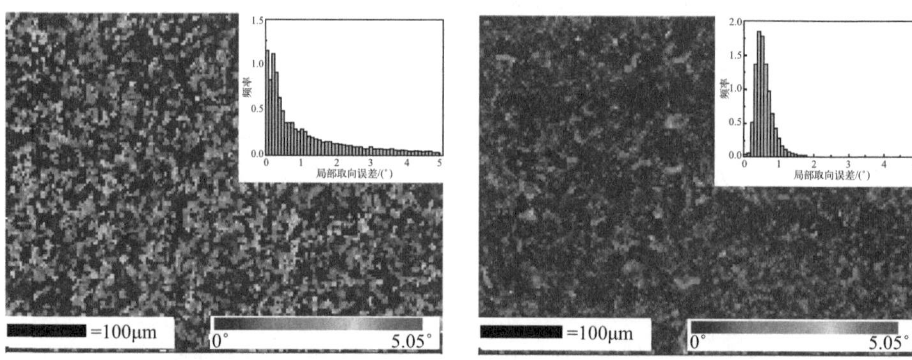

(a) 560℃退火态　　(b) 580℃退火态

图 6.26　560℃、580℃退火后的 TA1 侧金属层局部取向差分布

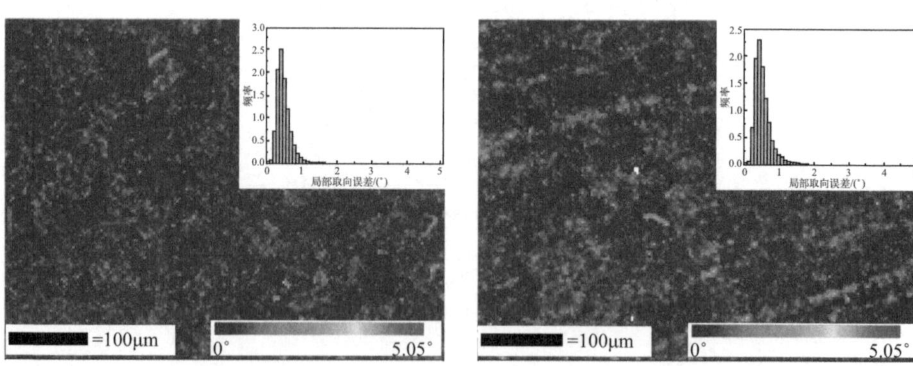

(a) 620℃退火态　　(b) 660℃退火态

图 6.27　620℃、660℃退火后的 TA1 侧金属层局部取向差分布

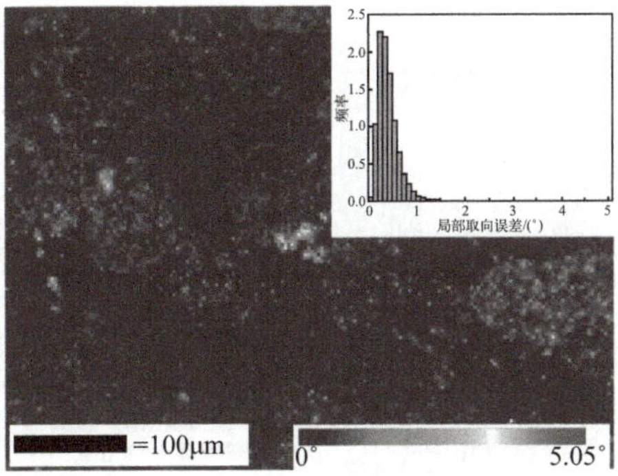

图 6.28 680℃退火后的 TA1 侧金属层局部取向差分布

基于上述结果，退火后，轧制态钛/铁复合薄板中 TA1 侧金属层的微观组织发生了明显的变化。Ti 为密排六方结构（HCP），其具有相对有限的滑移系、较低的层错能和较快的晶界扩散速率，导致 HCP 金属能够发生快速的动态再结晶[5]。因此，轧制态 TA1 侧金属层中的晶粒细小且均匀。此外，塑性变形过程中还会产生位错，小角度晶界就是由一个区域内的多个位错重新排列形成的[6]。这就导致轧制后 TA1 侧金属层中出现了大量的小角度晶界，相应的，轧制态 TA1 侧金属层具有较高的位错密度。在板材的成形过程中，随着塑性变形的进行，位错之间会发生相互作用。较高的位错密度导致其相互作用更加的强烈，这就会降低板材的塑性变形能力[7,8]。位错中的高能量存储导致了小角度晶界的不稳定性，当被加热温度达到特定温度时，轧制后 TA1 侧金属层位错会被激活而发生运动，发生晶粒粗化，即二次再结晶。因此，退火后 TA1 侧金属层晶粒在长大的过程中，小角度晶界消失、位错密度降低。位错密度的降低使一些原有的纠缠位错消失，从而导致阻碍位错运动的趋势降低[9]。TA1 侧金属层的塑性变性能力在退火后得到了提升。

(2) DT4 侧金属层

图 6.29～图 6.31 为经过不同退火温度处理后钛/铁复合薄板中 DT4 侧金属层晶粒的取向成像图。与轧制态钛/铁复合薄板中 DT4 侧金属层的微观组织相比［图 5.14（c）所示］，经过 560～620℃退火后，DT4 侧金属层的晶粒尺寸和取向没有发生显著的变化，其晶体结构仍为平行于轧制方向的长晶粒，且晶体结构中占比较大的晶体取向为｛111｝以及｛001｝。当退火温度达到 660℃，DT4 侧金属层晶粒的形貌发生了显著的变化，其微观组织中出现了大量的等轴晶，其｛111｝取向晶粒所占的比例更大。然而，其微观结构中仍然存在着长晶粒，即图 6.30（b）中右上角的位置。在 680℃退火后，DT4 侧金属层中的长晶粒几乎全部消失，其中分布的晶体结构几乎均为等轴晶。

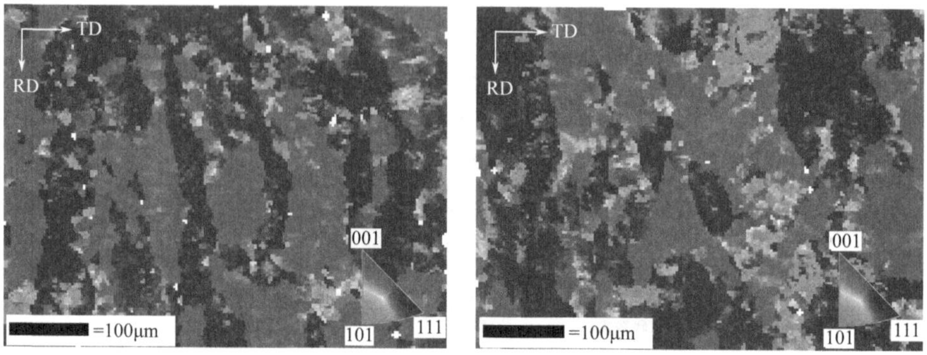

(a) 560℃退火态　　(b) 580℃退火态

图 6.29　560℃、580℃退火后的 DT4 侧金属层晶粒的取向成像图

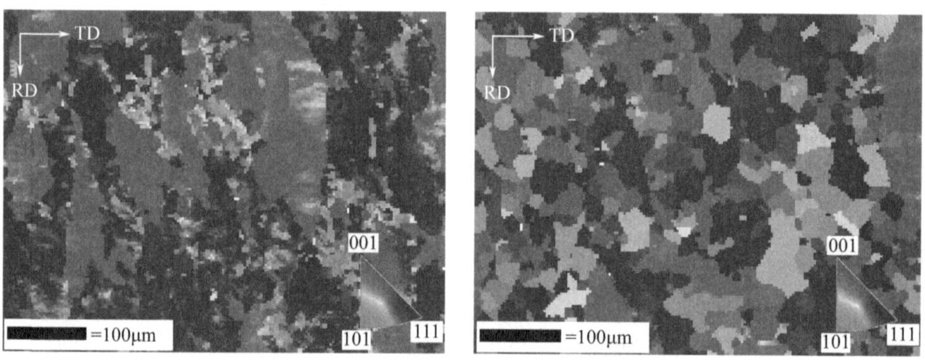

(a) 620℃退火态　　(b) 660℃退火态

图 6.30　620℃、660℃退火后的 DT4 侧金属层晶粒的取向成像图

图 6.31　680℃退火后的 DT4 侧金属层晶粒的取向成像图

图 6.32～图 6.34 为经过不同退火温度处理后钛/铁复合薄板中 DT4 侧金属层的晶界分布状态。其中，黑色实线为取向误差角大于 10°的大角度晶界，红色实线为取向误差角 2°～10°的小角度晶界。从图中可以看出，经过 560℃、580℃、620℃退火后，DT4 侧金属层中仍然分布着大量的小角度晶界。然而，当退火温度提高至 620℃时，DT4 侧金属层中出现了晶粒内部无小角度晶界分布的等轴晶，且长晶粒中的小角度晶界分布也有所减少。当退火温度达到 660℃、680℃后，DT4 侧金属层中分布的小角度晶界大幅度减少，小角度晶界随着退火温度的提高逐渐消失。

图 6.35～图 6.37 为经过不同退火温度处理后钛/铁复合薄板中 DT4 侧金属层的局部取向差。相比于轧制态钛/铁复合薄板中 DT4 侧金属层的局部取向差分布趋势图［图 5.15（b）］，在经过 560℃和 580℃退火后，DT4 侧金属层中局部取向差的分布趋势没有发生明显的变化，绝大部分的局部取向差约为 3°。在经过 620℃退火后，小于 0.5°局部取向差的分布占比有所增加。在经过 660℃退火后，

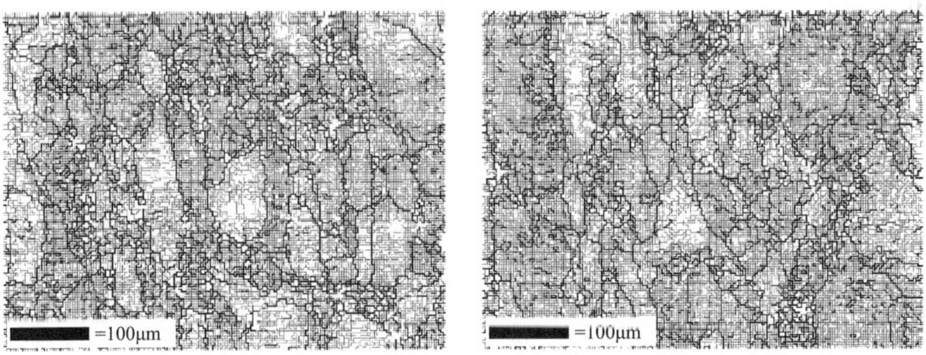

(a) 560℃退火态　(b) 580℃退火态

图 6.32　560℃、580℃退火后的 DT4 侧金属层晶界分布图

（见文后彩图）

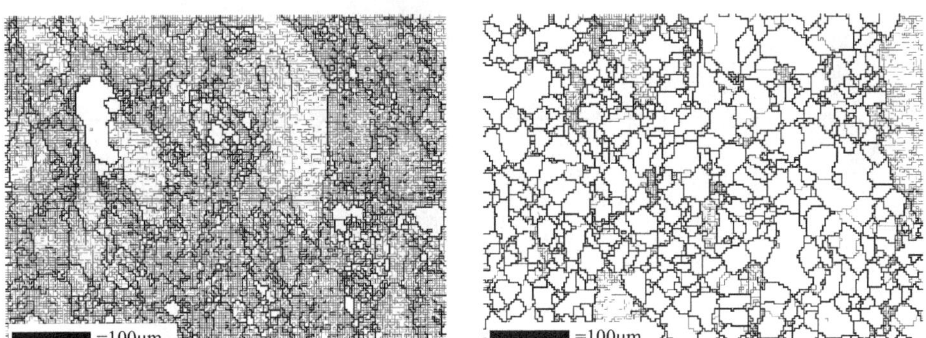

(a) 620℃退火态　(b) 660℃退火态

图 6.33　620℃、660℃退火后的 DT4 侧金属层晶界分布图

（见文后彩图）

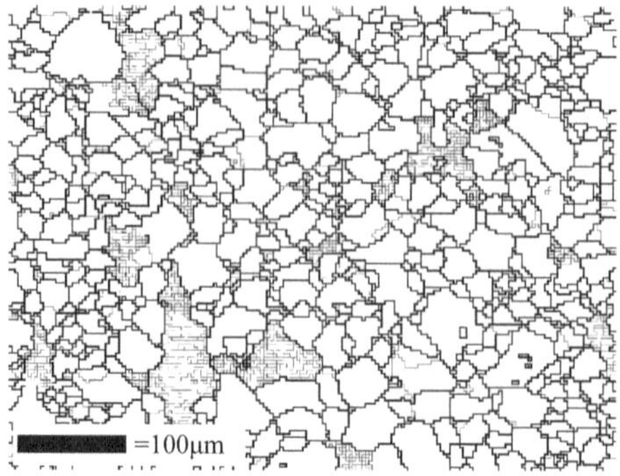

图 6.34 680℃退火后的 DT4 侧金属层晶界分布图

（见文后彩图）

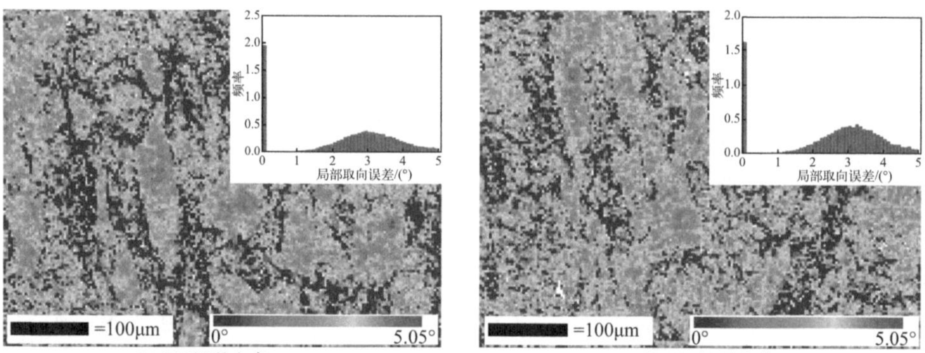

(a) 560℃退火态 (b) 580℃退火态

图 6.35 560℃、580℃退火后的 DT4 侧金属层局部取向差分布

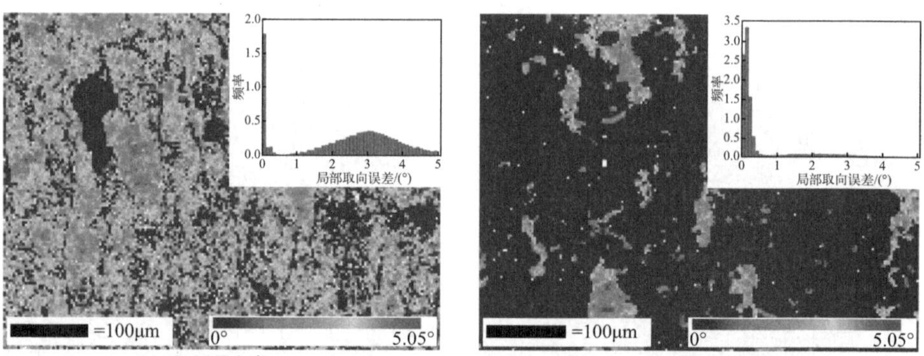

(a) 620℃退火态 (b) 660℃退火态

图 6.36 620℃、660℃退火后的 DT4 侧金属层局部取向差分布

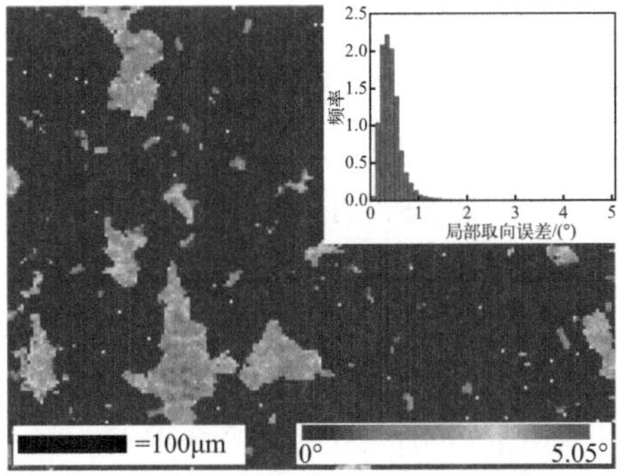

图 6.37　680℃退火后的 DT4 侧金属层局部取向差分布

0°～0.5°局部取向差所占的比例最大。此外，DT4 侧金属层中还分布着占比较少的 1.5°～3.5°局部取向差。在经过 680℃退火后，小于 1°的局部取向差在 DT4 侧金属层中所占的比例最大，同时，大于 2°的局部取向差几乎全部消失。

Fe 为体心立方（BCC）结构，相较于 HCP 结构不易发生动态再结晶。因此，DT4 侧金属层的晶粒在较大的轧制压下率下沿着轧制方向发生伸长和扭转，形成平行于轧制方向的长晶粒。同时，轧制过程中产生的大塑性变形，导致这些长晶粒中分布着大量的小角度晶界，使其存在较高的位错密度。在变形的过程中，随着塑性变形的进行，位错之间发生相互作用，导致硬化现象产生。在经过 560℃、580℃退火后，由于退火温度不足，DT4 侧没有发生再结晶，仅发生回复，因此，DT4 侧的微观组织仍然由平行于轧制方向的长晶粒组成[10]。在退火温度达到 620℃后，DT4 侧金属层中出现了少量不包含亚结构的晶粒，说明此温度下位错被激活而发生运动，导致小角度晶界的消失和再结晶的发生。当退火温度达到 660℃时，DT4 侧出现了大量的再结晶晶粒。这是因为位错的储能作为再结晶的驱动力，在退火温度达到特定值后，因足够的热输入导致 DT4 侧金属层内部储存的能量被释放，进而导致自发形核的发生。而随着退火温度的进一步提高，经过 680℃退火的 DT4 侧金属层，其再结晶程度更高。大量的小角度晶界在 DT4 侧发生再结晶的过程中消失，导致其位错密度降低，进而提高了塑性。

6.3.2　不同退火温度下钛/铁复合板的织构演变

（1）TA1 侧金属层

图 6.38 为经过不同退火温度处理后钛/铁复合薄板中 TA1 侧金属层的极图。在 {0001} 极图中，所有试样的主要织构为倾斜织构，该织构的 *C* 轴由 ND 向 TD 倾斜。倾斜织构通常以织构峰值的 *C* 轴倾斜角度表示。对比轧制态 TA1 侧的极图（图 5-16），在经过不同温度退火后，倾斜织构的峰值倾斜角度发生了变

化。此外，随着退火温度的升高，倾斜织构的峰值也出现了变化。在经过 560℃退火后，TA1 侧金属层中倾斜织构的峰值密度降为 12.99。在经过 580℃、620℃退火后，倾斜织构的峰值密度分别增大至 15.59 和 15.99。在经过 660℃、680℃退火后，倾斜织构的峰值密度进一步增大至 18.28 和 17.95。在｛11-20｝极图和｛10-10｝极图中，＜11-20＞//RD 和＜10-10＞//RD 一直存在于轧制态、退火态的 TA1 侧金属层中，其峰值密度较低且没有发生明显的变化。但是，随着退火温度的升高，＜11-20＞//RD 和＜10-10＞//RD 的分布变得更加的漫散。

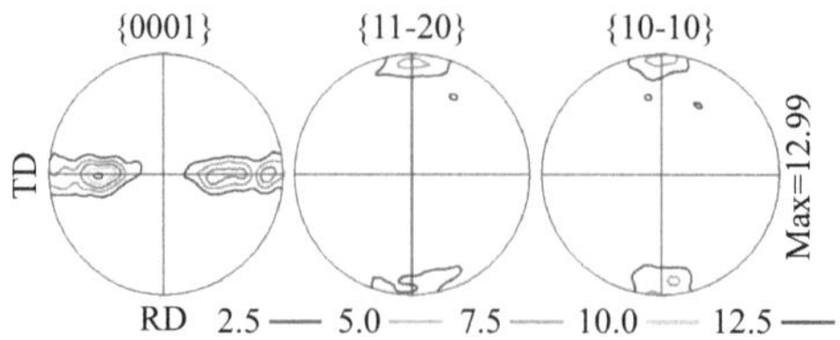

(a) 560℃退火态

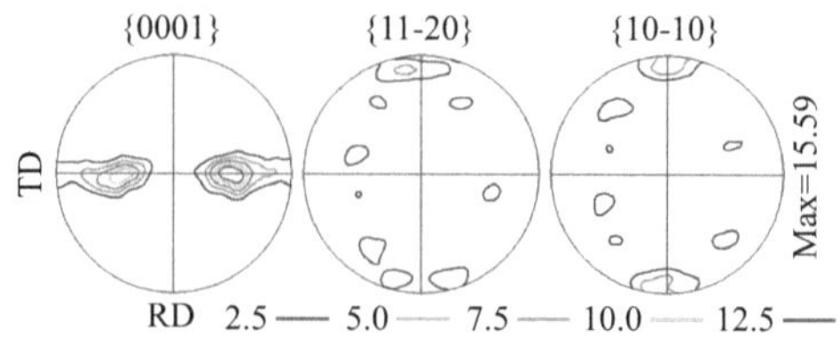

(b) 580℃退火态

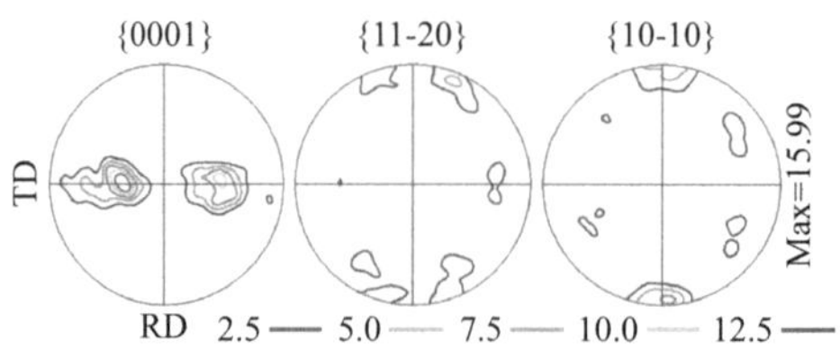

(c) 620℃退火态

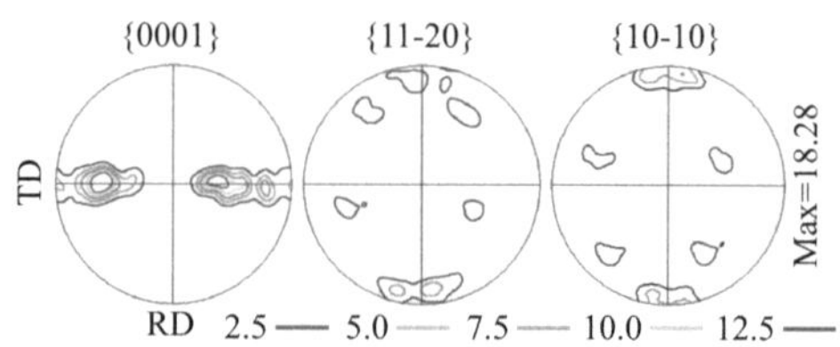

(d) 660℃退火态

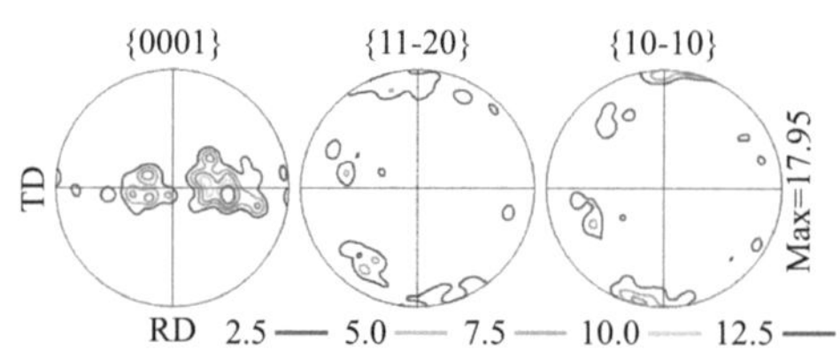

(e) 680℃退火态

图 6.38　退火态钛/铁复合薄板中 TA1 侧金属层的极图

（见文后彩图）

取向分布函数（ODF）图可以定量地表示晶粒在三维空间中的取向。图 6.39 为经过不同退火温度处理后钛/铁复合薄板中 TA1 侧金属层的 ODF 截面（Phi 2=0°）。在轧制态 TA1 侧金属层中分布着峰值密度为 7.51 的法向织构（即 PHI≤60°的织构）以及峰值密度为 2.4 的切向织构（即 PHI>60°的织构），同时两种织构之间分布着连续织构。在经过 560℃退火后，TA1 侧金属层中法向织构的峰值密度增大至 10.4，并且其峰值向 +Φ（PHI）方向移动。在经过 580℃退火后，TA1 侧中峰值大于 4 的切向织构消失，法向织构的峰值密度增大至 13.5。

随着退火温度提高至 620℃，TA1 侧中法向织构的峰值降低，并且发生向切向织构的转变。在经过 660℃和 680℃退火后，ODF 截图中出现了多个峰值密度较高的织构，这些织构均向±Phi 1 方向发生了一定程度的偏转。

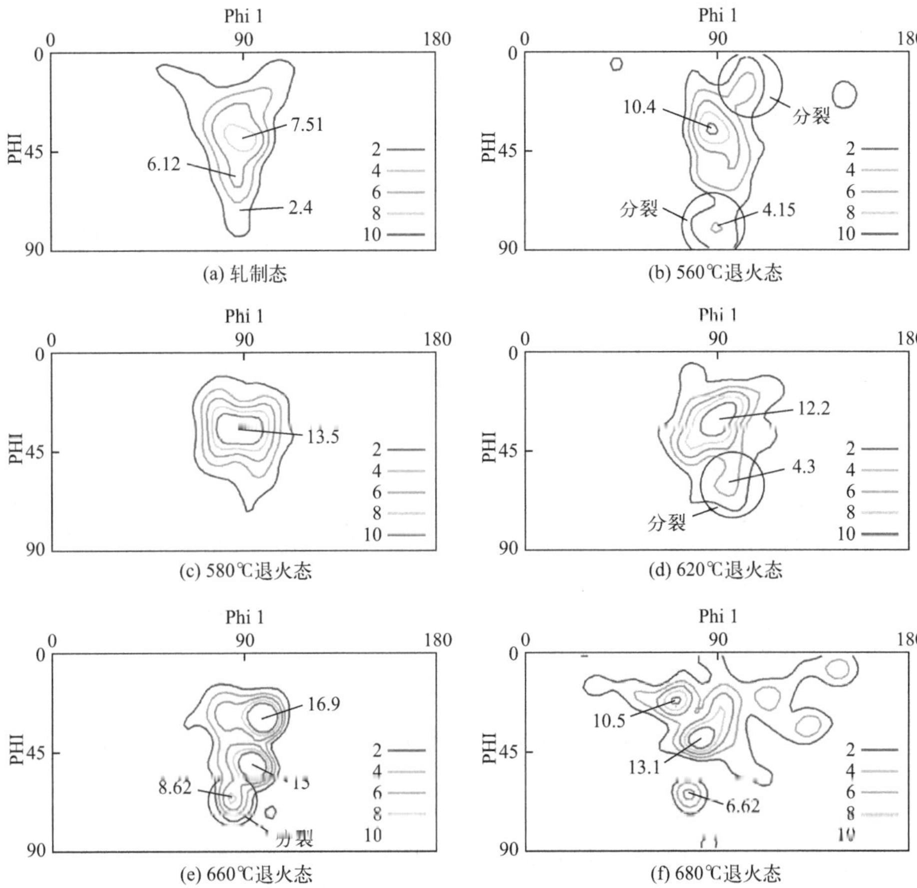

图 6.39　轧制态、退火态钛/铁复合薄板中 TA1 侧金属层的 ODF 图

（见文后彩图）

根据 TA1 侧金属层的 ODF 截面图，可以绘制出轧制态、退火态钛/铁复合薄板中 TA1 侧金属层中主要织构的晶体取向示意图，如图 6.40 所示。可以看出，在不同条件下的样品中，织构之间的差异主要体现在晶粒 *C* 轴倾斜角度之间的差异上。与轧制态的 TA1 侧金属层相比，在经过 560～660℃退火后，TA1 侧中法向织构的 *C* 轴倾斜角减小，且峰值密度逐渐增大。在经过 680℃退火后，TA1 侧中峰值密度最大的织构的 *C* 轴倾斜角增大，峰值密度减小。此外，在经过退火后，TA1 侧主要织构晶粒向 RD 发生偏转，偏转角度随着退火温度的提高而增大。

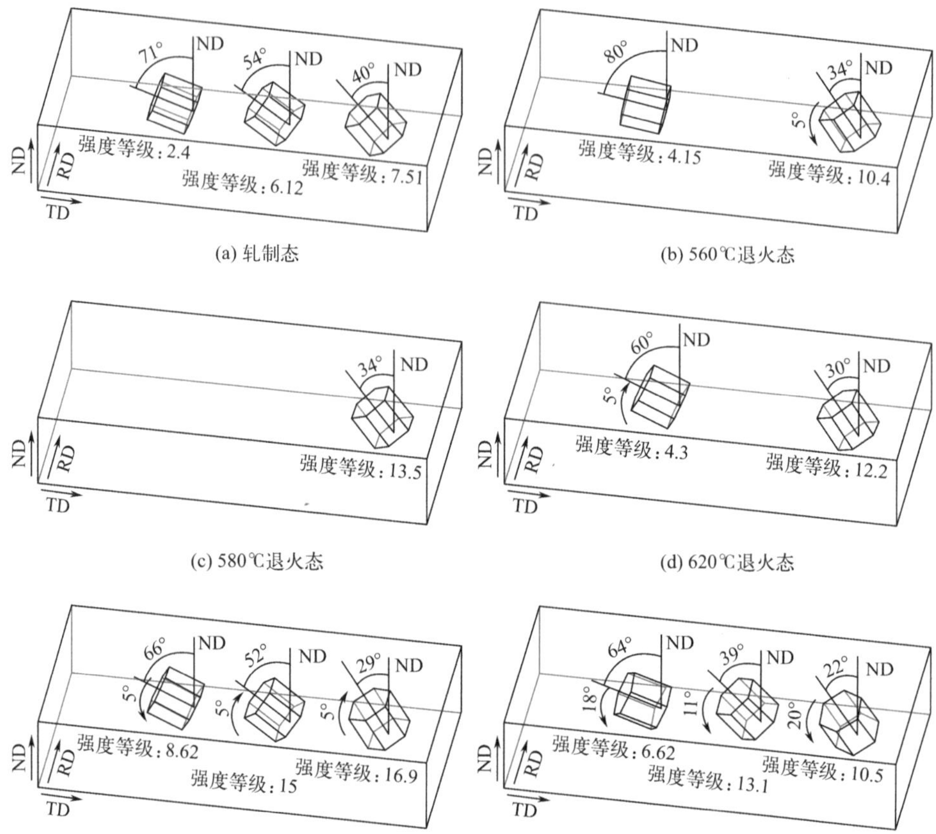

(f) 680℃退火态

图 6.40　TA1 侧金属层主要织构的空间分布取向示意图

如 Wang 等人[11]所述，对于 HCP 金属，退火后的再结晶组织继承轧制态的原始组织，并且，在晶粒粗化的过程中织构类型不会发生显著的改变。通过分析轧制态、退火态 TA1 侧的织构可以发现，轧制态 TA1 侧的织构主要是倾斜织构，在经过退火后，TA1 侧的织构没有发生明显的变化，仍为倾斜织构。然而，晶粒粗化导致织构晶粒的 C 轴倾斜角发生了变化。TA1 层中，最大占比织构的 C 轴倾斜角越小，越有利于提高其成形性能[12]。同时，织构取向的多样性有利于降低各向异性[13，14]。

(2) DT4 侧金属层

图 6.41 为轧制态以及经过不同退火温度处理后钛/铁复合薄板中 DT4 侧金属层的极图。在轧制态的 DT4 侧，峰值密度最高的织构为<111>//ND。在{111}极图中，还出现了两个峰值密度较大的对称峰，其 C 轴与 ND 之间的夹角约为 40°。Fu 等人[15]在研究中指出，该倾斜角对应的晶体取向为<110>。因此，该织构可以被判断为<110>//RD。在经过 560℃退火后的 DT4 侧金属层

中，峰值密度最大的织构变为＜110＞//RD，且＜111＞//ND 织构的峰值出现了降低。在｛100｝极图中，＜100＞//RD 织构的峰值密度增大。在｛110｝极图中，＜110＞//RD 织构的峰值密度也提高了。在经过 580℃ 退火后的 DT4 侧，＜111＞//ND 织构的峰值密度高于＜111＞//RD 织构，但峰值密度之间的差异不大，二者的峰值密度均大于 5。经过 620℃ 退火后，DT4 侧金属层主要织构的峰值密度均降低。在经过 660℃、680℃ 退火后，DT4 侧主要织构的类型和峰值密度没有发生显著的变化。但是，极图中织构的分布更加的漫散。此外，680℃退火后的 DT4 侧金属层中出现了＜100＞//RD 织构，但其峰值密度较低。

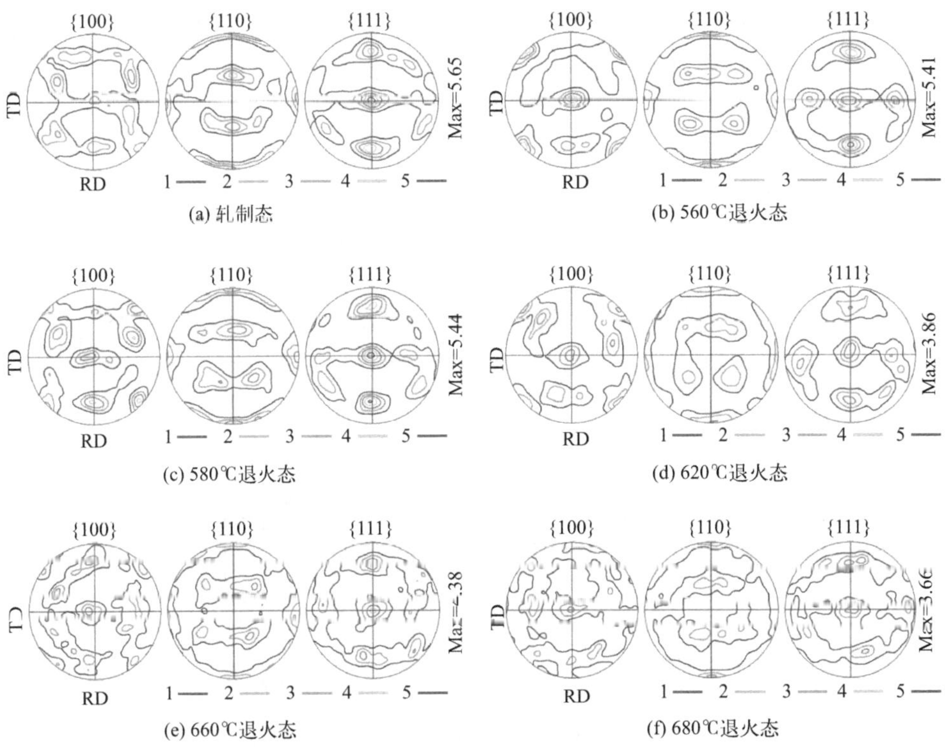

图 6.41　轧制态、退火态钛/铁复合薄板中 DT4 侧金属层的极图

（见文后彩图）

对于 BCC 晶体结构，ODF 图可以更加直观地表示出不同类型的织构，如：＜110＞//RD 织构（即 α-纤维织构），包括｛001｝＜110＞晶粒、｛112｝＜110＞晶粒和｛111｝＜110＞晶粒；＜111＞//ND 织构（即 γ-纤维织构），包括｛111｝＜110＞晶粒和｛111｝＜112＞晶粒；＜110＞//TD 织构（即 ε-纤维织构），包括｛001｝＜110＞晶粒、｛112｝＜111＞晶粒、｛111｝＜112＞晶粒和｛011｝＜100＞晶粒；＜100＞//ND 织构（即 θ-纤维织构），包括｛001｝＜100＞晶粒

和 {001} <110>晶粒。

图 6.42 为经过不同退火温度处理后钛/铁复合薄板中 DT4 侧金属层的 ODF 截面（Phi2＝45°）。与轧制态的 DT4 侧相比（图 5.17），在经过 560℃退火后，DT4 侧金属层中的 {112} <111>晶粒消失，{001} <110>晶粒的峰值密度增大至16.4，同时 γ-纤维织构变弱。在经过 580℃退火后，DT4 侧主要的织构类型与轧制态相比没有发生明显的变化，但是，其中 {111} <110>晶粒的峰值密度小于 {001} <110>晶粒。在经过 620℃退火后，DT4 侧金属层中主要织构的峰值密度均出现了降低，γ-纤维织构中的 {111} <110>消失。经过 660℃退火的 DT4 侧，{001} <110>晶粒的峰值密度降低至 6.66，γ-纤维织构中的 {111} <112>晶粒和 {111} <110>晶粒呈等密度分布。在 680℃退火后的 DT4 侧，出现了 {001} <100>晶粒，并且 {111} <110>晶粒几乎消失。

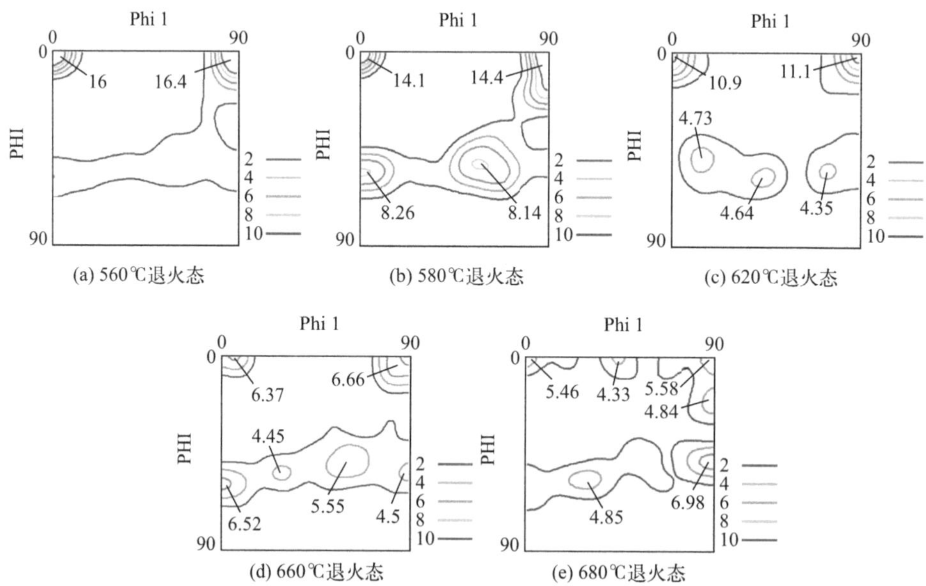

图 6.42　退火态钛/铁复合薄板中 DT4 侧金属层的 ODF

（见文后彩图）

轧制板材的宏观三维坐标系可以和 BCC 结构的晶体取向相互关联，在此基础上，还可以绘制出轧制态、退火态 DT4 侧金属层中主要织构的晶体取向，如图 6.43 所示。通过分析轧制态、退火态 DT4 侧金属层的主要织构在 ND-RD 平面上的投影，可以看出 {001} <110>晶粒和 {001} <100>晶粒的 ND-RD 面平行于轧制板材的 RD-TD 面。{112} <111>晶粒的 ND-RD 面与轧制板材的 RD-TD 面之间的夹角较小。γ-纤维织构以较大的倾斜角度分布在轧制板材中。

对于具有 BCC 结构的金属，其 {001} <110>织构的能量存储较低，从而

(a) 轧制板材的参考坐标系

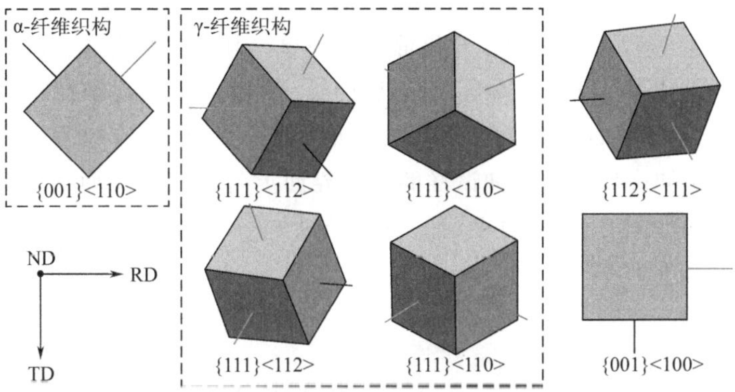

(b) 主要织构的晶粒方向

图 6.43　DT4 侧金属层典型织构的取向示意图

导致具有较低的再结晶速率[16]。因此，{001}＜110＞织构在热轧复合后被保留下来，成为轧制态钛/铁复合薄板中 DT4 侧金属层的主要织构类型。此外，在剪切应力的作用下，DT4 侧仍然存在 {111} //ND 织构，即 γ-纤维织构[17]。在经过 560℃和 580℃退火后，由于退火温度较低，DT4 侧金属层没有发生再结晶，仅发生回复，因此，其主要织构的类型和峰值没有发生变化。在经过 620℃退火后，DT4 侧的晶粒已经开始发生再结晶。当退火温度继续升高后，DT4 侧金属层中晶粒的再结晶程度更高。由于 {001}＜110＞晶粒具有较低的再结晶速率，在退火过程中，其他取向晶粒的生长会将 {001}＜110＞晶粒分离和吞噬。此外，{111} 晶粒具有高储能性，可能导致其在再结晶的过程中优先形成 γ-纤维织构[18, 19]。因此，在经过 660℃退火后的 DT4 侧，{001}＜110＞晶粒明显减少，γ-纤维织构略有增加。随着退火温度的进一步提高，680℃退火温度下，DT4 侧的再结晶程度更高，这进一步削弱了 {001}＜110＞晶粒的占比，并在 DT4 侧金属层中形成了 {001}＜100＞晶粒，该织构的取向更接近于 {001}＜110＞织构。此外，各取向的织构之间存在明显的形核竞争效应，从而导致了在 γ-纤维织构的分布中，{111}＜112＞晶粒有所增强，{111}＜110＞晶粒有所削弱。因此，退火处理后，DT4 侧金属层在织构发生演变的过程中，塑性更好、各向异性更弱。

6.3.3 退火温度对钛/铁复合板冲压成形性能的影响

在钛/铁复合薄板的室温单轴拉伸实验中，各金属层发生断裂及结合界面发生开裂均为判断其失效的标准。图 6.44 为轧制态以及部分退火态钛/铁复合薄板在室温单轴拉伸实验后的宏观断裂形貌。可以看出，轧制态钛/铁复合薄板试样在实验过程中先出现金属层断裂的现象。而经过 560～660℃退火后的钛/铁复合薄板试样在实验过程中先出现结合界面分层现象。其中，结合界面均在拉伸试样出现颈缩后发生开裂。经过 680℃退火后的钛/铁复合薄板试样在拉伸实验过程中同样先出现结合界面的开裂，然而与其他退火温度处理后的试样的不同之处为：在 8%的拉伸应变时，拉伸试样的结合界面上就出现了大面积的开裂，其开裂的时机出现在试样发生颈缩之前。说明经过 680℃退火后的钛/铁复合薄板不满足作为冲压成形坯料的条件。

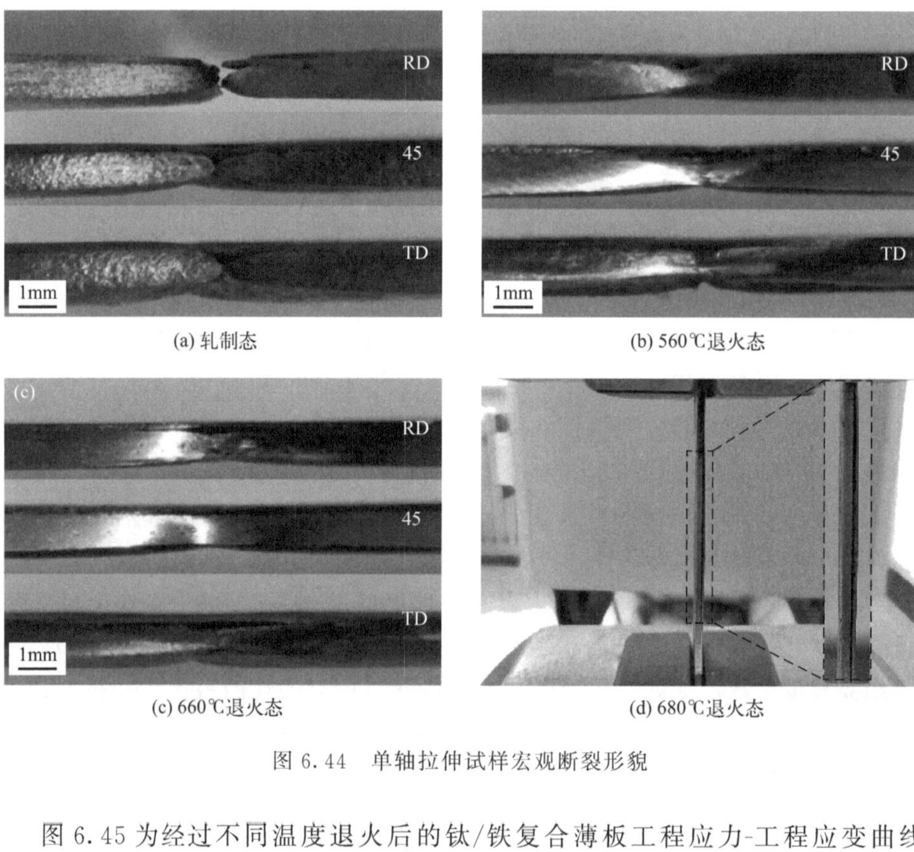

(a) 轧制态　(b) 560℃退火态　(c) 660℃退火态　(d) 680℃退火态

图 6.44 单轴拉伸试样宏观断裂形貌

图 6.45 为经过不同温度退火后的钛/铁复合薄板工程应力-工程应变曲线。可以看出，经过不同温度退火后，钛/铁复合薄板试样失效时的拉伸应变均大于轧制态钛/铁复合薄板的失效应变，且退火态钛/铁复合薄板的强度均低于轧制态

复合薄板的强度。此外，随着退火温度的提高，复合薄板的断后伸长率增大，屈服强度、抗拉强度减小。其中，由于 680℃退火后的拉伸试样在实验过程中过早地出现了开裂，其力学性能的参考价值不大，因此未对其力学性能进行测量。表 6.6 为不同退火温度处理后的钛/铁复合薄板单轴拉伸力学性能和各向异性参数。

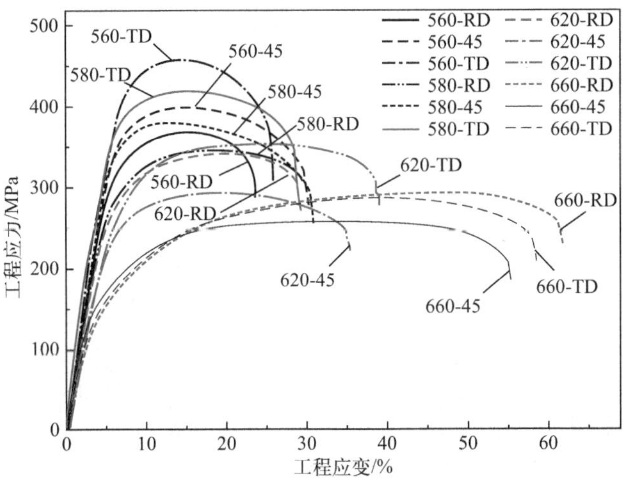

图 6.45　退火态钛/铁复合薄板的工程应力-工程应变曲线

表 6.6　退火态钛/铁复合薄板的力学性能和各向异性参数

退火温度-方向	弹性模量/GPa	屈服强度/MPa	抗拉强度/MPa	断后伸长率/%	塑性应变比
560℃-RD	462.5±0.8	306±7	437±9	18.8±2.8	0.46±0.04
560℃-45	215.4±1.0	367±5	470±6	29.9±1.3	1.17±0.04
560℃-TD	540.3±3.3	416±4	531±7	22.8±2.3	0.53±0.06
580℃-RD	308.8±0.8	272±2	424±4	24.8±0.8	0.44±0.03
580℃-45	669.2±1.5	340±3	445±2	25.3±1.8	1.18±0.07
580℃-TD	472.6±1.2	371±2	497±2	21.8±2.3	0.70±0.02
620℃-RD	196.9±1.7	256±4	428±5	26.6±1.3	0.58±0.08
620℃-45	257.3±2.0	252±4	358±3	29.9±1.6	1.24±0.06
620℃-TD	302.8±2.8	261±3	461±6	31.5±2.0	0.74±0.03
660℃-RD	102.8±1.1	136±7	444±3	48.3±1.1	0.74±0.02
660℃-45	150.8±0.8	163±3	367±7	46.0±2.1	1.42±0.04
660℃-TD	80.9±0.5	162±5	418±7	46.5±1.7	0.89±0.05

图 6.46、图 6.47 为通过室温单向拉伸实验获得的轧制态、退火态钛/铁复合薄板的冲压成形性能。断后伸长率和屈强比是判断塑性的重要指标：伸长率越大、屈强比越小，板材的塑性越好[20, 21]。经过退火处理后，钛/铁复合薄板的塑性与轧制态复合板相比均得到了显著的提高。图 6.47（a）给出了拉伸试样各向异性主轴方向上的塑性应变比 r，r 的数值是成形性能的指标之一[22]。前文已经介绍了，平面 r 值（Δr）可以用来表示板材的各向异性。此外，平均 r 值（$\bar{r}=(r_0+2r_{45}+r_{90})/4$）可以用来表示板材在成形过程中的抵抗厚度减薄能力。对比不同温度退火后钛/铁复合薄板的单轴拉伸力学性能，在经过 660℃ 退火后，钛/铁复合薄板具有更大的 $\bar{r}$ 值和更小的 $|\Delta r|$ 值，可以说明其在变形中抗减薄能力更强且各向异性更弱，具有更加综合及优异的成形性能。

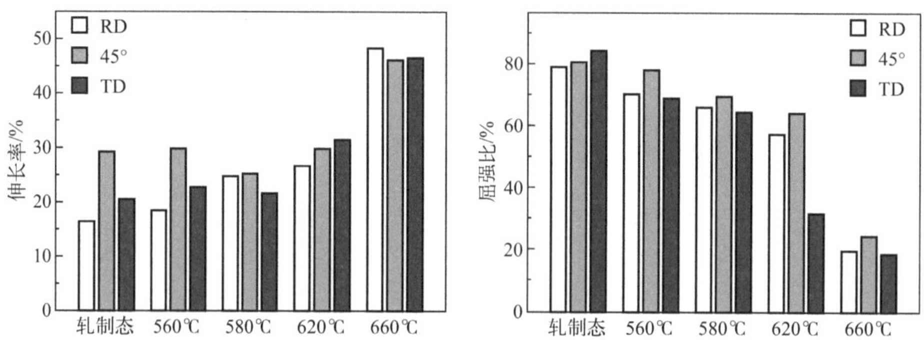

(a) 断后伸长率　　(b) 屈强比

图 6.46　钛/铁复合薄板的塑性指标

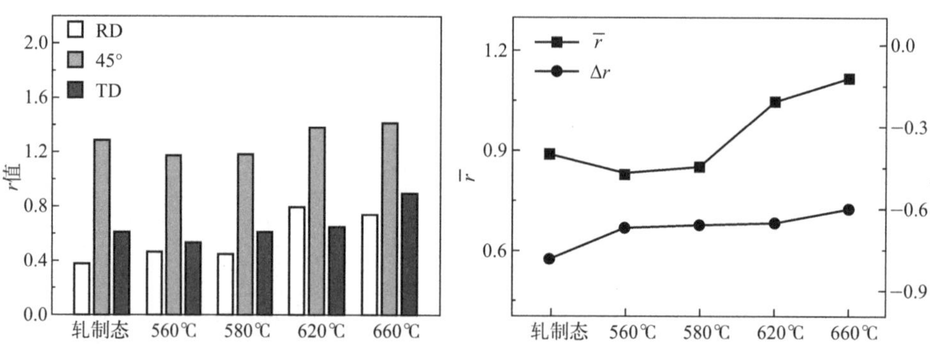

(a) 塑性形变比　　(b) 各向异性指标参数

图 6.47　钛/铁复合薄板的各向异性指标

6.3.4　退火过程改善钛/铁复合板冲压成形性能的机理

如图 6.48 给出了钛/铁复合薄板整体及其各组元中 TA1 侧、DT4 侧金属层的工程应力-工程应变曲线。可以看出，复合板的应力-应变曲线位于各金属层的应力-应变曲线之间，其中 TA1 侧的失效拉伸应变最大，其次是钛/铁复合薄板的失效拉伸应变，DT4 侧的失效拉伸应变最小。这是因为金属层状复合板的力学性能遵循混合定律[23, 24]，根据混合定律，体积占比较大的金属层的性能对复合板整体性能起主要决定作用[24]。

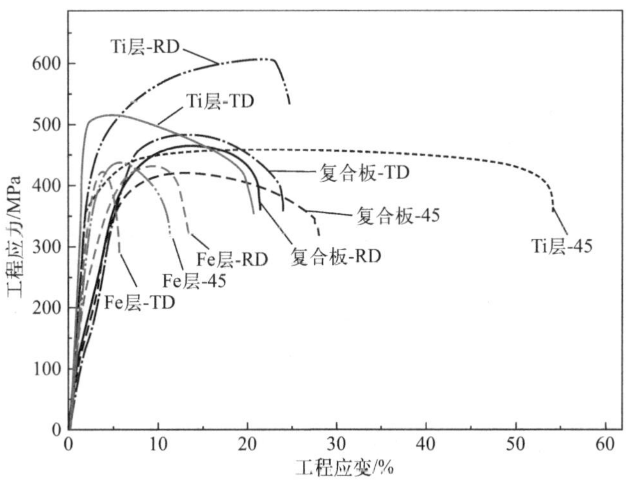

图 6.48　钛/铁复合薄板、DT4 侧金属层及 TA1 侧金属层的工程应力-工程应变曲线

在钛/铁复合薄板中，TA1 侧和 DT4 侧的厚度比为 1∶4，DT4 侧占复合板绝大部分的体积，因此 DT4 侧的微观组织和织构的演变是提高钛/铁复合薄板成形性能的主要因素。图 6.49 为退火处理前后 TA1 侧和 DT4 侧的平均局部取向差变化趋势图，其可以用来判断各金属层的位错密度。对于轧制态的钛/铁复合薄板，TA1 侧和 DT4 侧的位错密度都很大。在经过 560～680℃退火后，TA1 侧的位错密度降低。其中，当退火温度高于 580℃时，TA1 侧位错密度的下降趋势趋于平缓。而对于 DT4 侧金属层，在经过 560～620℃退火后，其位错密度基本维持不变，局部位错的角度在 2.5°左右波动。当退火温度达到 660℃后，DT4 侧的位错密度才出现显著降低。因此，可以说明在退火温度达到 660℃后，轧制态钛/铁复合薄板的塑性才开始因 DT4 侧的软化而出现大幅度的提升。

此外，根据微观组织表征结果可以发现，当退火温度达到 660℃后，DT4 侧金属层发生了较大程度的再结晶，导致其位错密度显著降低，进而轧制态钛/铁复合薄板的塑性明显提高。同理，DT4 侧的织构随着再结晶的发生而出现了显

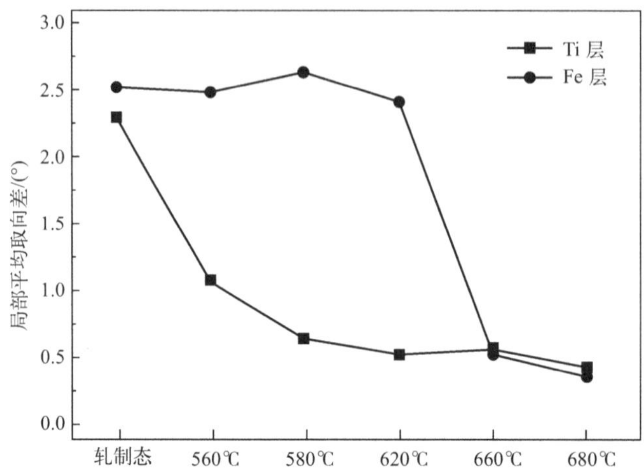

图 6.49 轧制态、退火态钛/铁复合薄板中金属层的局部取向差

著的变化。其中，α-纤维织构占比的减少和 γ-纤维织构占比的增加均有利于使钛/铁复合薄板具有更大的 r 值[19]。r 值反映了板材在平面方向和厚度方向之间变形能力的差异，r 值越大说明冲压件在变形过程中的承载能力越强。此外，不同织构的晶粒取向还影响着板材在平面内不同方向上的变形程度，即 {111} <112> 晶粒主要影响 r_0，{001} <110>晶粒主要影响 r_{45}，{111} <110>晶粒主要影响 r_{90}。各向异性织构的等强度分布可以保证板材具有较弱的各向异性。因此，经过 660℃退火的钛/铁复合薄板具有更高的 $\bar{r}$ 值和更小的 $|\Delta r|$ 值，从而说明其具有优异和均衡的冲压成形性能。

6.4 退火温度对钛/铁复合界面结合状态的影响

6.4.1 退火温度对钛/铁复合界面结合强度的影响

图 6.50 为轧制态、退火态钛/铁复合薄板的剥离强度-位移曲线。在复合薄板的结合界面发生分层之前，剥离实验中的位移量主要为 TA1 侧、DT4 侧金属层的拉伸弹性变形，因此，剥离强度-位移曲线的开始阶段呈现出线性上升的趋势。当拉伸强度超过界面的结合强度时，结合界面发生分层，剥离强度-位移曲线骤降。

界面分层后，随着剥离实验的继续进行，剥离位移主要为开裂金属层的弯曲和弹性变形，因此该阶段的剥离强度-位移曲线呈现缓慢上升的趋势[25]。此外，对比发现，经过 560℃退火后，钛/铁复合薄板的剥离强度高于轧制态钛/铁复合薄板的剥离强度。在经过 580～680℃退火后，钛/铁复合薄板的剥离强度峰值均

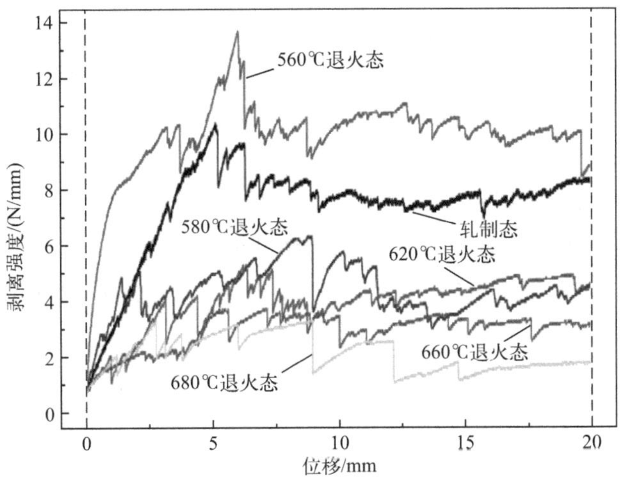

图 6.50　轧制态、退火态钛/铁复合薄板的剥离强度-位移曲线

低于轧制态钛/铁复合薄板的剥离强度峰值，并且随着退火温度的提高，钛/铁复合薄板剥离强度呈现出逐渐降低的趋势。

6.4.2 退火温度对钛/铁复合界面组织与扩散行为的影响

图 6.51 为不同退火温度下钛/铁复合薄板结合界面的微观组织结构。可以看出，退火态钛/铁复合薄板的界面结合良好且有夹杂物钉扎分布在其中，与轧制

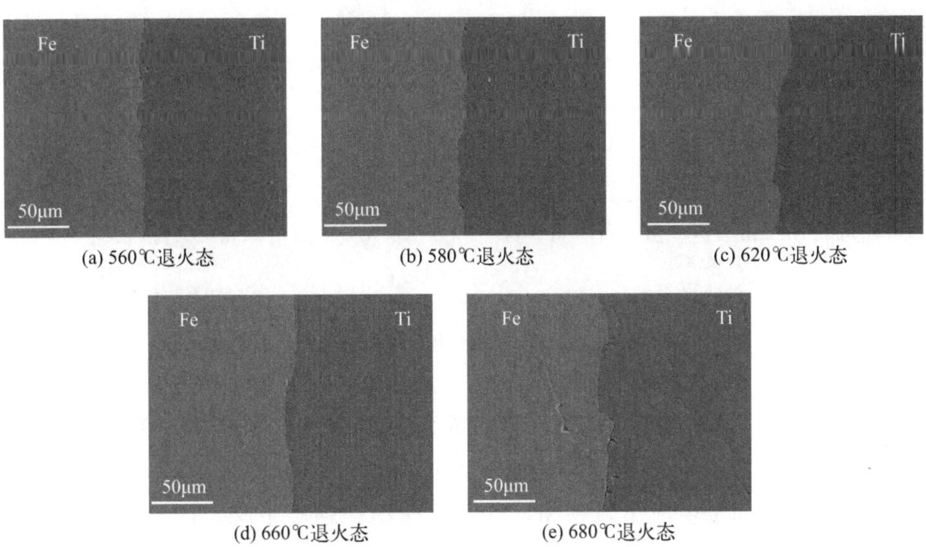

图 6.51　退火态钛/铁复合薄板结合界面的微观组织

态钛/铁复合薄板的界面形貌基本一致，未观察到气孔、界面开裂等缺陷。

然而，通过对结合界面的扩散层进行微观元素扫描，可以看出，不同退火温度下，界面扩散层的厚度发生了变化，如图 6.52 所示。根据线扫描结果［图 3.19（a）］，轧制态钛/铁复合薄板的界面扩散层厚度约为 2.24μm。当退火温度为 560℃时，结合界面反应层的厚度出现了增长，约为 2.97μm。随着退火温度的提高，结合界面反应层的厚度随之增大，580℃时约为 4.19μm，660℃时约为 5.36μm。当退火温度升高至 680℃，结合界面扩散层的厚度急剧增大，约为 9.69μm。此外，由于退火时间相对较短，Ti、Fe 元素在扩散的过程中没有形成金属间化合物。

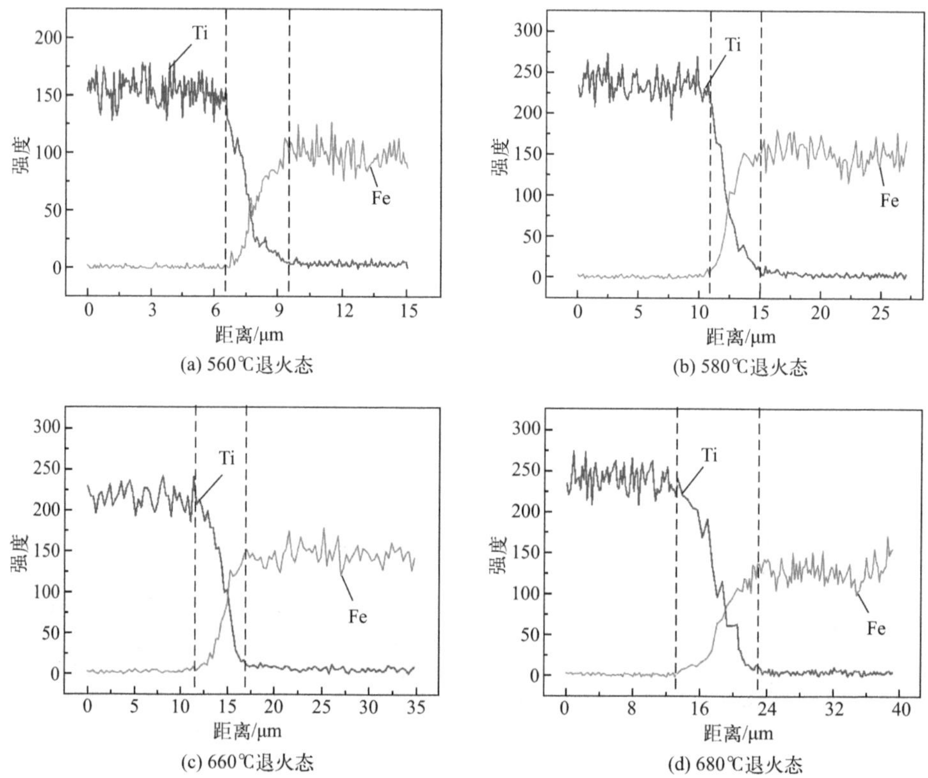

图 6.52 退火态钛/铁复合薄板结合界面的线扫描结果

Ti、Fe 元素之间的扩散有助于提高界面的结合强度，然而，在退火温度达到 580℃后，钛/铁复合薄板的剥离强度开始降低，可以说明在退火温度达到一定值后，结合界面上生成了新物相，导致界面结合强度下降。图 6.53 为轧制态和退火态钛/铁复合薄板剥离界面的 X 射线衍射图。轧制态钛/铁复合薄板的剥离界面上的物相为 Ti、Fe 单质，没有出现 Ti-Fe 化合物相，说明两种元素仅发生互扩散。在经过 560℃退火后，其剥离界面上没有产生新的物相。而当退火温度提高至 580℃及以上时，钛/铁复合薄板的剥离界面上出现了新的物相 Ti_8O_{15}。此外，在经过 680℃退火后，其剥离界面上 Ti_8O_{15} 的衍射峰高度出现了显著的增长。

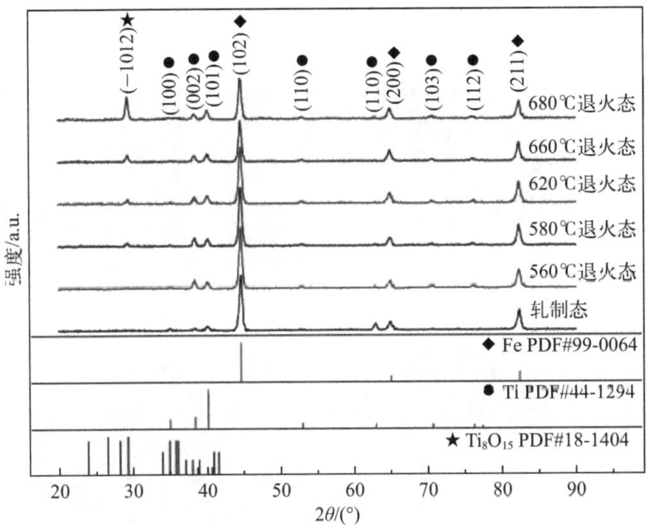

图 6.53　钛/铁复合薄板剥离界面的 X 射线衍射图

图 6.54 为退火态钛/铁复合薄板结合界面的元素分布趋势图。可以看出，TA1 层和 DT4 层之间存在着 Ti-Fe 元素扩散层。此外，在夹杂物中存在着颜色相对较浅的 Ti 元素扩散层。随着退火温度的提高，扩散层越厚，说明 Ti 元素向夹杂物中扩散的效果越强烈。结合剥离界面的物相分析进行推断，夹杂物内的 Ti、O 元素在退火过程中形成化合物 Ti_8O_{15}，分布在夹杂物和 TA1 侧金属层结合面附近。

6.4.3　退火过程对界面开裂的影响机制

冲压过程中板材的大多数区域，如侧壁区、法兰区，其受力状态与单轴拉伸过程中试样的应力状态相同。分析钛/铁复合薄板试样在单轴拉伸实验过程中结合界面开裂的机理，可以为其冲压成形过程提供参考。在本研究中，钛/铁复合薄板的界面结合强度在经过 560℃退火后得到了提高。这是由结合界面之间的元素扩散效应增强导致的。在经过 580～680℃退火后，复合板结合界面上出现了 Ti_8O_{15}，且随着退火温度的升高，界面上生成的 Ti_8O_{15} 增多。Ti_8O_{15} 是一种典型的高硬度亚稳态化合物，高硬脆性相 Ti_8O_{15} 的形成是钛/铁复合薄板界面结合强度出现降低的主要原因[26,27]。界面结合强度是影响金属层状复合板界面分层

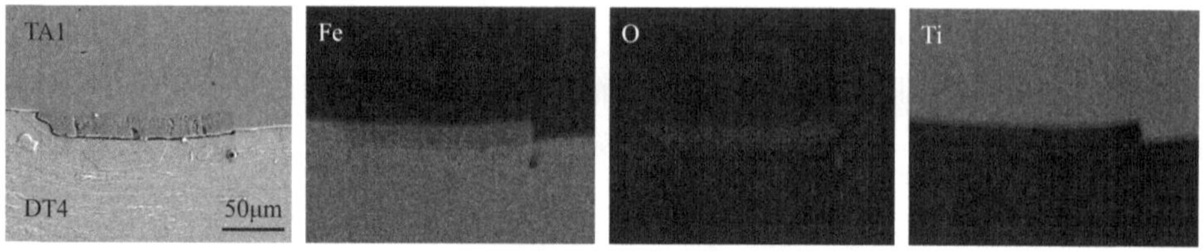

(a) 560℃退火态

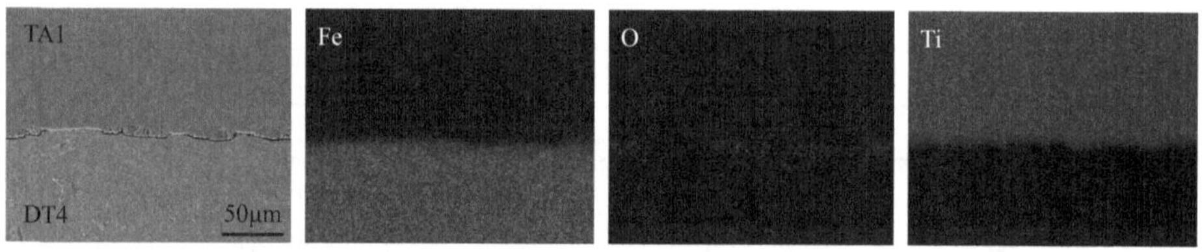

(b) 620℃退火态

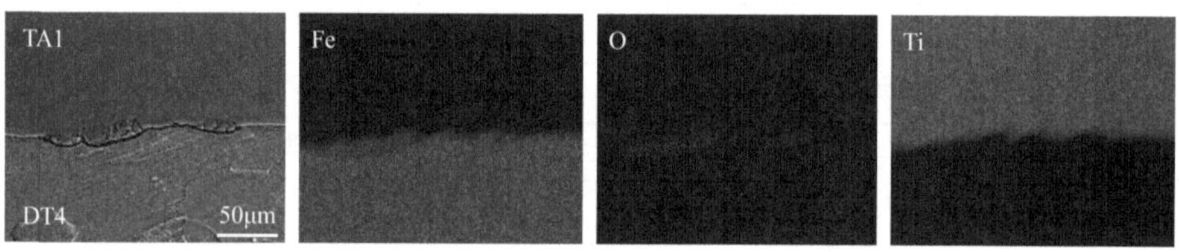

(c) 680℃退火态

图 6.54 退火态钛/铁复合薄板结合界面的面扫描结果

的主要因素，界面结合强度越低，结合界面在变形过程中会越早地发生分层。然而，与轧制态钛/铁复合薄板相比，经过 660℃退火后的试样，其结合界面剥离强度降低了约 60%，但是其单轴拉伸过程中界面开裂时的平均应变却提高了一倍以上。因此可以判断，在其单轴拉伸过程中，界面结合强度是导致界面开裂的主要因素，但并不是唯一的影响因素。

以 RD 试样的单轴拉伸实验为例，如图 6.55 所示，样品在 RD 上受到拉伸主应力，并在单轴拉伸实验中产生拉伸变形。此外，基于塑性变形体积不可压缩假设，样品在 TD 和 ND 上产生压缩变形，即

$$\begin{cases} \varepsilon_{11}=\dfrac{l-l_0}{l_0} \\ \varepsilon_{22}=\dfrac{w-w_0}{w_0} \\ \varepsilon_{33}=\dfrac{t-t_0}{t_0} \end{cases} \tag{6.50}$$

$$\varepsilon_{11}+\varepsilon_{22}+\varepsilon_{33}=0 \tag{6.51}$$

式中，l、w、t 分别为拉伸后试样长度、宽度、厚度；l_0、w_0、t_0 分别为原始长度、宽度、厚度。通常，金属板材的 r 值是通过塑性变形过程中 TD 和 ND 的应变来计算的，即

$$r=\frac{\varepsilon_{22}}{\varepsilon_{33}} \tag{6.52}$$

结合公式（6.51），公式（6.52）可以被改写为

$$|\varepsilon_{33}|=\frac{\varepsilon_{11}}{1+r} \tag{6.53}$$

因此，根据公式（6.53）可以判断出：在相同平面应变的条件下，r 值越大，金属薄板的法向应变越小。

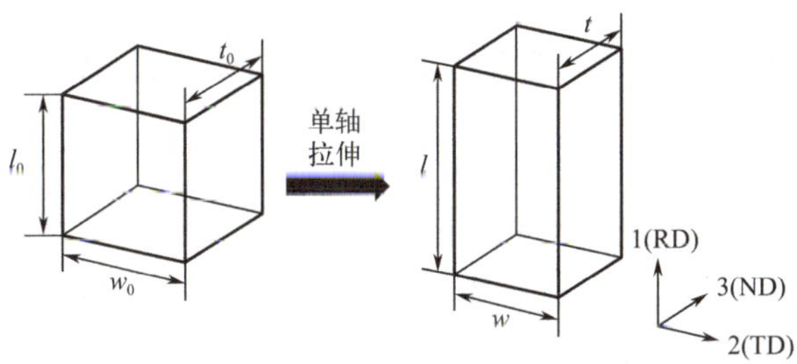

图 6.55　单元体在拉伸过程中的变形示意图

如图 6.56 所示，结合界面会在各金属层法向压缩变形的作用下发生开裂。法向压缩应变越大，结合界面发生开裂的趋势越强烈。弱化各金属层在成形中的减薄趋势有利于延后界面开裂的时机。通过上一小节的分析可知，退火后织构的演变影响金属层的减薄趋势。对于 HCP 金属，倾斜织构 C 轴倾斜角的减小可以导致其减薄趋势被弱化[13, 28]。γ-纤维织构占比的增加可以减弱板材在变形过程中减薄的趋势[19]。在经过 660℃退火后，TA1 侧金属层中峰值密度最大的织构的 C 轴倾斜角最小，而 DT4 侧 γ-纤维织构所占的比例最大，这就导致各金属层在单轴拉伸过程中厚度减薄的趋势被削弱了。因此，对于经过 660℃退火的试样，虽然其剥离强度发生了较大幅度的降低，但是各金属层厚度减薄趋势的弱化，使其界面在变形过程中没有出现过早开裂。在经过 680℃退火后，试样在单轴拉伸过程中过早地出现了界面分层。这个现象可以从两个方面进行解释：一方面，界面的剥离强度大幅度降低，已经不足以维持各金属层之间的协调变形；另一方面，TA1 侧峰值密度最大织构的 C 轴倾斜角增大了，并且 DT4 侧中出现大量 {001} <100>晶粒，导致了 γ-纤维织构的弱化，因此增强了钛/铁复合薄板在单轴拉伸过程中的厚度减薄趋势。

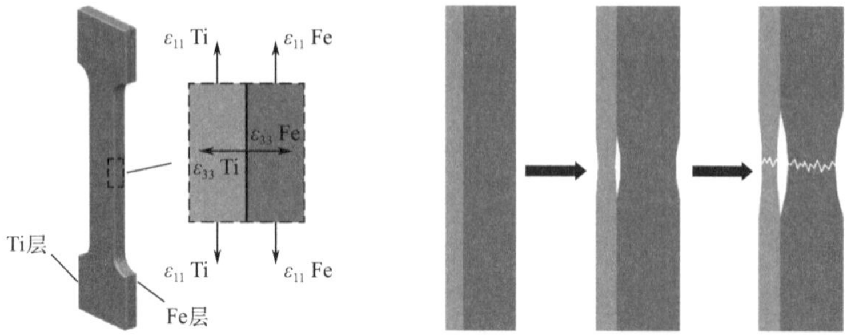

(a) 结合界面的受力状态　　(b) 界面分层过程

图 6.56　拉伸过程中界面分层示意图

6.5 退火态钛/铁复合板的冲压成形实验及数值模拟

退火处理提高轧制态钛/铁复合薄板冲压成形性能的可行性，已经通过室温单轴拉伸力学性能的分析进行了初步的验证。然而，退火处理对钛/铁复合薄板冲压变形行为的影响需要通过冲压成形实验进行分析。同时，退火后钛/铁复合薄板成形性能的提升程度也需要通过实际冲压成形进行进一步研究。本研究中，参考不同温度退火后钛/铁复合薄板的室温单轴拉伸力学性能，选取 560℃ 和 660℃退火的钛/铁复合薄板进行冲压成形实验。此外，按照 6.2 节中介绍的方法进行冲压成形数值模拟，分析公式化模型预测退火态钛/铁复合薄板冲压变形行为的能力。

6.5.1 退火态钛/铁复合板的室温杯突实验及数值模拟分析

图 6.57 为退火态钛/铁复合薄板室温杯突成形件的成形高度对比图。560℃退火态钛/铁复合薄板室温杯突成形件 IE 值为 9.10mm，660℃退火态钛/铁复合薄板室温杯突成形件的 IE 值为 11.21mm。对比杯突成形件形貌以及其 IE 值，可以发现相同的成形工艺条件下，采用退火态钛/铁复合薄板制备的杯突成形件，其成形高度均有所提高。此外，660℃退火态钛/铁复合薄板杯突成形件的成形高度要高于 560℃退火态钛/铁复合薄板杯突成形件，相较于轧制态复合薄板制备出的杯突成形件，两种退火态复合板制备的杯突件的 IE 值分别提高了 49%(660℃)、21%(560℃)。IE 值的提高可以说明，退火处理后轧制态钛/铁复合薄板的塑性得到了有效的改善，增强了其可成形性。

为了验证数值模拟方法预测退火态钛/铁复合薄板冲压成形实验的适用性以及准确性，采用与轧制态钛/铁复合薄板冲压成形数值模拟相同的方法，对退火态钛/铁复合薄板杯突成形数值模拟进行建模与设置。其中，560℃以及 660℃退

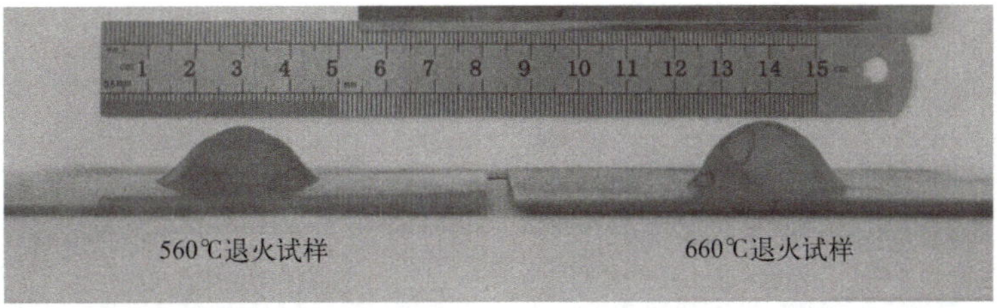

图 6.57　退火态钛/铁复合薄板室温杯突试样

火复合薄板的材料模型以实验获取的力学性能为参照进行设置。此外，由于在轧制态钛/铁复合薄板冲压成形的研究中已经确定，Hill1948-r 和 Yld2000-2d 两种屈服准则均能够相对精准地预测成形中的力和变形，且 Yld2000-2d 屈服准则的预测能力要高于 Hill1948-r 屈服准则的预测能力。因此，退火态钛/铁复合薄板的成形数值模拟仅采用 Yld2000-2d 屈服准则进行分析并与实验结果进行对比。

图 6.58 为退火态钛/铁复合薄板杯突成形件宏观断裂形貌及其数值模拟结果。可以看出，轧制态钛/铁复合薄板在经过退火处理后，其杯突件的成形裂纹仍沿着轧制方向分布。对于两种退火处理后的钛/铁复合薄板，其杯突件裂纹的位置均出现在成形件的顶部附近。通过对比数值模拟结果发现，采用 Yld2000-2d 屈服准则进行的杯突成形数值模拟，可以预测出退火态钛/铁复合薄板杯突成形件的断裂失效。数值模拟法预测的裂纹位置均位于成形件顶部附近。对比两种退火态板料制备的杯突成形件，所预测出的裂纹位置和裂纹长度均较为准确。

图 6.59 为退火态钛/铁复合薄板杯突实验与数值模拟之间的一些主要结果对比图。其中，对于 560℃退火态钛/铁复合薄板杯突成形件，数值模拟得到的 IE 值为 9.39mm，相对误差为 3.18%。对于 660℃退火态钛/铁复合薄板杯突成形件，数值模拟得到的 IE 值为 12.08mm，相对误差为 7.76%。两种退火制度的钛/铁复合薄板，其实验 IE 值和数值模拟结果之间的偏差较小，可以说明 Yld2000-2d 屈服准则在预测不同热处理温度下的退火态钛/铁复合薄板室温杯突值上均具有一定的准确性。在预测成形力方面，经 560℃、660℃退火后的两种钛/铁复合薄板，其杯突实验中的最大成形力分别为 23.17kN、22.69kN，采用数值模拟方法预测的最大成形力分别为 22.82kN、22.35kN。说明 Yld2000-2d 屈服准则在预测退火态钛/铁复合薄板成形实验力上同样具有较高的准确性。此外，通过对比还可以发现，相较于轧制态钛/铁复合薄板，经过退火处理后钛/铁复合薄板的成形性能提高，且变形所需的成形力（即抵抗变形的能力）降低，说明退火处理改善了钛/铁复合薄板的可成形性。

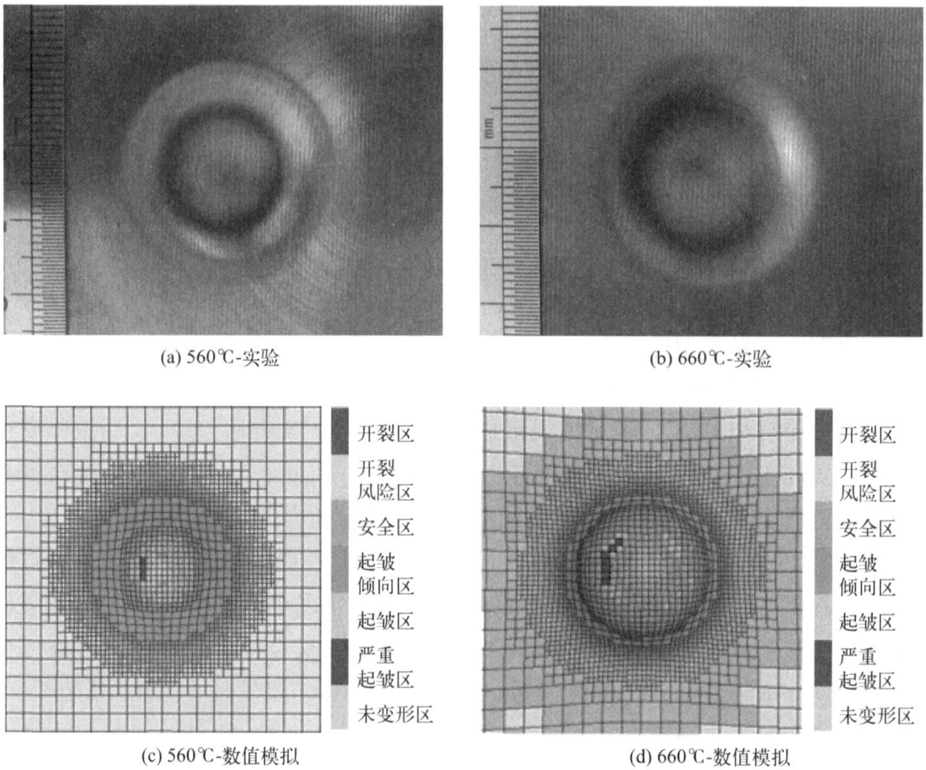

图 6.58 杯突成形件实验形貌和数值模拟形貌对比图

（见文后彩图）

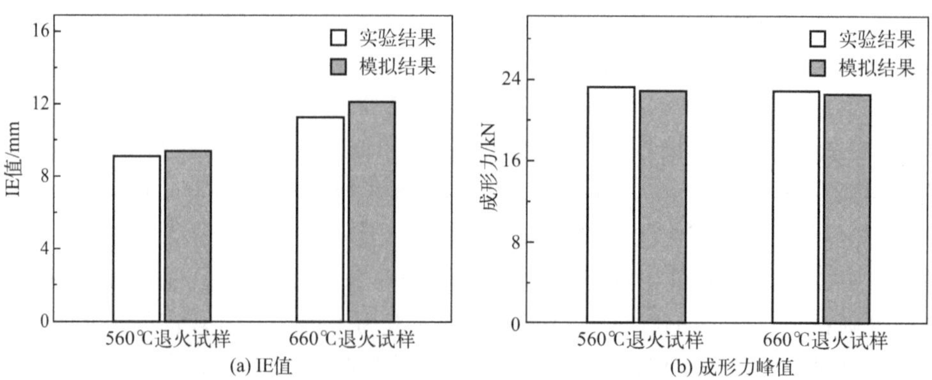

图 6.59 杯突实验与数值模拟主要结果的对比图

6.5.2　退火态钛/铁复合板的筒形件室温拉深实验结果及数值模拟分析

图 6.60 为采用退火态钛/铁复合薄板制备出的筒形拉深件形貌。可以看出，筒形拉深件的侧壁上同样存在 4 个凸耳，且 4 个凸耳仍然出现在 45°、135°、225°以及 315°方向上，并基本呈对称分布。然而对比后发现，退火态钛/铁复合薄板制备出的筒形拉深件，其凸耳高度发生了较明显的变化，可以说明轧制态钛/铁复合薄板的各向异性在退火后发生了变化，进而直接影响筒形拉深成形件的制耳现象。采用 560℃退火态钛/铁复合薄板制备的筒形拉深件，其制耳现象仍然较明显，而 660℃退火态钛/铁复合薄板制备出的筒形拉深件，其制耳现象得到了明显的改善。

(a) 560℃退火板材　　(b) 660℃退火板材

图 6.60　拉深成形件的形貌

图 6.61 为采用数值模拟预测退火态钛/铁复合薄板室温拉深筒形件的累积应变分布云图。可以看出，采用 Yld2000-2d 屈服准则进行的数值模拟，能够相对准确地预测出退火态钛/铁复合薄板筒形拉深件的形貌。其中，采用该方法能够预测出拉深成形件的制耳现象，并且还可以预测出两种退火板材制备的筒形件在凸耳高度分布上的差异。此外，从图中还可以看出，经过 660℃退火后的钛/铁复合薄板，其在拉深成形过程中的变形程度更加均匀，进而弱化了制耳现象。

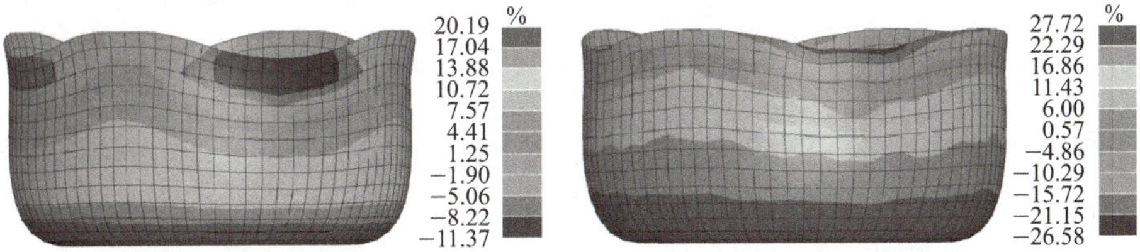

(a) 560℃退火板材　　(b) 660℃退火板材

图 6.61　数值模拟预测的拉深成形件形貌

（见文后彩图）

对比发现，该方法还能够预测出两种不同退火温度下，拉深成形件在侧壁凸耳波峰、波谷高度上的差异。图 6.62 给出了拉深成形件侧壁实际高度与数值模拟结果之间的对比图，可以看出，采用 Yld2000-2d 屈服准则定义材料进行的数值模拟，能够以较高的准确度预测出两种退火制度下钛/铁复合薄板筒形拉深件的侧壁高度。此外，对比拉深成形件不同各向异性主轴方向的实际厚度与模拟结果后发现，采用该方法进行的数值模拟，在预测筒形拉深件的厚度分布上，仍然具有较高的准确度。

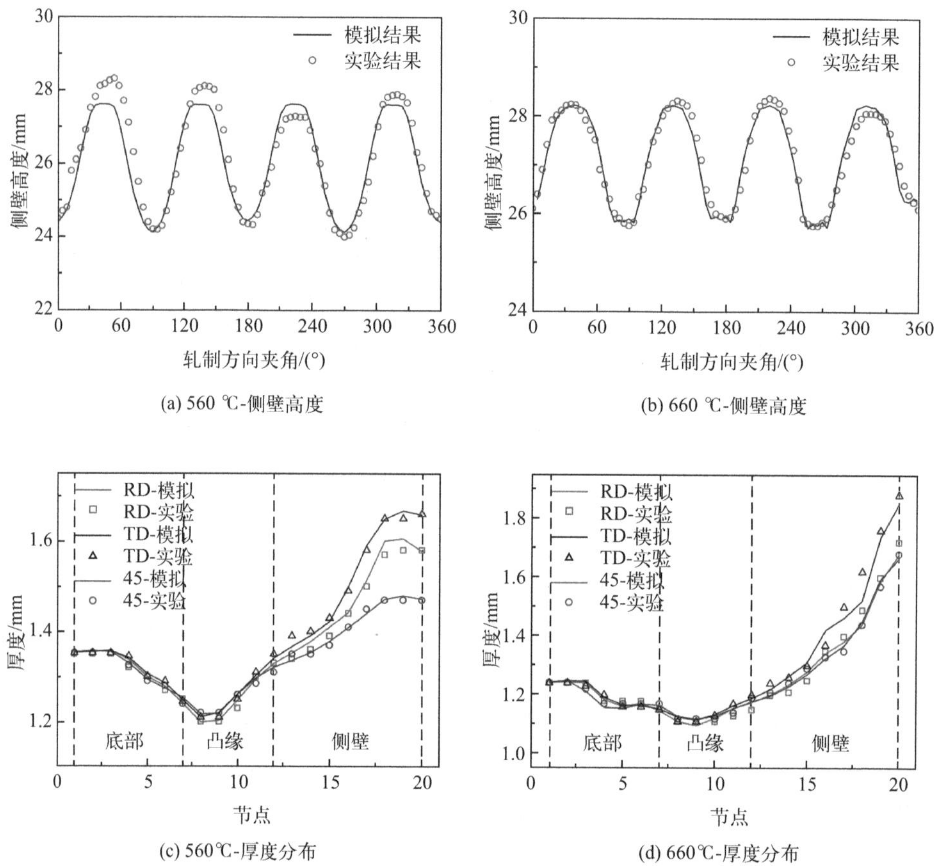

图 6.62 拉深成形实验和数值模拟的变形结果对比图

图 6.63 和图 6.64 分别为 560℃、660℃退火态钛/铁复合薄板筒形拉深件沿 3 个各向异性主轴方向的切割面宏观形貌，其中，筒形件内侧的高亮层为 TA1 侧金属层。可以看出，在相同的拉深比下，采用退火态钛/铁复合薄板制备出的拉深成形件，其界面上没有出现开裂，同时，拉深成形后的 TA1 侧金属层仍基本呈等厚分布。可以说明虽然 660℃退火态钛/铁复合薄板的界面剥离强度出现

了下降，但是各向异性的弱化以及厚度减薄趋势的降低，导致复合板的整体变形程度更均匀，进而不会出现过度减薄的区域，使复合板发生界面开裂。因此，各金属层在拉深成形过程中协调变形，并表现出变形一致性。

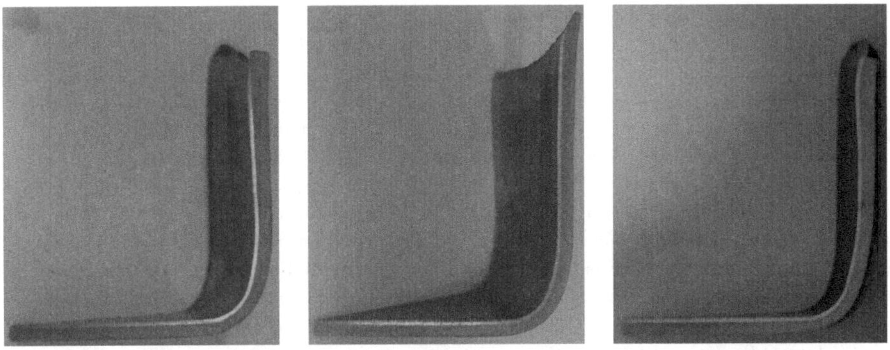

(a) 0 °方向　(b) 45 °方向　(c) 90 °方向

图 6.63　560℃退火态板材制备的拉深成形件的界面宏观形貌

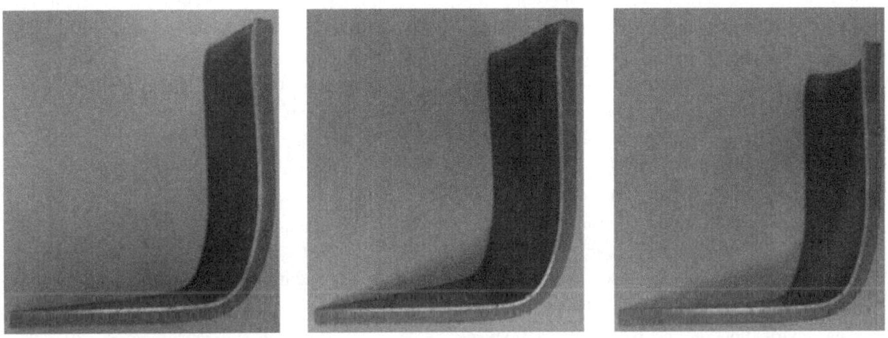

(a) 0 °方向　(b) 45 °方向　(c) 90 °方向

图 6.64　660℃退火态板材制备的拉深成形件的界面宏观形貌

· 参考文献 ·

[1] 邹德坤．复合性能对双金属复合板成形性能的影响[D]. 秦皇岛:燕山大学,2023.

[2] 孙剑．DP490 钢各向异性屈服行为研究[D]. 沈阳：沈阳工业大学,2022.

[3] Du K, Huang S H, Wang H B, et al. Effect of different yield criteria and material parameter identifi-

cation methods on the description accuracy of the anisotropic behavior of 5182-O aluminum alloy[J]. Journal of Materials Engineering and Performance, 2022, 31(2): 1077-1095.

[4] Engler O, Knarbakk K. Temper rolling to control texture and earing in aluminium alloy AA 5050A[J]. Journal of Materials Processing Technology, 2021, 288: 116910.

[5] Wang K H, Liu G, Zhao J, et al. Experimental and modelling study of an approach to enhance gas bulging formability of TA15 titanium alloy tube based on dynamic recrystallization[J]. Journal of Materials Processing Technology, 2018, 259: 387-396.

[6] Kim S H, Park S H. Improvement in damping capacity of extruded pure magnesium through precompression and subsequent annealing: Effects of dislocation and twin boundary motions[J]. Journal of Alloys and Compounds, 2020, 835: 155257.

[7] Niu G, Tang Q B, Zurob H S, et al. Strong and ductile steel via high dislocation density and heterogeneous nano/ultrafine grains[J]. Materials Science and Engineering A, 2019, 759: 1-10.

[8] He W J, Chapuis A, Chen X, et al. Effect of loading direction on the deformation and annealing behavior of a zirconium alloy[J]. Materials Science and Engineering A, 2018, 734: 364-373.

[9] Praveen S, Bae J W, Asghari-Rad P, et al. Annealing-induced hardening in high-pressure torsion processed CoCrNi medium entropy alloy[J]. Materials Science and Engineering A, 2018, 734: 338-340.

[10] Zhang S J, Hu X L, Niu C L, et al. Annealing of HC340LA tailor rolled blanks-Control of mechanical properties and formability[J]. Journal of Materials Processing Technology, 2020, 281: 116581.

[11] Wang Y, He W J, Liu N, et al. Effect of pre-annealing deformation on the recrystallized texture and grain boundary misorientation in commercial pure titanium[J]. Materials Characterization, 2018, 136: 1-11.

[12] Praveen S, Bae J W, Asghari-Rad P, et al. Annealing-induced hardening in high-pressure torsion processed CoCrNi medium entropy alloy[J]. Materials Science and Engineering A, 2018, 734: 338-340.

[13] Lei W W, Liang W, Wang H X, et al. Effect of annealing on the texture and mechanical properties of pure Mg by ECAP at room temperature[J]. Vacuum, 2017, 144: 281-285.

[14] Li Z G, Chen L, Tang J W, et al. Improving mechanical anisotropy and corrosion resistance of extruded AA7075 alloy by warm cross rolling and annealing[J]. Journal of Alloys and Compounds, 2021, 863: 158725.

[15] Fu J W, Cui K, Li F, et al. Texture and anisotropic mechanical properties of ferritic stainless steel stabilized with Ti and Nb[J]. Materials Characterization, 2020, 159: 110027.

[16] Verbeken K, Kestens L, Jonas J J. Microtextural study of orientation change during nucleation and growth in a cold rolled ULC steel[J]. Scripta Materialia, 2003, 48(10): 1457-1462.

[17] Li B X, He W J, Chen Z J, et al. Evolution of interface and collaborative deformation between Ti and steel during hot roll bonding[J]. Materials Characterization, 2020, 164: 110354.

[18] Bai Y, He T, Guo D, et al. Texture evolution, formability and ridging resistance of a Snbearing ferritic stainless steel under different hot band annealing temperatures[J]. Acta Metallurgica Sinica-English Letters, 2019, 32(11): 1362-1372.

[19] Liu H L, Liu L L, Ma M Y, et al. Influence of finish rolling temperature on microstructure and mechanical properties of a 19Cr1. 5Mo0. 5W ferritic stainless steel[J]. Acta Metallurgica Sinica-English Letters, 2020, 33(7): 991-1000.

[20] Zhang X W, Zhu X X, Chen Z Q, et al. Microstructure and formability of AZ31B magnesium alloy sheet under continuous pulse current[J]. Materials Science and Technology, 2019, 35(14): 1756-1761.

[21] Zhang H, Huang G S, Song B, et al. Influence of microstructure and texture on formability of AZ31B magnesium alloy sheets[J]. Transactions of Nonferrous Metals Society of China, 2011, 21(4): 844-850.

[22] Velmanirajan K, Abu Thaheer A S, Narayanasamy R, et al. Effect of annealing temperature in Al 1145 alloy sheets on formability, void coalescence, and texture analysis[J]. Journal of Materials Engineering and Performance, 2013, 22(4): 1091-1107.

[23] Lee D N, Kim Y K. On the rule of mixtures for flow stresses in stainless-steel-clad aluminium sandwich sheet metals[J]. Journal of Materials Science, 1988, 23: 558-564.

[24] Yilamu K, Hino R, Hamasaki H, et al. Air bending and springback of stainless steel clad aluminum sheet[J]. Journal of Materials Processing Technology, 2010, 210(2): 272-278.

[25] Su H, Luo X B, Chai F, et al. Manufacturing technology and application trends of titanium clad steel plates[J]. Journal of Iron and Steel Research International, 2015, 22(11): 977-982.

[26] Yu D Y, Wang J F, Tian J T, et al. Preparation and characterization of TiO_2/ZnO composite coating on carbon steel surface and its anticorrosive behavior in seawater[J]. Composites Part B, 2013, 46: 135-144.

[27] Li D X, Li R Q, Chen Y, et al. Electronic structures and magnetism of rutile TiO_2 with vacancy defects from first principles: GGA plus u calculations[J]. Journal of Superconductivity and Novel Magnetism, 2017, 30(1): 243-249.

[28] 皇涛,杨方方,詹梅,等. TA18 高强钛管数控弯曲成形截面扁化研究[J]. 稀有金属材料与工程, 2018,47(8):2347-2352.

第 7 章

钛/铁复合板的充液拉深成形过程

7.1 充液拉深成形工艺

如图 7.1 所示，充液拉深技术是采用液态的水、油或黏性物质作为传力介质，通过泵将其打入液压室内，使坯料在传力介质的作用下贴合凸模的一种新型金属板材非常规拉深成形工艺[1, 2]。从图中可以看出，充液拉深技术采用单道次拉深成形，板材成形的工序少。此外，有研究表明，充液拉深技术还可以有效地提高金属板材在室温冲压成形中的极限拉深比（LDR）[3]。因此，充液拉深技术可以被广泛地应用于不同的工艺领域中[4]。

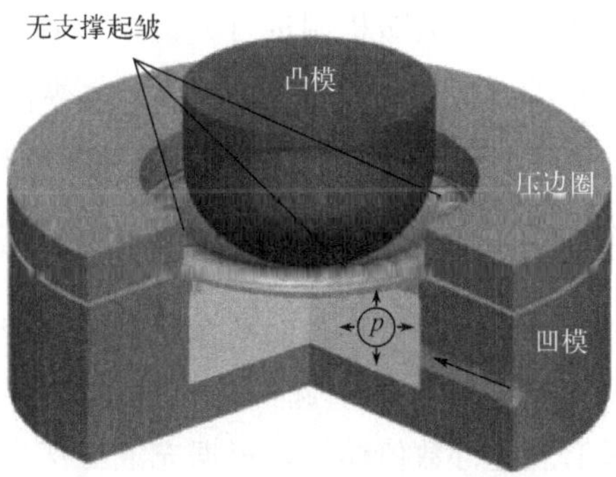

图 7.1　板材充液拉深示意图[1]

p 为液体压力

在充液拉深的相关研究中，Cai 等[5]通过应力状态计算，阐明了充液拉深工艺的成形机制：在成形过程中，液压在凹模圆角处从坯料的外部提供变形能量，同时模具腔室内的液压可以产生摩擦支撑，使坯料产生加工硬化来承受更大的拉应力，从而提高金属板材的 LDR。此外，还有一些研究表明，充液拉深工艺可以抑制成形件的侧壁起皱。例如，Chen 等[6]以及 Khademi 等[7]采用充液拉深工艺，分别制备出了没有侧壁褶皱缺陷的钢曲面壳体、铜锥面壳体。学者们普遍认为：在成形过程中，液压可以对侧壁区域的坯料施加法向约束，这是充液拉深工艺抑制侧壁起皱的关键因素。然而相对于单层金属板，充液拉深工艺抑制金属层状复合板侧壁起皱的效果不佳。例如，Bagherzadeh 等[8]采用了实验和数值模拟的方法，研究了铝/钢层状复合板的充液拉深工艺，并成功地提高了其 LDR。然而，侧壁起皱问题不是该研究的重点，在通过充液拉深工艺制备出的铝/钢筒形拉深件上，仍然可以观察到侧壁褶皱。这也恰恰说明了关于金属层状复合板侧壁褶皱抑制的问题，在其充液拉深工艺制备中仍需被关注。

7.2 充液拉深制备钛/铁复合板平底球形件

侧壁起皱是薄壁结构在冲压成形过程中极易出现的缺陷，特别是对于厚径比较小的曲面壳体和锥面壳体。这是金属薄板在冲压成形中的共性问题，特别是对于金属层状复合薄板，侧壁起皱的趋势更加强烈。在传统拉深工艺中，通常采用增大压边力的方式来抑制侧壁起皱，然而，其抑制起皱的效果有限，并大大提高了侧壁破裂的风险。因此，需要采用一种可以替代传统拉深的成形工艺制备钛/铁复合薄板平底球形件，在抑制侧壁起皱的同时保证成形件不发生破裂。

由第 6 章分析可知，经过 660℃-1h 退火后的钛/铁复合薄板具有良好的冲压成形性能。本章选取其作为冲压坯料，采用充液拉深工艺制备钛/铁复合薄板平底球形件，分析充液压力对平底球形件侧壁起皱现象的抑制效果。同时结合数值模拟技术，对平底球形件的侧壁起皱机制进行分析，并研究充液拉深工艺抑制平底球形件侧壁起皱行为的机理，探索出抑制钛/铁复合薄板平底球形件侧壁起皱的临界充液压力，制备出无成形缺陷的钛/铁复合薄板平底球形件。

7.2.1 钛/铁复合板平底球形件的充液拉深数值模拟模型建立

由于在充液拉深实验中难以获得坯料的受力状态和变形情况，因此，通过数值模拟方法研究充液拉深工艺抑制侧壁起皱的机理。采用 Dynaform 软件对钛/铁复合薄板的充液拉深工艺进行数值模拟，根据充液拉深模具的尺寸建立仿真模型，如图 7.2（a）所示。其中，模具的所有部件，如凸模、凹模、压边圈，被设置为带有工具网格的刚性体。冲压坯料被设置为可变形体，并通过网格划分为 8965 个 Belytschko-Tsay 壳单元。按照 6.2 节中所述的方法来定义坯料的材料参数：选择 133* MAT _ BARLAT _ YLD2000 材料模型，并输入已经得到的材料参数来定义坯料的应力-应变曲线和各向异性。数值模拟开始前，需要对成形模具进行定位，其中，坯料与凸模和压边圈进行接触。根据充液拉深模具尺寸和实际工况，压边圈与凹模之间的间隙设置为固定值 1.55mm，且成形过程中的压边力设置为 0kN。模具各部件与坯料之间的摩擦系数设置为 0.1，摩擦类型为库仑摩擦。在成形过程中，为了使模拟中液压的加载过程尽可能地接近液室的实际工况，在坯料上方 ϕ330mm 的范围内施加液压力，如图 7.2（b）所示。

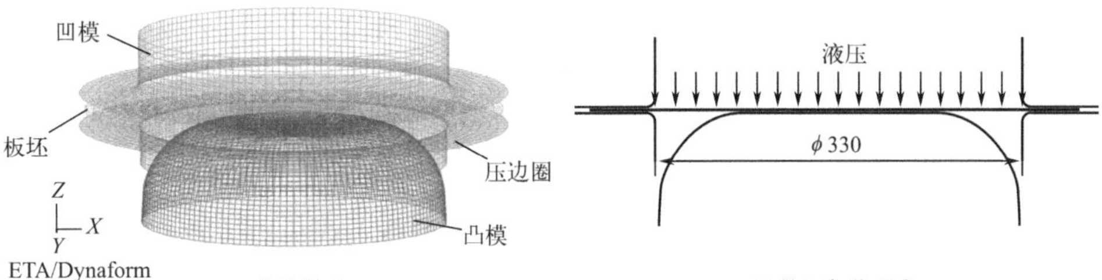

(a) 数值模型　　(b) 液压加载形式

图 7.2　钛/铁复合薄板充液拉深数值模型

为了分析充液压力对侧壁起皱抑制效果的影响，本研究设计了 4 种液压加载路径来进行钛/铁复合薄板平底半球形件的拉深实验，4 条液压加载条件的曲线如图 7.3 所示。其中，根据加载路径 A 进行的实验就是传统拉深实验，使用路径 B、C 和 D 进行的实验，分别是充液压力为 10MPa、20MPa 和 30MPa 的充液拉深实验。在这里必须要指出的是，充液压力的快速提升会导致坯料产生强烈的反胀效应，进而造成坯料在成形的早期阶段产生破裂[9]。加载曲线上升段斜率取决于凸模的行进速度和坯料的厚度[10]。为了获得液压加载路径的斜率，在充液拉深成形实验的调试阶段进行了一些实验测试，结合 10mm/s 的冲压速度和 1.5mm 的坯料厚度，最终确定充液压力在凸模行程为 19mm 时加载到最大值。

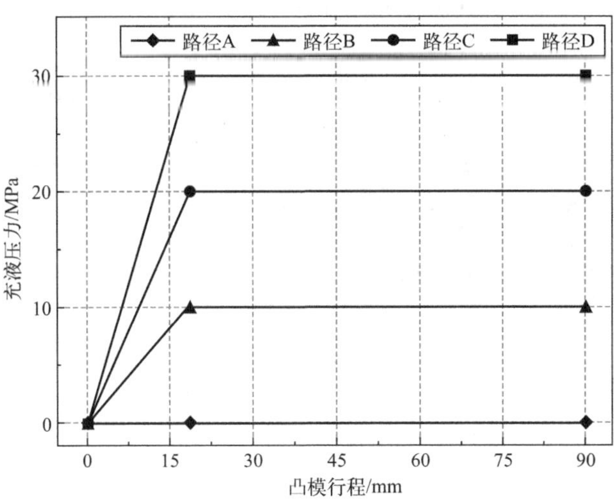

图 7.3　液压加载曲线

7.2.2 钛/铁复合板平底球形件的室温充液拉深过程

将钛/铁复合薄板制备成平底球形薄壁件，用于生产一款中式炒锅。其中，钛作为锅具的内壁接触食物，可提高食品安全性；铁以较大的复合板厚度占比，使锅体具有优良的导热性能。此平底球形件厚度与直径的比值（厚径比）相对较小，约为 0.47%，其形状、尺寸如图 7.4 所示。

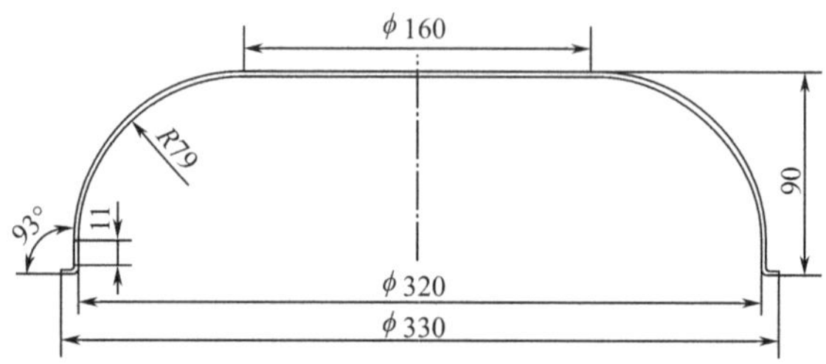

图 7.4 平底球形薄壁件示意图（单位：mm）

针对此薄壁件，设计了一套充液拉深实验装置，并解决了如下实际问题，包括：成形模具设计、液压加载方式、流体的密封。采用最大压力为 40MPa 的可调节液压泵来为整套实验装置提供液压力，压力介质为 L-HM32 液压油。模具中安装了一个耐油橡胶囊，以保证流体循环的密封性。实验过程中，液压泵将液压油充入橡胶囊，从而使坯料在成形过程中持续受到液压力。在液压泵和橡胶囊之间安装一个可调节的溢流阀，用来控制充液压力的大小。整套充液拉深装置安装在 500t 立式挤压机上，其工作原理如图 7.5 所示。

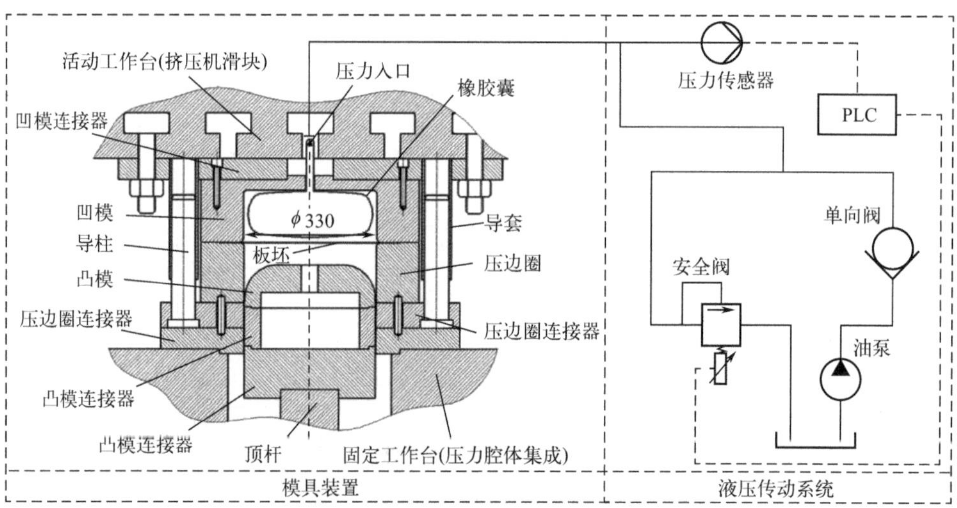

图 7.5 充液拉深实验装置示意图（PLC 为可编程逻辑控制器）

充液拉深模具的尺寸根据薄壁件的实际尺寸进行设计，其主要参数如图 7.6 所示。其中，压边圈的压边间隙被设计成略大于板厚的固定尺寸，用以忽略成形过程中压边力的影响。模具与坯料之间使用水溶性润滑油作为润滑剂。凸模从钛层金属一侧进行冲压，其行进速度为 10mm/s，冲压行程为 90mm。

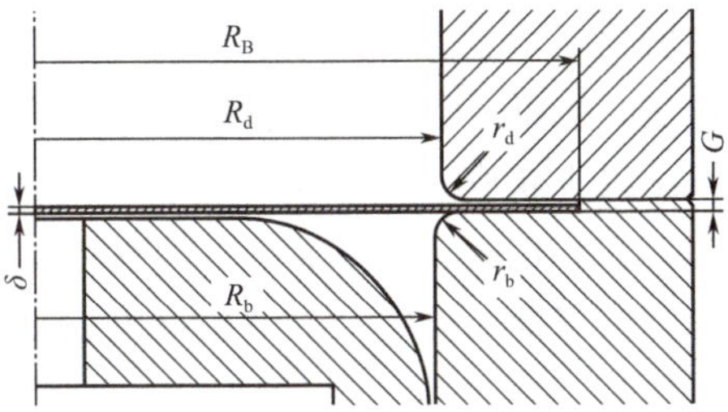

参数	值/mm
板坯半径(R_B)	220
凹模半径(R_d)	168
压边圈半径(R_b)	161
凹模圆角半径(r_d)	10
压边圈圆角半径(r_b)	10
板坯厚度(δ)	1.5
板坯间隙(G)	1.55

图 7.6　充液拉深实验模具示意图

7.3　钛/铁复合板平底球形件的缺陷抑制与质量优化

7.3.1　钛/铁复合板平底球形件的成形缺陷分析

图 7.7 为不同充液压力下钛/铁复合薄板平底球形件的最终成形结果，其中包括数值模拟结果以及实验结果。由于该工艺下的拉深比小于 1.8，因此平底球形件没有在成形过程中出现开裂。此外，采用传统拉深工艺制备出的平底球形件，其侧壁上出现了较为严重的褶皱缺陷；而采用充液拉深工艺有效地抑制了侧壁起皱的趋势。同时，随着充液压力的增加，抑制侧壁起皱的效果更加明显。当充液压力为 10MPa 时，平底球形件侧壁上出现了轻微的褶皱；当充液压力增加

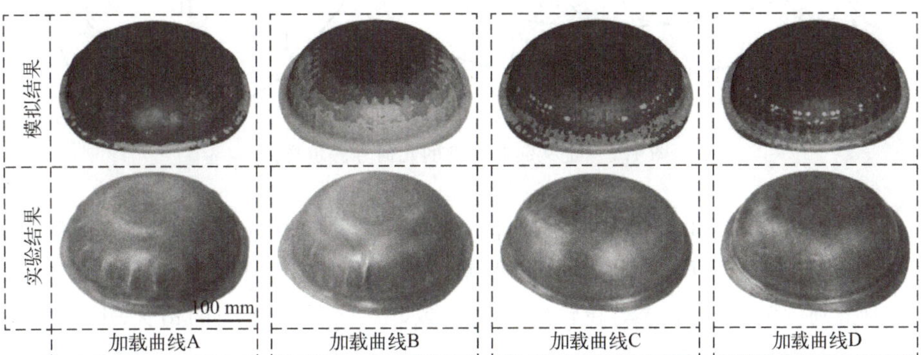

图 7.7　钛/铁复合薄板平底球形件的形貌

到 20MPa、30MPa 后，平底球形件的侧壁上没有出现褶皱。此外，对比不同充液压力的数值模拟结果和实验结果可以发现，二者之间的吻合度较高。采用数值模拟方法可以准确预测钛/铁复合薄板平底半球形件的侧壁起皱趋势。

为了使成形结果的比较更加的直观化和标准化，并便于对比不同充液压力下的侧壁起皱程度，结合几何方法来分析实验结果及数值模拟结果，进而确定侧壁起皱的程度。图 7.8 为依据该方法提出的模型示意图。考虑到平底球形件为轴对称结构，因此仅对平底球形件中 RD 到 TD 的四分之一部分进行分析，其中成形件上每一个节点的坐标可以从数值模拟结果中获取。基于几何模型的坐标系，节点的坐标可用（x，y，z）来表示。所有具有相同 z 值的节点（即侧壁上处于相同高度的所有节点）形成褶皱面的轮廓。基于此，侧壁褶皱波的最大振幅 Δ 可以通过这些节点的坐标进行计算，即

$$\theta = \arctan \frac{y}{x} \tag{7.1}$$

$$R(\theta) = \sqrt{x^2 + y^2} \tag{7.2}$$

$$\Delta = R(\theta)_{\max} - R(\theta)_{\min} \tag{7.3}$$

其中，θ 是某个节点与 RD 之间的角度；$R(\theta)$ 是褶皱面上各节点所在位置的半径。经过计算，侧壁起皱的程度就可以通过侧壁褶皱波的最大振幅 Δ 来表示，Δ 的值越大，说明侧壁起皱程度越严重。

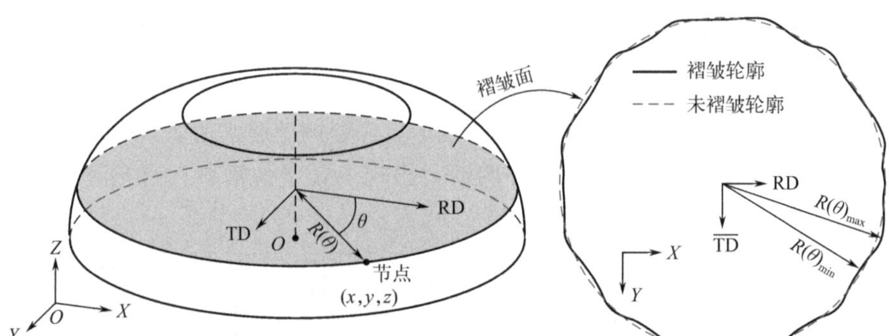

图 7.8 定义起皱程度的几何方法示意图

本研究选择 $z=30$mm 的褶皱面作为基准参考面，用于评估成形件的侧壁起皱程度。图 7.9 为不同充液压力下侧壁基准褶皱面的轮廓图。可以看出，通过数值模拟得到的侧壁轮廓与实验轮廓高度一致，两个结果之间的最大相对误差为 2.41%，出现在传统拉深成形中。基于此结果，该数值模型在预测侧壁起皱程度方面具有较高的精度。

表 7.1 为不同充液压力下基准褶皱面的主要参数。可以看出，采用传统拉深

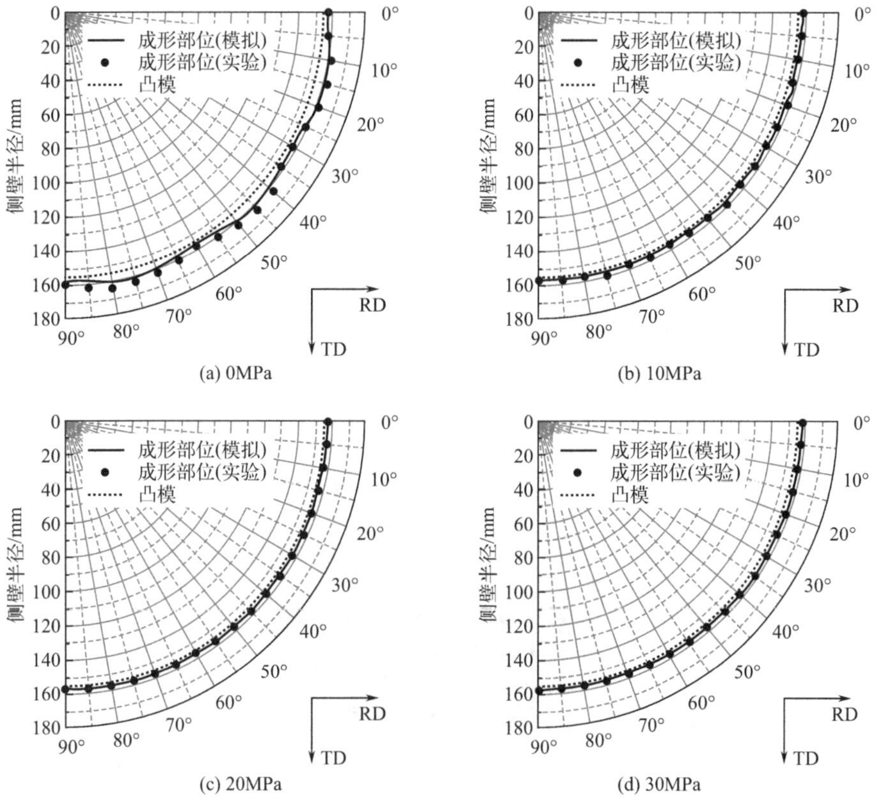

图 7.9 基准褶皱面的轮廓图

技术制备的成形件，其侧壁褶皱波动起伏明显，褶皱波的振幅达到 5.57mm，采用充液拉深技术的成形件，其侧壁轮廓趋于光滑，褶皱波的幅度随着充液压力的提高而减小。在 10MPa 充液压力下，褶皱波的幅度减小到 1.74mm；在 20MPa、30MPa 充液压力下，褶皱波的幅度进一步降低到 0.53mm 和 0.50mm，均小于 0.5δ（板厚的一半）。该波动幅度下，侧壁起皱程度相当小，通过肉眼很难进行分辨，如图 7.10 所示。这就意味着，这种起皱程度没有达到侧壁形成褶皱的标准。此外，在 4 种充液压力下，$R(\theta)_{min}$ 的值变化并不明显，各条件下制备出的平底球形件侧壁轮廓之间的差异主要是由 $R(\theta)_{max}$ 值的不同导致的。这也说明了，凸模可以在坯料内侧为其施加约束，而侧壁变形区的外凸导致了成形过程中褶皱的形成。

表 7.1 基准褶皱面的主要参数

充液压力/MPa	基准褶皱面的最小半径/mm	基准褶皱面的最大半径/mm	褶皱波的振幅/mm
0	157.05	162.62	5.57

续表

充液压力/MPa	基准褶皱面的最小半径/mm	基准褶皱面的最大半径/mm	褶皱波的振幅/mm
10	157.00	158.74	1.74
20	157.00	157.53	0.53
30	157.00	157.50	0.50

本研究基于对平底球形件厚度分布的预测精度，确定应变分布结果的准确性。如图 7.9 所示，沿着平底球形件侧壁面对其 RD、45°、TD 三个方向上的厚度进行测量，其中，测量厚度的取点位置分别间隔 10mm。

图 7.10 厚度分布测量位置（单位：mm）

图 7.11 为不同充液压力下平底球形件厚度分布的实验结果和数值模拟结果。可以看出，采用数值模拟可以精准地预测出不同充液压力下，平底球形件在 3 个方向上的厚度分布。其中，最大相对误差为 4.16%，出现在 30MPa 充液压力下的 RD 方向。由于本研究中的数值模拟旨在揭示平底球形件在成形过程中的宏观变形行为，因此，这一偏差值是可以被接受的。

图 7.12 为不同充液压力下成形力的数值模拟结果和实验结果的对比图。可以看出，数值模拟预测结果与实验结果吻合度较高。此外，随着充液压力的增加，坯料成形所需的成形力相应提高，凸模必须增加额外的力来抵抗液压产生的反作用力。虽然提高充液压力可以增强侧壁起皱的抑制效果，但是相应增大的成形力会增加生产能耗和生产成本。因此，在实际工业生产中，盲目地增大充液压力并不是解决侧壁起皱问题的最佳方案。此外，随着充液压力的提高，侧壁减薄的趋势也在增加。根据图 7.11 中给出的厚度分布实验结果，在 10MPa 和 20MPa 的充液压力下，平底球形件侧壁的最大减薄率分别为 3.69%和 7.91%，但在 30MPa 的充液压力下，平底球形件侧壁的最大减薄率显著提高至 11.96%，侧壁发生破裂的风险增加。

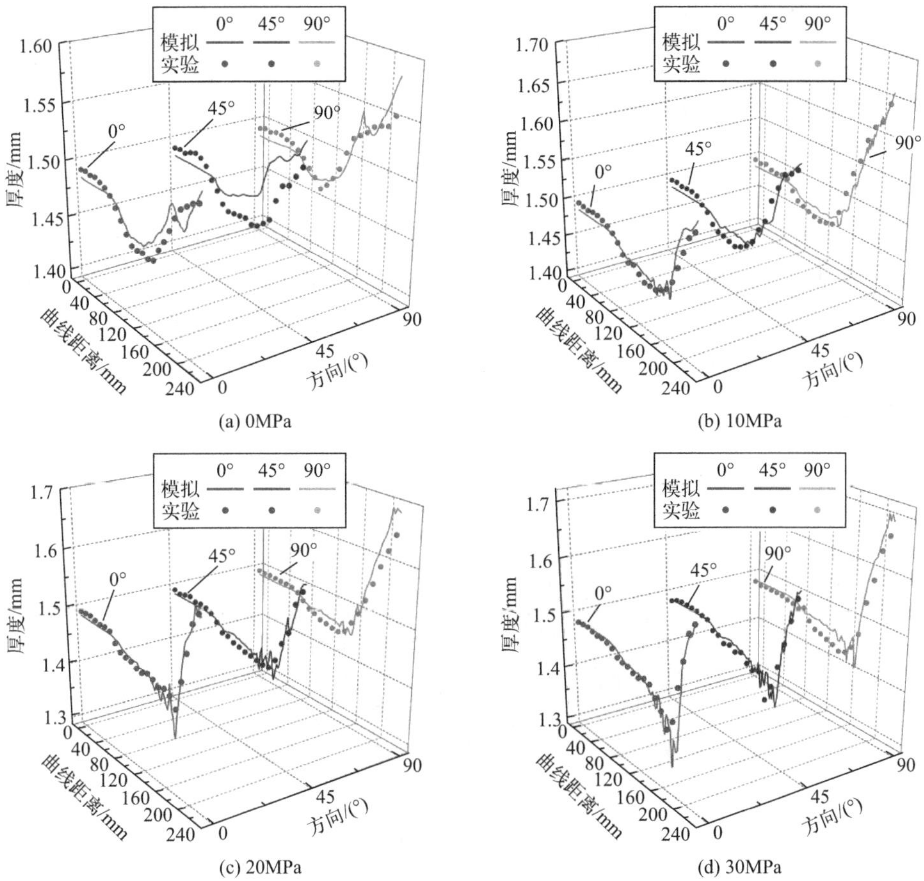

图 7.11　平底球形件的厚度分布

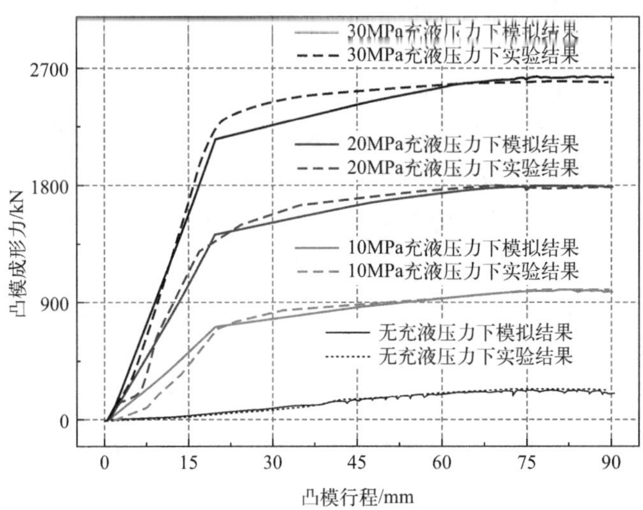

图 7.12　不同充液压力下的成形力曲线

基于上述结果，公式化的数值模型可以预测钛/铁复合薄板平底球形件的充液拉深，其预测结果是相对准确的。因此，该模型适用于分析坯料在拉深过程中的变形行为，如拉深过程中的侧壁起皱和应力变化。

7.3.2 充液拉深工艺抑制侧壁起皱与反胀效应

对于厚径比相对较小的平底球形件，在其传统拉深成形过程中通常会出现较大范围的悬空区，如图 7.13 所示。悬空区的径向曲率半径和周向曲率半径相对较大，同时，其与成形模具的表面之间是不发生接触的。从几何变形的角度来看，悬空区的坯料抵抗塑性变形不稳定性的能力较差，相较于其他区域的坯料极易出现褶皱。

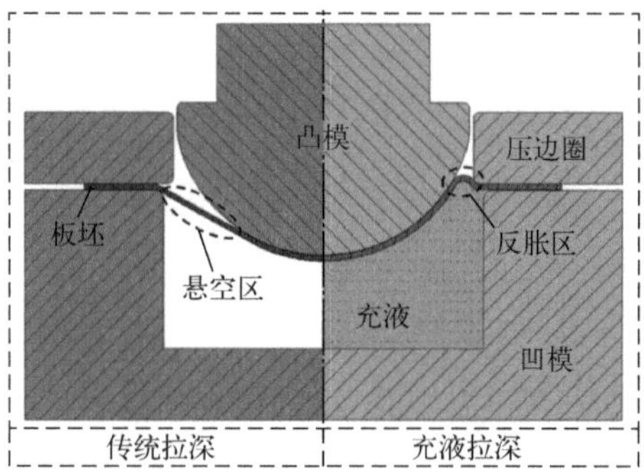

图 7.13　传统拉深和充液拉深的对比图

在充液拉深成形工艺中，液压可以在坯料的外侧对其施加法向作用力。更重要的是，当液压力足够高时，它还可以导致坯料出现反向胀形的效果[2]。反胀后的坯料与凸模表面之间产生接触，从而减小悬空区在坯料中所占的比例。本研究中，在 30MPa 充液压力下，当实验在凸模行程 40mm 中断时，成形件上出现了明显的反胀区域，如图 7.14 所示。这就表明，在钛/铁复合薄板平底球形件的充液拉深过程中，坯料在液压的作用下产生了反胀效应。

根据数值模拟结果可分析平底球形件的成形过程。图 7.15 为凸模行程 65mm 时，不同充液压力下数值模拟结果的 X-Z 截面图。对比发现，采用传统拉深工艺制备平底球形件的过程中，其侧壁上存在着相对较大的悬空区。采用充液拉深工艺制备平底球形件的过程中，在液压的作用下，侧壁悬空区所占的比例显著降低。充液压力越大，侧壁悬空区所占的比例越小。随着悬空区的减小，侧壁位置坯料的塑性变形不稳定性得到改善，这是采用充液拉深工艺抑制侧壁起皱的主要原因之一。

在液压的作用下，悬空区的占比减小。这是因为液压在坯料的外侧对其施加

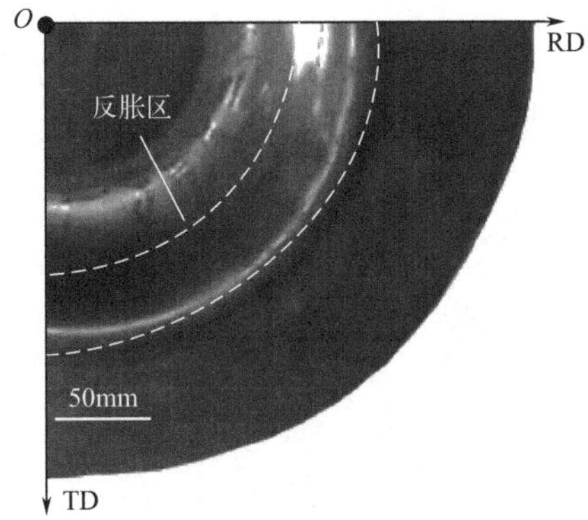

图 7.14　充液压力 30MPa、凸模行程 40mm 时的平底球形件

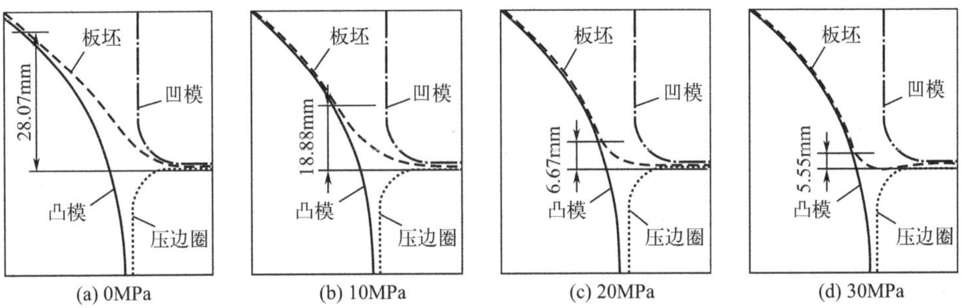

图 7.15　不同充液压力下的侧壁悬空区比例对比图

法向约束，导致坯料与凸模之间的接触面积更大。同时，液压的约束强度是抑制起皱的关键，充液压力的大小会影响法向约束的效果。在实际充液拉深过程中，作用在坯料上的压力会发生变化。在充液拉深工艺的工业应用中，为了保证液压加载工艺操作简便，充液压力通常被设置为固定值。然而，随着凸模的行进，侧壁悬空区的形状随之发生变化，这就会导致作用在侧壁上的压力发生变化。该压力是实际的抑制起皱压力。

由于凸模的行进以及液压的作用，侧壁悬空区的几何形状出现改变，从而导致悬空区的径向曲率半径发生明显的变化。如图 7.16 所示，在液压的作用下，侧壁悬空区的截面形状可以近似看作圆弧。基于平衡方程，抑制起皱压力 P_W 可以通过如下公式进行表示

$$P_W = \frac{2\sigma_r \delta \sin\alpha}{W} \tag{7.4}$$

其中，σ_r 为径向应力；α 为切线的角度；W 为侧壁悬空区的径向宽度。

伴随着拉深成形过程的进行，坯料受到的径向应力逐渐增大，同时切线角度也随之增大。更重要的是，侧壁悬空区的径向宽度在这个过程中会出现急剧的下

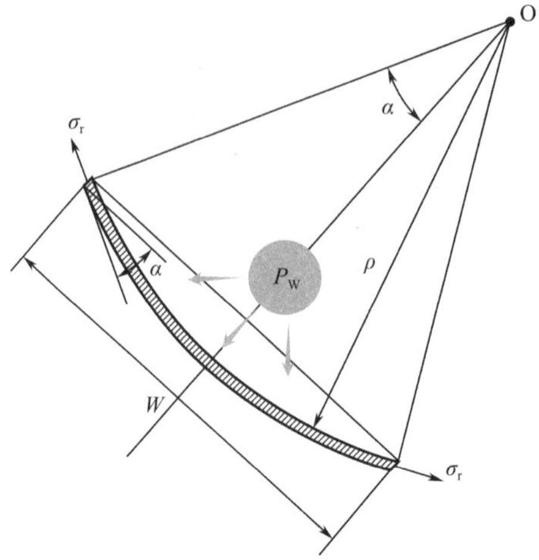

图 7.16 侧壁悬空区的几何参数关系（ρ 为径向曲率半径）

降，因此会导致抑制起皱压力的迅速提高。这一观点已经在 Chen 等人[6]的研究中得到了验证。通过图 7.15 给出的结果可以看出，侧壁悬空区的径向宽度随着充液压力的提高而显著减小。此外，结合公式（7.4），可以判断出，侧壁悬空区径向宽度的减小会导致抑制起皱压力的增大，从而使液压抑制侧壁起皱的能力提高。这也是采用充液拉深工艺抑制侧壁起皱的原因之一。

7.3.3 充液拉深过程中钛/铁复合板的变形行为与应力演变

为了研究侧壁褶皱的形成过程，本研究将充液拉深成形过程分成三个阶段：前期、中期和后期，利用数值模拟中获得的侧壁基准褶皱面在不同成形阶段的应力分布，系统地研究液压抑制侧壁起皱的机理。

如图 7.17 所示，当凸模行程分别为 57mm、72mm 和 87mm 时，侧壁基准褶皱面所在位置的坯料处于侧壁成形的前期、中期和后期。对侧壁基准褶皱面上的节点进行追踪，并输出其在不同成形阶段的数值模拟结果。

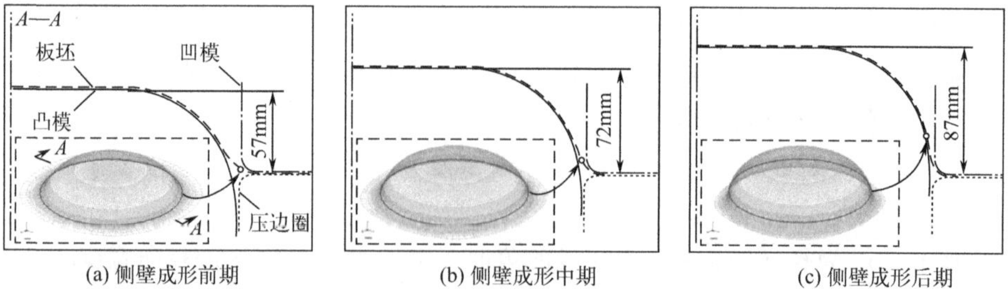

图 7.17 充液拉深过程不同阶段的示意图

图 7.18 为传统拉深过程中，侧壁基准褶皱面在不同成形阶段的应力分布曲线。在传统拉深工艺制备成形件的前期，侧壁基准褶皱面所在位置的坯料已经离开了法兰区，处于悬空状态。此时，其受到径向拉应力和周向压应力的作用，褶皱波的振幅为 3.41mm。随着凸模的行进，在成形的中期及后期，侧壁基准褶皱面上部分区域的周向应力增加并转变为拉应力，但是其他区域仍然受到周向压应力的作用。周向压应力增加了侧壁起皱的趋势，在侧壁成形中期及后期，褶皱波的振幅进一步增加至 5.54mm。这是由于坯料在拉-压应力状态下更容易起皱[11]。

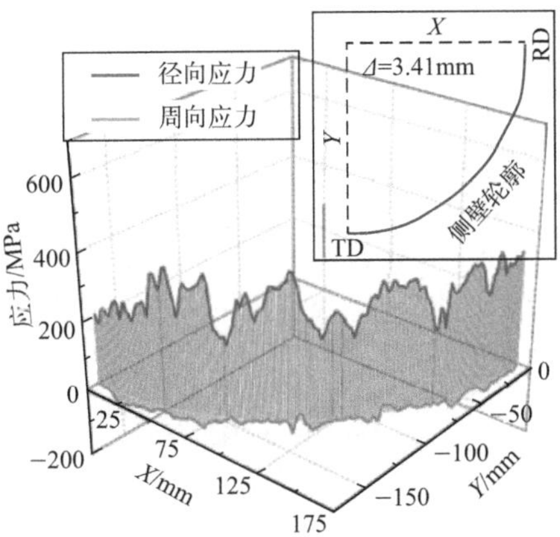

(a) 侧壁成形前期

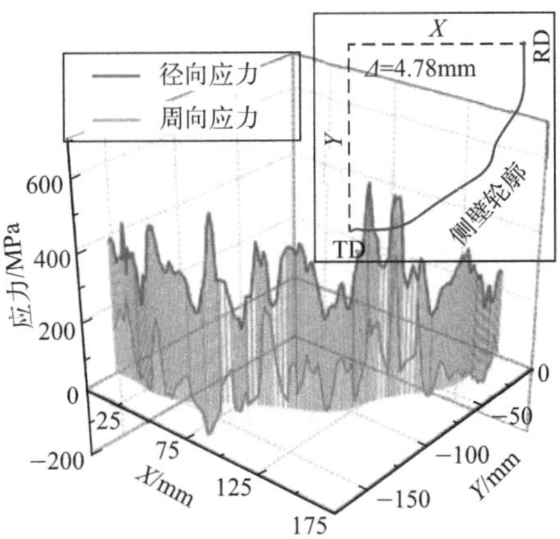

(b) 侧壁成形中期

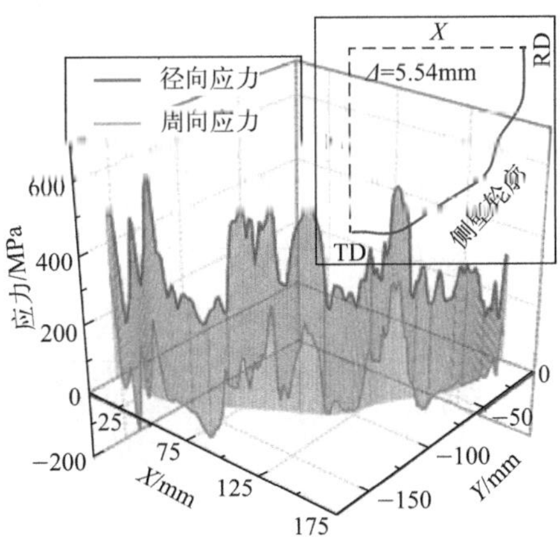

(c) 侧壁成形后期

图 7.18　传统拉深不同成形阶段的应力演变

（见文后彩图）

图 7.19～图 7.21 为不同充液压力下侧壁基准褶皱面在不同成形阶段的应力分布。在 10MPa 充液压力下，侧壁基准褶皱面坯料的绝大部分区域在侧壁成形

前期受到周向压应力的作用。然而，侧壁上出现了少部分受周向拉应力作用的区域，且其区域范围相较于传统拉深工艺有所增加。随着成形的进行，周向应力在侧壁成形的中期及后期显著提高，进而导致侧壁基准褶皱面所在位置的坯料受到双向拉应力的作用。在这个过程中，褶皱波的振幅降低了。随着充液压力的增大，在 20MPa、30MPa 的充液压力下，侧壁基准褶皱面所在位置的坯料受到的径向应力和周向应力在成形前期均有所提高，特别是在 30MPa 下，周向应力的提升幅度较大，同时侧壁起皱的趋势也有所减小。随后，伴随着拉深成形的进行，在侧壁成形的中期及后期，侧壁基准褶皱面所在位置的坯料仍然受双向拉应力的作用，且周向应力的分布与径向应力的分布更接近，同时侧壁褶皱消失。

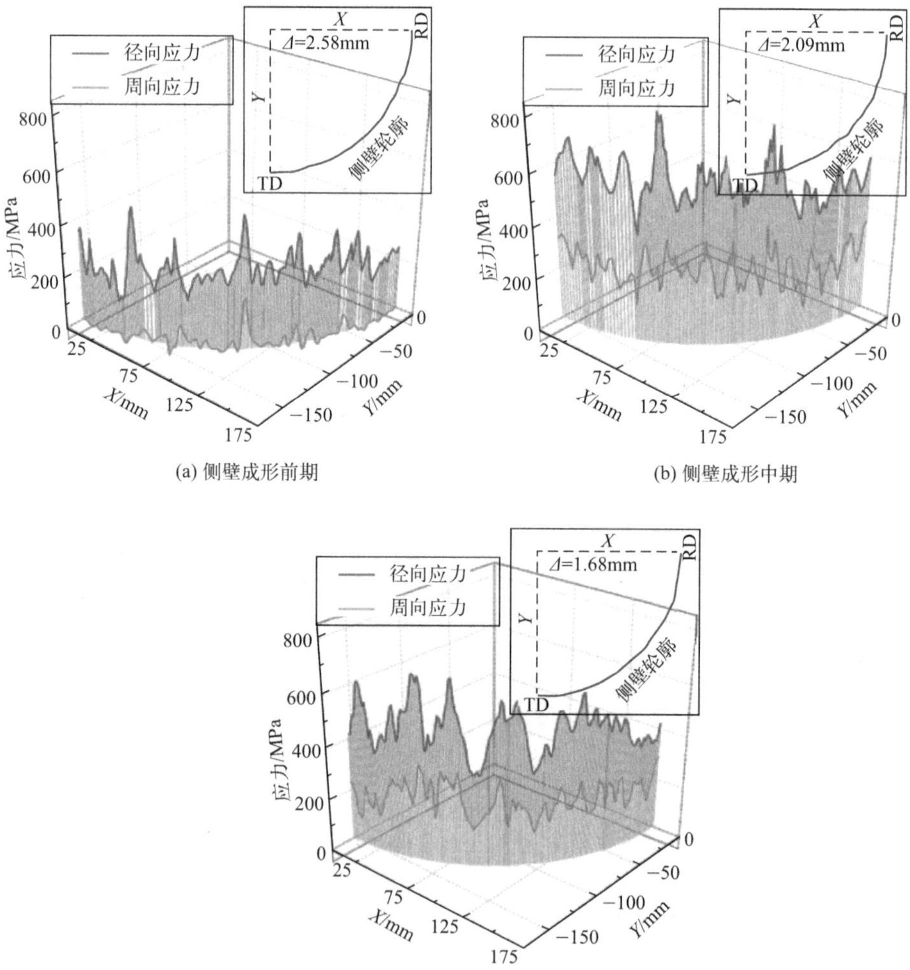

(a) 侧壁成形前期　(b) 侧壁成形中期　(c) 侧壁成形后期

图 7.19　10MPa 下充液拉深不同成形阶段的应力演变

（见文后彩图）

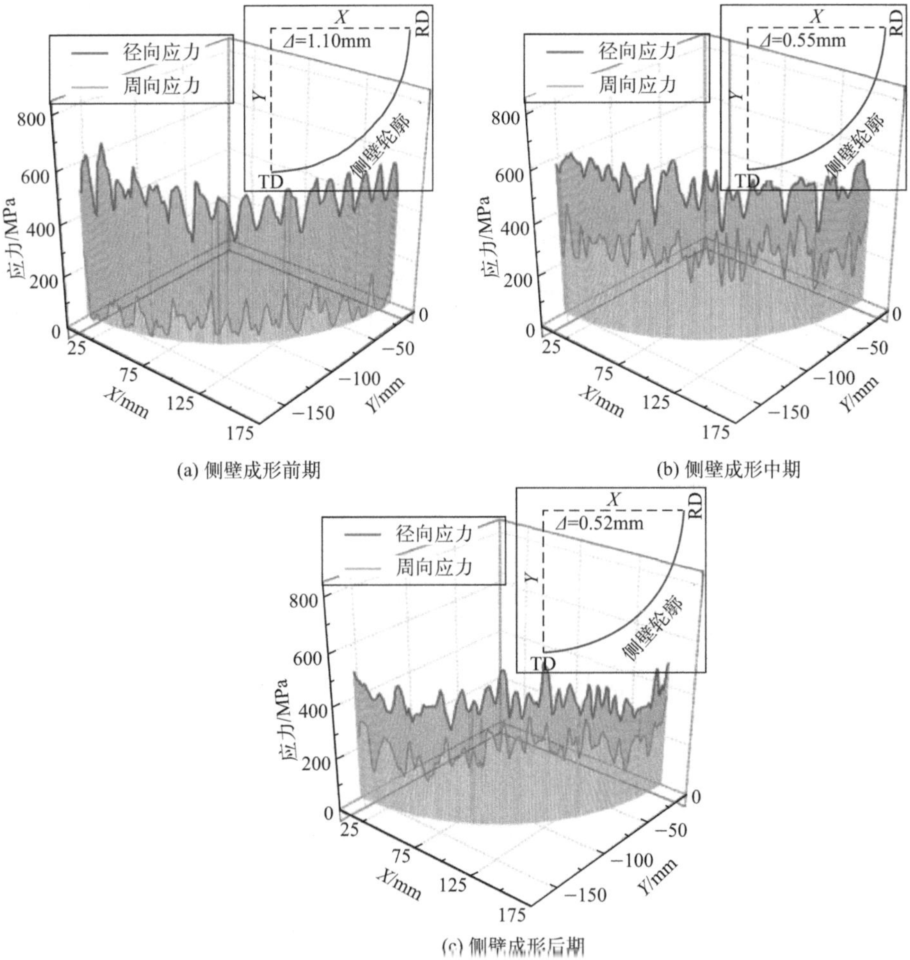

(a) 侧壁成形前期

(b) 侧壁成形中期

(c) 侧壁成形后期

图 7.20 20MPa 下充液拉深不同成形阶段的应力演变

(见文后彩图)

在侧壁成形的早期阶段，随着充液压力的增加，侧壁基准褶皱面所在位置的坯料受到的径向应力和周向应力的增加主要是由反胀效应引起的，这就直接导致了在侧壁成形早期起皱趋势的弱化。此外，通过数值模拟结果可以明显地看出，在侧壁成形的中期和后期，液压可以校正已经形成的侧壁褶皱。

液压在侧壁坯料上施加法向作用力，使其与凸模发生接触，从而将摩擦力引入侧壁的成形中。Fung 和 Sechler 曾指出，坯料起皱需要应变能[12]。根据 Timoshen 和 Gere 提出的稳定性理论，如果模具使坯料变形时的做功小于坯料起皱所需的最小应变能，那么侧壁区的坯料就无法达到起皱的条件[13]。在充液拉深工艺中，由于凸模与坯料之间产生接触，摩擦力所做的功能够抵消掉一部分外部变形功，从而使其小于坯料起皱所需的最小应变能，进而导致侧壁在成形过程

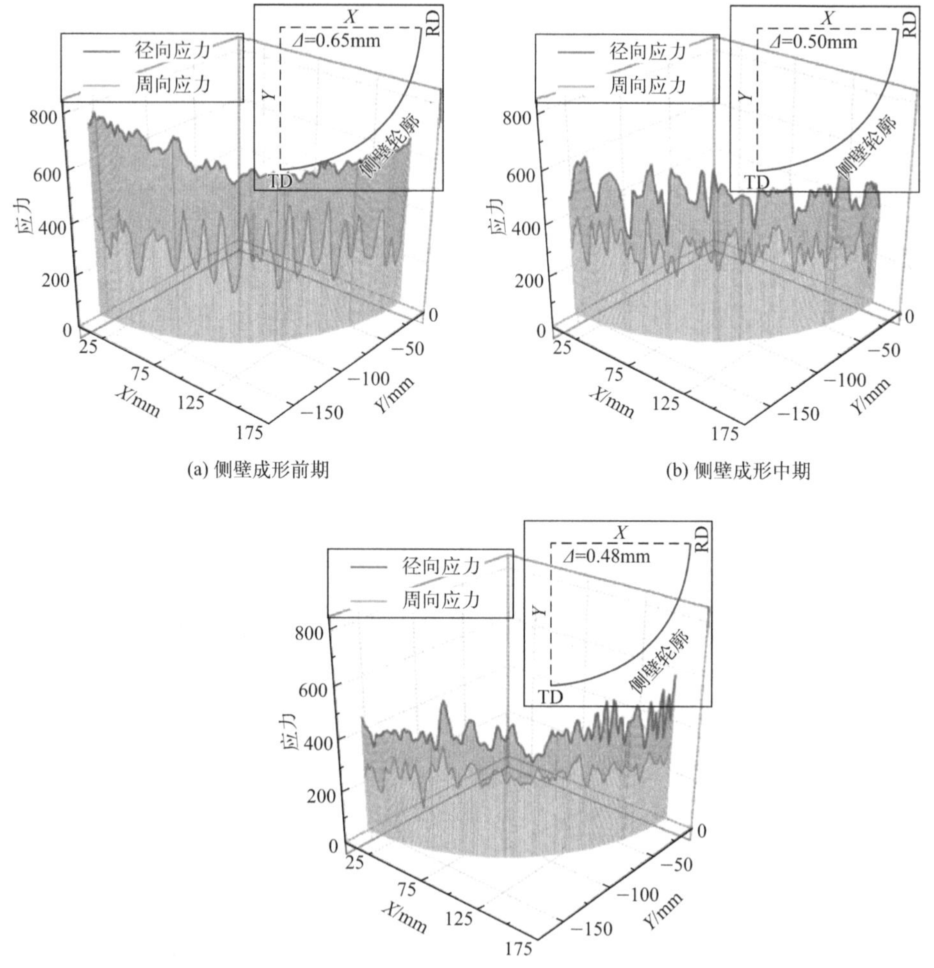

(a) 侧壁成形前期

(b) 侧壁成形中期

(c) 侧壁成形后期

图 7.21　30MPa 下充液拉深不同成形阶段的应力演变

（见文后彩图）

中不会产生褶皱。

此外，摩擦的介入同样改变了应力分布，进而影响侧壁区坯料在成形过程中的应力状态[14]。根据物理学常识，摩擦力的方向必定与物体的相对运动方向或者相对运动趋势方向相反。因此，为了确定成形过程中侧壁上的摩擦力方向，需要通过应变来分析坯料与凸模之间的相对运动趋势。

如图 7.22 所示，侧壁上的某一单元体在成形前期处于 A 点，随后其在经过一段时间 t 的成形后处于 B 点，并产生了径向位移 u 和高度方向位移 h，基于此，可得到如下关系式：

$$\xi = r - u \tag{7.5}$$

其中，ξ为瞬时径向坐标；r 为径向初始坐标。根据圆周方向的对数应变定义，可以得到周向应变 ε_θ，即：

$$\varepsilon_\theta = \ln\left\{\frac{2\pi(r-u)}{2\pi r}\right\} \tag{7.6}$$

其可以被简化为：

$$\varepsilon_\theta = \ln\left(\frac{\xi}{r}\right) \tag{7.7}$$

同理，可以得到径向应变 ε_r，即：

$$\varepsilon_r = \ln\left(\frac{dl}{dr}\right) \tag{7.8}$$

根据偏微分方程，可得出：

$$dl = \left\{\left(dr - \frac{\partial u}{\partial r}dr\right)^2 + \left(\frac{\partial h}{\partial r}dr\right)^2\right\}^{1/2} \tag{7.9}$$

结合公式（7.5）和公式（7.9），公式（7.8）可被改写为

$$\varepsilon_r = \ln\left\{\left(\frac{\partial \xi}{\partial r}\right)^2 + \left(\frac{\partial h}{\partial r}\right)^2\right\}^{1/2} \tag{7.10}$$

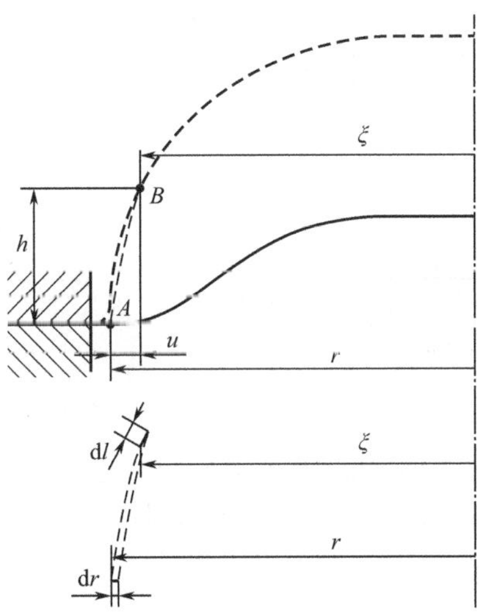

图 7.22　拉深过程中的轴向等效方程推导示意图

根据公式（7.7）和公式（7.10）可以得出，$\varepsilon_\theta<0$、$\varepsilon_r>0$。基于此可以推断出，平底球形件的侧壁在拉深过程中必然发生径向拉应变和周向压应变。因此，充液拉深工艺过程中，随着凸模的行进，径向应力减小，同时周向应力增大。这是采用充液拉深工艺可以在抑制侧壁起皱的同时，保证成形件不破裂的主要原因。此外，摩擦力会随着充液压力的提高而增大，这就导致侧壁区双向应力

的分布更加接近。Li 等人[15]研究发现，不同的双向应力加载条件会影响薄壁成形件的起皱趋势，在拉-压应力状态下，侧壁更容易发生起皱。

如图 7.23 所示，与传统拉深工艺相比，采用充液拉深可以将侧壁的应力状态从拉-压应力状态转变为双向拉应力状态。然而，在双轴拉伸状态下，周向应变增量是不一致的。此外，如图 6.3 所示，双轴拉伸实验的试验力加载比例能够影响钛/铁复合薄板的面内变形行为。当双轴实验加载力之间的差异较大时，小加载力方向上的应变为压缩应变。当双轴实验加载力之间的差异较小时，板材的面内应变状态为双向拉伸应变。因此，随着液压的增加，双轴应力状态的变化导致面内周向应变状态由压应变转变为拉应变，进而削弱了拉深成形过程中周向压缩变形引起侧壁起皱的趋势。应力状态的变化是充液拉深工艺抑制侧壁起皱的关键，液压力越大，抑制侧壁起皱的效果就越明显。

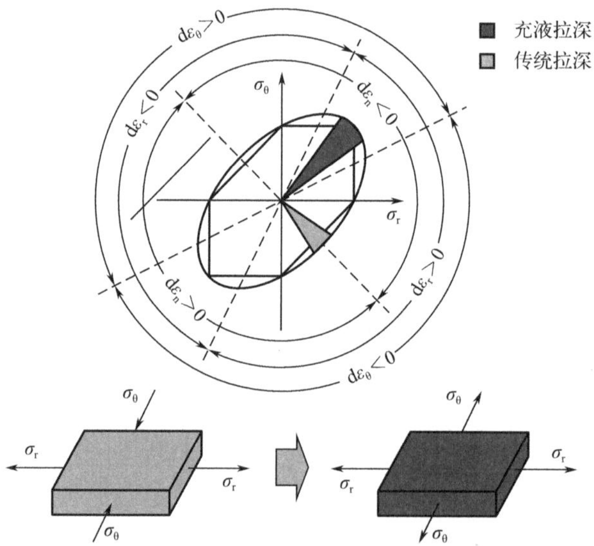

图 7.23 充液拉深调整应力状态的原理

（$d\varepsilon_\theta$、$d\varepsilon_r$、$d\varepsilon_n$ 分别为周向、径向和厚向的应变增量；σ_θ、σ_r 分别为周向和径向应力）

7.3.4 钛/铁复合板平底球形件的工程应用

目前，江西至晟科技有限公司已经引进该项技术，其整套冲压成形模具以及液压系统均按照本文中的工艺窗口进行设计，并投入实际生产。按照本文中的工艺参数，以 20MPa 的充液压力可以在实际生产中完全避免侧壁褶皱的形成。随后，对充液拉深制备的钛/铁复合薄板平底球形坯料进行法兰切割，并进行表面的打磨和抛光处理，可以将其制成 32 寸（1 寸＝3.33cm）中式炒锅，如图 7.24

所示。目前，该款产品已市售，实现了钛/铁复合薄板的小范围应用。

(a) 坯料

(b) 产品

图 7.24 钛/铁复合薄板中式炒锅

· 参考文献 ·

[1] Chen Y Z, Liu W, Zhang Z C, et al. Analysis of wrinkling during sheet hydroforming of curved surface shell considering reverse bulging effect[J]. International Journal of Mechanical Sciences, 2017, 120: 70-80.

[2] Yuan S J, Fan X B. Developments and perspectives on the precision forming processes for ultra-large size integrated components[J]. International Journal of Extreme Manufacturing, 2019, 1(2): 022002.

[3] Ballikaya H, Savas V, Ozay C. The limit drawing ratio in die angled hydromechanical deep drawing method[J]. International Journal of Advanced Manufacturing Technology, 2020, 106(1-2): 791-801.

[4] Bagherzadeh S, Mollaei-Dariani B, Malekzadeh K. Theoretical study on hydro-mechanical deep drawing process of bimetallic sheets and experimental observations[J]. Journal of Materials Processing Technology, 2012, 212(9): 1840-1849.

[5] Cai G S, Yang J L, Yuan Y F, et al. Mechanics analysis of aluminum alloy cylindrical cup during warm sheet hydromechanical deep drawing[J]. International Journal of Mechanical Sciences, 2020, 174:105556-105565.

[6] Chen Y Z, Liu W, Xu Y C, et al. Analysis and experiment on wrinkling suppression for hydroforming of curved surface shell[J]. International Journal of Mechanical Sciences, 2015, 104: 112-125.

[7] Khademi M, Gorji H, Bakhshi-Jooybari M. Effects of material and process parameters on wrinkling of conical parts in modified hydroforming process[J]. International Journal of Advanced Manufacturing Technology, 2021, 116(1-2): 259-279.

[8] Bagherzadeh S, Mirnia M J, Dariani B M. Numerical and experimental investigations of hydro-mechanical deep drawing process of laminated aluminum/steel sheets[J]. Journal of Manufacturing Processes, 2015, 18: 131-140.

[9] Khademi M, Gorji H, Bakhshi-Jooybari M. Effects of material and process parameters on wrinkling of conical parts in modified hydroforming process[J]. International Journal of Advanced Manufacturing Technology, 2021, 116(1-2): 259-279.

[10] Salahshoor M, Gorji A, Bakhshi-Jooybari M. The study of forming concave-bottom cylindrical parts in hydroforming process[J]. International Journal of Advanced Manufacturing Technology, 2015, 79(5-8): 1139-1151.

[11] Li H, Sun H, Liu H R, et al. Loading conditions constrained wrinkling behaviors of thinwalled sheet/tube parts during metal forming[J]. Journal of Materials Processing Technology, 2021, 296: 117199.

[12] Fung Y C, Sechler E E. Thin-shell structures: Theory, experiment and design[M]. Englewood

Cliffs: Prentice-Hall Inc., 1974.
[13] Timoshenko S P, Gere J M. Theory of elastic stability[M]. Second edition. New York: Dover Publications Inc., 2009.
[14] Li Z H, Long H. An analytical model integrated with toolpath design for wrinkling prediction in conventional spinning[J]. Journal of Materials Processing Technology, 2022, 300: 117399.
[15] Li H, Sun H, Liu H R, et al. Loading conditions constrained wrinkling behaviors of thin-walled sheet/tube parts during metal forming[J]. Journal of Materials Processing Technology, 2021, 296: 117199.

第8章

其他金属轧制复合板材简介

8.1 其他金属轧制复合板材研究案例

8.1.1 钛/铁/不锈钢三层轧制复合板的制备与应用

随着人们对饮食健康和安全的关注日益增加，炊具材料的性能要求也愈发严格。传统炊具材料如铁锅、铝锅、不粘锅等虽各有优势，但普遍存在易生锈、涂层脱落、金属离子析出等问题，长期使用可能对人体健康造成潜在威胁。例如，铁锅易氧化且不宜长时间盛放食物，不粘锅涂层在高温下可能分解有害物质，铝锅与铁制品混用则会加速铝离子溶出[1-3]。因此，开发兼具高强度、耐腐蚀、导热性优良且安全无毒的新型炊具材料成为迫切需求。金属层状复合材料因其能够整合不同材料的优势而备受关注，其中钛/铁/不锈钢复合板因独特的性能组合成为研究热点[4]。钛（TA1）具有优异的生物相容性和耐腐蚀性，适合直接接触食物；工业纯铁作为中间层，既能降低成本又能提供良好的导热性；不锈钢（304）作为外层则具备高强度和耐高温特性，适合接触火焰。然而，如何实现钛、铁、不锈钢三者的有效复合，并确保其冲压成形性能满足炊具生产需求，是当前研究的核心挑战。

下面围绕钛/铁/不锈钢复合板的制备工艺展开，设计并对比了封焊叠轧和三层直接轧制两种工艺，制备的复合板如图8.1所示，具体工艺方案如下。

(1) 封焊叠轧工艺

采用分步复合方式，先制备不锈钢/铁复合板，随后与钛板二次复合。在复合前，先进行材料表面处理，对不锈钢板和铁板进行表面打磨以去除氧化层和杂质，涂覆氧化锌隔离剂，堆叠顺序为铁板-不锈钢板-隔离层-不锈钢板-铁板。采用二氧化碳气体保护焊封边，在1050℃下进行四道次热轧，压下量20%，轧制速度12r/min，最终获得不锈钢/铁复合板。随后，将复合板与钛板堆叠并重复上述流程，轧制温度调整为850℃，轧制速度10r/min，最终得到钛/铁/不锈钢

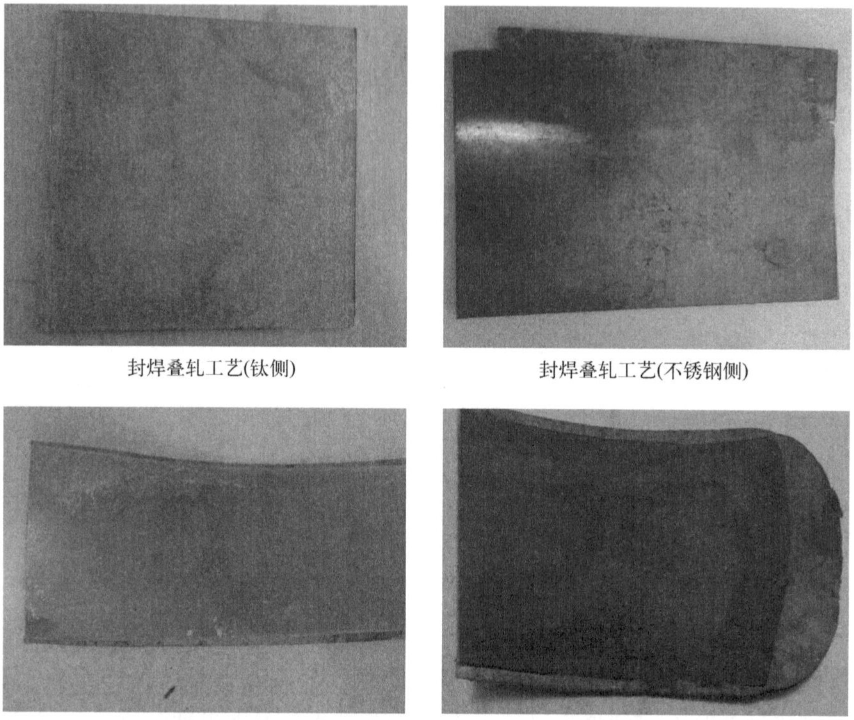

封焊叠轧工艺(钛侧)　封焊叠轧工艺(不锈钢侧)

三层直接轧制工艺(钛侧)　三层直接轧制工艺(不锈钢侧)

图 8.1 不同工艺制备的钛/铁/不锈钢复合板

复合板。

(2) 三层直接轧制工艺

采用一次性复合方式，将钛、铁、不锈钢板经表面处理后堆叠，采用氩弧焊点焊固定，并置于通入氩气的密闭盒中加热，防止氧化。轧制温度为 1000℃，压下量 40%，三道次轧制，轧制速度 14r/min，从而制备出三层板材。

两种工艺对比表明，三层直接轧制工艺过程更适用于自动化生产，且所需温度较低，材料利用率更高，但其需依赖氩气保护装置以防止氧化，增加了工艺复杂性。

扩散退火温度对复合板界面具有显著影响，对轧后试样分别进行 750℃、850℃、900℃的扩散退火，保温时间均为 0.5h，冷却方式采用空冷或随炉冷。界面层组织形貌如图 8.2 所示，750℃退火的钛/铁界面扩散层较薄，结合强度不足，断后伸长率仅 12.5%；850℃退火的界面形成均匀扩散层，钛侧与铁侧元素互扩散充分，平均断后伸长率提升至 20%，综合力学性能最优；900℃退火的扩散层过厚，脆性相（如 Fe_2Ti）大量生成，导致塑性下降，断后伸长率降至 15.1%。此外，冷却方式也影响界面性能，在空冷条件下扩散层厚度适中，界面

图 8.2　退火后复合板界面层组织形貌

结合强度高；随炉冷却则加剧脆性相形成，降低板材韧性。

通过拉伸、杯突、拉深和胀形实验，系统分析复合板的力学及冲压成形性能。复合板的平均断后伸长率 16.7%，抗拉强度 242.2MPa，应变硬化指数 n 为 0.68，各向异性系数 r 为 1.45、Δr 为 0.164，表明材料具有较好的均匀变形能力和抗颈缩特性。钛面作为内表面时杯突值达 10.3mm，不锈钢面表现更优，突显其作为外层的适用性。在拉深实验中，压边力 12kN 时突耳率仅为 2.69%，表明板材平面各向异性较低，制耳现象可控。胀形实验表明，800℃高温下胀形深度达 22.85mm，显著优于室温条件，说明高温成形可进一步提升板材塑性。

本节研究不仅为钛基复合板的工业化生产提供了工艺参考，也为金属层状复合材料在民生领域的应用拓展了新的方向。未来可进一步探索复合板在高温服役环境下的长期稳定性及界面化合物的控制策略，以优化其综合性能。

8.1.2　铝/镍累积叠轧复合板的制备与应用

在现代军事科技中，高效毁伤单元的研发是提升武器系统杀伤力的关键，铝/镍含能材料因其高能量密度和冲击诱发特性备受关注，但其制备工艺（如冷等静压法）常因力学性能不足导致侵彻效果受限。铝/镍含能材料在高速冲击下释放化学能形成二次毁伤，但低强度易导致材料在侵彻过程中过早失效[5]。因此，如何在保持高能量释放特性的同时提升其力学性能，成为军事材料领域的核心挑战。累积叠轧技术作为一种剧烈塑性变形工艺，通过多道次轧制与层状复合实现材料细晶强化和界面冶金结合，为制备高强度金属复合材料提供了新思路[6-8]。该技术通过大应变累积细化晶粒、引入位错强化，同时结合异种金属的协同变形特性，可显著提升复合材料的综合性能。铝/镍体系因其高放热反应

($Al + Ni \longrightarrow AlNi + \Delta H$)成为含能材料的理想选择，但传统工艺难以平衡其力学性能与能量释放效率[9]。本研究以累积叠轧为核心工艺，系统探索铝/镍含能复合板材的制备工艺、微观组织演化规律及其对力学性能与冲击诱发特性的影响，旨在为高效毁伤单元的材料设计提供理论依据与技术支撑。

以商业1060纯铝板和N6纯镍板为原材料，通过累积叠轧工艺制备了层状铝/镍含能复合板材，系统优化了轧制参数与退火工艺，并对其微观组织、力学性能及冲击诱发特性进行了多尺度表征。铝板（厚度0.5～1.0mm）与镍板（0.5mm）经表面处理（化学去油＋机械打磨）后叠层固定，采用铆接法防止轧制错位。轧制在双辊可逆式轧机上进行，关键参数包括道次压下率（40%～60%）、轧制速度（0.12m/s）及中间退火条件（200℃，2h）。通过宏观形貌观察与界面结合强度测试，确定最佳工艺为道次压下率50%、铝/镍初始厚度比0.8mm/0.5mm。

道次压下率是决定界面复合质量的核心因素。压下率低于50%时，铝/镍界面局部未复合；50%压下率可实现均匀结合；60%压下率则因塑性不足引发板材撕裂。初始厚度比优化为0.8mm/0.5mm，过厚铝层（1.0mm）导致铆接处应力集中而失效。中间退火工艺中，200℃/2h条件在消除位错的同时可抑制Al_3Ni过量生成，使抗压强度（186MPa）与断后伸长率（4.33%）达最优平衡。退火温度超过300℃或时间延长至10h时，Al_3Ni层增厚及柯肯德尔空洞加剧，导致强度与塑性同步下降。

由图8.3可知铝/镍复合板的微观形貌随着轧制道次的增加而发生改变，铝层和镍层在第一道次轧制变形时变形较为均匀，铝/镍界面较平直，没有出现失稳、颈缩及波浪状结构等不稳定现象。随着轧制道次的增加，铝层和镍层逐渐出现了加工硬化现象。在后续的轧制道次中，在纯铝和纯镍不同的加工硬化能力和流变抗力的作用下，铝层和镍层逐渐出现了不均匀变形的情况。同时，硬相层镍在变形过程中会受到不均匀应力的作用，最终导致硬相层镍在变形过程中形成二道次中的颈缩现象。在第三道次时，较软的铝层从两侧向较硬的镍层靠近，较软的铝层相互连接，而较硬的镍层在不均匀应力的作用下发生了颈缩断裂的现象。随着轧制道次的进一步增加，在不协调变形的作用下，板材内出现了更多相互连接的铝层，而已经断裂的镍层在不均匀应力的作用下，发生了更剧烈的断裂。累积叠轧过程中，铝/镍层随道次增加逐渐细化并发生协调变形。首道次界面平直，二道次出现镍层颈缩，三道次后镍层断裂为短棒状嵌入铝基体，形成“铝包镍”结构。这种结构在动态载荷下通过铝基体的塑性流动缓冲应力，提升抗冲击性。退火引发的Al_3Ni化合物虽提高界面强度，但其脆性特征成为裂纹源，尤其在高温长时退火后，空洞与化合物协同作用加速裂纹扩展，导致板材脆性断裂。

采用准静态压缩与拉伸实验评估板材力学性能。累积叠轧五道次后，抗压强

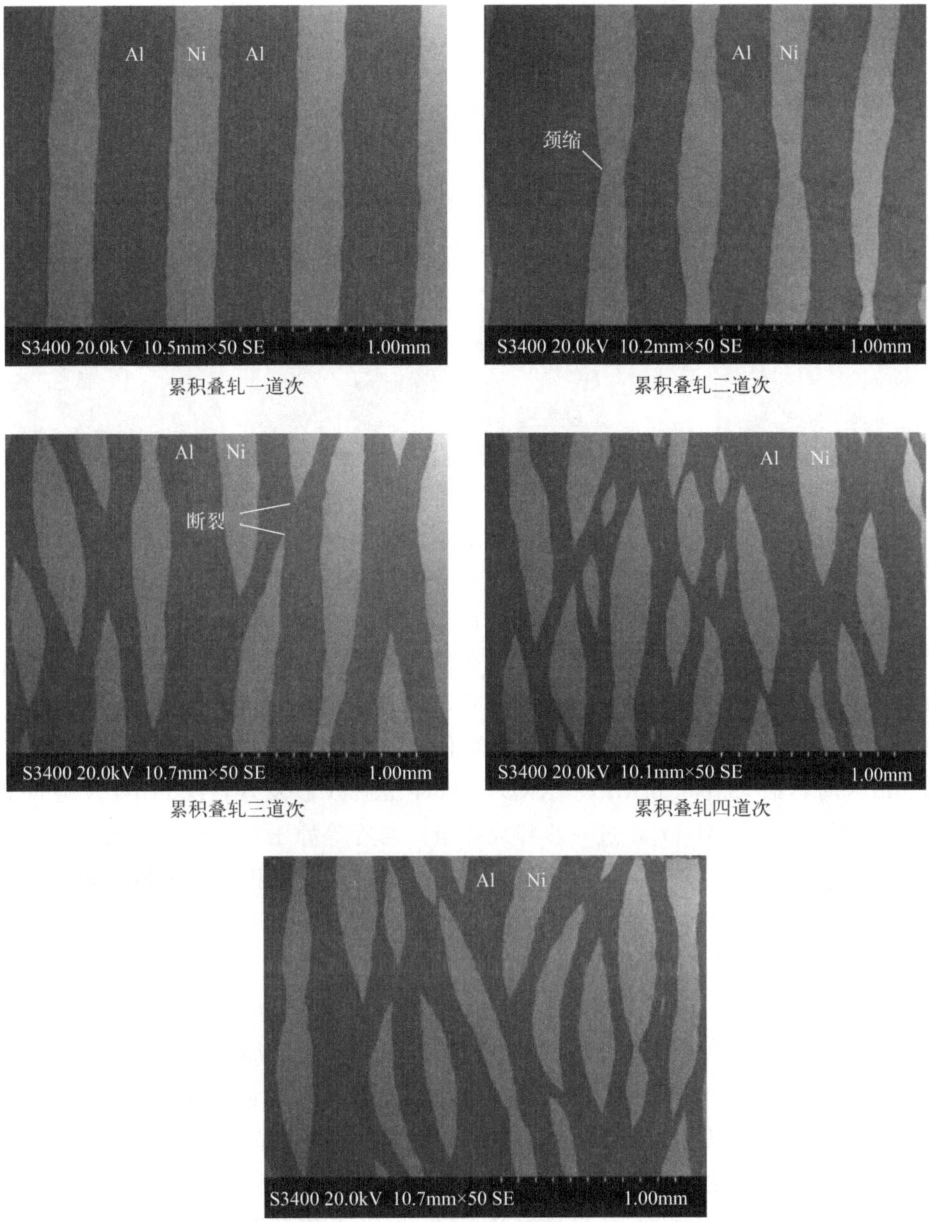

图 8.3　各道次累积叠轧铝/镍复合板微观形貌

度从初始 200MPa 提升至 255MPa，但塑性变形能力随道次增加呈先降后升再降趋势。拉伸实验表明，板材各向异性度 Δr 值较小（0.27～0.62），冲压成形性良好。动态霍普金森压杆实验（应变速率 1400～3500s^{-1}）显示，累积叠轧材料动态抗压强度（301～349MPa）显著高于冷等静压试样，且高速变形后完整性更优。

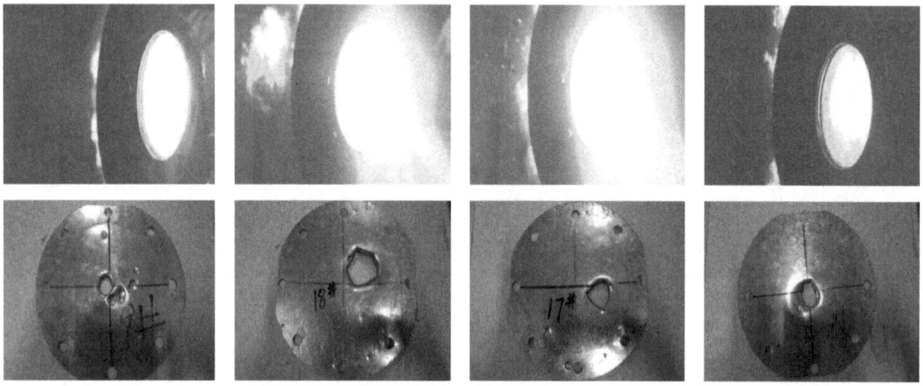

冷等静压试样　叠轧三道次试样　叠轧四道次试样　叠轧五道次试样

图 8.4　铝镍含能材料高速撞击及破坏情况照片

采用准密闭测试系统模拟实战环境，通过 ϕ14.5mm 弹道枪发射试样，测量超压强度与反应效率，冷等静压及不同叠轧道次制备的铝/镍含能材料高速撞击及破坏情况照片如图 8.4 所示。结果表明，累积叠轧铝/镍材料在 800～1450m/s 撞击速度区间内释放能量显著，超压峰值随速度增加而升高，三道次试样在 1420m/s 时达最大值 0.11MPa。XRD 分析冲击后残骸发现，除 AlNi 反应产物外，铝与氧气生成 Al_2O_3，进一步释放热量。与冷等静压材料相比，累积叠轧试样破坏效应更显著，靶板穿孔面积增大且无微坑缺陷。累积叠轧材料的正应变速率敏感性源于位错密度与晶粒细化的协同效应。高应变速率下（$3500s^{-1}$），位错运动受阻，材料表现为显著加工硬化。冲击实验中，高速撞击引发铝/镍界面剧烈摩擦与绝热升温，激活了 $Al + Ni \longrightarrow AlNi$ 的放热反应，同时环境氧参与生成 Al_2O_3，双重放热机制提升能量释放效率。轧制道次增加虽提高材料强度，但 Al_3Ni 含量上升减少了活性铝/镍接触面积，导致超压强度随道次增加而降低。

与传统冷等静压材料相比，累积叠轧铝/镍含能材料抗压强度提升 63%，动态载荷下完整性更佳，且各向异性度低，适用于复杂形状毁伤单元冲压成形。高速冲击下，其能量释放效率与破坏效应显著优于传统材料，尤其在 1300～1450m/s 速度区间展现出更优的综合性能。然而，Al_3Ni 与空洞对长期热稳定性的影响仍需进一步研究，以优化其在极端环境下的服役表现。

8.2　其他金属轧制复合板材的研究现状

8.2.1　钢/铝轧制复合板的制备与应用

钢与铝作为两种应用最广泛的金属材料，各自具备不可替代的性能优势。钢材以其高强度、优异的耐疲劳性和低廉的成本，长期占据结构材料的主导地位，而铝材则以轻质、高导电导热性和良好的耐腐蚀性见长[10]。然而，单一材料的局限性在特定应用场景中日益凸显，钢/铝复合板兼具两种材料的性能优势，可实现“1 + 1 > 2”的协同效应。在汽车制造中，采用钢/铝复合板的车身部件可在保持与全钢车身相当强度的前提下，实现 20%～30%的减重，显著降低燃油消耗与碳排放；在电力传输领域，铝包钢导线以高导电性铝为外层、高强度钢为芯部，既能提升载流量又可增强抗拉性能；在船舶制造领域，船体上层建筑采用铝/钢复合结构，可显著降低重心、提高稳定性[11]。

轧制复合法作为金属复合板材的主流制备工艺，其核心机制是通过塑性变形与热力耦合作用实现两种金属的层状复合。制备钢/铝复合板包括热轧复合与冷轧复合两种技术路径，两者在工艺参数与界面形成机制上存在显著差异。热轧复合通常在再结晶温度以上进行，利用高温下金属的塑性流动能力促进界面原子扩散，但高温也易导致界面脆性金属间化合物的过量生成；冷轧复合则依赖高轧制力使表面氧化膜破裂，通过机械咬合与局部扩散实现结合，但需严格控制轧制变形量与后续退火工艺以优化界面性能[12]。

轧制复合工艺过程中的关键控制参数包括轧制温度、压下率、轧制速度及表面预处理方式。在轧制复合前，钢板与铝板需进行严格的表面处理：钢坯表面多采用喷丸＋电解抛光联合处理，喷丸粒径控制在 0.2～0.5mm，表面粗糙度 Ra 达 3～5μm 以增强机械嵌合；电解抛光在磷酸-硫酸混合液（体积比 3∶1）中进行，电流密度 15～20 A/dm^2，处理时间为 3～5min，用以获得洁净活性表面；铝表面处理则侧重于化学活化，常用 NaOH 溶液（浓度 5%～10%）浸泡 1～3min，随后用硝酸溶液（10%～15%）中和，最终形成均匀的微米级蜂窝状结构[13]。

轧制温度与压下率是影响界面结合机制的核心参数，由于钢与铝的熔点及力学性能差异较大，通常采用异温复合工艺，钢与铝的轧制温度通常分别设定在 800～1000℃与 350～500℃区间。钢的高温轧制旨在利用其奥氏体相的高塑性，而铝的低温上限则避免其过度软化导致的变形失稳，两者温度差需通过精确的加热炉分区控温实现，确保进入轧机时界面温差小于 50℃，以减少热应力引发的翘曲。压下率的设定需兼顾界面结合与板形控制，通常总压下率范围为 60%～

80%，其中首道次压下率需超过40%以突破表面氧化层，后续道次逐步降低至10%～20%以细化晶粒。冷轧复合工艺则依赖超高的轧制力与多道次累积变形，通过剧烈塑性变形使新鲜金属表面挤出并形成原子级接触[14]。

钢/铝复合板界面性能的优劣直接取决于界面组织的结构与成分分布，在热处理的初始阶段，铝原子优先向钢基体扩散，与铁反应形成富铝的 $FeAl_3$ 相；随着温度升高或保温时间延长，铁原子扩散增强，逐渐形成 Fe_2Al_5 等富铁相。这些金属间化合物通常具有正交或六方晶体结构，其硬度可达钢基体的2～3倍，但脆性较高[15]。值得注意的是，Fe-Al 金属间化合物的生成具有明显的各向异性，例如 Fe_2Al_5 相沿［001］晶向的生长速度显著快于其他方向，这会导致界面处形成柱状晶或层状结构。这种微观结构的差异直接影响界面韧性，当柱状晶贯穿整个扩散层时，容易成为裂纹扩展的路径。此外，钢中普遍存在的碳元素还会与铝反应生成颗粒状的 Al_4C_3 相，这些碳化物倾向于在界面处偏聚，阻碍铁、铝原子的直接接触，从而不利于界面冶金结合[16]。

钢/铝复合板作为一种兼具轻量化与高性能的层状材料，近年来在工业领域的应用需求持续增长，其未来发展将紧密围绕工艺革新、性能优化与应用场景拓展展开。随着全球制造业向绿色化、智能化转型，新能源汽车、可再生能源装备、航空航天等领域的轻量化需求愈发迫切，钢/铝复合板凭借其独特的性能组合——钢的高强度、耐疲劳性与铝的低密度、耐腐蚀性，成为替代传统单一金属的理想选择。未来，这一材料的研发与应用将呈现多维度深度融合的趋势，推动材料科学、制造工艺与终端应用的协同进化。

8.2.2 钢/镍轧制复合板的制备与应用

钢与镍作为两类重要的工程金属，分别承载着现代工业中不可替代的功能属性。钢材凭借其高强度、良好的加工性能与经济性，成为机械制造与建筑领域的基石材料；而镍及其合金则以卓越的耐高温、抗腐蚀性能及电磁特性，在航空航天、能源化工等极端环境中占据核心地位。随着装备制造业对材料多功能性需求的升级，单一金属的性能边界日益显现，钢/镍复合板通过异质材料的性能互补，开创了“刚柔并济”的工程解决方案[17]。在核反应堆压力容器领域，采用镍层包覆的钢基复合材料，既能保持结构强度又可抵御高温高压冷却剂的腐蚀、侵蚀；在石化装备中，双金属复合管道以镍为内衬、钢为外壳，在降低贵金属用量的同时确保介质传输安全性；电磁屏蔽领域，镍/钢叠层结构利用镍的导磁性实现高效电磁衰减，显著优于传统单一金属屏蔽体[18]。

钢/镍轧制复合过程的核心参数体系涵盖温度梯度、变形速率与界面活化的预处理，钢板的处理与前文相同，镍板处理则侧重去除表面氧化层，采用10%盐酸+5%氢氟酸的混合溶液在60℃以下酸洗8～12min，随后进行超声波辅助去污。根据工艺温度，钢/镍复合可采用异温热轧复合与温轧复合两类主流技术。异温热轧复合通常在钢的奥氏体化温度区间（900～1200℃）与镍的再结晶温度区间（600～800℃）同步进行，通过高温下的金属大塑性变形与原子互扩散实现冶金结合，但需严格控制镍的氧化倾向及 γ-Fe 与 Ni 的互溶行为；温轧复合则在 400～600℃区间实施，利用动态再结晶与界面纳米晶化效应促进结合，该工艺能有效抑制脆性相生成，但对轧机刚度与温度场均匀性要求极高。轧制复合过程的总压下率控制在 50%～70%，首道次压下率需突破 30%临界值以激活界面扩散，后续道次采用 10%～15%的小变形量以细化晶粒组织。区别于钢/铝体系，钢/镍复合在轧制过程中更易形成连续固溶体，这为界面性能调控提供了新维度。

界面结构的演变直接决定复合板的服役性能，在热轧及热处理过程中，Fe 与 Ni 原子通过体扩散与晶界扩散形成梯度固溶体层，初期生成富 Fe 的 α-(Fe，Ni) 相与富 Ni 的 γ-(Ni，Fe) 相。随着温度升高，Fe-Ni 体系呈现完全互溶特性，界面处逐步形成连续固溶体过渡层，其厚度随轧制温度呈指数增长，在 950℃时可达 15～20μm。这种独特的固溶型界面具有优异的韧性，其显微硬度介于钢、镍之间，有效缓解了异种金属变形能力差异所引起的应力集中现象。

当前，钢/镍复合板的制备技术正朝着功能集成化与制造智能化方向演进。在核电领域，第三代复合包壳材料通过激光熔覆在界面构筑纳米氧化物弥散强化层（如 Y_2O_3），使材料在 1200℃高温下仍保持良好结构完整性；在电磁功能材料的开发中，采用周期叠层设计（如钢/镍/钢三层复合结构）可实现特定频段的电磁波选择性吸收；在智能制造方面，基于数字孪生的轧制过程监控系统，通过实时采集轧制力、温度场与板形数据，结合机器学习算法动态优化工艺窗口，使界面固溶层厚度波动控制在±0.5μm 以内，从而达到最佳的界面综合性能；随着氢能源装备与超导技术的发展，钢/镍复合板在液氢储罐内衬、超导磁体支撑结构等新兴领域的应用潜力正被逐步挖掘，其发展必将推动极端环境装备材料的革新进程[19]。

8.2.3　钢/铜轧制复合板的制备与应用

钢与铜作为基础工业金属，各自在功能性与结构性领域占据独特地位。钢材凭借其高强度、耐磨性及成本优势，广泛用于机械制造与建筑支撑；铜材则以卓越的导电性、导热性及耐蚀性成为电力传输与电子器件的核心材料。随着高端装备对材料多功能集成需求的提升，钢/铜复合板通过异质协同效应，在能源、电子、建筑等领域展现出不可替代的价值[20]。例如，在超高压输电领域，铜包钢导线以铜的高导电性保障电能传输效率，钢芯则提供抗拉强度，使导线在大跨度架设中抵抗强风载荷；电子散热器中，钢/铜复合基板通过铜层快速导出芯片热量，钢层维持结构刚性；建筑装饰领域，不锈钢/铜复合幕墙兼具铜的典雅质感与钢的耐候性，显著延长使用寿命[21]。

轧制复合法作为钢/铜复合板的主流制备技术，需针对两者物理特性差异优化工艺路径。复合前钢板的处理与前文相同，铜板处理则聚焦于氧化铜去除与表面活化，采用10%硝酸+3%双氧水混合溶液超声清洗3～5min，随后进行电化学抛光（磷酸-甘油体系，电压12V）形成纳米级粗糙表面。钢与铜的熔点差异显著，热轧复合时通常采用梯度加热策略：钢坯加热至900～1200℃进入奥氏体相区，铜板则控制在500～700℃以避免过度高温软化，通过分区控温使界面温差≤80℃。此温度区间下，铜的动态再结晶与钢的塑性流动协同作用，促进界面原子扩散。热轧复合时，铜层与钢层的变形比宜控制在（1.2～1.5）：1，利用铜的高塑性补偿钢的变形难度，避免界面因层间非同步变形而剪切开裂[22]。

界面微观结构的演变主导复合板的综合性能，在热轧过程中，Fe原子与Cu原子通过晶界扩散可形成厚度约2～5μm的过渡层，主要由α-Fe（Cu）固溶体与微量$FeCu_4$化合物相构成。此外，铜中的微量氧元素会与钢中Fe反应生成$FeO \cdot Cu_2O$尖晶石型氧化物，通过添加0.1%～0.3%Ti或Al可优先形成稳定氧化物（TiO_2或Al_2O_3），阻断有害相的生成。冷轧复合界面则以机械嵌合为主，经退火后形成离散分布的纳米级Cu-Fe互扩散区，界面结合状态可满足大多数工程应用需求[23]。

当前钢/铜复合板技术正沿着高性能化与功能定制化方向突破。在新能源领域，铜/钢复合集流体通过激光微织构技术调控表面形貌，使锂离子电池的电荷传输效率提升40%以上；5G通信领域，采用电磁屏蔽-散热一体化设计的钢/铜复合腔体，在10GHz频段屏蔽效能达90dB的同时，散热系数较纯铜提升15%。在智能制造方面，轧制-沉积复合工艺（如真空轧制结合磁控溅射）可在界面原位生成纳米银过渡层，使界面导电性提升30%以上。随着柔性电子与智能穿戴设备的兴起，超薄钢/铜复合箔材（厚度≤0.1mm）的开发正成为研究热点，其突破传统轧制极限的微纳尺度界面控制技术，为下一代微型化器件提供材料基础。钢/铜复合板的持续创新，必将推动能源转型与电子信息产业的跨越式发展。

8.2.4 镁/铝轧制复合板的制备与应用

镁与铝作为轻量化金属材料的代表，在密度与功能特性上形成鲜明互补。镁合金以其极低的密度（1.74g/cm^3）、优异的减震性能与电磁屏蔽能力，成为极端轻量化设计的首选；而铝合金凭借中等强度、良好的成形性及耐腐蚀性，在交通运输与消费电子领域占据重要地位。随着碳中和战略对材料能效要求的提升，镁/铝复合板通过双金属协同设计，实现了比单一材料更优的比强度与功能集成[24]。在3C产品领域，采用镁/铝复合板制造的笔记本电脑外壳，较传统全铝方案减重40%以上，同时兼具镁的散热优势与铝的结构刚性；新能源汽车电池托盘采用镁芯铝面结构，可在保证抗冲击性能的前提下降低 30%自重，延长续航里程；航空航天领域，镁/铝蜂窝夹层板通过芯层镁合金的吸能特性与面层铝合金的抗疲劳特性结合，显著提升舱体结构的安全裕度[25]。

轧制复合法制备镁/铝复合板面临独特的技术挑战，镁与铝的晶体结构差异（镁为密排六方、铝为面心立方）导致塑性变形协调困难，且镁在 200℃以上易发生动态再结晶，与铝的热变形行为存在显著差异。在轧前表面处理方面，镁板表面需依次进行机械打磨（砂纸粒度 800～1200 目）、碱洗（10% NaOH 溶液，60℃浸泡 5min）与酸活化（5% HNO_3 + 2% HF 混合液，室温处理 30s），形成均匀分布的微蚀坑以增加比表面积，而铝板的表面处理方法与前文相同。在制备工艺方面，主流复合技术分为热轧复合与异步轧制两类：热轧复合需在保护气氛下进行，镁板加热至 300～400℃以激活非基面滑移系，铝板控制在 350～450℃以避免晶粒粗化，通过多道次累积变形实现界面冶金结合；异步轧制则利用上、下轧辊线速度差（异步速比 1.2～1.5）产生剪切应变场，促进界面氧化膜破碎与新鲜金属挤出，该工艺可在 250℃以下实现有效复合，但需精确匹配镁/铝的变形抗力差异[26]。

在热轧过程中，镁原子通过晶界扩散向铝侧迁移，初期形成 $Mg_{17}Al_{12}$ 金属间化合物层，其具有体心立方结构，硬度可达 280～320HV，但当厚度超过 2μm 时会引发脆性断裂。有研究表明，通过添加 0.5%～1.0% Zn 作为合金化元素，可促使界面生成 $Mg_{32}(Al, Zn)_{49}$ 过渡相，该相兼具固溶强化效应与裂纹扩展阻力。冷轧复合界面则以机械嵌合为主，伴随局部纳米晶化区域（晶粒尺寸＜50nm），通过后续 250～300℃退火处理可诱发界面扩散反应，形成厚度可控的 0.5～1.2μm 扩散层。值得注意的是，镁/铝复合板在湿热环境中易发生电偶腐蚀，需通过阳极氧化（铝侧）与微弧氧化（镁侧）协同处理，在界面处构建双层陶瓷防护膜（Al_2O_3/MgO）[27]。

当前，镁/铝复合板技术正经历从结构材料向多功能材料的跨越式发展。在热管理领域，通过轧制-扩散焊接复合工艺制备的波纹状界面结构，可使复合板的横向热导率提升至 180 W/(m·K)，适用于 5G 基站散热基板；在电磁防护方面，梯度化镁/铝叠层设计（Mg/Al/Mg 三明治结构）可在 1～18GHz 频段实现 99%以上的电磁屏蔽效能。智能制造技术的融入催生了新工艺范式：基于机器视觉的表面缺陷在线检测系统，可实时识别微米级界面裂纹；等离子体活化轧制技术通过 Ar/O_2 混合气体放电预处理，使界面结合强度提升 25%～40%。随着深空探测装备与柔性电子器件的兴起，超薄镁/铝复合箔材（厚度＜0.1mm）在可展开太阳帆、柔性电路基板等领域的应用，正推动轻量化材料向微观尺度与多功能集成方向演进[28]。

8.2.5 不锈钢/碳钢轧制复合板的制备与应用

不锈钢与碳钢作为结构材料领域的经典组合，通过性能互补实现了耐蚀性与经济性的双重突破。奥氏体不锈钢（如304、316L）凭借优异的耐腐蚀性、抗氧化性及美观性，成为化工、食品设备的首选材料；而碳钢（如Q235、20#钢）则以高强度、良好的焊接性能及低成本优势，广泛用于建筑、机械制造领域[29]。单一材料的性能局限推动了两者的复合化发展——不锈钢/碳钢复合板以不锈钢为防腐功能层、碳钢为承载基体，在降低贵金属用量的同时满足了复杂工况需求。在海洋工程中，复合板用于海水淡化装置内胆，不锈钢层抵抗Cl^-侵蚀，碳钢层提供结构支撑，较全不锈钢方案成本降低60%；在桥梁建设中，复合结构护栏以不锈钢面层抵御酸雨腐蚀，碳钢芯部承受载荷，寿命较纯碳钢提升3倍以上；石化储罐采用复合板制造，内壁1.5mm厚不锈钢层即可满足介质防腐要求，较传统衬里技术减少了焊缝腐蚀风险[30]。

轧制复合工艺需克服不锈钢与碳钢热物理性能差异带来的技术挑战，两者热膨胀系数差异（不锈钢$17.3\times10^{-6}℃^{-1}$、碳钢$11.7\times10^{-6}℃^{-1}$）易引发热应力翘曲，需采用梯度轧制温度场控制。主流工艺分为热轧包覆复合与温轧扩散复合两类：热轧复合将不锈钢板与碳钢板同步加热至奥氏体相区，通过多道次轧制（总压下率55%～70%）实现机械咬合与界面的初步扩散，但需氩气保护防止不锈钢表面Cr_2O_3过度生长；温轧复合在600～800℃区间实施，利用动态再结晶促进界面纳米晶过渡层形成，该工艺可抑制碳迁移导致的敏化现象，但对轧制力均匀性要求极高。

不锈钢/碳钢的界面冶金结合过程以碳元素扩散为主导，在热轧过程中，碳钢中的C原子向不锈钢侧迁移，在界面处形成富Cr的$M_{23}C_6$型碳化物（如$Cr_{23}C_6$、$Fe_{23}C_6$），其链状分布易成为腐蚀萌生点。添加0.08%～0.15% Ti形成稳定TiC颗粒，可有效抑制碳迁移速率达50%以上。温轧界面则呈现梯度组织特征：近不锈钢侧为纳米晶奥氏体层（晶粒尺寸80～150nm），中间过渡区为$\alpha+\gamma$双相混合结构，近碳钢侧保留细小铁素体晶粒，这种多层结构可有效提高界面结合强度，同时兼具抗晶间腐蚀能力[31]。

不锈钢/碳钢复合板技术正朝着高性能化与绿色制造方向迭代升级。在核能领域，激光熔覆-轧制复合工艺在界面原位生成纳米氧化物（Y_2O_3-Al_2O_3）弥散强化层，使复合板在600℃高温下的抗蠕变性能提升2倍；在建筑装饰领域，研究人员开发出具有仿生波纹界面的复合板，其表面不锈钢层可进行电解着色处理，实现装饰-功能一体化。智能制造系统集成红外热像仪与形变传感器，通过数字孪生模型实时预测界面碳化物分布，动态调节轧制参数使碳偏聚指数控制在≤0.8。随着氢能储运装备发展，超厚规格复合板（不锈钢层3mm+碳钢层

50mm）在液氢储罐制造中的应用，正推动极端低温环境材料设计的革新。未来，低碳轧制工艺与短流程复合技术的突破，将进一步拓展其在新能源、深海装备等战略领域的应用边界[32]。

· 参考文献 ·

[1] 骆宗安，杨德翰，谢广明，等．真空制坯热轧钛/钢复合板工艺及性能[J]. 钢铁研究学报，2019，31(2)：8.

[2] Li Z M, Yang X P, Zhang J B, et al. Interfacial mechanical behavior and electrochemical corrosion characteristics of cold-sprayed and hot-rolled titanium/stainless-steel couples[J]. Advanced Engineering Materials, 2016, 18(7): 1240-1249.

[3] Yadegari M, Ebrahimi A R, Karami A. Effect of heat treatment on interface microstructure and bond strength in explosively welded Ti/304L stainless steel clad[J]. Materials Science & Technology, 2013, 29(1): 69-75.

[4] 赵晨潇．钛/铁/不锈钢复合板轧制工艺及冲压成形性能研究[D]. 沈阳：沈阳工业大学，2016.

[5] 彭飞，余道强，阳世清，等．含能破片战斗部毁伤效应研究[J]. 含能材料，2011，19(4)：450-453.

[6] Xiong W, Zhang X, Tan M, et al. The energy release characteristics of shock-induced chemical reaction of Al/Ni composites[J]. The Journal of Physical Chemistry C, 2016, 120(43): 24551-24559.

[7] Cui H, Na W, Zeng L, et al. Microstructure and formation mechanism of Ni-Al intermetallic compounds fabricated by reaction synthesis[J]. Transactions of Nonferrous Metals Society of China, 2013, 23(6): 1639-1645.

[8] Ji C, He Y, Wang C T, et al. Shock-induced reaction characteristics of an Al/Ni composite processed via accumulative roll-bonding[J]. Materials Science Forum, 2016, 879(1): 2044-2049.

[9] 张度宝，汪涛，鱼银虎，等．Ni-Al 含能结构材料冲击释能行为研究[J]. 稀有金属，2017，41(1)：40-44.

[10] Mo T Q, Xiao H Q, Lin B, et al. Improvement of mechanical properties of tri-metallic 7075Al/1060Al/304 SS composite via collaborative strengthening behavior[J]. Materials Science & Engineering A, 2022, 857: 144072-144076.

[11] 张文哲．添加薄铝中间层轧制钢铝复合板制备工艺与性能研究[D]. 秦皇岛：燕山大学，2024.

[12] Fu L, Zhu Y F, Yang B, et al. Effect of annealing on properties of Al/steel composite plates prepared by surface oxidation treatment before cold roll bonding[J]. Journal of Iron and Steel Research International, 2023, 30(4): 749-759.

[13] Jindal V, Srivastava V C, Ghosh R N. Development of IF steel-Al multilayer composite by repetitive roll bonding and annealing process[J]. Metal Science Journal, 2008, 24(7): 798-802.

[14] Wang C Y, Jiang Y B, Xie J X, et al. Formation mechanism and control of aluminum layer thickness fluctuation in embedded aluminum-steel composite sheet produced by cold roll bonding process[J]. Transactions of Nonferrous Metals Society of China, 2017, 27(5): 1011-1018.

[15] Zhu Y F, Jiang R W, Yu C, et al. Effects of different cooling processes on the structure and properties of aluminum/steel composite plate[J]. Chinese Journal of Mechanical Engineering, 2025, 38(1): 220-232.

[16] Masahashi N, Komatsu K, Watanabe S, et al. Microstructure and properties of iron aluminum alloy/CrMo steel composite prepared by clad rolling[J]. Journal of Alloys and Compounds, 2004, 379(1-2): 272-279.

[17] 秦程，夏源，谭礼健，等．汽车用 310S/GH4169 钢镍复合板多道次热轧界面扩散行为[J]. 锻压技术，2022，47(9)：6.

[18] 马天军，邸洪双，梁晓军，等．轧制镍基复合板的组织和性能的研究[J]. 宝钢技术，2017，10(4)：1-5.

[19] 范金辉，李鹏飞，梁晓军，等．镍-不锈钢复合板轧制过程中界面的结合机制[J]. 材料研究学报，2021，35(7)：8.

[20] Al-Ghamdi K A, Hussain G. On the comparison of formability of roll-bonded steel-Cu composite sheet metal in incremental forming and stamping processes[J]. The International Journal of Ad-

vanced Manufacturing Technology, 2016, 87(1-4): 267-278.

[21] 吴昊,熊桑,张渤,等. 冷轧参数对铜/钢复合板结合情况的影响[J]. 塑性工程学报,2021,28(8): 75-82.

[22] Shuai M R, Ye L P, Liu X, et al. Continuous reducing and sizing process of hot rolled steel-copper clad tube[J]. Materials Research Express, 2019, 6(5): 055807-055816.

[23] Wang B, You B, Hu Y, et al. Improvement of bonding behavior of cold-rolled stainless steel/copper composite plates via surface spinel structure treatment[J]. Journal of Materials Research and Technology, 2025, 35(2): 1586-1595.

[24] 申宏卓,刘元铭,刘延啸,等. Mg/Al 复合板波纹轧模拟及变形区微观组织演变分析[J]. 中国机械工程,2021,32(22):2731-2738.

[25] Zhang N, Wang W, Cao X, et al. The effect of annealing on the interface microstructure and mechanical characteristics of AZ31B/AA6061 composite plates fabricated by explosive welding[J]. Materials & Design, 2015, 65: 1100-1109.

[26] Huo P D, Feng L I, Wang Y, et al. Corrugated interface structure and formation mechanism of Al/Mg/Al laminate rolled by hard plate[J]. Transactions of Nonferrous Metals Society of China, 2023, 33(4): 16.

[27] Gao R H, Li F, Niu W T, et al. Response mechanism of mechanical behavior with Mg plate microstructure evolution during Al/Mg/Al composite plate rolled by hard plate[J]. Metals and Materials International, 2023,29(7):2004-2016.

[28] Zhang X P, Yang T H, Liu J Q, et al. Mechanical properties of an Al/Mg/Al trilaminated composite fabricated by hot rolling[J]. Journal of Materials Science, 2010, 45(13): 3457-3464.

[29] 庞玉华,吴成,严平. 不锈钢-碳钢复合板多道次小变形轧制温度场的数值模拟[J]. 特殊钢,2006,27(2):9-12.

[30] Xie G M, Luo Z A, Wang G L, et al. Interface characteristic and properties of stainless steel/HSLA steel clad plate by vacuum rolling cladding[J]. Materials Transactions, 2011, 52(8): 1709-1712.

[31] Yang Y H, Jiang Z Z, Li S X, et al. Hot deformation behavior and microstructure evolution of stainless steel/carbon steel laminated composites [J]. Materials Science & Engineering A, 2022, 842: 142994.

[32] 王寅鹏,高博,魏伟,等. 材质与冷却速度对耐候桥梁钢-不锈钢热轧复合界面组织与性能的影响[J]. 工业建筑,2024,54(12):18-25.

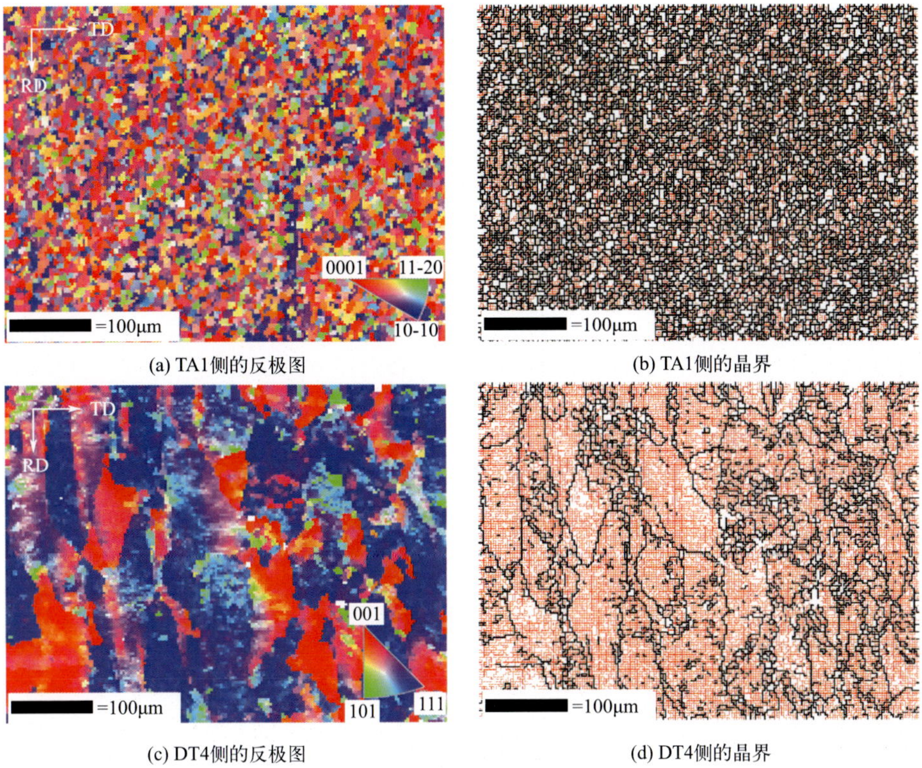

(a) TA1侧的反极图
(b) TA1侧的晶界
(c) DT4侧的反极图
(d) DT4侧的晶界

图 5.14 钛/铁复合薄板的微观组织

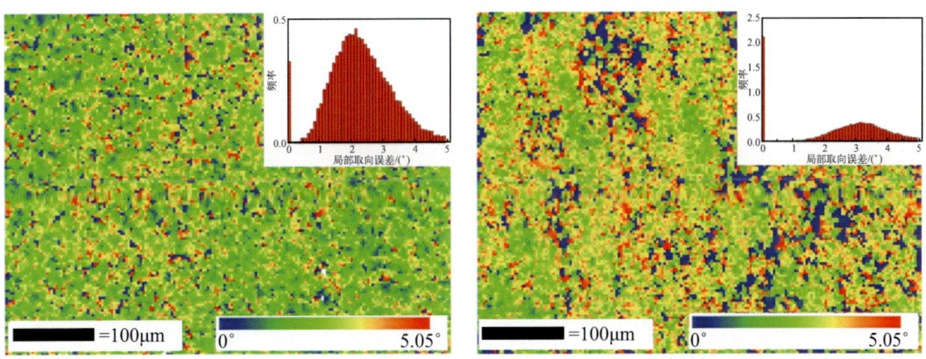

(a) TA1侧
(b) DT4侧

图 5.15 钛/铁复合薄板的局部取向差分布

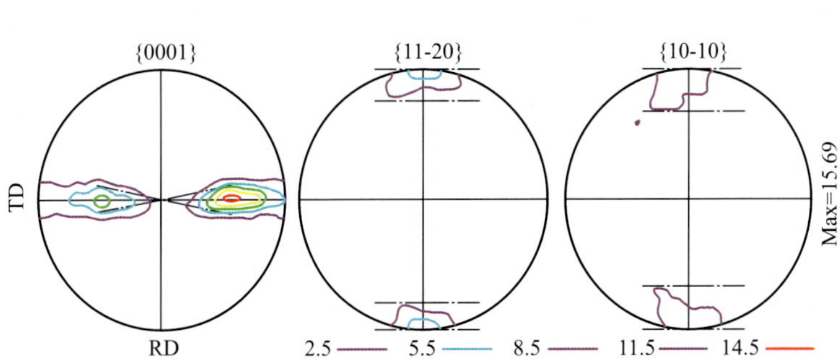

图 5.16 TA1 侧金属层的极图

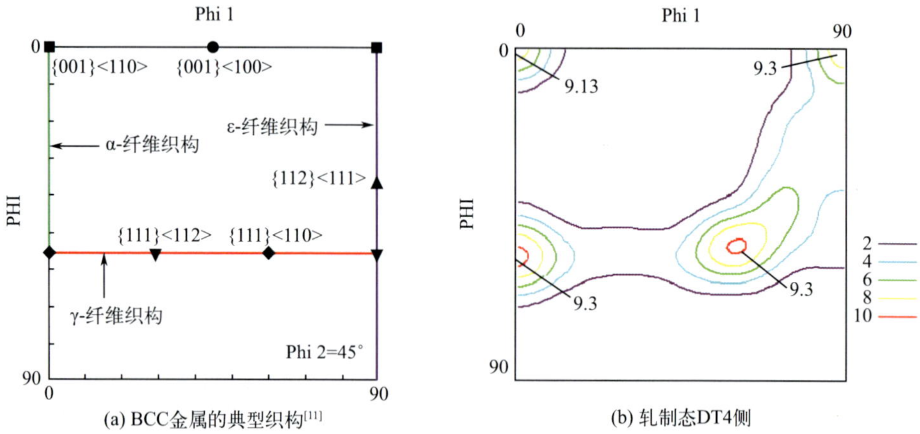

图 5.17 DT4 侧金属层的 ODF 图

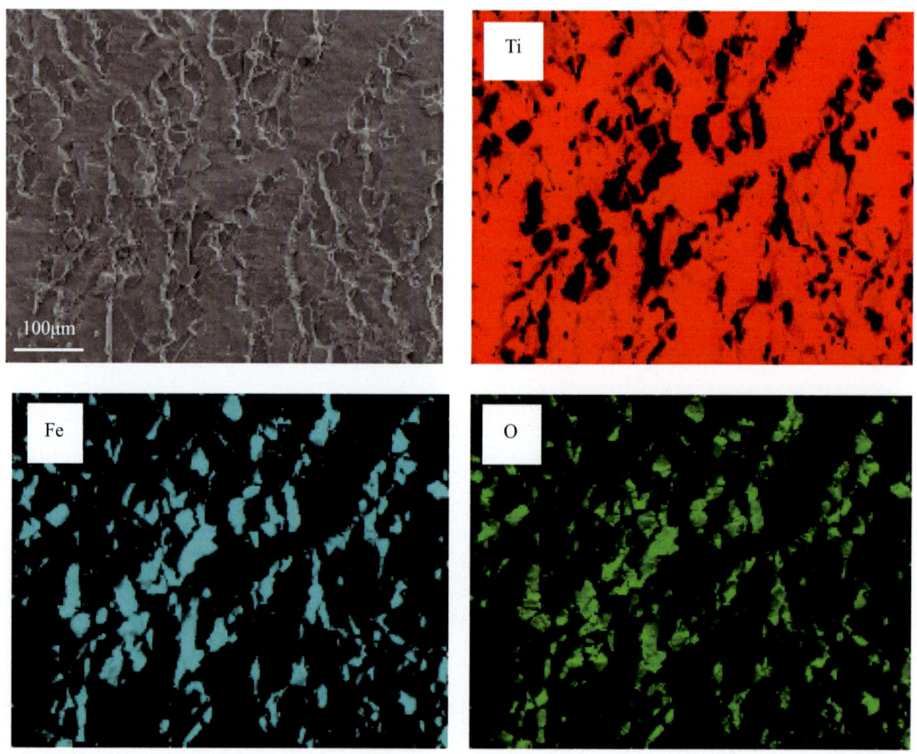

图 5.20 剥离后 TA1 侧金属层的元素分布

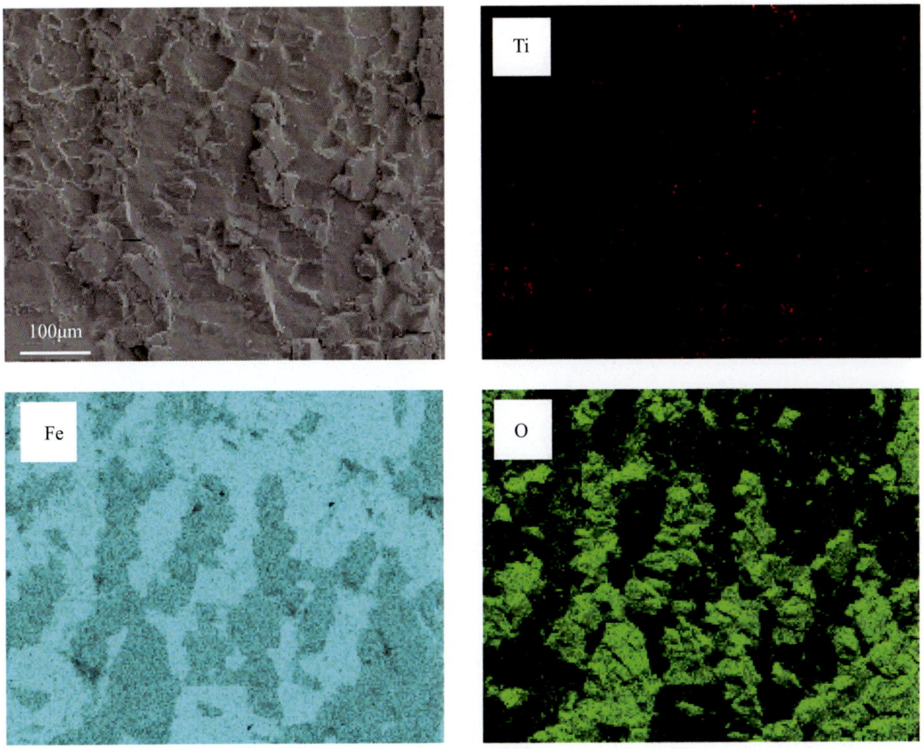

图 5.21 剥离后 DT4 侧金属层的元素分布

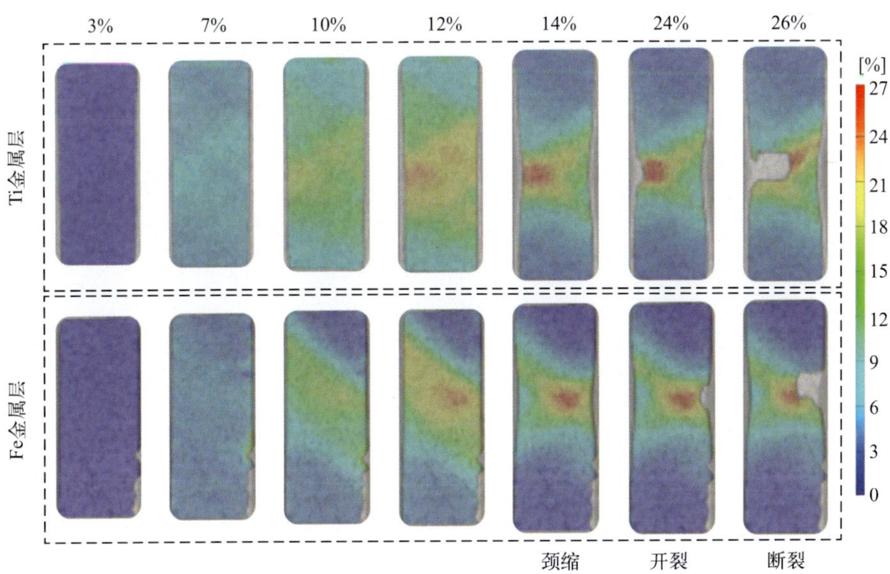

图 6.1 拉伸实验过程中拍摄的应变分布数字图像

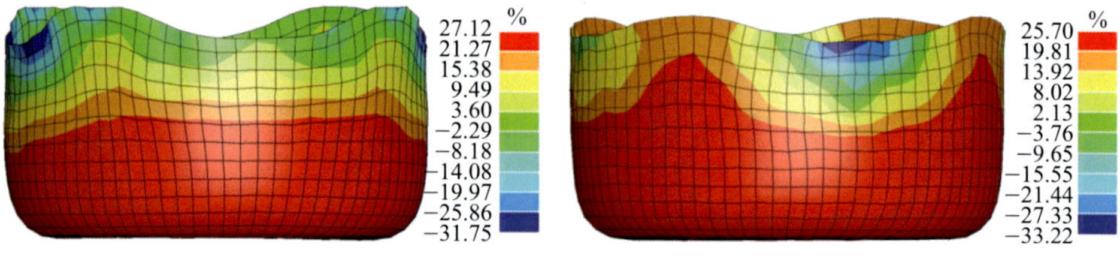

(a) Hill1948

(b) Yld2000-2d

图 6.15　不同屈服模型预测的拉深成形件形貌

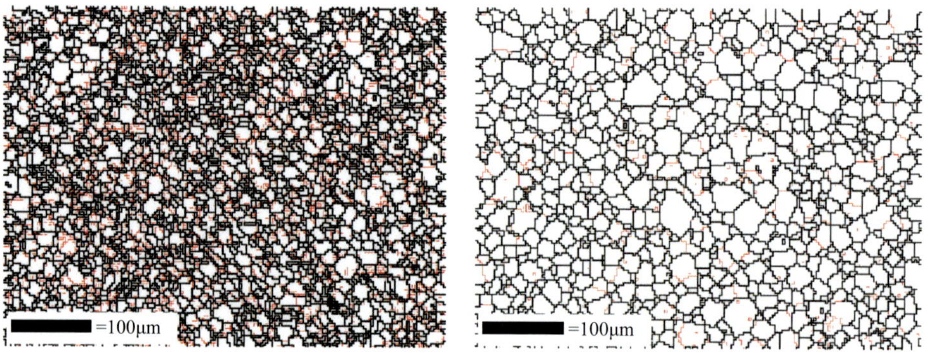

(a) 560℃退火态

(b) 580℃退火态

图 6.23　560℃、580℃退火后的 TA1 侧金属层晶界分布图

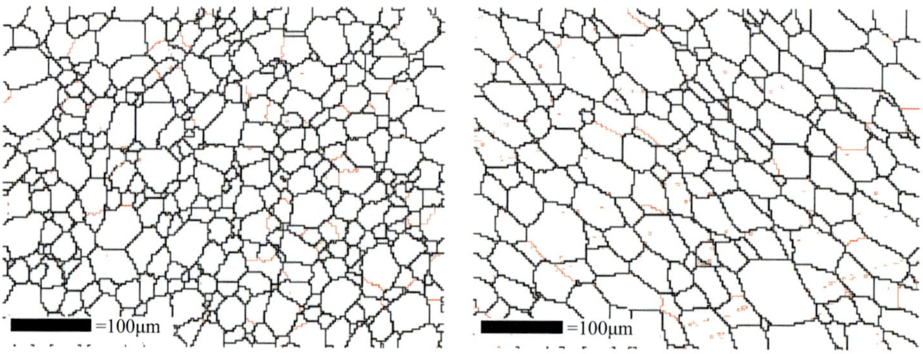

(a) 620℃退火态

(b) 660℃退火态

图 6.24　620℃、660℃退火后的 TA1 侧金属层晶界分布图

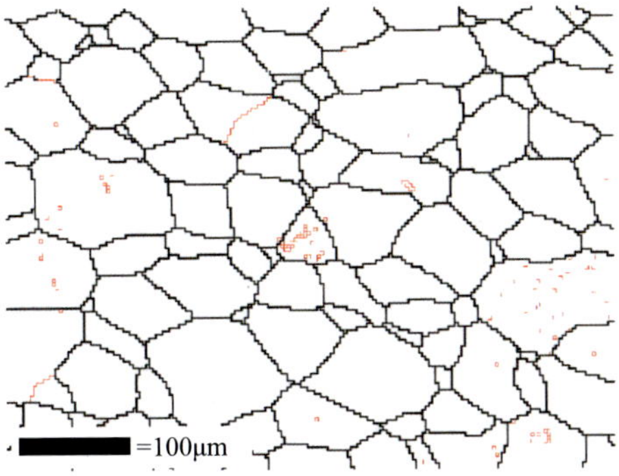

图 6.25　680℃退火后的 TA1 侧金属层晶界分布图

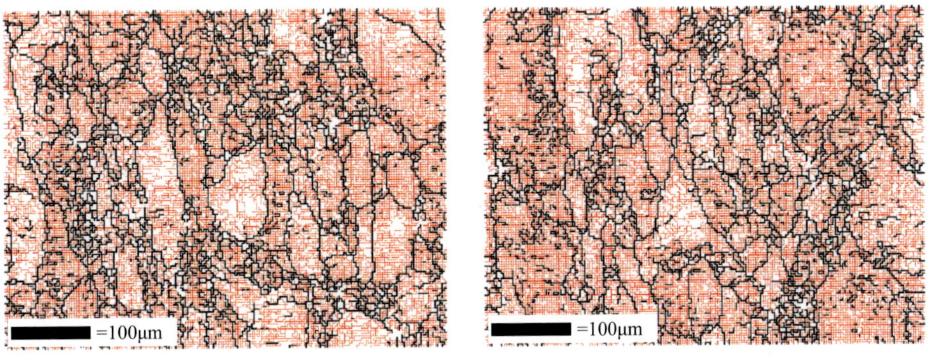

(a) 560℃退火态　　(b) 580℃退火态

图 6.32　560℃、580℃退火后的 DT4 侧金属层晶界分布图

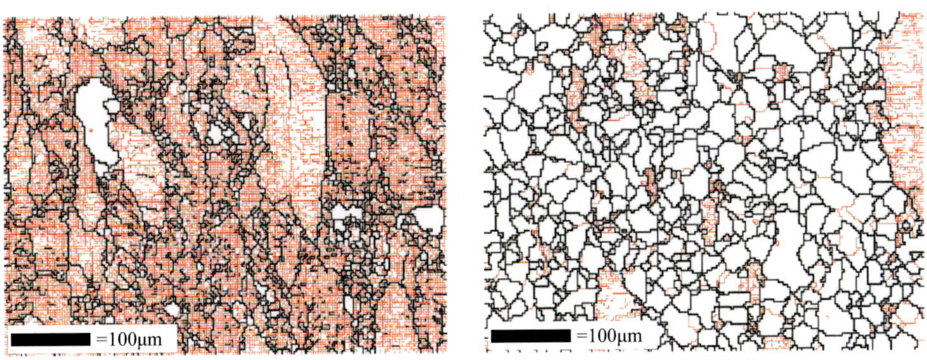

(a) 620℃退火态　　(b) 660℃退火态

图 6.33　620℃、660℃退火后的 DT4 侧金属层晶界分布图

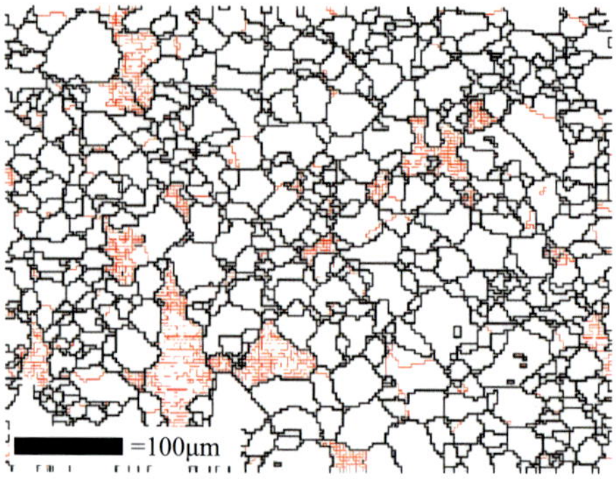

图 6.34　680℃退火后的 DT4 侧金属层晶界分布图

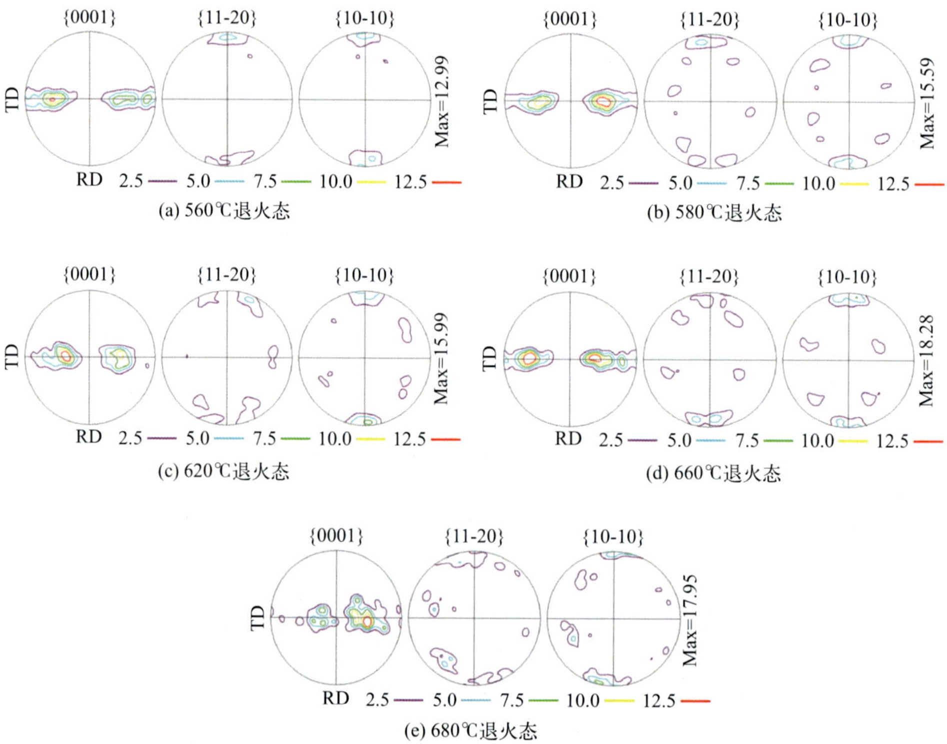

图 6.38　退火态钛/铁复合薄板中 TA1 侧金属层的极图

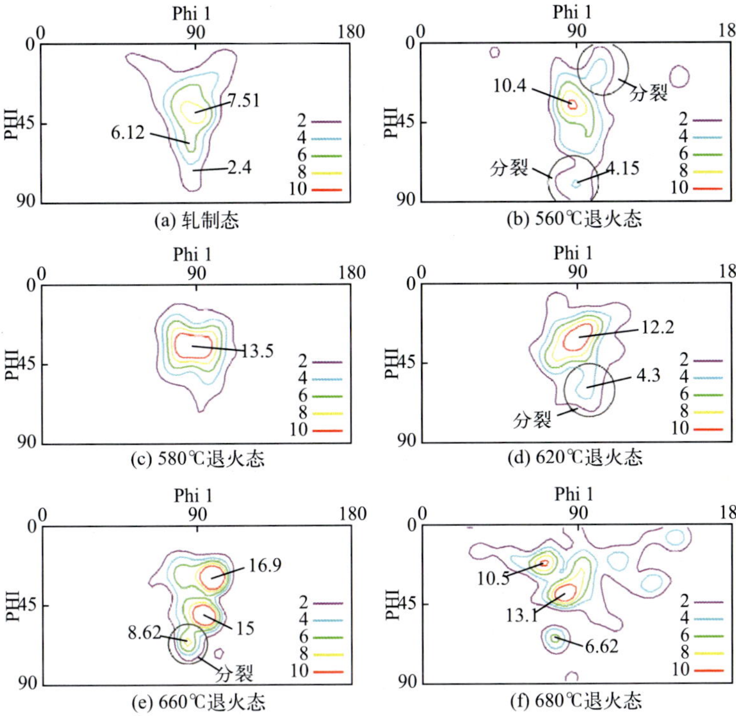

图 6.39　轧制态、退火态钛/铁复合薄板中 TA1 侧金属层的 ODF 图

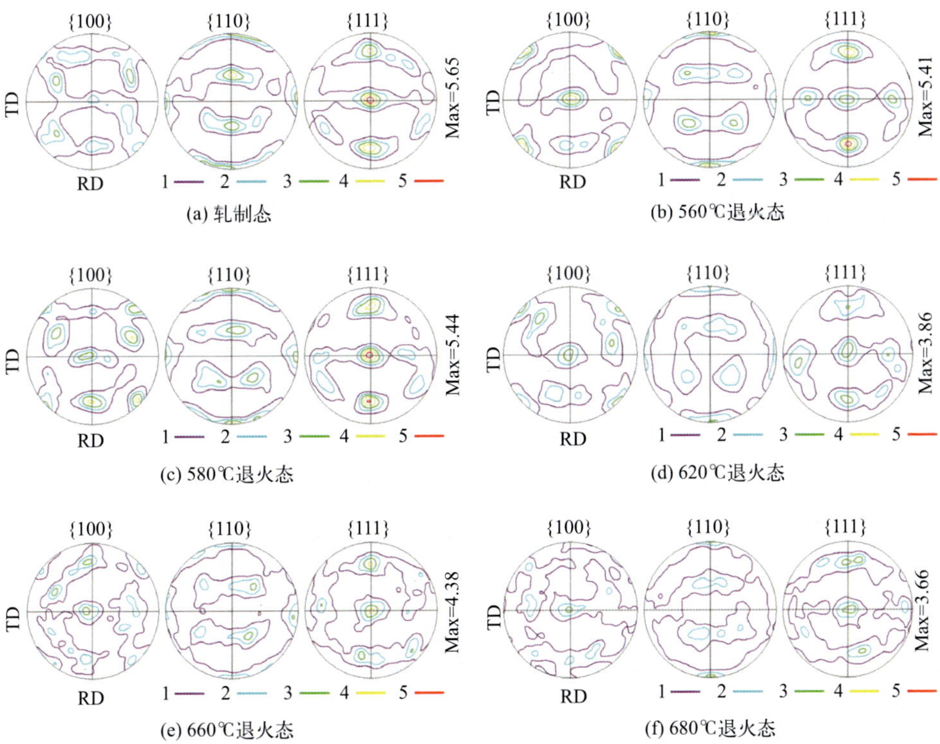

图 6.41　轧制态、退火态钛/铁复合薄板中 DT4 侧金属层的极图

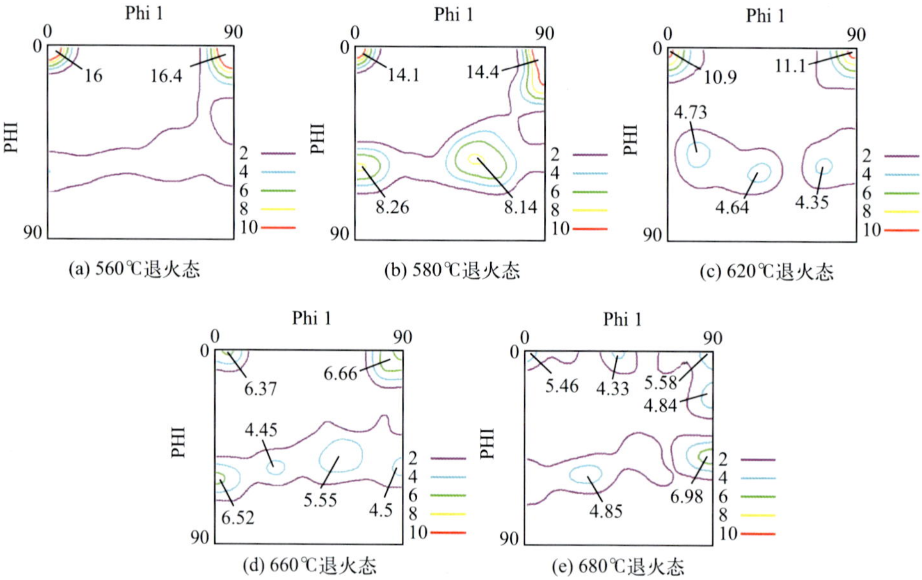

(a) 560℃退火态 (b) 580℃退火态 (c) 620℃退火态

(d) 660℃退火态 (e) 680℃退火态

图 6.42 退火态钛/铁复合薄板中 DT4 侧金属层的 ODF

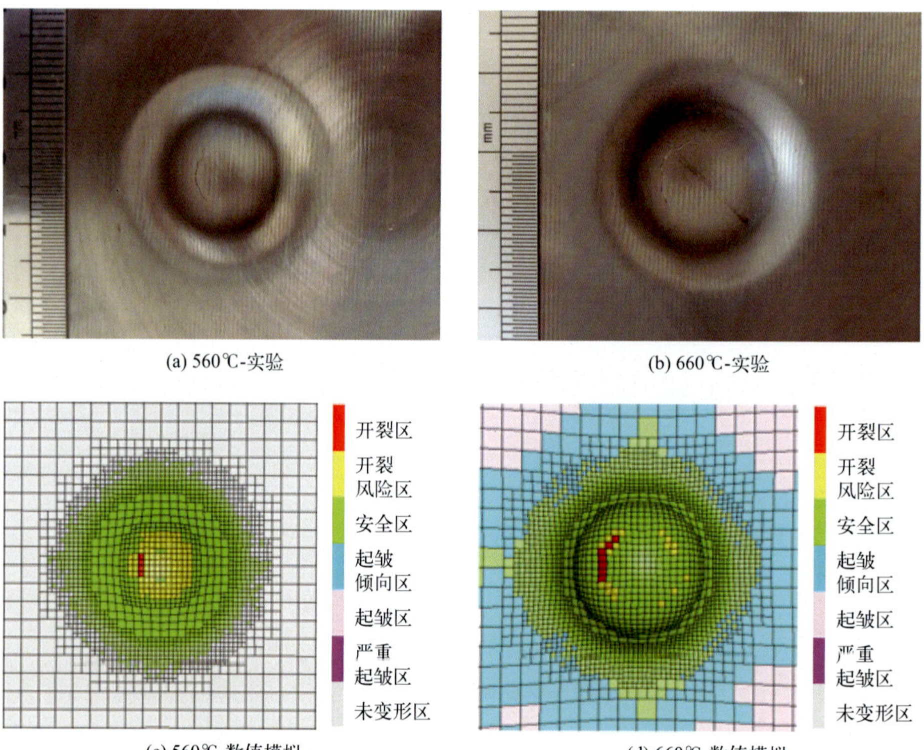

(a) 560℃-实验 (b) 660℃-实验

(c) 560℃-数值模拟 (d) 660℃-数值模拟

图 6.58 杯突成形件实验形貌和数值模拟形貌对比图

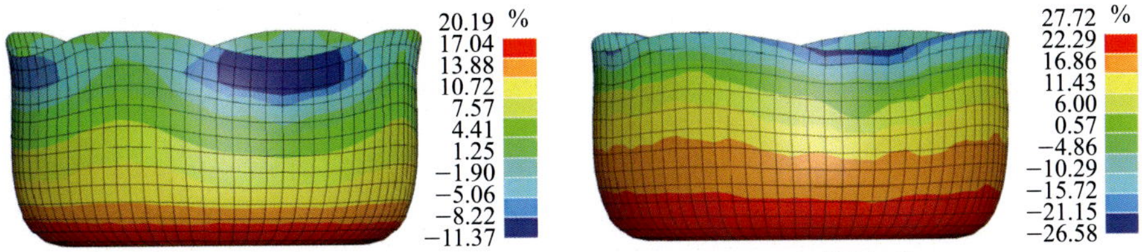

(a) 560℃退火板材　(b) 660℃退火板材

图 6.61　数值模拟预测的拉深成形件形貌

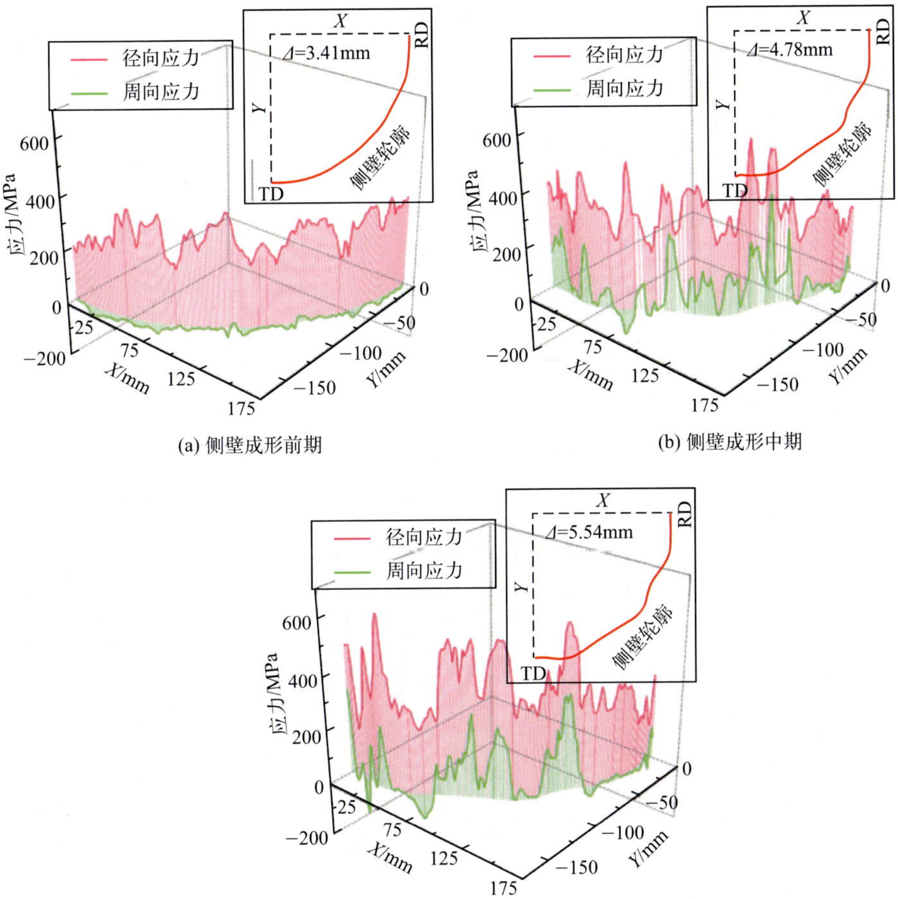

(a) 侧壁成形前期　(b) 侧壁成形中期

(c) 侧壁成形后期

图 7.18　传统拉深不同成形阶段的应力演变

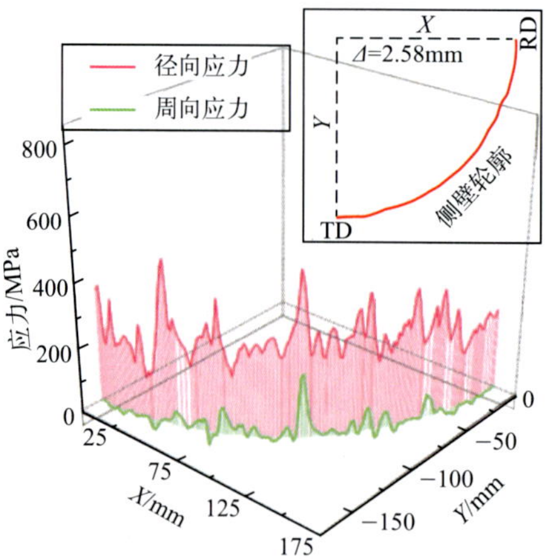

(a) 侧壁成形前期

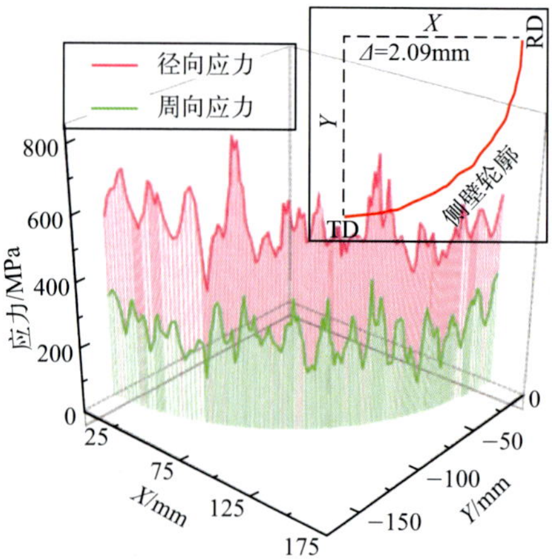

(b) 侧壁成形中期

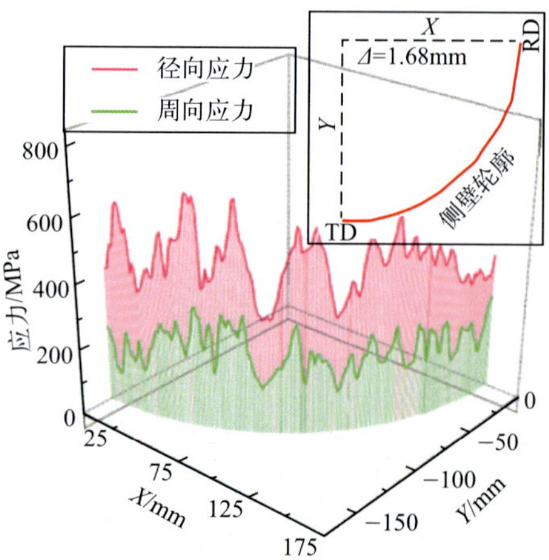

(c) 侧壁成形后期

图 7.19　10MPa 下充液拉深不同成形阶段的应力演变

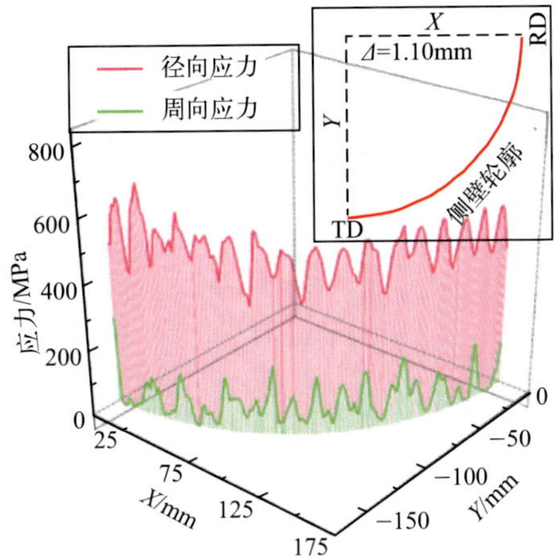

(a) 侧壁成形前期

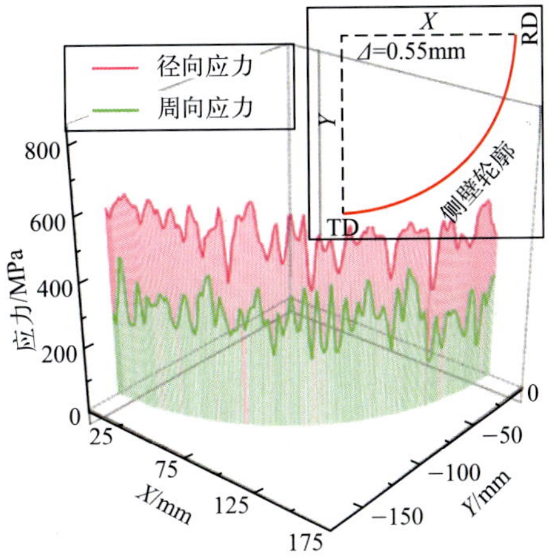

(b) 侧壁成形中期

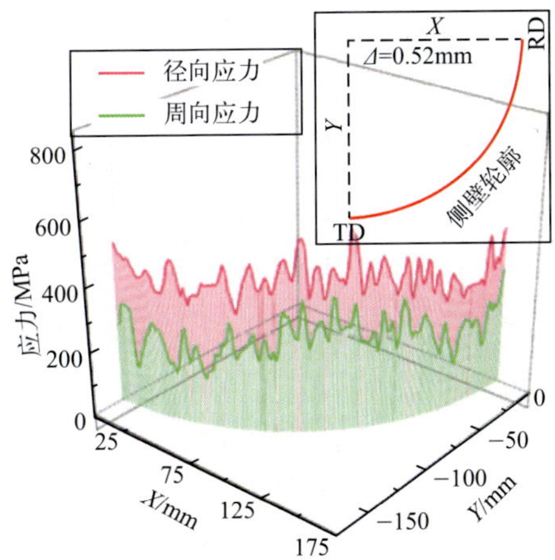

(c) 侧壁成形后期

图 7.20　20MPa 下充液拉深不同成形阶段的应力演变

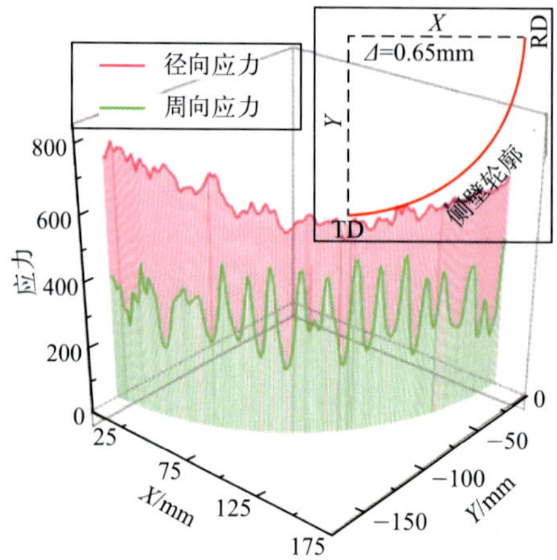

(a) 侧壁成形前期

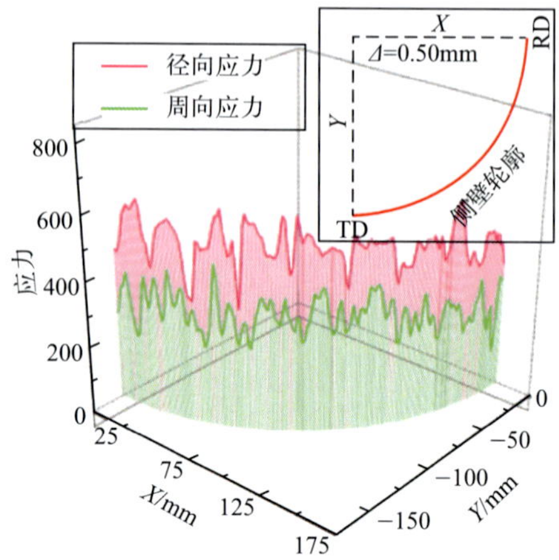

(b) 侧壁成形中期

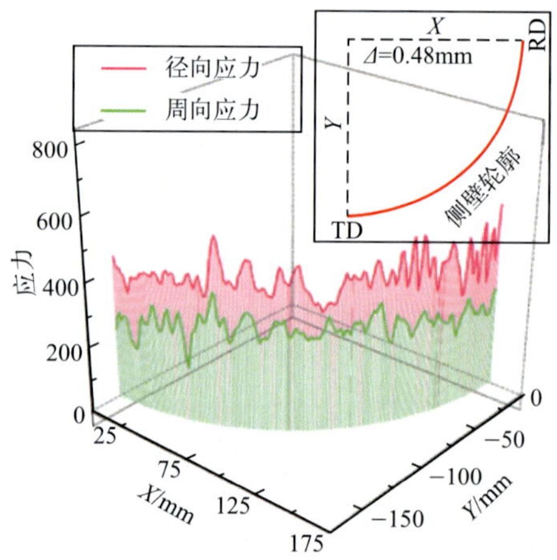

(c) 侧壁成形后期

图 7.21　30MPa 下充液拉深不同成形阶段的应力演变